21世纪高等教育计算机规划教材

大学计算机基础

University Computer Foundation

孙玉珍　主编
王松河 陈红英　副主编

人民邮电出版社
北京

图书在版编目（C I P）数据

大学计算机基础 / 孙玉珍主编. -- 北京 : 人民邮电出版社, 2016.9
21世纪高等教育计算机规划教材
ISBN 978-7-115-43186-8

Ⅰ. ①大… Ⅱ. ①孙… Ⅲ. ①电子计算机－高等学校－教材 Ⅳ. ①TP3

中国版本图书馆CIP数据核字(2016)第176254号

内 容 提 要

本书系统地讲解计算机基础的相关知识，内容丰富，结构清晰，具有很强的实用性。

全书共有 6 章，分别介绍了计算机基础知识、Windows 7 操作系统、Word 2010 软件应用、Excel 2010 软件应用、PowerPoint 2010 软件应用、计算机网络基础内容。本书既可作为高职高专院校计算机应用基础课程的教材，又可作为全国计算机等级考试的辅导材料，也可作为计算机基础知识的培训教材以及参考资料。

◆ 主　　编　孙玉珍
副 主 编　王松河　陈红英
责任编辑　王　平
责任印制　焦志炜
◆ 人民邮电出版社出版发行　　北京市丰台区成寿寺路 11 号
邮编　100164　　电子邮件　315@ptpress.com.cn
网址　http://www.ptpress.com.cn
三河市海波印务有限公司印刷
◆ 开本：787×1092　1/16
印张：16.25　　　　2016 年 9 月第 1 版
字数：393 千字　　　2016 年 9 月河北第 1 次印刷

定价：39.80 元

读者服务热线：(010)81055256　印装质量热线：(010)81055316
反盗版热线：(010)81055315

前　言

随着计算机技术的发展，计算机在人们的生活和工作中发挥着越来越重要的作用。当代大学生应该掌握计算机基本知识并具备计算机应用能力，为今后走向工作岗位奠定基础。

本书结合目前计算机及信息技术发展的现状，以提升高职高专学生信息素质和应用型人才培养为切入点，精心设置课程内容，突出案例教学、任务驱动等教学改革的特点，兼顾全国计算机等级考试一级考试大纲要求编写。书中的案例与大学生的学习、生活和就业密切相关，涵盖了 Windows 7 操作系统、网络和 Internet 应用、Word 2010 文字处理软件、Excel 2010 电子表格软件、PowerPoint 2010 演示文稿制作软件等模块。

本书由孙玉珍策划并担任主编，王松河、陈红英任副主编。各章编写人员：第 1 章由孙玉珍编写，第 2 章由邱松彬编写，第 3 章由王松河编写，第 4 章由简惠冰编写，第 5 章由陈红英编写，第 6 章由冯巧玲编写。在本书的编写过程中，许多老师给予了关心和支持，并提出了宝贵意见和建议，在此一并表示感谢。

本书凝聚了主编和参编人员多年从事计算机基础教学的实际经验，以图示清晰、实例丰富的编写风格，力争成为高职高专院校的计算机基础优秀教材。书中纰漏和不足之处，敬请广大读者批评指正，同时欢迎教师和学生提出建议和意见，以便我们再版时修正。

主　编

2016 年 8 月

目　录

第 1 章

计算机基础知识

电子计算机是 20 世纪最伟大的发明之一。随着微型计算机的出现以及计算机网络的发展，计算机的应用已渗透到社会的各个领域，它不仅改变了人类社会的面貌，而且正改变着人们的生活方式。掌握和使用计算机逐渐成为人们必不可少的技能。

计算机是一门科学，也是一种能够按照程序运行，自动、高速、精确处理海量数据的现代化智能电子设备。

1.1 计算机发展简介

1.1.1 第一台电子计算机

20 世纪初，电子技术得到了迅猛地发展。1904 年，英国电气工程师弗莱明（A. Flomins）研制出了真空二极管；1906 年，美国发明家、科学家福雷斯特（D. Forest）发明了真空三极管，这些都为电子计算机的出现奠定了基础。

1943 年，正值第二次世界大战，由于军方弹道轨迹计算的需要，美国军械部与宾夕法尼亚大学的莫尔学院签订合同，研制一台电子计算机，取名为 ENIAC（Electronic Numerical Integrator And Computer），意为“电子数值积分和计算机”。教授莫奇里（J. W. Mauchly）和他的研究生艾克特（W. J. Eckert）于 1945 年年底研制成功。1946 年 2 月 15 日，人们为 ENIAC 举行了揭幕典礼。通常认为，世界上第一台电子计算机诞生于 1946 年。ENIAC 如图 1-1 所示。

图 1-1 第一台电子计算机 ENIAC

ENIAC 的主要元件是电子管，耗资 40 万美元，重 30 吨，占地 170 平方米，用了 18 800 多个电子管、1 500 多个继电器、70 000 多个电阻、10 000 多个电容，功率为 150 千瓦。ENIAC 每秒可完成 5 000 次加减法运算，300 多次乘法运算。

用 ENIAC 计算时，要先根据题目的计算步骤预先编写一条条指令，再按照指令连接外部线路，启动后它就自动运行并输出结果。若要计算另外一个题目时，就要重复进行上述动作，所以只有少数专家才能使用。它使过去借助机械用 7 到 20 小时才能计算一条弹道的工作缩短到 30 秒，这虽然远不及现在的计算机，但它的诞生宣布了电子计算机时代的到来。

ENIAC 存在两个缺点：一是没有存储器，二是用布线接板进行控制，电路连线繁琐耗时，抑制了 ENIAC 的计算速度。

匈牙利裔美籍数学家冯·诺依曼（John von Neumann，1903—1957）是存储程序式计算机的创始人。他于 1944 年参加 ENIAC 计算机的研究工作，1945 年发表了题为"关于离散变量自动电子计算机的草案"的文章，文中提出了存储程序的概念。1946 年他提出了更完善的计算机设计报告《电子计算机逻辑设计初探》，并与莫尔合作开始研制存储程序式计算机 EDVAC（Electronic Discrete Variable Automatic Calculator），该机在宾夕法尼亚大学的莫尔学院研制成功。EDVAC 的优点在于：

（1）计算机的程序和程序运行所需要的数据以二进制形式存放在计算机的存储器中；

（2）程序和数据存放在存储器中，即程序存储的概念。计算机能自动、连续地执行程序。

EDVAC 成功解决程序的内部存储和自动执行问题，极大提高了计算机的运行速度（是 ENIAC 的 240 倍）。这是人类第一台使用二进制数，能存储程序的计算机。

冯·诺依曼提出并实现了的计算机工作模式可以归结为：存储程序，顺序控制。冯·诺依曼的原理和思想决定了计算机由输入、存储、运算、控制、输出这五个组成部分。冯·诺依曼被誉为"现代电子计算机之父"。

1.1.2 电子计算机的发展

自 ENIAC 被发明以来，由于人们不断将最新的科学技术成果应用在计算机上，同时科学技术的发展也对计算机提出了更高的要求，再加上各计算机制造公司之间的激烈竞争，所以在短短的 60 多年中，计算机得到了突飞猛进地发展，其体积越来越小、功能越来越强、价格越来越低、应用越来越广。通常人们按电子计算机所采用的器件将其划分为四代（见表 1-1）。

表 1-1 计算机发展的四个阶段

器件 / 阶段	主机电子器件	内存	外存储器	处理速度
第一代（1946~1959 年）	电子管	汞延迟线	穿孔卡片或纸带	几千条
第二代（1959~1964 年）	晶体管	磁芯存储器	磁带	几万至几十万条
第三代（1964~1972 年）	中小规模集成电路	半导体存储器	磁带、磁盘	几十万至几百万条
第四代（1972 年至今）	大规模、超大规模集成电路	半导体存储器	磁带、磁盘、光盘等大容量存储器	上千万至万亿条

1. 第一代计算机——（1946 年 ~ 1959 年）

这一时期计算机的元器件大都采用电子管，因此称为电子管计算机。这时的计算机软件还处于初始发展阶段，人们使用机器语言与符号语言编制程序，应用领域主要在军事和科学研究。第一代计算机特点是体积庞大、运算速度低（一般每秒几千次到几万次）、造价高、可靠性较差、内存容量小。UNIVAC-I(UNIVersal Automatic Computer，通用自动计算机)是第一代计算机的代表。它标志着计算机从实验室进入市场，从军事应用领域转入数据处理领域。

2. 第二代计算机——（1959 年 ~ 1964 年）

这一时期计算机的元器件大都采用晶体管，因此称为晶体管计算机。与第一代计算机相比，具有体积小、成本低、功能强、可靠性高的特点。其软件开始使用计算机高级语言，出现了监控程序并发展成后来的操作系统，高级语言 Basic、Fortran 和 COBOL 使程序的编写更方便并实现了程序兼容，计算机工作效率大大提高，在数据处理和事务处理等领域得到应用。IBM-700 是第二代计算机的代表。

3. 第三代计算机——（1964 年 ~ 1972 年）

这一时期计算机的元器件是小规模集成电路（Small Scale Integrated circuits，SSI）和中小规模集成电路（Medium Scale Integrated circuits，MSI）。用特殊的工艺在大约 $1mm^2$ 的单晶体硅片上可集成上百万个电子元器件，与晶体管计算机相比，第三代计算机的体积和功耗都得到进一步减小，运算速度、逻辑运算功能、存储容量和可靠性都得到了进一步提高。软件方面，操作系统进一步完善，高级语言种类增加，提出了结构化、模块化的程序设计思想，出现了结构化程序设计语言 Pascal，出现了并行处理、多处理机、虚拟存储系统以及面向用户的应用软件，外部设备种类多。通过计算机和通信技术的结合，广泛应用到科学计算、数据处理、事务管理、工业控制等领域。这一时期的计算机同时向标准化、多样化、通用化、机种系列化方向发展。IBM-360 系列是最早采用集成电路的通用计算机，也是影响最大的第三代计算机。

4. 第四代计算机——（1972 年至今）

这一时期计算机的元器件大都采用大规模集成电路（Large Scale Integrated circuits，LSI）或超大规模集成电路（Very Large Scale Integrated circuits，VLSI）。计算机重量和耗电量进一步减少，性能价格比基本上以每 18 个月就翻一番的速度上升，符合摩尔（Gorden Moore）定律。操作系统向虚拟操作系统发展，有丰富的应用软件产品，扩展了计算机的应用领域。主流产品有 IBM—4300 系列、3080 系列、3090 系列和 9000 系列。

我国在 1956 年，制定的《十二年科学技术发展规划》中选定了“计算机、电子学、半导体、自动化”作为“发展规划”的四项内容，开始了计算机的研制历程。

（1）1958 年研制出第一台电子计算机；

（2）1964 年研制出第二代晶体管计算机；

（3）1971 年研制出第三代集成电路计算机；

（4）1977 年研制出第一台微机 DJS050；

（5）1983 年研制出“深腾 1800”计算机，运行速度超过 1 万亿次/秒；

（6）2003 年 12 月，我国自主研发出 10 万亿次曙光 4000A 高性能计算机；

（7）2010 年，国防科大研制出“天河一号”，峰值运算速度达到千万亿次/秒；

（8）2013 年 5 月，国防科大研制出“天河二号”，峰值运算速度达到亿亿次/秒。

1.1.3 计算机的特点

1. 运算速度快

当今计算机的运算速度已经有超过亿亿次/秒，我国“天河二号”运算速度每秒可以达到

3.386 亿亿次。2014 年公布的全球超级计算机 500 强排名显示，“天河二号”以最快的速度已经连续四次排名世界第一，比排名第二的美国“泰坦”超级计算机速度快近 2 倍。

2. 逻辑判断能力准确

除了数据计算能力，逻辑判断是计算机的另一个基本能力，在信息查询等方面，能够根据要求进行匹配检索。

3. 存储能力强

计算机的存储容量是记忆能力强弱的标志，计算机的存储容量是靠存储器提供的，能够长期存储大量的数字、文字、图像、视频、声音等各种信息。“记忆力”大，如现代计算机能轻易记忆一个藏书百万册的大型图书馆的全部资料。计算机存储能力长久，无论是文字还是图像，都可以长期保存。

4. 自动能力

计算机可以将人们事先编好的指令（称程序）“记”下来，然后自动地逐条取出这些指令并执行，工作过程由程序自动控制进行，不需要人工干预，可以反复进行。用户可以根据需要，事先设计好运行步骤与程序，计算机能自动协调完成各种运算和处理。这种自动工作能力是由人们事先在程序中设定好，在计算机中存储程序并顺序执行程序，保证了其工作的自动化进行。

5. 网络与通信能力

互联网时代，城市之间的计算机可以连成一个网络，国家之间的计算机连接在一个计算机网上。目前最大、应用最广泛的因特网（Internet），全世界有 200 多个国家和地区的数亿台计算机连入该网络。连入的计算机用户可以共享网上资料、交流信息、互相学习，将世界变成地球村。

1.1.4 计算机的应用

计算机问世之初，主要用于数值计算，而今计算机的应用非常广泛，无论是工作、生活或学习，小到简单的数值计算，大到计算卫星的运行轨道等，都离不开计算机，但总的来说，其应用可以分为以下几类。

1. 科学计算

科学计算是使用计算机进行数学方法的实现和应用，随着计算机运算性能的不断提高，推进了科学研究的进展，如人类基因序列分析计划、人造卫星的轨道测算等。通过计算机，国家气象中心能够及时快速处理气象卫星云图数据，根据大量气象数据的计算进行天气预测。随着“互联网+”时代的到来，“云计算”也将发挥它的作用。

2. 数据/信息管理

数据/信息管理也称非数值计算，是目前计算机应用最广泛的一个领域。随着信息技术的发展，数据包括了数字、文字、图像、视频、声音等。计算机数据可以存储、打印、编辑、复制等。

当今社会已经从工业社会进入信息社会，信息与物质和能量构成现实世界的三大要素，成为赢得竞争的重要资源，利用计算机来加工、管理与操作任何形式的数据资料，如企业管理、物资管理、报表统计、账目计算、信息情报检索等，满足大数据信息利用与分析的高频度、及时性、复杂性的要求，使人们通过已经获取的信息去产生更多、更有价值的信息。

3. 计算机辅助

计算机辅助应用广泛，可以分为以下几种。

（1）计算机辅助设计（Computer Aided Design，CAD）：指利用计算机来帮助设计人员进行工程设计，以提高设计工作的自动化程度，节省人力和物力。目前，此技术已经在电路、机械、土木建筑、服装等设计中得到了广泛地应用。

（2）计算机辅助制造（Computer Aided Manufacturing，CAM）：指利用计算机进行生产设备的管理、控制与操作，从而提高产品质量、降低生产成本、缩短生产周期，并且还大大改善了制造人员的工作条件。

（3）计算机辅助技术（Computer Aided Technology/Test/Translation/Typesetting，CAT）：指利用计算机进行复杂而大量的测试工作，测试之复杂是人工难以完成的。过程检测与控制利用计算机对工业生产过程中的某些信号自动进行检测，并把检测到的数据存入计算机，再根据需要对这些数据进行处理，这样的系统称为计算机检测系统。特别是仪器仪表引进计算机技术后所构成的智能化仪器仪表，将工业自动化推向了一个更高的水平。

（4）计算机辅助教育[Computer Assisted（Aided）Instruction，CAI]：指利用计算机帮助教师讲授和帮助学生学习的自动化系统，使学生能够轻松自如地学到所需要的知识。

（5）计算机仿真模拟（Simulation）：通过计算机仿真模拟真实环境，使研究人员能够进一步认识被模拟对象的本质和特性，如核爆炸和地震灾害的模拟。

4. 过程控制

过程控制就是利用计算机对生产过程、制造过程或运行过程进行检测与控制，这种控制是通过计算机实时监控目标对象的状态，及时调整被控对象使其处于正常工作状态，保证被控对象能够正常生产、制造或运行。

5. 人工智能

人工智能（artificial intelligence，AI）是用计算机模拟人类的某些智力活动，如识别图形与声音，模拟人类学习过程、探索过程和推理过程以及对环境的适应过程等。人工智能研究期望赋予计算机更多人的智能活动，如机器翻译、智能机器人等。人工智能研究内容包括自然语言理解、专家系统、机器人以及定理自动证明等。已应用于机器人、医疗诊断、故障诊断、计算机辅助教育、案件侦破、经营管理等方面。

6. 网络通信

计算机技术和数字通信技术的发展融合产生了计算机网络，把多个独立的计算机系统联系在一起，把不同国家、不同区域、不同行业、不同组织的人们联系起来。通过网络，人们可以在家里预订动车票、机票，可以购物，可以与远在异国他乡的亲人、朋友实时传递信息。

7. 多媒体技术

多媒体包括文本（Text）、图形（Graphics）、图像（Image）、音频（Audio）、视频（Video）、动画（Animation）等多种信息类型的综合。多媒体技术是人与计算机交互进行多种媒介信息的捕捉、传输、转换、编辑、存储、管理，并由计算机综合处理为表格、文字、图形、动画、音频、视频等视听信息有机结合的表现形式。多媒体技术拓宽了计算机应用领域，使计算机广泛应用于商业、服务业、教育、广告宣传、文化娱乐、家庭生活等领域。同时，多媒体技术与人工智能技术结合促进了虚拟现实（Virtual Reality）、虚拟制造（Virtual Manufacturing）技术的发展，使人们在计算机虚拟环境中感受真实的场景，了解计算机仿真制造的零件和产品的功能和性能。

8. 嵌入式系统

一些电子产品和工业制造系统，需要把计算机处理器芯片嵌入其中，以完成特定的处理任务。如相机、数码摄像机、高档电动玩具等都使用了不同的处理器芯片系统，这些系统称嵌入式系统。

1.1.5 计算机分类

随着计算机应用领域的不断扩大，人们研制出了各种不同种类的计算机。可以按照不同的方法进行分类。

按照处理数据的类型，计算机可以分为模拟计算机、数字计算机、数字模拟计算机。模拟计算机的主要特点是：运算的数值是不间断的连续量，运算过程连续。受元器件影响，模拟计算机的计算精度低，应用范围窄，目前很少生产。数字计算机的主要特点是：运算的数值是离散的数字量，运算过程按数字位进行计算。数字计算机具有逻辑判断功能，能类似人类大脑的“思维”方式工作，所以计算机也称“电脑”。

计算机按照用途可以分为通用计算机和专用计算机。通用计算机通用性强，能解决多种类型的问题，如 PC（Personal Computer，个人计算机）；专用计算机配备有解决特定问题的软件和硬件，能够高速、可靠解决特定问题，如导弹和火箭上使用的大部分都是专用计算机。

按照计算机的性能、规模和处理能力，如体积、字长、运算速度、存储容量、外部设备和软件配置等，可以将计算机分为巨型机、大型通用机、微型计算机、服务器、工作站等。

1. 巨型机

巨型机是指速度最快、处理能力最强的计算机，也称高性能计算机。目前 IBM 公司的“红杉”超级计算机是世界上运算速度最快的高性能计算机，高性能计算机数量不多，主要用于一些重要和特殊领域，运算速度一般都超过每秒几万亿次。目前巨型机多用于战略防御系统、核武器设计、大型预警系统、航天测控系统。民用方面，可用于大区域中长期天气预报、大面积物探信息处理系统、大型科学计算和模拟系统等。巨型机已成为一个国家经济实力和科技水平的重要标志。

中国巨型机事业开拓者之一、2002 年国家最高科学技术获得者金怡濂院士在 20 世纪 90 年代初提出了一个我国超大规模计算机研制的全新跨越式方案，这一方案使我国巨型机的峰值运算速度从每秒 10 亿次提升到每秒 3 000 亿次以上，跨越了 2 个数量级，保证了我国巨型机研制水平在国际上领先地位。

2. 大型通用机

大型通用机是指一类计算机，特点是通用性好，但是价格比较贵，具有较高的运算速度，极强的综合处理能力和极大的覆盖性能，运算速度每秒 100 万次至几千万次，主要用于科研、银行、商业和管理部门。通常人们称大型通用机为“企业级”计算机。

大型机系统可以是单处理机、多处理机或多个子系统的复合体。

在信息化社会里，随着信息资源的剧增，需要大型机进行信息通信、控制和管理等处理。未来大型机将覆盖“企业”的所有应用领域，包括大型事务处理、企业内部信息管理与安全防护、大型科学与工程计算等。

3. 微型机

微型机是微电子技术飞速发展的产物，IBM 公司于 1981 年采用 Intel 微处理器推出 IBM PC，因其小、巧、轻、便、廉等优点，30 多年来，微型机得到迅猛发展，成为计算机的主流。近十年，平均每 2 年芯片的集成度可以提高一倍、性能提高一倍、价格降低一半。微型计算机的应用从工厂生产控制、政府办公自动化、商店数据处理、家庭信息管理等遍及社会各个领域。

笔记本型电脑作为随身携带的“便携机”，成为社会信息化移动办公的重要工具。

根据微型机最终是否为用户所用，微型机又可分为人们日常使用的独立式微机和嵌入式微机（也称嵌入式系统）。

嵌入式微机一般是单片机或单板机。单片机是采用超大规模集成电路技术将中央处理器、存储器和输入/输出接口集成到一块硅芯片上，集成度很高，但是ROM、RAM容量有限，接口电路也不多，适用于小系统；单板机是把CPU、一定容量的ROM、RAM和I/O接口电路等大规模集成电路芯片组装在一块电路板上的微机，配有键盘、显示器等简单外设，电路板上通常有固化ROM或EPROM小规模监控程序。

微型计算机的结构有：单片机、单板机、多芯片机和多板机。

PC 机的出现使计算机真正面向个人，成为大众化的信息处理工具，人们利用随时携带的“便携机”，通过网络随时随地都可以与世界上任何地方实现信息交流与通信。人们可以把大量的信息存入随时携带的电脑中。以个人机（尤其是便携机）为核心的移动信息系统可以实现随身携带，使人类信息化得到进一步发展。

嵌入式微机作为信息处理芯片嵌入到应用设备里，用户不直接使用计算机，使用的是嵌入芯片的应用设备，如包含有微机的医疗设备和电冰箱、洗衣机、微波炉等家用电器。

4. 服务器

服务器是网络的灵魂，服务器作为网络的节点，存储、处理网络上80%的数据、信息。随着“互联网+”的普及，计算机在网络中发挥着各自不同的作用，服务器在网络中承担着最主要的角色。服务器可以是大型机、小型机、工作站或高档微机，提供信息浏览、电子邮件、文件传送、数据库、大数据、云平台等多种业务服务。

服务器主要特点有：

（1）在用户的请求下才提供相应的服务。

（2）服务器对客户透明，客户与服务器通信面对的是具体的服务，不用知道服务器用的机型和采用的操作系统。

（3）服务器是软件概念，一台服务器可以安装不同的服务器软件，以提供不同的服务器角色。

5. 工作站

工作站是介于小型机和个人计算机之间的高档微型计算机，配有高分辨率的大屏幕显示器及容量很大的内部存储器和外部存储器，有很强的信息处理和高性能的图形图像处理能力和联网功能。工作站比微机存储容量大且运行速度更快，有高分辨率的大屏幕显示器，是专长于处理某类特殊事务（如图像）的计算机，主要用于图像处理和计算机辅助设计等领域。工作站被称为专为工程师设计的计算机。工作站一般采用把计算机软硬件接口公开开放式系统结构，尽量遵守国际工业界的流行标准，鼓励围绕工作站开发软件、硬件产品。目前，工作站的应用领域已经扩展到商业、金融、办公领域，也承担网络服务器的角色。

1.2 计算机的科学研究与发展趋势

1.2.1 计算机科学研究

最初的计算机应用，只是为了军事上大数据量的计算，如今计算机在人工智能、网格计算、中间件技术和云计算方面的应用已经远远超出了“计算机器”的概念。

1. 人工智能

人工智能是利用计算机模拟人类的某些智能行为，使计算机具有“学习”“联想”和“推理”等功能，核心目标就是赋予计算机人脑一样的智能。

人工智能主要应用在机器人、专家系统、模式识别、自然语言理解、机器翻译、定理证明等方面。人工智能中的指纹识别技术已经得到广泛应用；计算机辅助翻译提高了翻译速度；手机上实现了手写输入；语音输入在不断完善。人工智能就其本质而言，是对人的思维的信息过程的模拟，实现人机交互，让计算机能够听懂人们说话、看懂人们表情，能够进行人脑思维的模拟。

2. 网络计算

随着个人计算机的普及，越来越多的计算机处于闲置，互联网的出现和网络宽带的迅速增长，通过互联网连接和调用闲置的计算资源，人们开始进入“网络计算时代”，“网络计算”比“数学计算”有更广泛的内涵。

复杂的大型计算需要大量计算机或巨型计算机来完成，网格计算研究的是如何把需要极大计算能力的问题分成许多小的部分，然后分别分配给许多计算机进行处理，最后把这些计算结果综合起来得到最终结果，以达到完成大型计算任务。用户只需要得到任务完成的结果，而不需要知道任务是如何被切分以及哪台计算机执行了哪个小任务。用户好像拥有一台功能强大的虚拟计算机，这就是网格计算的思想。

网格计算是针对复杂科学计算的新型计算模式，是利用物联网连接分散在不同地理位置的计算机组织成“虚拟的超级计算机”，参与计算的每一台计算机就是一个“节点”，整个计算由成千上万个“节点”组成“一张网格”，所以这种计算方式称为网格计算。网格计算的“虚拟超级计算机”有超强数据处理能力和充分利用网上的闲置处理能力两个优势。

网格计算的三要素是：任务管理、任务调度和资源管理。用户通过任务管理向网格提交任务，为任务制定所需的资源，删除任务，检测任务的运行；任务调度对用户提交的任务根据任务的类型、所需的资源、可用资源等情况进行运行日程和策略的安排；资源管理负责检测网络资源的状况。

网格计算特点：提供资源共享，实现应用程序的互联互通。网格与计算机网络不同，计算机网络实现的是一种硬件的连通，网格可以实现应用层面的连通。

多个网格节点可以协同工作，共同处理一个项目。

基于国际的开放技术标准。

网格能够适应变化，提供动态的服务。

网格计算技术将所有计算机联合起来协同工作，是一场计算革命，被视为 21 世纪新型的网络基础架构。

3. 中间件技术

中间件（Middleware）处于操作系统软件与用户的应用软件的中间，以便于软件各部件之间的沟通。在中间件之前，企业多采用传统客户机/服务器（Client/Server）的模式，通常一台计算机作为客户机，运行应用程序；另外一台计算机作为服务器，运行服务器软件以提供各种不同的服务，这种模式的缺点是系统

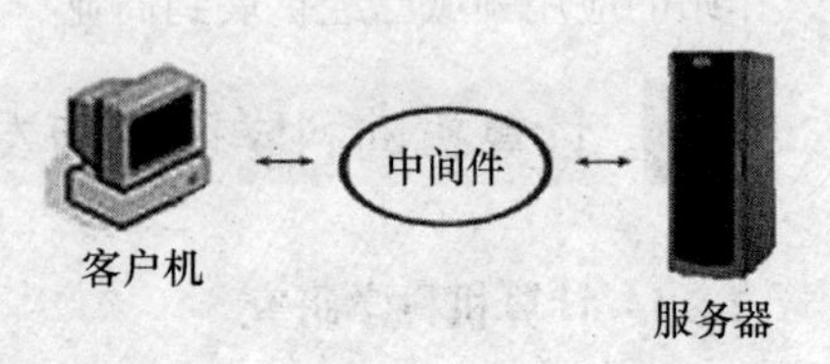

图 1-2　中间件技术

拓展性差。中间件这种新思想是20世纪90年代出现的：在客户机/服务器之间增加一组服务（应用服务器），这组服务就是中间件，如图1-2所示。这些通用的组件基于某一标准，可以被重用，其他应用程序可以使用它们提供的应用程序接口调用组件，完成所需操作。如连接数据库所使用的开放数据互连（Open DataBase Connectivity,ODBC），就是一种标准的数据库中间件，是Windows操作系统自带的服务，可以通过ODBC连接各种类型数据库。

随着互联网技术的发展，基于Web数据库的中间件技术应用广泛，如图1-3所示。这种模式，Internet Explorer如果要访问数据库，要将请求发给Web服务器，通过Web服务器转移给中间件，最后送到数据库系统，得到结果后再通过在中间件和Web服务器返回给浏览器。这里的中间件是通用网关接口CGI（Common Gateway Internet）、动态服务器页面ASP（Active Server Page）或动态网页技术标准JSP（Java Server Page）等。

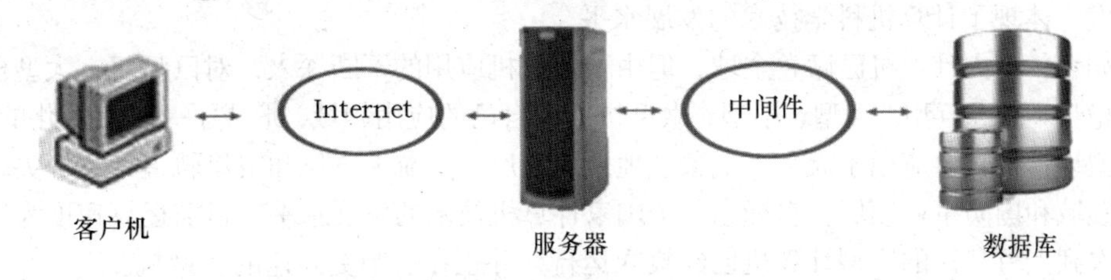

图1-3　基于Web数据库的中间件

中间件已经成为企业应用的主流技术，是企业应用现代化的敲门砖，种类有交易中间件、消息中间件、专有系统中间件、面向对象中间件、数据存储中间件、远程调用中间件等。

4. 云计算

云计算（Cloud Computing）是分布式计算、并行计算、网格计算、网络存储、虚拟化等传统计算机和网络技术发展融合的产物，或者说云计算为“信息时代商业模式上的创新”。美国国家标准与技术研究院（NIST）定义：云计算是对基于网络的、可配置的计算资源共享池（资源包括网络，服务器，存储，应用软件，服务等）能够便捷的、按需的网络访问模式，这些资源以最小化的管理和交互可以快速提供和释放。

云计算由硬件、软件和服务构成，用户不需要购买复杂的硬件和软件，只需支付相应费用给“云计算”服务商，通过网络可以方便地获取所需要的计算、存储等资源。“云”是网络、互联网的一种比喻说法。“云”就是计算机群，每一群包括了几十万台、甚至上百万台计算机。云计算的核心思想是对大量网络相连接的计算资源进行统一管理和调度，构成一个计算资源池，向用户提供按需服务，提供资源的网络称“云”。云计算将传统的以桌面为核心的任务处理转换为以网络为核心的任务处理，利用互联网实现所有处理任务，网络成为服务、计算和信息传递的综合媒介，实现真正的按需计算、网络协作。

云计算化繁为简，节约资源，是一种基于互联网的计算方式。当你要处理一个大型计算，可以通过互联网把世界各地的计算机联合起来，快速进行问题处理并解决。这就像你想吃夜宵，叫外卖，不需要买炊具。

云计算具有超大规模、虚拟化、高可靠性、通用性、高扩展性、按需服务和价廉的特点。利用云计算时，数据在云端，不怕丢失，不用备份，可以进行任意点的恢复；软件在云端，不必下载就可以自动升级；随时随地都可以通过设备登录进行计算服务，具有无限空间和无限速度。

1.2.2 计算机发展趋势

计算机技术是世界上发展最快的科学技术之一，产品不断升级换代。计算机本身的性能越来越优越，应用范围也越来越广泛，从而使计算机成为工作、学习和生活中必不可少的工具。展望未来，计算机将朝着巨型化、微型化、智能化、网络化等方向发展。

1. 电子计算机的发展方向

（1）巨型化

巨型化是指其高速运算、大存储容量、强功能和高可靠性的巨型计算机。其运算能力一般在每秒万万亿次以上、存储容量在几百太字节以上。巨型计算机主要用于电子、气象、军事工业、航空航天、人工智能等几十个学科领域，特别在尖端科学技术和军事国防系统的研究开发，体现了计算机科学技术的发展水平。

如今，个人计算机已席卷全球，但由于计算机应用的不断深入，对巨型机、大型机的需求也稳步增长，巨型、大型、小型、微型机各有自己的应用领域，形成了一种多极化的形势。如巨型计算机主要应用于天文、气象、地质、核反应、航天飞机和卫星轨道计算等尖端科学技术领域和国防事业领域，它标志一个国家计算机技术的发展水平。目前运算速度为每秒几百亿次到上万亿次的巨型计算机已经投入运行，并正在研制更高速的巨型机。

（2）微型化

由于大规模和超大规模集成电路的飞速发展，微处理器芯片连续更新换代，微型计算机很快从过去的台式机向便携机、掌上机、膝上机发展，其因价格低廉，使用方便、软件丰富而受到人们认可。同时也作为工业控制过程的心脏，使仪器设备实现“智能化”。随着微电子技术的发展，微型计算机将以更优的性能价格比受到人们的欢迎。

（3）智能化

智能化使计算机具有模拟人的感觉和思维过程的能力，智能化是计算机发展的一个重要方向。智能计算机具有解决问题和逻辑推理的功能以及知识处理和知识库管理的功能等。未来计算机将能接受自然语言的命令，有视觉、听觉和触觉，但可能不再有现在计算机的外形，体系结构也会不同。

（4）网络化

网络化是计算机发展的又一个重要趋势。从单机走向联网是计算机应用发展的必然结果。所谓计算机网络化，是指用现代通信技术和计算机技术把分布在不同地点的计算机互联起来，组成一个规模大、功能强、可以互相通信，以共享软件、硬件和数据资源的网络结构。目前，计算机网络广泛应用在交通、金融、企业管理、教育、电信、商业、娱乐等领域。

2. 未来计算机

芯片是计算机中最重要的核心部件，芯片制造技术不断的进步推动了计算机技术的发展。目前芯片主要采用光蚀刻技术制造，即让光线透过刻有线路图的掩膜照射在硅片表面以进行线路蚀刻。当前主要用紫外光进行光刻操作，随着紫外光波长的缩短，芯片上的线宽大幅度缩小，同样大小的芯片上可以容纳更多的晶体管，进而推动了半导体工业的发展。但是当紫外光波长缩短到小于193nm时（蚀刻线宽0.18nm），传统石英透镜组会吸收光线而不将其折射或弯曲。目前，研究人员正在研究下一代光刻技术，包括极紫外光刻技术、离子束投影光刻技术、角度限制投影电子束光刻技术以及X射线光刻技术。

但是，以硅为基础的芯片制造技术的发展不是无限的，随着晶体管尺寸接近纳米级，芯片发热等副作用会逐渐明显，电子运行也难以控制，晶体管将不再可靠。下一代计算机将从体系结构、工作原理、器件及制造技术进行颠覆性变革。目前可能的技术有：纳米技术、光技术、生物技术和量子技术，利用这些技术研究新一代计算机是世界各国研究的热点。

（1）量子计算机

量子计算机概念源于对可逆计算机的研究，目的是为了解决计算机中的能耗问题。

传统计算机遵循的是经典的物理规律，量子计算机遵循的是量子动力学规律，是一种信息处理新模式。在量子计算机中，用“量子位”代替传统电子计算机的二进制位。二进制位只能用“0”和“1”两个状态表示信息，而量子位则用粒子的量子力学状态来表示信息，两个状态可以在一个“量子位”中并存。量子位可以用于表示二进制“0”和“1”，也可以用这两个状态的组合来表示信息。量子计算机可以进行传统电子计算机无法完成的复杂计算，其运行速度是传统电子计算机无法比拟的。

（2）模糊计算机

1956 年，英国查理创立了模糊信息理论。依照模糊理论，判断问题不是以是、非两种绝对的值或 0 与 1 两种数码来表示，而是取许多值，如接近、几乎、差不多及差得远等等模糊值来表示。用这种模糊的、不确切的判断进行工程处理的计算机就是模糊计算机。模糊计算机是建立在模糊数学基础上的计算机。模糊计算机除具有一般计算机的功能外，还具有学习、思考、判断和对话的能力，可以立即辨识外界物体的形状和特征，甚至可帮助人从事复杂的脑力劳动。

1985 年，第一个模糊逻辑片设计制造成功。它一秒钟内能进行八万次模糊逻辑推理。现在，正在制造一秒钟内能进行 64.5 万次模糊推理的逻辑片。用模糊逻辑片和电路组合在一起，就能制成模糊计算机。

日本科学家把模糊计算机应用在地铁管理上：日本东京以北 320 千米的仙台市的地铁列车，在模糊计算机控制下，自 1986 年以来，一直安全、平稳地行驶着。车上的乘客可以不必攀扶拉手吊带。因为，在列车行进中，模糊逻辑“司机”判断行车情况的错误几乎比人类司机要少 70%。1990 年，日本松下公司把模糊计算机装在洗衣机里，能根据衣服的肮脏程度、衣服的质料调节洗衣程序。我国有些品牌的洗衣机也装上了模糊逻辑片。人们又把模糊计算机装在吸尘器里，可以根据灰尘量以及地毯的厚实程度调整吸尘器功率。模糊计算机还能用于地震灾情判断，疾病医疗诊断，发酵工程控制，海空导航巡视等方面。

（3）生物计算机

生物计算机也称仿生计算机，微电子技术和生物工程这两项高科技的相互渗透，为生物计算机的研制提供了可能。20 世纪 70 年代以来，人们发现脱氧核糖核酸(DNA)处在不同的状态下，可产生有信息和无信息的变化。科学家们发现生物元件可以实现逻辑电路中的“0”与“1”、晶体管的通导或截止、电压的高或低、脉冲信号的有或无等等。1995 年，世界各国 200 多位专家共同探讨了 DNA 计算机的可行性，认为生物计算机是以生物电子元件构建的计算机，不是模仿生物大脑和神经系统中的信息传递、处理等相关原理来设计的计算机。其生物电子元件是利用蛋白质具有的开关特性，用蛋白质分子制成集成电路，形成蛋白质芯片、红血素芯片等。利用 DNA 化学反应，通过和酶的相互作用可以使某基因代码通过生物化学反应转变为另一种基因代码，转变前的基因代码可以作为输入数据，反应后的基因代码可以作为运算结果，利用这一过程可以制成新型的生物计算机。现今科学家已研制出了许多生物计算机的主要部件——生物芯片。

（4）光子计算机

光子计算机是一种由光信号进行数字运算、逻辑操作、信息存贮和处理的新型计算机。

运用集成光路技术，把光开关、光存储器等集成在一块芯片上，再用光导纤维连接成计算机。1990 年 1 月，美国贝尔实验室制成世界上第一台光子计算机，这是光子计算领域的一大突破，装置很粗糙，由激光器、透镜和棱镜等组成，只能用于计算。

电子计算机的发展依赖于电子器件，尤其是集成电路，同样，光子计算机的发展也取决于光逻辑元件和光存储元件，即集成光路的突破。近 20 年，只读光盘 CD-ROM、可视光盘 VCD 和数字通用光盘 DVD 的接连出现。光子计算机的许多关键技术，如光存储技术、光互连技术、光电子集成电路等都已经获得突破，为光子计算机的研制、开发和应用奠定了基础。现在，除了美国贝尔实验室，日本和德国也投入巨资研制光子计算机，将来预计会出现更先进的光子计算机。

（5）超导计算机

1911 年，荷兰物理学家昂内斯发现纯汞在 4.2K 低温下电阻变为 0 现象，超导线圈中的电流可以无损耗地流动。随着计算机诞生和超导技术的发展，科学家们想到用超导材料来替代半导体制造计算机，早期工作主要是延续传统的半导体计算机的设计思路，将半导体材料制作的逻辑门电路改为用超导材料制作的逻辑门电路，本质上没有突破传统计算机的设计框架，况且，在 20 世纪 80 年代中期以前，超导体材料的临界温度仅在液氦温区，实现超导计算机的计划费用昂贵。在 1986 年左右，情况发生了逆转，高温超导体的发现使人们在液氮温区外找到新型的超导材料，超导计算机的研究又重新获得各方重视。超导计算机具有超导逻辑电路和超导存储器，其能耗小、运算速度高是传统计算机无法比拟的。世界各国都有科学家在研究超导计算机，但是还存在许多难以突破的技术问题。

1.2.3 信息技术

科学技术的发展及社会的进步促进了计算和通信工具的创新，21 世纪人类进入信息时代，信息技术（Information Technology ，IT）作为信息社会最关键的技术，它已渗透到人类社会的生活和工作的方方面面。计算机技术是信息技术的基础，是人类文明史上伟大的发明之一，掌握计算机的基本应用，已经成为人们必需的生活技能。

1. 信息技术的定义

信息技术的内涵随着信息技术的发展而不断变化，专家仍没有统一的定义，就一般意义而言，信息的采集、加工、存储、传输和利用过程中的每一种技术都是信息技术，这是狭义的定义。在现代信息时代，技术发展能够导致虚拟现实的产生，信息本质也被改写，一切可以用二进制进行编码的东西都被称为信息。联合国教科文组织对信息技术的定义是：应用在信息加工和处理中的科学、技术与工程的训练方法与管理技巧；上述方法和技巧的应用；计算机及其人、机的相互作用；与之相应的社会、经济和文化等诸种事物。从这个信息技术的定义出发，信息技术一般是指一系列与计算机相关的技术。该定义侧重于信息技术的应用，对信息技术可能对社会、科技、人们的日常生活产生的影响以及相互作用进行了广泛的研究。

信息技术包括现代信息技术和现代文明之前的原始社会和古代社会中各时代相对应的信息技术。不能把信息技术等同于现代信息技术。

2. 现代信息技术的内容

信息技术包含信息基础技术、信息系统技术和信息应用技术三个层次的内容。

（1）信息基础技术

信息基础技术是信息技术的基础，包括新材料、新能源、新器件的开发和制造技术。近几十年来，发展最快、应用最广、对信息技术及整个高科技领域的发展影响最大的是微电子技术和光电子技术。

微电子技术是随着集成电路，尤其是超大规模集成电路而发展起来的一门新技术，是信息技术的基础和支柱，微电子技术包括系统电路设计、器件物理、工艺技术、材料自备、自动测试以及封装、组装等一系列专门的技术。微电子技术是微电子学中各项工艺技术的总和。

光电子技术是由光子技术和电子技术结合而成的新技术，涉及光显示、光存储、激光灯领域，是未来信息产业的核心技术。

（2）信息系统技术

信息系统技术是指有关信息的获取、传输、处理、控制的设备和系统的技术。感测技术、通信技术、计算机与智能技术和控制技术是它的核心和支撑技术。

感测技术是获取信息的技术，主要是对信息进行提取、识别或检测，通过一定计算方式显示计算结果。

现代通信技术一般指电信技术，国际上称为远程通信技术。

计算机与智能技术是以人工智能理论和方法为核心，研究如何用计算机去模拟、延伸和扩展人的智能；如何设计和构建具有高智能水平的计算机应用系统；如何设计和制造更聪明的计算机。一个完整的智能行为周期为：从机器感知到知识表达；从机器学习到知识发展；从搜索推理到规划决策；从智能交互到机器行为、到人工生命等，构成了智能科学与技术学科特有的认识对象。

控制技术是指对组织行为进行控制的技术。控制技术是多种多样的，常用的控制技术有信息控制技术和网络控制技术两种。

（3）信息应用技术

信息应用技术是针对各种实用目的如信息管理、信息控制、信息决策而发展起来的具体技术，如企业生产自动化、办公自动化、家庭自动化、人工智能和互联网技术等。它们是信息技术开发的根本目的所在。

信息技术在社会的各个领域得到广泛的应用，显示出强大的生命力。纵观人类科技发展历程，还没有一项技术像信息技术一样对人类社会产生如此巨大的影响。

3. 现代信息技术发展趋势

未来，在社会生产力发展、人类认识和实践活动的推动下，信息技术将得到更深、更广、更快的发展，发展趋势可以概括为数字化、多媒体化、高速度、网络化、宽频带和智能化等。

（1）数字化

信息化时代，信息被数字化并且在数字网络流通，大量信息被压缩，并以光速传输，数字传输的品质高于模拟传输的品质。许多种信息形态能够被结合、被创造，如多媒体文件。无论在世界任何地方，都可以随时存储和取用信息。小巧到可以放入口袋的数字新产品将被制造出来，数字化将对商业和个人生活各个层面产生重大影响。

（2）多媒体化

多媒体技术将文字、声音、图形、图像、视频等信息媒体与计算机集成在一起，使计算机的应用由单纯的文字处理进入文、声、图、影集成处理。随着多媒体技术的发展和成熟，每一种媒体都将被数字化并容纳进多媒体的集合里，系统将信息整合在人们的日常生活中，以接近人类的工作方式和思考方式来设计与操作。

（3）高速度、网络化、宽频带

当今 Internet 已经能够传输多媒体信息，但仍然是一条被形象称为花园小径的频段宽带低的网络路径。实现宽频的多媒体网络是未来信息技术发展趋势，当前，几乎所有的国家都在进行新一代信息基础设施建设，即建设宽频信息高速公路。新一代 Internet 技术的（Internet 2）的传输速率将达到 2.4GB/s。

（4）智能化

目前，信息处理装置以及信息传输的网络几乎没有智能，人们常常在网上耗费大量的时间去找有限的信息。随着信息技术向智能化方向的发展，在超媒体世界里，“软件代理”可以替人们在网络上漫游。作为信息的寻找器，“软件代理”不需要浏览器就可以收集在网络上获取的信息。

1.3 计算机中信息的表示

计算机科学的研究主要有信息的采集、存储、处理和传输，而这些都和信息的量化和表示密切相关。计算机通过电子器件来表示和存储信息，而这些信息都采用二进制进行编码。二进制信息有其特有的信息单位和数量关系。字符和汉字是计算机中常用的信息，它们都有各自的编码标准。

1.3.1 数据与信息

数据是对客观事物的符号表示，数值、文字、语言、图形、图像等都是不同形式的数据。

信息是对各种事物变化和特征的反映，是事物之间相互作用和相互联系的表征，人们通过接收信息来认识事物，信息是接收者原来不了解的知识。

计算机科学中的信息是指能够用计算机处理的有意义的内容或消息，这些内容或消息以数据形式出现，如数值、文字、语言、图形、图像等，数据是信息的载体。

数据与信息的区别是：数据与信息是两个完全不同的概念，信息是数据处理之后产生的结果，信息具有针对性和实效性，信息有意义，数据没有，数据与信息这两个词在许多场合可以互换使用。例如：温度 38℃是数据，没有意义，但是如果说某个病人体温 38℃，那这就是信息，这就有意义了，表示这个病人处于低烧状态。也就是说，当数据以某种形式，经过处理、描述或与其他数据进行比较时，便赋予了意义。

信息资源与物质资源和能源资源，是人类生存和社会发展的三大基本资源之一，维系着社会的生存和发展，是现代社会经济发展的三大支柱。

1.3.2 常用数制及其转换

ENIAC 是十进制计算机，采用 10 个真空管表示一位十进制数，存储程序式计算机之父——冯·诺依曼在研究 IAS 计算机时，感觉十进制的表示和实现方式麻烦，为了表示数据方便以及实现运算的电路简单可靠，就提出了二进制的表示方式，从而改变了整个计算机的发展历史。

二进制只有“0”和“1”两个数码。与十进制相比，二进制运算简单、易于物理实现、通用性强，最主要的优点是占用的空间和消耗能量小、机器可靠性高。

计算机内部各种信息都用二进制表示，计算机与外部交互仍然采用人们熟悉和便于阅读的形式，如十进制数据、文字显示以及图形描述等，由计算机系统的硬件和软件来实现进制的转换。转换过程如图 1-4 所示。如声音经话筒生成在时间和幅值都连续变化的模拟信号，要经过模/数（A/D）转换器将其转换为数字信号，再送入计算机中进行处理和存储；处理结果通过数/模（D/A）转换器将数字信号转换为模拟信号，我们从扬声器中才能听到连续正常的声音。

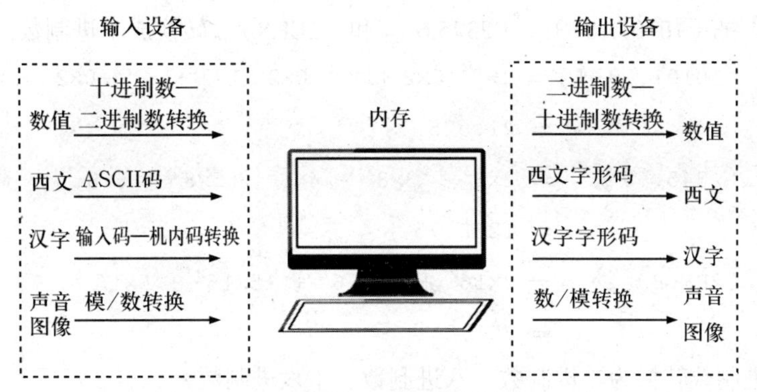

图 1-4　计算机中的数据转换

1. 常用数制

（1）十进制

十进制是人们最常用的数制，十进制数有以下特点：每一位上出现的数字有 10 个（0 ~ 9）；从右往左每位上的权分别是 10^0、10^1、10^2、…、10^n；运算时"逢十进一""借一当十"。例如，123 按权展开为：

$$123 = 1\times10^2 + 2\times10^1 + 3\times10^0$$

（2）二进制

计算机以电子器件为基本部件，信息在计算机中是以电子器件的物理状态来表示的。如果计算机内部采用十进制数，不仅电子器件很难表示 0 ~ 9 这 10 个数字，而且实现运算的电路也相当复杂。由于电子器件很容易确定两种不同的稳定状态，可直接表示二进制数的 0 和 1，并且实现运算的电路相当简单，所以计算机中的信息都是用二进制数表示的。

二进制数的特点是：每一位上出现的数字有两个（0 和 1）；从右往左每位上的权分别是 2^0、2^1、2^2、…、2^n；运算时"逢二进一""借一当二"。在表示非十进制数时，通常用小括号将其括起来，数制以下标形式注在括号外。例如，$(10101101)_2$ 表示为：

$$(10101101)_2 = 1\times2^7 + 0\times2^6 + 1\times2^5 + 0\times2^4 + 1\times2^3 + 1\times2^2 + 0\times2^1 + 1\times2^0 = 173$$

（3）八进制和十六进制

不难看出，用二进制表示十进制数时需要很多位，这在书写和记忆时都很不方便。因此为了方便，人们还采用八进制数和十六进制数。

八进制数的特点是：每一位上出现的数字有 8 个（0 ~ 7）；从右往左每位上的权分别是 8^0、8^1、8^2、…、8^n；运算时"逢八进一""借一当八"。例如，$(135)_8$ 表示为：

$$(135)_8 = 1\times8^2 + 3\times8^1 + 5\times8^0 = 93$$

十六进制数的特点是：每一位上出现的数字有 16 个，它们是 0 ~ 9 及 A、B、C、D、E、F（分别等于 10、11、12、13、14、15）；从右往左每位上的权分别是 16^0、16^1、16^2、…、16^n；运算时"逢十六进一""借一当十六"。例如，$(2C7)_{16}$ 表示为：

$$(2C7)_{16} = 2\times16^2 + 12\times16^1 + 7\times16^0 = 711$$

2. 不同数进制数之间的转换

（1）二进制数、八进制数、十六进制数转换为十进制数

转换方法是：把要转换的数按位权展开，然后进行相加计算。

【例 1-1】把（10101.101）$_2$、（2345.6）$_8$ 和（2EF.8）$_{16}$ 转换成十进制数。

解：
$$(10101.101)_2 = 1\times2^4+0\times2^3+1\times2^2+0\times2^1+1\times2^0+1\times2^{-1}+0\times2^{-2}+1\times2^{-3} = 21.625$$
$$(2345.6)_8 = 2\times8^3 + 3\times8^2 + 4\times8^1 + 5\times8^0 + 6\times8^{-1} = 1253.75$$
$$(2EF.8)_{16} = 2\times16^2 + 14\times16^1 + 15\times16^0 + 8\times16^{-1} = 751.5$$

（2）十进制数转换为二进制数、八进制数、十六进制数

转换分两步：整数部分用 2（或 8、16）一次次地去除，直到商为 0 为止，将得到的余数按出现的逆顺序写出；小数部分用 2（或 8、16）一次次地去乘，直到小数部分为 0 或达到有效的位数为止，将得到的整数按出现的顺序写出。

【例 1-2】把 13.6875 转换为二进制数。

解：整数部分（13）

13 ÷ 2 = 6 …1
6 ÷ 2 = 3 …0
3 ÷ 2 = 1 …1
1 ÷ 2 = 0 …1
13 = （1101）$_2$

小数部分（0.6875）

0.6875×2 = $\underline{1}$.375
0.375×2 = $\underline{0}$.75
0.75×2 = $\underline{1}$.5
0.5×2 = $\underline{1}$.0
0.6875 = （0.1011）$_2$

13.6875 = （1101.1011）$_2$

【例 1-3】把 654.3 转换为八进制数，小数部分精确到 4 位。

解：整数部分（654）

654 ÷ 8 = 81 …6
81 ÷ 8 = 10 …1
10 ÷ 8 = 1 …2
1 ÷ 8 = 0 …1
654 = （1216）$_8$

小数部分（0.3）

0.3×8 = $\underline{2}$.4
0.4×8 = $\underline{3}$.2
0.2×8 = $\underline{1}$.6
0.6×8 = $\underline{4}$.8
0.3 ≈ （0.2314）$_8$

654.3 ≈ （1216.2314）$_8$

【例 1-4】把 6699.7 转换为十六进制数，小数部分精确到 4 位。

解：整数部分（6699）

6699 ÷ 16 = 418 …11（B）
418 ÷ 16 = 26 …2
26 ÷ 16 = 1 …10（A）
1 ÷ 16 = 0 …1
6699 = （1A2B）$_{16}$

小数部分（0.7）

0.7×16 = $\underline{11}$.2（B）
0.2×16 = $\underline{3}$.2
0.2×16 = $\underline{3}$.2
0.2×16 = $\underline{3}$.2
0.7 ≈ （0.B333）$_{16}$

6699.7 ≈ （1A2B. B333）$_{16}$

（3）二进制数转换为八进制数、十六进制数

因为 $2^3 = 8$、$2^4 = 16$，所以 3 位二进制数相当于 1 位八进制数，4 位二进制数相当于 1 位十六进制数。二进制数转换为八进制数、十六进制数时，以小数点为中心分别向两边按 3 位

或 4 位分组，最后一组不足 3 位或 4 位时，用 0 补足，然后把每 3 位或 4 位二进制数转换为八进制数或十六进制数。

【例 1-5】把（1010101010.1010101）$_2$转换为八进制数和十六进制数。

解：001 010 101 010 ： 101 010 100

1 2 5 2 5 2 4

即（1010101010.1010101）$_2$=（1252.524）$_8$

0010 1010 1010 . 1010 1010

3 A A . A A

即（1010101010.1010101）$_2$=（2AA.AA）$_{16}$

（4）八进制数、十六进制数转换为二进制数

这个过程是上述（3）的逆过程，1 位八进制数相当于 3 位二进制数，1 位十六进制数相当于 4 位二进制数。

【例 1-6】把（1357.246）$_8$和（147.9BD）$_{16}$转换为二进制数。

解： 1 3 5 7 . 2 4 6

001 011 101 111 . 010 100 110

即（1357.246）$_8$=（1011101111.01010011）$_2$

1 4 7 . 9 B D

0001 0100 0111 . 1001 1011 1101

即（147.9BD）$_{16}$=（101000111.100110111101）$_2$

3. 十进制数与二进制数、八进制数和十六进制数间的关系（见表 1-2）

表 1-2 十进制数与二进制数、八进制数和十六进制数间的关系

十进制	二进制	八进制	十六进制
0	0	0	0
1	1	1	1
2	10	2	2
3	11	3	3
4	100	4	4
5	101	5	5
6	110	6	6
7	111	7	7
8	1000	10	8
9	1001	11	9
10	1010	12	A
11	1011	13	B
12	1100	14	C
13	1101	15	D
14	1110	16	E
15	1111	17	F

1.3.3 计算机中的数据单位

计算机中的所有信息都是以二进制表示的，计算机中的数据的最小单位是位。存储容量的基本单位是字节。

（1）位，也称比特，记为 bit 或 b，位是最小的数据度量单位，表示 1 个二进制数位。例如，$(10101101)_2$占有 8 位。

（2）字节，记为 Byte 或 B，一个字节表示 8 个二进制数位（1Byte=8bit）。字节是计算机中信息组织和存储的基本单位，也是计算机体系结构的基本单位。例如，$(10101101)_2$占有 1 个字节。

早期计算机没有字节概念，随着计算机逐渐从单纯用于科学计算扩展到数据处理领域，为了在体系结构上兼顾表示“数”和“字符”，20 世纪 50 年代中期，出现了“字节”。IBM 设计的第一台 Stretch 超级计算机，64 位处理器，Stretch 打印机只有 120 个字符，每个字符用 7 位二进制数表示，因为 $2^7=128$，最多可以表示 128 个字符。但是考虑到字符集可能需要扩充，就用 8 位字长表示一个字符。即 64 位可以容纳 8“字节”，这就是字节的来历。

为了便于衡量大小，存储器统一用字节（Byte，B）为单位，为了便于二进制数的表示和处理，字节还有 4 个与物理学稍有不同的量：KB、MB、GB、TB。

- 1KB = 1024B = 2^{10} B
- 1MB = 1024KB = 2^{20}B
- 1GB = 1024MB = 2^{30}B
- 1T B= 1024GB = 2^{40}B

1K 字节记为 1KB，1M 字节记为 1MB，1G 字节记为 1GB，1T 字节记为 1TB。

（3）字长：计算机一次能够同时（并行）处理的二进制位称为该机器的字长。字长是计算机的重要指标，反映计算机的计算能力和计算精度。字长越大，计算机数据处理的速度越快。

1.3.4 计算机中字符的编码

计算机不仅能进行数值型数据的处理，而且还能进行非数值型数据的处理。最常见的非数值型数据是字符数据。

字符数据包括西文字符（字母、数字、各种符号）和汉字，即所有不可做算术运算的数据。这些字符数据在计算机中也是用二进制数表示的，每个字符对应一个二进制数，称为二进制编码。

1. ASCII 码

计算机中的数据都是用二进制编码表示，表示字符的二进制编码称为字符编码。字符的编码在不同的计算机上应是一致的，这样便于交换与交流。目前计算机中普遍采用的是美国信息交换标准码（American Standard Code for Information Interchange ASCII）。ASCII 由美国国家标准局制定，后被国际标准化组织（ISO）采纳，作为一种国际通用信息交换的标准代码。

ASCII 码有 7 位码和 8 位码两种版本。国际通用的 ASCII 码由 7 位二进制数组成，共能表示 $2^7=128$ 个字符数据，包括计算机处理信息常用的英文字母、数字符号、算术运算符号、标点符号等。7 位 ASCII 码见表 1-3。

表 1-3　7 位 ASCII 码

ASCII编码	编码的值	控制符号	ASCII编码	编码的值	控制符号	ASCII编码	编码的值	控制符号	ASCII编码	编码的值	控制符号
0000000	0	NUL	0100000	32	SP	1000000	64	@	1100000	96	`
0000001	1	SOH	0100001	33	!	1000001	65	A	1100001	97	a
0000010	2	STX	0100010	34	"	1000010	66	B	1100010	98	b
0000011	3	ETX	0100011	35	#	1000011	67	C	1100011	99	c
0000100	4	EOT	0100100	36	$	1000100	68	D	1100100	100	d
0000101	5	ENQ	0100101	37	%	1000101	69	E	1100101	101	e
0000110	6	ACK	0100110	38	&	1000110	70	F	1100110	102	f
0000111	7	DEL	0100111	39	'	1000111	71	G	1100111	103	g
0001000	8	BS	0101000	40	(	1001000	72	H	1101000	104	h
0001001	9	HT	0101001	41	)	1001001	73	I	1101001	105	i
0001010	10	LF	0101010	42	*	1001010	74	J	1101010	106	j
0001011	11	VT	0101011	43	+	1001011	75	K	1101011	107	k
0001100	12	FF	0101100	44	’	1001100	76	L	1101100	108	l
0001101	13	CR	0101101	45	-	1001101	77	M	1101101	109	m
0001110	14	SO	0101110	46	.	1001110	78	N	1101110	110	n
0001111	15	SI	0101111	47	/	1001111	79	O	1101111	111	o
0010000	16	DLE	0110000	48	0	1010000	80	P	1110000	112	p
0010001	17	DC1	0110001	49	1	1010001	81	Q	1110001	113	q
0010010	18	DC2	0110010	50	2	1010010	82	R	1110010	114	r
0010011	19	DC3	0110011	51	3	1010011	83	S	1110011	115	s
0010100	20	DC4	0110100	52	4	1010100	84	T	1110100	116	t
0010101	21	NAK	0110101	53	5	1010101	85	U	1110101	117	u
0010110	22	SYN	0110110	54	6	1010110	86	V	1110110	118	v
0010111	23	ETB	0110111	55	7	1010111	87	W	1110111	119	w
0011000	24	CAN	0111000	56	8	1011000	88	X	1111000	120	x
0011001	25	EM	0111001	57	9	1011001	80	Y	1111001	121	y
0011010	26	SUB	0111010	58	:	1011010	90	Z	1111010	122	z
0011011	27	ESC	0111011	59	;	1011011	91	[	1111011	123	{
0011100	28	FS	0111100	60	<	1011100	92	\	1111100	124	|
0011101	29	GS	0111101	61	=	1011101	93	]	1111101	125	}
0011110	30	RS	0111110	62	>	1011110	94	^	1111110	126	～
0011111	31	US	0111111	63	?	1011111	95	_	1111111	127	DEL

ASCII 码只对英文字母、数字和标点符号进行编码，有 34 个非图形字符（也称控制字符）。如：

SP（Space）编码是 0100000　　空格

CR（Carriage RETURn）编码是 0001101　　回车

DEL（Delete）编码是 1111111　　删除

BS（Backspace）编码是 0001000　　退格

其余 94 个可打印字符，也称图形字符，从小到大排列有 0~9、A~Z、a~z，小写比大写字母的码值大 32，即第六位为 1 或 0，这有利于大小写字母间的编码转换。有些特殊编码容易记忆，如：

“a”字符的编码为 1100001，对应的十进制数是 97，则“b”字符的编码为 98

“A”字符的编码为 1000001，对应的十进制数是 65，则“B”字符的编码为 66

"0"字符的编码为0110000，对应的十进制数是48，则"1"字符的编码为49

ASCII码是7位编码，但计算机大都以字节为单位进行信息处理。为了方便，人们一般将ASCII码的最高位前增加一位0，凑成一个字节，便于存储和处理。

2. 汉字编码

汉字也是一种字符数据，在计算机中同样也用二进制数表示，称为汉字的机内码。用二进制数对汉字进行编码时应按标准进行编制。常用汉字编码标准有GB2312-80、BIG-5、GBK。汉字机内码通常占两个字节，第一个字节的最高位是1，这样不会与存储ASCII码的字节混淆。

GB 2312—80（GB是"国标"二字的汉语拼音缩写），1980年由国家标准总局发布，全称为"信息交换用汉字编码字符集—基本集"。GB 2312—80习惯上称国标码或GB码，是一个简化汉字的编码，通行于我国大陆地区。

GB2312-80包括了图形符号（序号、汉字制表符、日文和俄文字母等共682个）和常用汉字（6 763个，分两级，其中一级汉字3 755个，按汉语拼音字母的次序排列；二级汉字3 008个，按偏旁部首排列）。由于一个字节只能表示256种编码，不足于表示6 763个汉字，所以一个国标码用两个字节表示一个汉字，每个字节最高位为0。

为避开ASCII码中的控制码，将GB2312-80中的6 763个汉字分成94行、94列，代码表分94个区（行）和94个位（列）。由区号（行号）和位号（列号）构成区位码，区位码由4位十进制数字组成，前两位为区号，后两位为位号，区位码最多可以表示94×94=8 836个汉字。其中01～09区是特殊字符；10～55区是一级汉字（按拼音顺序排列）；56～87区是二级汉字（按部首顺序排列）；88～94区没有使用，可以自定义汉字。

根据国标码，每个汉字与一个区号和位号对应，反过来，给定一个区号和位号，就可确定一个汉字或汉字符号。例如，"中"的区位码为54 48，位于第54行（区）、48列（位）。"青"的区位码为39 64，在39行（区）、64列（位）。

区位码是一个4位十进制数，国标码是一个4位十六进制数，汉字输入区位码与国标码的换算关系：将汉字的十进制区号和十进制位号分别转换为十六进制，然后分别加上20_H（十进制的32），就成为汉字的国标码。例如，汉字"中"的区位码与国标码的转换：

区位码　5448_D　$(3630)_H$

国标码　8680_D　$(3630_H+20\ 20_H)=5650_H$

二进制为：$(00110110\ 00110000)_B+(00100000\ 00100000)_B$

$=(01010110\ 01010000)_B$

使用汉字的地区除了中国内地外，还有中国台湾、港澳地区以及日本和韩国，这些地区和国家使用了与中国内地不同的汉字字符集。我国台湾省、香港特别行政区等地区使用的汉字是繁体字，即BIG5，俗称"大五码"。

1992年通过的国际标准ISO 10646，定义了一个用于世界范围各种文字及各种语言的书画形式的图形字符集，基本收全了中国、日本和韩国使用的汉字。Unicode 编码标准对汉字集的处理与ISO 10646相似。

GB2312-80中有许多汉字没有包括在内，1995年12月15日发布和实施了GBK编码（扩展汉字编码），共收录21 003个汉字，支持国际标准ISO 10646中的中日韩所有汉字，也包含了 BIG5（中国香港、中国澳门、中国台湾）编码中的所有汉字，目前 Windows 以上版本都支持 GBK 编码。只要计算机安装了多语言支持功能，几乎不需要特别操作就可以在不同的汉字系统间转换。"微软拼音""全拼""紫光"等几种输入法都支持GBK字符集。2001年我国发布了GB 18030编码标准，是GBK的升级，GB 18030编码空间约160万码位，目前已经纳入编码的汉字约2.6万个。

3. 汉字的处理过程

计算机内部只能识别二进制编码，字符、汉字、声音、图像等各种信息都必须以二进制编码的形式存放在计算机中。从汉字编码的角度看，计算机对汉字信息的处理过程实际上是各种汉字编码间的转换过程。这些编码包括：汉字输入码、汉字内码、汉字地址码、汉字字形码等。汉字编码及转换、汉字信息处理中各编码及流程如图1-5所示。

图1-5　汉字信息处理系统模型

从图1-5可以看出，通过键盘输入每个汉字的输入代码（如拼音输入码），不论哪种汉字输入法，计算机都将每个汉字的输入码转换为相应的国标码，然后再转换为机内码，就可以在计算机内存储和处理。输出汉字时，先将汉字的机内码通过简单的对应关系转换为相应的汉字地址码，然后通过汉字地址码对汉字库进行访问，从字库中提取汉字的字形码，最后根据字形数据显示和打印出汉字。

（1）汉字输入码

汉字输入码也称外码，是为将汉字输入到计算机而设计的代码。汉字输入码是利用计算机标准键盘上按键的不同排列组合对汉字的输入进行编码。汉字输入编码法的开发研究种类已达数百种，但是目前还没有比较好的输入编码。好的输入编码应具备：编码短，可以减少击键次数；重码少，可以实现盲打；易学易记，便于学习和掌握。目前常用输入法类别有：音码、形码、语音输入、手写输入或扫描输入等。区位码也是一种输入法，其优点是一字一码的无重码输入，缺点是代码难记。

同一汉字，不同的输入法有不同的输入码，如："中"的全拼输入码是"zhong"，双拼输入码是"vs"，五笔型的输入码是"kh"，不同的输入码通过输入字典统一转换到标准国标码。

（2）汉字内码

汉字内码是为计算机内部对汉字进行存储、处理的汉字编码，它应能满足存储、处理和传输的要求。当一个汉字输入计算机后就会转换为内码，然后才能在机器内传输、处理。汉字内码的形式也有多种多样。目前，对应于国标码，一个汉字也用2个字节存储，并把每个字节的最高二进制位置"1"作为汉字内码的标识，以免与单字节的ASCII码产生歧义性。如果用十六进制表述，就是把汉字国标码的每个字节上加一个$(80)_H$，即二进制的10000000。所以汉字国标码与汉字内码关系为：

汉字的内码=汉字国标码+$(8080)_H$

例如"中"的国标码为$(5650)_H$

"中"的内码="中"的国标码为$(5650)_H+(8080)_H=(D6D0)_H$

二进制表示为：$(01010110\ 01010000)_B+(10000000\ 10000000)_B$

$=(11010110\ 11010000)_B$

可以看出，西文字符的内码是7位ASCII码，一个字节的最高位为0。每个西文字符的ASCII码值都小于128，为了与ASCII码兼容，汉字用两个字节存储，区位码再分别加上20H，就成为汉字的国标码。在计算机内部为了能够区分汉字还是ASCII码，将国标码每个字节的最高位由 0 变为 1（也就是说汉字内码的每一个字节都大于 128），变换后的国标码称为汉字内码。

4. 汉字字型码

经过计算机处理的汉字信息，汉字内码必须转换成人们可读的方块汉字，才能显示或打印出来供阅读。汉字字型码又称汉字字模，用于汉字在显示屏或打印机输出。汉字字型码通常有两种表示方式：点阵和矢量表示方法。

用点阵表示字型时，汉字字型码指的是这个汉字字型点阵的代码。根据输出汉字的要求不同，点阵的多少也不同。简易型汉字为 16×16 点阵，普通型汉字为 24×24 点阵，提高型汉字为 32×32 点阵、48×48 点阵等。如图 1-6 显示了“次”的 16×16 字型点阵和代码。

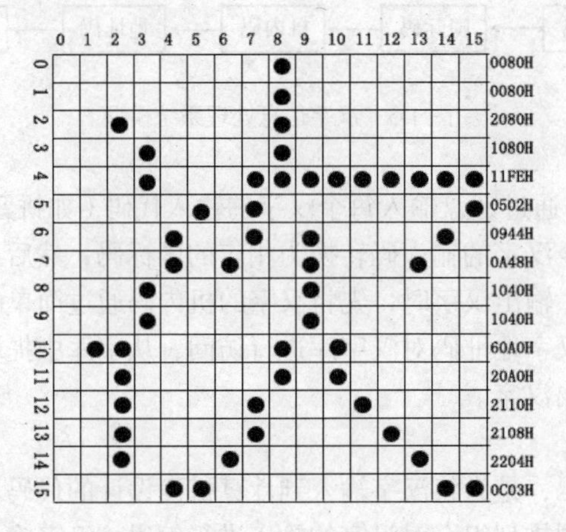

图 1-6　汉字字形点阵机器编码

在 16×16 网格中用点描出一个汉字，如“次”，网格分 16 行 16 列，每个小格用 1 位二进制编码表示，有点的用“1”表示，没有点的用“0”表示，从上到下，每一行需要 16 个二进制位，占两个字节，如第三行的点阵编码是（2080）$_H$，描述整个汉字的字型需要 32 个字节的存储空间。汉字的点阵字型编码仅用于构造汉字的字库，不同的字体一般有不同的字库，字库中存储了每个汉字的点阵代码。字模点阵只能用于构成“字库”，不能用于机内存储。输出汉字的过程是，先根据汉字的内码从字库中提取汉字的字型数据，再根据字型数据显示和打印出汉字。

点阵规模越大，字型越清晰美观，所占存储空间也越大。两级汉字大约占用 256KB。字型放大后产生的效果差是点阵表示方式的缺点。

矢量表示方式存储的是描述汉字字型的轮廓特征，当要输出汉字时，计算机通过计算，由汉字字型描述生成所需大小和形状的汉字点阵。矢量化字型描述与最终文字显示的大小、分辨率无关，因此可以产生高质量的汉字输出。Windows 中使用的 TrueType 技术就是汉字的矢量表示方式，它解决了汉字点阵字型放大后出现锯齿现象的问题。

5. 汉字地址码

汉字地址码是指汉字字模库（这里主要指整字型的点阵字模库）中存储各汉字字型信息的逻辑地址码。需要向输出设备输出汉字时，必须通过地址码对汉字库进行访问。汉字库中，字型信息都是按一定顺序（大多数按标准汉字交换码中汉字的排列顺序）连续存放在存储介质上，所以汉字地址码也大多是连续有序的，而且与汉字内码间有着简单的对应关系，以简化汉字内码到汉字地址码的转换。

6. 其他汉字内码

GB2312-80 国标码只能表示和处理 6 763 个汉字，为了便于全球信息交流，统一表示世界各地的文字，各级组织公布了各种汉字内码。

（1）GBK 码（汉字内码扩展规范），我国制定的，是 GB2312-80 码的扩充，对 2 万多的繁简体汉字进行编码。这种内码以 2 字节表示一个汉字，第一个字节为（81）$_H$~（FE）$_H$，第二个字节为（40）$_H$~（FE）$_H$。虽然第二个字节最左边不一定是 1，但因为汉字内码总是 2 字节连续出现，所以即使与 ASCII 码混在一起，计算机也能正确识别。简体版中文 Windows95/98/2000/XP 使用的是 GBK 内码。

（2）UCS 码（通用多八位编码字符集）是国际标准化组织（ISO）为各种语言字符制定的编码标准。ISO/IEC 10646 字符集中的每个字符用 4 个字节（组号、平面号、行号和字位号）唯一地表示，第一个平面（00 组中的 00 平面）称为基本多文种平面（BasicMultilingual Plane，BMP），包含字母文字、音节文字以及中、日、韩（CJK）的表意文字等。

（3）Unicode 编码是另一个国际编码标准，是通用的多文种字符集，最初由 Apple 公司发起制定，得到计算机界的支持，被多家计算机产商组成 Unicode 协会进行开发，成为能够用双字节编码统一表示几乎全世界所有书写语法的字符编码标准。

Unicode 编码可容纳 65 536 个字符编码，可以解决多语言的计算问题，如不同国家的字符标准，允许交换、处理和显示多语言文本以及公用的专业符号和数学符号。Unicode 编码适用于目前所有已知的编码，随着人们数据交换需求的增长，成为当今最为重要的交换和显示的通用字符编码标准。目前，Unicode 编码在网络、Windows 系统和很多大型软件中都得到了应用。

（4）BIG5 码是一个繁体汉字编码标准。中文繁体版 Windows 95/98/2000/XP 使用的是 BIG5 内码。

1.4 计算机系统

计算机系统由硬件系统和软件系统两部分组成。

硬件系统和软件系统是相互补充、相互促进的。无论是硬件还是软件的发展，最终都会给对方以推动和促进。例如早期计算机软件很贫乏，随着其硬件的发展，软件多种多样。再如许多新推出的操作系统（如 Windows Vista）非常庞大，在低档硬件上无法发挥其优势，这又迫使计算机硬件不断发展。计算机软件是指在硬件设备上运行的各种程序及其有关的资料。所谓程序是用于指挥计算机执行各种动作以便完成指定任务的指令序列。

1.4.1 计算机硬件系统

计算机硬件是指组成一台计算机的各种物理装置，它是计算机工作的物质基础。没有硬件就不能称其为计算机。不同计算机在性能、用途和规模上有所不同，但基本结构都遵循冯·诺依曼型体系结构，符合这种设计的计算机也称冯·诺依曼计算机。冯·诺依曼计算机由运算、控制、存储、输入和输出五部分组成。

1. 运算器

运算器（Arithmetic Unit，AU）是计算机处理数据、形成信息的加工厂。它的主要功能是对二进制数码进行各种算术和逻辑运算，也称算术逻辑部件(Arithmetic and Logic Unit，ALU)。算术运算就是数的加、减、乘、除和乘方、开方等数学运算，逻辑运算是指逻辑变量间的运算，即通过与、或、非、异或等基本操作对二进制数进行逻辑判断。有了运算器的运行，计算机才能完成各种复杂操作。参与运算的数是在控制器统一指挥下从内存储器取出到运算器，由运算器完成运算任务。

运算器的核心是加法器（Adder）。计算机运行时，各种运算均可归结为相加和移位这两个基本操作。为了将操作数暂时存放，将每次运算的中间结果暂时保留，运算器还需要若干个寄存数据的寄存器(Register)。若一个寄存器既保存本次运算结果又参与下次运算，它的内容就是多次累加的和，这样的寄存器又叫累加器(Accumulator，AL)。

运算器处理的对象是数据，处理的数据来自于存储器，处理后的结果通常送回存储器或暂存在运算器中，数据长度和表示方法对运算器的性能影响很大。计算机的运算精度取决于字长大小，字长越长，处理的数的范围越大，运算精度越高，处理速度越快。

以“2+3=？”的计算机工作过程为例，在控制器作用下，计算机分别从内存中读取操作数（10）$_2$和（11）$_2$，将其暂存在寄存器 A 和寄存器 B 中。运算时，两个操作数同时传送至 ALU，并完成加法操作，根据需要把执行后的结果传送至存储器的指定单元或运算器的某个寄存器中，如图 1-7 所示。

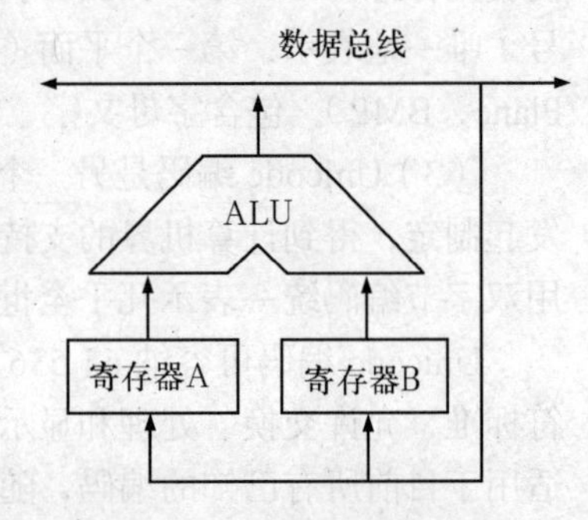

图 1-7　运算器结构示意图

与运算器相关的性能指标包括计算机的字长和运算速度，运算器的性能指标是衡量计算机性能的重要因素之一。

字长是指计算机运算部件一次能够同时处理二进制数据的位数，字长越长，作为数据存储，计算机的运算精度越高；作为指令存储，则计算机的处理能力就越强。Intel 和 AND 微处理器大多支持 32 位或 64 位字长，对应的机器可以并行处理 32 位或 64 位的二进制算术运算和逻辑运算。

运算速度是指计算机每秒能够执行加法指令的数目。常用的有百万次/秒（Million Instructions Per Second，MIPS），可以直观表示机器的速度。

2. 控制器

控制器（Controller Unit，CU）是计算机的心脏，是整个计算机的控制指挥中心，由它指挥计算机各部件自动、协调地工作，控制器的基本功能是根据指令计数器中指定的地址从内存取出一条指令，对指令进行译码，由有操作控制部件有序地控制各部件完成操作码规定的任务。控制器也记录操作中各部件的状态，使计算机能有条不紊地自动完成程序规定的任务。

宏观上，控制器的作用是控制计算机各部件协调工作；微观上，控制器的作用是按照一定顺序产生机器指令以获得执行过程中所需要的全部控制信号。这些控制信号作用于计算机的各个部件使其执行指令，完成相应功能。所以，控制器真正的作用是控制机器指令的执行过程。

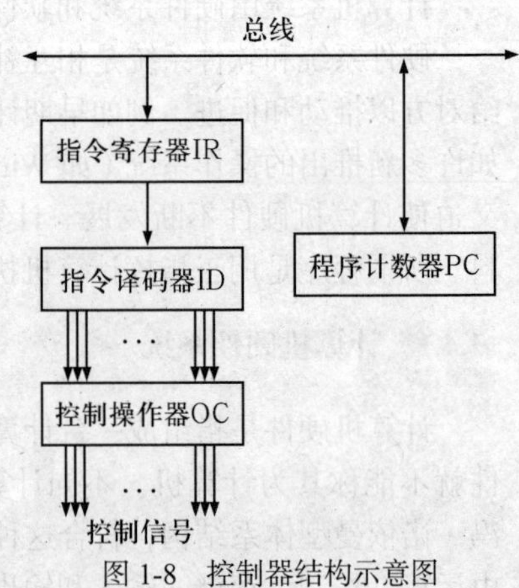

图 1-8　控制器结构示意图

控制器由指令寄存器 IR(Instruction Register)、指令译码器 ID(Instruction Decoder)、程序计数器 PC(Program Counter)和操作控制器 OC(Operation Controller)四个部件组成，如图 1-8 所示。IR 用以保存当前执行或即将执行的指代码；ID 用来解析和识别 IR 中所存放指令的性质和操作方法，是控制器中的主要部件之一；OC 根据 ID 的译码结果，产生该指令执行过程中所需的控制信号和时序信号；PC 保存下一条要执行的指令地址，使程序可以自动持续运行。

（1）机器指令

机器指令是计算机能够识别和执行的语言，使计算机按照人的意识和思维正确运行。机器指令是用来描述计算机可以理解并执行的基本操作的二进制代码串，计算机只能执行指令，并被指令控制。机器指令基本格式如图 1-9 所示。

操作码	源操作数（或地址）	目的操作数地址

图 1-9　指令的基本格式

机器指令通常由操作码和操作数组成。操作码指出该指令所要完成的操作的性质和功能；操作数指出操作码执行时的操作对象，操作数的形式可以是数据本身，也可以是存放数据的内存单元地址或寄存器名称，操作数分为源操作数（指明参与运算的操作数来源）和目的操作数（指明保存运算结果的存储单元地址或寄存器名称）。

（2）指令的执行过程

计算机的工作过程就是按照控制器的控制信号自动有序地执行指令的过程，指令是计算机正常工作的前提。所有程序都是由一条条指令序列组成，每执行一条机器指令需要获得指令、分析指令、执行指令，过程如下。

取指令：根据程序计数器 PC 中的值对应地址的存储单元中取当前要执行的指令，送到指令寄存器 IR 中。

分析指令：指令译码器 ID 分析该指令（称译码）。

生成控制信号：操作控制器根据指令译码器 ID 输出（译码结果），按照一定顺序产生执行该指令所需的控制信号。

执行指令：在控制信号作用下，计算机各部分完成相应操作，实现数据的处理和结果的保存。

重复执行：根据 PC 中的新指令地址，计算机重复执行上述四个过程直至执行到指令结束。

运算器和控制器又统称为中央处理器（Central Processing Unit，CPU），是计算机系统的核心硬件。在微型计算机中通常也叫微处理器（Micro Processor Unit，MPU），微处理器与微型计算机的发展是同步的。

时钟主频指 CPU 的时钟主频，是微型计算机的重要指标之一，它的大小在一定程度上决定了计算机速度的快慢，一般主频越高，速度越快。主频单位为吉赫兹（GHz），随着微处理器的发展，微型计算机主频也在不断提高，目前“奔腾”（Pentium）处理器的主频已达到 5GHz。

3. 存储器

存储器（Memory）是用来存放数据和程序的部件，可以自动完成程序或数据的存取，是计算机系统中的记忆设备。计算机中的全部信息，包括数据、程序、指令以及运算的中间数据和最后结果都存放在存储器中。存储器分为内存（又称主存）和外存（又称外存）两大类。

（1）内存

内存是主板上的存储部件，存储当前正在执行的数据、程序和结果。内存容量小，存取速度快。内存储器按功能又可分为随机存储器（Random Access Memory，RAM）和只读存储器（Read Only Memory，ROM）。

通常所说的计算机内存容量均指 RAM 存储器容量，即计算机主存。RAM 特点是可读/写性，RAM 既可以读操作，又可以写操作，读出时并不损坏原来存储的内容，只有写入时才修改原来所存储的内容。断电后，内存存储的内容立即消失，即具有易失性，因此微型计算机每次启动都要对 RAM 重新配置。

① 随机存储器 RAM 可分为动态随机存储器（Dynamic RAM，DRAM）和静态随机存储器（Static RAM，SRAM）。计算机内存条采用的是 DRAM，如图 1-10 所示。DRAM 中“动态”指的是每隔一定时间对存储信息刷新一次。DRAM 采用电容存储信息，电容存在漏电现象，存储的信息会变，需要设计额外电路对内存不断的刷新。DRAM 集成度高，功耗低，成本低。SRAM 是用触发器的状态存储信息，只要电源供电正常，触发器就能稳定地存储信息，无需刷新，所以 SRAM 存取速度比 DRAM 快，但是 DRAM 缺点是集成度功耗大，价格高。

图 1-10　内存条

常见 RAM 有：

● 同步动态随机存储器（Synchronous Dynamic Random Access Memory，SDRAM）是目前奔腾计算机系统普遍使用的内存形式。他的刷新周期和系统时钟同步，使 CPU 与 RAM 以相同的速度同步工作，减少数据存取时间。

● 双倍速率 SDRAM (Double Data Rate RAM，DDRRAM)使用更多、更先进的同步电路，它的速度是标准 SDRAM 的两倍。

● 存储器总线式动态随机存储器（Rambus DRAM，RDRAM），广泛应用于多媒体领域。

② 只读存储器

ROM 存放的信息一般由计算机厂家写入并经固化处理，用户无法修改，CPU 对只读存储器 ROM 只读不取，即使断电，这些数据也不会丢失。ROM 一般存放计算机系统管理程序，如监控程序、基本输入/输出系统模块 BIOS (Basic Input/Output System)等。它的读取速度比 RAM 慢很多。

常见 ROM 如下。

● 可编程只读存储器（Programmable ROM，PRO M）可对 ROM 实现写操作，其内部有行列式的镕丝，视需要利用电流将其烧断，写入所需信息，但只能写入一次，所以也被称为“一次可编程只读存储器”。

● 可擦可编程只读存储器（Erasable Programmable，EPROM），数据可以反复擦写，利用高电压将信息编程写入，擦除时将线路曝光于紫外线下，可清空信息。EPROM 在封装外壳上通常会预留一个石英透明视窗以方便曝光。编程后的 EPROM 芯片的“石英玻璃窗”一般使用黑色不干胶纸盖住，以防止遭到阳光直射。

● 电可擦可编程只读存储器（Electrically Erasable Programmable，EEPROM）可实现数据的反复擦写，使用原理与 EPROM 类似，擦除方式采用高电场完成，不需要透明视窗曝光。

③ 高速缓冲存储器（Cache）

高速缓冲存储器（Cache）是为了解决 CPU 与主存速度不匹配，为提高存储器速度而设计的。因为 SRAM 比 DRAM 的存储速度快但容量有限，所以 Cache 一般采用 SRAM 存储芯片。

局部性原理是Cache 产生的理论依据。局部性原理指计算机程序从时间和空间都表现出"局部性"。

时间局部性（Temporal locality）：最近被访问的内存内容（指令或数据）很快还会被访问，程序循环、堆栈等是产生时间局部性的原因。

空间局部性（Spatial Locality）：靠近当前正在被访问的内存内容很快也会被访问。

内存读写速度制约了CPU执行指令的效率，Cache是小型存储器，存取速度接近CPU，它的容量比内存小。Cache 中存放 CPU 最常访问的指令和数据。根据局部性原理，当 CPU 存取某一内存单元时，计算机硬件自动将包括该单元在内的临近单元内容都调入Cache，CPU 存取信息可先从Cache中查找，若有，则将信息直接传送给CPU；若无，继续从内存中查找，同时将含有该信息的整个数据块从内存复制到 Cache。Cache 中内容命中率越高，CPU 执行效率越高。可以采用各种 Cache 替换算法（Cache 内容和内存内容的替换算法）提高 Cache 命中率。

Cache 按功能通常分 CPU 内部的 Cache 和 CPU 外部的 Cache 两类：CPU 内部的 Cache 称一级 Cache，负责 CPU 内部的寄存器与外部的 Cache 之间的缓冲，是 CPU 内核的一部分；CPU 外部的 Cache 称二级 Cache，用于弥补 CPU 内部 Cache 容量过小的不足，负责整个 CPU 与内存之间的缓冲，相对 CPU 是独立的部件。少数高端处理器还集成了三级 Cache，三级 Cache 是为了读取二级缓存中的数据而设计的一种缓存。具有三级缓存的 CPU 中，从内存调用的数据很少，CPU 效率高。

④ 内存储器的性能指标。

● 存储容量：指一个存储器包含的存储单元总数，存储容量反映了内存存储空间的大小。常见的 DDR3 内存条存储容量一般为 2GB 和 4GB。好的主板可以达到 8GB。服务器的主板可以达到 32GB。

● 存取速度：一般用存储周期（也称读写周期）表示，存储周期是指 CPU 从内存储器中存（或取）一次数据所用的时间，以 ns（纳秒）为单位。其数值越小，存取速度越快。半导体存储器的存取周期一般为 60~100ns。

（2）外存

随着信息技术发展，信息处理的数据量越来越大，但内存容量有限，需要配置外存储器（简称外存）。外存可存放大量程序和数据，断电后数据不会丢失。常见有硬盘、光盘、U 盘和移动硬盘。

① 硬盘

硬盘是微型计算机非常重要的外部存储设备，它由磁盘片、读写控制电路和驱动机构组成。硬盘的精密度高，存储容量大，存取速度快。操作系统、可运行的程序文件和用户数据文件通常保存在硬盘上。

内部结构：硬盘内部包含多个安装在一个同心轴上的盘片，每个盘片有上下两个盘面，每个盘面被划分为磁道和扇区。磁盘的读写物理单位是按扇区读写。硬盘的每个盘面有一个读写磁头，任何时刻所有磁头保持在不同盘面的同一磁道，即同步工作状态。硬盘读写数据时，

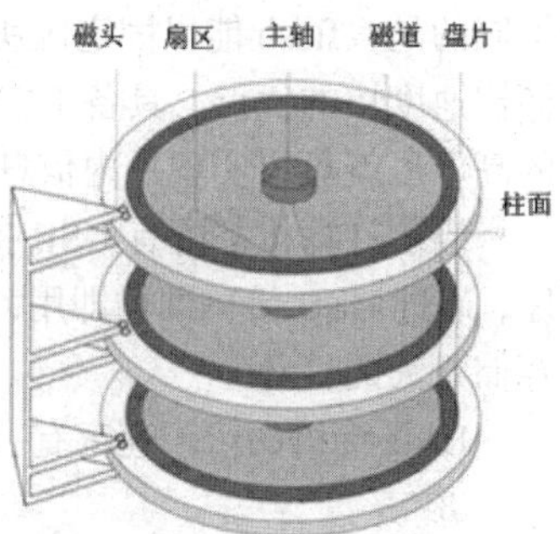

图 1-11　硬盘与内部结构示意图

磁头与磁盘表面始终保持一个很小的间隙以实现非接触式读写，微小的间隙是靠硬盘高速旋转时带动的气流，不是驱动器控制电路。由于磁头很轻，硬盘旋转时，气流使磁头漂浮在磁盘表面。磁盘内部结构如图 1-11 所示，盘片、磁头、电机驱动部件、读/写电路等做成一个不可随意拆卸的整体并密封起来，防尘性能好，可靠性高，对环境要求不高。

硬盘容量：硬盘容量由磁头数 H(Heads)、柱面数 C(Cylinders)、每个磁道的扇区数 S(Sectors)和每个扇区的字节数 B(Bytes)这些参数决定。

硬盘总容量= 磁头数 H × 柱面数 C × 磁道的扇区数 S × 每个扇区的字节数 B。

硬盘容量有 320GB、500GB、750GB、1TB、2TB、3TB 等。目前市场上能买到的硬盘最大容量为 4TB。

硬盘接口：硬盘接口是指硬盘与主板的连接部分。常见的接口有：高级技术附件（Advanced Technology Attachment，ATA）、串行高级技术附件（Serial Advanced Technology Attachment，SATA）和小型计算机系统接口（Small Computer System Interface，SCSI），如图 1-12 所示。ATA 和 SATA 主要用在个人计算机上。SCSI 主要用于中、高端服务器和高档工作站中。硬盘接口的性能指标是传输率，即硬盘支持的传输速率。以前常用的 ATA 接口采用传统的 40 引脚并口数据线连接主板和硬盘，外部接口速度最大为 133MB/s。ATA 并口线抗干扰能力差，排线占空间，不利于计算机散热，逐渐被 SATA 取代。SATA 采用串行连接方式，也称串口硬盘，传输速率为 150MB/s。SATA 总线使用嵌入式时钟信号，有更强的纠错功能，具有结构简单和支持热插拔等优点。最新的 SATA 标准是 SATA3.0，传输率为 6Gb/s。SCSI 接口具有应用范围广、带宽大、CPU 占有率低以及支持热插拔等优点。

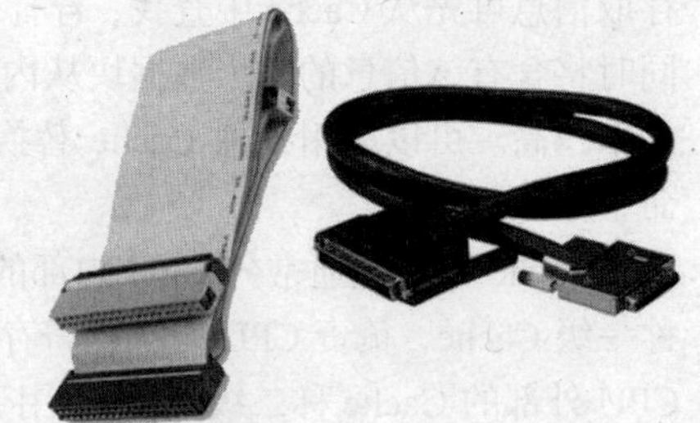

（a）ATA 接口　　（b）SCSI 接口

图 1-12　ATA 接口与 SCSI 接口

硬盘转速：硬盘转速是指硬盘内主轴的转动速度，即硬盘盘片一分钟内旋转的最大转速。转速快慢是标志硬盘档次的重要参数之一，是决定硬盘内部传输率的关键因素之一，很多程度上直接影响硬盘的传输速度，转速越大，硬盘与内存之间的传输速率越高。硬盘转速单位是 rpm（Revolutions Perminute，即转/分）。普通硬盘的转速有 5400r/min、7200r/min 两种。7200r/min 高转速硬盘是台式机的首选，笔记本以 4200 r/min 和 5400r/min、7200 r/min 为主。由于噪声和散热等问题，7200r/min 的笔记本尚未广泛使用。服务器中使用的 SCSI 硬盘转速大多为 10000r/min，最快为 15000r/min，性能远超普通硬盘。

主流硬盘参数为 SATA 接口、500GB 容量、7200r/min 转速和 150MB/s 传输率。

② 闪速存储器

闪速存储器（Flash）是一种新型非易失性半导体存储器（即 U 盘），是 EEPROM 变种，不同的是，flash 能以固定区块为单位进行删除和重写，不是整个芯片擦写，它具备 RAM 存储器速度快的优点。具备 ROM 的非易失性，即在无电源状态仍保持片内信息，不需要特殊的高电压就可以实现片内信息的擦除和重写。

当前计算机都配有 USB 接口，支持即插即用，在 Windows XP 操作系统下，无需驱动程序，通过 USB 接口即插即用，使用方便。近几年，移动存储产品具有小巧、轻便、价格低廉、存储量大的优势。

USB 接口的传输速率有：USB1.1 为 12Mbit/s，USB2.0 为 480Mbit/s，USB3.0 为 5.0Gbit/s。

③ 光盘

光盘（Optical disc），是以光信息作为存储信息的载体来存储数据的。光盘通常分只读光盘和记录型光盘。只读光盘包括 CD-ROM 和 DVD-ROM(Digital Versatile Disk-ROM)等；记录型光盘包括 CD-R、CD-RW（CD-Rewritable）、DVD-R、DVD+R、DVD+RW 等类型。

只读型光盘是用一张母盘压制而成，只能读取上面的数据，不能写入或修改。母盘上记录的数据呈螺旋状，由中心向外散开，信息存储在盘中螺旋形光道中，光道内排列着一个个蚀刻的"凹坑"。这些"凹坑"和"平地"用来记录二进制的 0 和 1。利用激光束扫描光盘，根据激光在小坑上的反射变化得到数字信息，读 CD-ROM 上的数据。

一次写入型光盘 CD-R 的特点是只能写一次，写完后的数据不能被改写，但可以多次读取，可用于重要数据的长期保存。刻录时，使用大功率激光照射 CD-R 盘片的染料层，通过染料层发生的化学变化产生"凹坑"和"平地"两种状态，用来记录二进制的 0 和 1。这种变化是一次性的不能恢复，所以 CD-R 的特点是只能写入一次。

可擦写光盘 CD-RW 的盘片上记录层由镀有银、铟、硒或碲的材质形成，这种材质能够呈现结晶和非结晶两种状态，CD-RW 的刻录原理与 CD-R 大致相同，通过激光束的照射，材质可以在结晶和非结晶两种状态用来表示数字信息 0 和 1，达到信息的写入和擦除，并可重复擦除的目的。

蓝光光盘（Blu-ray Disc，简称 BD）是 DVD 之后的下一代光盘格式之一，用以存储高品质的影音以及高容量的数据存储。蓝光光碟的命名是由于其采用波长 405 纳米（nm）的蓝色激光光束来进行读写操作。通常波长越短的激光在单位面积上记录或读取的信息越多，因此，蓝光提高了光盘的存储容量。

光盘容量：CD 光盘最大容量约 700MB，DVD 光盘单面最大容量 4.7GB、双面 8.5GB，蓝光光盘单面单层为 25 GB、双面为 50 GB。

倍速：倍速是衡量光盘驱动器传输速率的指标，光驱的读取以 150kbit/s 的单倍速为基准。随着驱动器传输速率越来越快，出现了倍速、四倍速直至现在的 32 倍速、40 倍速及以上。

（3）层次结构

为了同时满足存取速度快、存储容量大和存储位价（存储每一位的价格）低的要求，在计算机系统中通常将速度、容量和价格各不相同的多种存储器按照一定体系结构连接起来，形成多级存储器结构，构成存储器系统。图 1-13 所示，存储器层次结构由上而下，速度变慢，容量增大，位价下降。

现代计算机基本都采用"Cache-主存"层次和"主存-辅存"层次三级存储系统。"Cache-主存"层次，解决 CPU 和主存速度不匹配问题。"主存-辅存"层次解决存储器系统容量问题。在存储系统中，CPU 可直接访问 Cache 和主存，辅存通过主存与 CPU 交换信息。

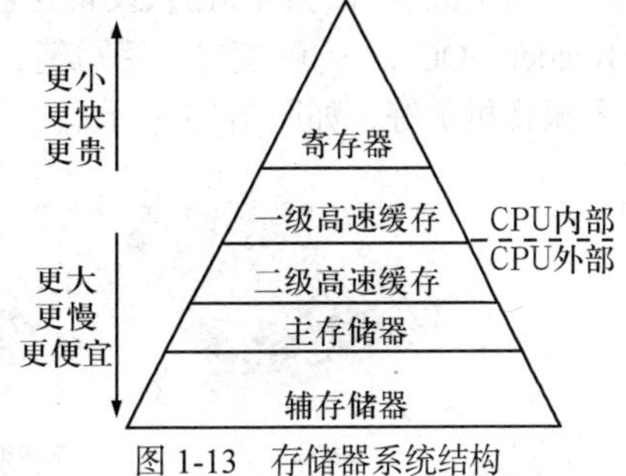

图 1-13　存储器系统结构

4. 输入设备

输入设备的任务是接受操作者提供给计算机的原始信息和数据，如文字、图形、图像、声音等，并将其转变为计算机能够识别的二进制代码，供计算机处理，是人与计算机系统之间进行信息交换的主要装置之一。如用键盘输入信息，敲击键盘上的每一个键都能产生相应的电信号，再由电路板转换成相应的二进制代码送入计算机。常用输入设备有键盘、鼠标器、摄像头、扫描仪、光笔、手写输入板、游戏杆、语音输入装置以及脚踏鼠标、手触输入、传感等，输入设备姿态越来越自然，使用越来越方便。

（1）键盘

键盘（Key Board）是最常用的也是最主要的输入设备，是人与计算机间联系对话的工具，主要用于输入字符信息。常见键盘有 101 键、102 键、104 键、多媒体键盘、手写键盘、人体工程学键盘、红外线遥感键盘、光标跟踪球的多功能键盘和无线键盘等。键盘的形状符合两手的摆放姿势，操作起来特别轻松。键盘接口有 PS/2 和 USB 两种。

传统键盘是机械式的，通过导线连接到计算机。每个键为独立的微动开关，每个微动开关产生的信号由键盘电路编码输入到计算机进行处理。

键盘上的字符分布根据字符使用频率确定，灵活的手指分管使用频率较高的键位，左右手分管键盘的两边并分别按在基本键上，具体指法分布如图 1-14 所示。

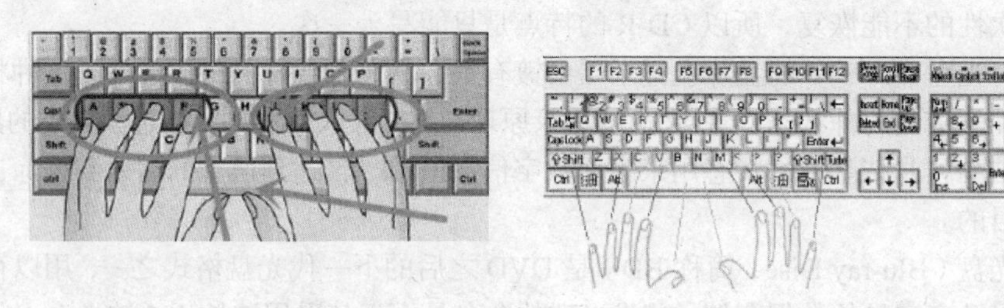

图 1-14　键盘手指分工

（2）鼠标器

鼠标器 (mouse)简称鼠标，通常有两个按键和一个滚轮。当它在平板上滑动时，显示屏上的指针光标也跟着移动，“鼠标器”由此得名。它可以对当前屏幕上的光标进行定位，也可用来选择菜单、命令和文件，是多窗口环境下必不可少的输入设备。

IBM 公司专利产品 TrackPoints 是在 IBM 笔记本电脑键盘的 G 和 B 键之间安装一个指点杆，上面套红色橡皮帽，它的优点是少了鼠标器占用桌面上的位置，同时操作键盘时手指不用离开键盘去操作鼠标。

常见鼠标有：机械鼠标、光电鼠标、光学机械鼠标和无线鼠标等。

（3）其他输入设备

除了键盘、鼠标外，输入设备还包括扫描仪、条形码阅读器、光学字符阅读器（Optical Char Reader，OCR）、触摸屏、手写笔、语音输入设备（话筒）和图像输入设备（数码相机、数码摄像机）等，如图 1-15 所示。

图 1-15　输入设备

图像扫描仪（Scanner）是一种图形、图像输入设备，可以直接将图形、图像、照片或文本输入计算机。文本文件在用扫描仪扫描后，经文字识别软件进行识别，然后就可保存到计算机中。利用扫描仪输入图形、图像已经在多媒体计算机中得到了广泛应用。扫描仪通常采用支持热插拔的 USB 接口，使用方便。

条形码阅读器是一种连接在计算机上使用，能够识别条形码的扫描装置。当阅读器从左往右扫描条形码时，把不同宽窄的黑白条纹翻译成相应的编码供计算机使用，超市和图书馆分别用它来帮助管理商品和图书。

光学字符阅读器（Optical Char Reader，OCR）是快速字符阅读装置，用许多光电管排成矩阵。当光照射被扫描的文件，文件中白色部分反射，使光电管产生电压，黑色部分吸收光线，光电管不产生电压，这些有、无电压的信息组合形成图案，与 OCR 系统中预先存储的模板匹配，匹配成功就可以确认该图案对应的字符。有的机器一次可以阅读整页文件，称为读页机，有的机器一次只能读一行。

触摸屏由安装在显示器屏幕前面的检测部件和触摸屏控制器组成，触摸屏控制器检测手或身体触摸的位置，通过接口（RS-232 串行口或 USB 接口）送到主机。触摸屏将输入和输出集中到一个设备上，简化了交互过程。与传统的键盘和鼠标输入方式比，触摸屏输入更直观，配合识别软件，触摸屏可以实现手写输入。触摸屏在公共场所、展示或查询等场合应用广泛。触摸屏的缺点是：一是价格贵，性能好的触摸屏比一台主机价格贵；二是抗干扰能力有限；三是由于用户使用手指点击，以致显示的分辨率不高。

触摸屏种类很多，从安装方式可分为外挂式、内置式、整体式和投影仪式；按结构技术可分为红外线技术触摸屏、电容技术触摸屏、电阻技术触摸屏、压力传感技术触摸屏、表面声波技术触摸屏和电磁感应触摸屏。

光笔（Light Pen），配合相应的软件和硬件，实现在显示屏上作图、改图和图像放大的输入设备。

将数字处理和摄影、摄像技术结合的数码相机和数码摄像机，能够将照片、视频图像以数字文件的形式传送给计算机，通过处理软件进行编辑、保存、浏览和输出。

5. 输出设备

输出设备的主要功能是把计算机处理后的各种数据或信息（以数字、字符、图像、声音等形式表示）转换为人们能够接受的形式（如文字、图形、图像和声音等）表达出来。如在纸上打印出印刷符号或在屏幕上显示字符、图形等，输出设备是人与计算机交互的部件，常用的有显示器、打印机、绘图仪、影像输出、语音输出、磁记录设备等。

（1）显示器

显示器也称监视器，是微型计算机中最重要的输出设备，是人机交互必不可少的设备。显示器可以显示文本、数字、图形、图像和视频等多种不同的信息类型。

① 显示器的分类

常用的显示器有阴极射线管显示器（CRT）和液晶显示器（LCD）。CRT 显示器有球面和纯平之分，纯平显示器视觉效果好，已经取代球面 CRT 显示器。液晶显示器为平板式，体积小、重量轻、功耗小、辐射小，成为 PC 主流显示器。

② 显示器的主要性能

像素（Pixel）与点距（Pitch）：在屏幕上能够独立显示点的直径，这种点称像素；屏幕上两个相邻像素间的距离叫点距。显示效果受点距直接影响，点距小，分辨率高，显示器的清晰度就高。像素小，相同字符面积下像素点多，显示的字符越清晰。微型计算机常见的点距有 0.31mm、0.28mm、 0.25mm 等。

分辨率：每帧的线数和每线的点数的乘积，即整个屏幕上像素的数目（列 × 行）就是显示器的分辨率。乘积越大，分辨率越高，分辨率是衡量显示器的常用指标。常见的分辨率有：640 像素 × 480 像素（256 种颜色）、1024 像素 × 768 像素、1280 像素 × 1024 像素等。如分辨率 1024 × 768 表示水平方向上有 1024 个像素，垂直方向上有 768 个像素。

显示存储器（简称显存）：显卡与系统内存一样，显存大，可存储的图像数据就多，支持的分辨率与颜色数高。关系有：所需显存=图形分辨率 × 色彩精度/8。

每个像素需要 8 位（一个字节），真彩色显示时，每个像素需要 3 个字节，分辨率好的显示器性能好，显示的图像质量好。

显示器的尺寸：以显示屏的对角线长度表示，目前主流产品的屏幕尺寸以 17 英寸和 19 英寸为主。

③ 显示卡

显示卡简称显卡或显示适配器（Display Adapter），微型计算机的显示系统由显示器和显示卡组成，如图 1-16 所示。显示器通过显示器接口（即显示卡）与主机连接，显示器必须与显示卡匹配。显示卡主要由显示控制器、显示存储器和接口电路组成。显示卡的作用是在显示驱动程序的控制下，接收 CPU 输出的显示数据，按照显示的格式进行变换并存储在显存中，再把显存中的数据按照显示器要求的方式输出到显示器。

根据所采用的总线标准，显示卡有：ISA、VESA、PCI、VGA（Video Graphics Array）兼容卡（SVGA 和 TVGA 是两种较流行的 VGA 兼容卡）、AGP（Accelerate Graphics Porter，加速图形接口卡）和 PCI-Express 等，插在扩展槽上。早期显示卡 ISA、VESA 除了在原机器上使用，市场上已经少见。AGP 在保持 SVGA 的基础上采用 AGP 高速显示接口，显示性能更优良。按照传输能力，AGP 有 AGP2X、AGP4X。目前 PCI-Express 接口的显卡替代 AGP 并成为主流。

图 1-16　CRT、LED 显示器和显示卡

（2）打印机

打印机是将文字或图形信息输出到打印纸上以供阅读和保存的计算机外部设备。打印机是计算机最常用的输出设备之一，也是品种、型号最多的输出设备之一。打印机主要有针式打印机（也称点阵打印机）、喷墨打印机和激光打印机 3 类，如图 1-17 所示。

图 1-17　针式、喷墨、激光打印机

① 针式打印机

针式打印机主要由打印头、运载打印头的小车机构、色带机构、输纸机构和控制电路等组成，打印头是针式打印机的核心部分。针式打印机常见的有 9 针和 24 针打印机，24 针打印机打印汉字质量好，是使用较多的针式打印机。

针式打印机在脉冲电流信号作用下，由打印针击打的针点形成字符或汉字点阵。针式打印机的优点是耗材（包括色带和打印纸）便宜，缺点是机械动作实现印字导致打印速度慢、噪声大，打印的字符轮廓不光滑、有锯齿，打印质量差。

② 喷墨打印机

喷墨打印机在工作时，打印机的喷头朝打印纸不断喷出极细小的带电的墨汁，带电的墨汁穿过两个带电的偏转板时受到控制，将字印在打印纸的指定位置上。由于喷墨打印机是非击打式的，所以工作时噪音较小。喷墨打印机的优点是设备价格便宜，打印质量高于针式打印机，能够彩色打印，无噪声；缺点是打印速度慢，耗材（墨盒）贵。

③ 激光打印机

激光打印机是非击打式的，工作原理类似复印机，涉及光学、电磁、化学等。它将来自计算机的数据转换成光，射向充有正电的旋转鼓上，使鼓上被照射的部分带上负电，并吸引带色粉末，鼓与纸接触，再把粉末印在纸上，在一定压力和温度作用下熔结在纸的表面。激光打印机的优点是打印噪音低、效果好、速度快，常用于打印正式公文及图表；缺点是设备价格高、耗材贵，打印成本是三种打印机中最高的。

（3）其他输出设备

微型计算机上使用的其他设备有绘图仪、音频输出、视频投影仪等。

绘图仪有平板绘图仪和滚动绘图仪，通常采用“增量法”在 x 和 y 方向产生位移来绘制图形；视频投影仪是微型计算机视频输出的主要设备，有 CRT 和 LCD 投影仪，LCD 体积小、重量轻，价格低、色彩丰富。

（4）输入/输出设备

同时具备输入/输出功能的输出设备，主要有调制解调器（Modem）和光盘刻录机。调制解调器是模拟信号和数字信号间转换的桥梁，能将计算机的数字信号转换成模拟信号，通过电话线传送到另一台调制解调器解调，再将模拟信号转换成数字信号送入计算机，实现计算机间的数据通信。光盘刻录机作为输入设备，将光盘上的数据读入计算机内存；作为输出设备，可将数据刻录到 CD-R 或 CD-RW 光盘。

1.4.2 计算机结构

计算机发展至今，工作原理仍然采用冯·诺依曼（J. Von Neumann）提出的“存储程序”原理。计算机硬件系统控制器、运算器、存储器、输入设备和输出设备 5 部分在信息处理过程中需要相互连接和传输。

1. 直接连接

最早的计算机采用的是直接连接方式，控制器、运算器、存储器、外部设备相互之间都有单独的连接线路，有最高的连接速度，但是不易扩展，如冯·诺依曼 1952 年研制的世界上第一台采用二进制存储程序计算机 IAS 基本上就采用直接连接的结构。IAS 是现代计算机的原型，是第一台将计算机分成控制器、运算器、存储器、输入设备和输出设备等组成部分的计算机，后来把符合这种设计的计算机称冯·诺依曼机。IAS 结构如图 1-18 所示。

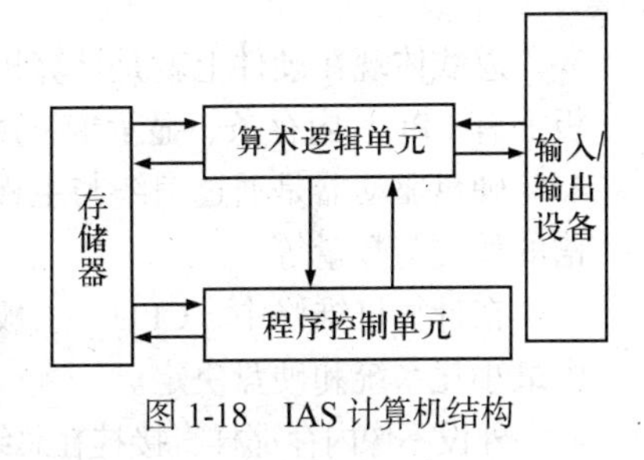

图 1-18　IAS 计算机结构

2. 总线连接

总线（Bus）是计算机系统部件之间传送信息的公共通信通道，各部件由总线连接并通过它传递数据和控制信号。总线被比喻为“高速公路”，包含了运算器、控制器、存储器和 I/O 部件间进行信息交换和控制传递所需要的全部信号。现代计算机普遍采用总线结构。按照计算机所传输的信息种类，计算机的总线可以划分为数据总线、地址总线和控制总线。

（1）数据总线：在存储器、运算器、控制器和I/O部件间传输数据信号的公共通路，一方面用于CPU向主存储器传送数据，另一方面用于主存储器和I/O接口向CPU传送数据，是双向总线。数据总线的位数体现了传输数据的能力，是计算机重要指标之一。通常与CPU的位数相对应。

（2）地址总线：是CPU向主存储器和I/O接口传送地址信息的公共通路，地址是识别信息存放位置的编号，地址信息可能是存储器的地址，也可能是I/O接口的地址，它是CPU向外传输的单向总线。

（3）控制总线：在存储器、运算器、控制器和I/O部件间传输控制信号的公共通路。是CPU向主存储器和I/O接口发出命令信号的通道，也是外界向CPU传送状态信息的通道。

常见的总线标准有ISA总线、PCI总线、AGP总线、EISA总线等。

ISA总线采用16位的总线结构，适用范围广，有一些接口卡就是根据ISA标准生产的。

PCI总线采用32位高性能总线结构，可扩展到64位，与ISA兼容。目前高性能微型计算机都设有PCI总线。该总线性能先进、成本低、可扩充性好，是现代计算机普遍采用的外设接插总线。

AGP总线是随着三维图形的应用而发展的总线标准，AGP总线在图形显示卡和内存之间提供了一条直接访问的途径。

EISA总线是一种在ISA总线基础上扩充的开放总线标准。

总线结构的特点是结构简单清晰、易于扩展，尤其在I/O接口的扩展，由于采用总线结构和I/O接口标准，用户在计算机中可以很方便地加入新的I/O接口卡，总线结构是现代计算机普遍采用的结构。如图1-19所示为总线结构示意图。

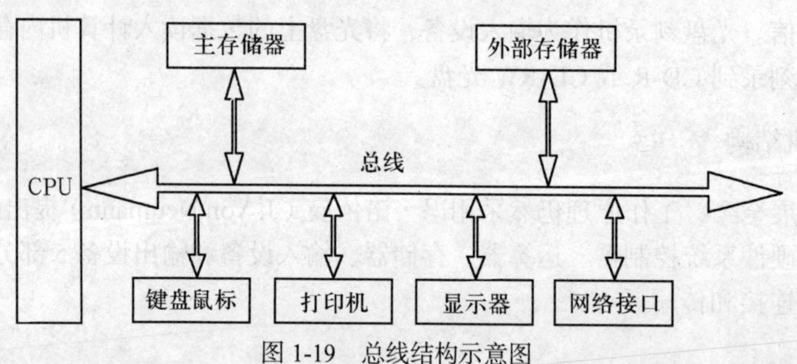

图1-19　总线结构示意图

总线体现在硬件上就是计算机主板（Main Board），是配置计算机的主要硬件之一，主板上有CPU、内存条、显示卡、声卡、网卡、鼠标器和键盘等各类扩展槽或接口，光盘驱动器与硬盘驱动器是通过扁缆与主板相连，主板的主要指标是芯片组工作的稳定性和速度、插槽的种类与数量等。

在计算机维修中，CPU、主板、内存、显卡、电源组成最小化系统，计算机性能的好坏由最小化系统和硬盘决定。

外设不像内存那样直接挂在总线上，每个外设一定要通过设备接口与CPU相连。这是因为：

（1）CPU只能处理数字信号，而外设输入/输出信号有数字的，也有模拟的，需要接口设备进行转换。

（2）CPU只能接收/发送并行信号，而外设数据有并行、串行的，需要接口实现串/并行的转换。

（3）外设工作速度大多是机械级的不是电子级的，工作速度远低于 CPU，CPU 和外设之间需要接口缓冲和联络。

接口技术是研究 CPU 与外部设备之间是数据传递方式的技术。

1.4.3 计算机软件系统

软件系统软件是用户与硬件之间的接口界面，是为运行、管理和维护计算机而编写的各种程序、数据和文档的总称。

计算机系统由硬件（Hardware）系统和软件（Software）系统组成。硬件系统也称为裸机，裸机只能识别由 0 和 1 组成的机器代码。软件是计算机的灵魂，没有软件系统的计算机无法工作，计算机的每一步操作都是在软件的控制下执行的。计算机硬件、软件与用户之间是一种层次结构，硬件处于内层，用户在最外层，软件在硬件与用户之间，用户通过软件使用计算机的硬件。

1. 程序与程序设计语言

程序是按照一定顺序执行的、能够完成某一任务的指令集合。通过程序控制，计算机运行有序，实现一定的逻辑功能，完成指定的任务。

计算机软件由程序和有关的文档组成。程序是指令序列的符号表示，文档是软件开发过程中建立的技术资料。程序是主体，一般保存在存储介质如软盘、硬盘、光盘和磁带中，以便在计算机上使用。文档对于使用和维护软件尤为重要，随软件产品发行的文档主要是使用手册，其中包含了该软件产品功能介绍、运行环境要求、安装方法、操作说明和错误信息说明等。某个软件要求的运行环境是指运行它至少应有的硬件和其他软件的配置，即在计算机系统层次结构图中，它是该软件的下层（内层）至少应有的配置，这包括对硬件的设备和指标的要求、软件的版本要求等。

让计算机完成指定任务需要的语言就是计算机语言，也称程序设计语言，程序设计语言是软件的基础和组成，由单词、语句、函数和程序文件等组成。

计算机的编程语言是人与计算机之间交换的工具，主要可以分为机器语言、汇编语言和高级语言 3 种。

（1）机器语言

指挥计算机完成某个基本操作的命令称为指令，所有指令的集合称指令系统，直接用二进制代码表示指令系统的语言称机器语言（Machine Language）。一句机器语言实际上就是一条机器指令，它由操作码和地址码组成。机器指令的形式是用 0、1 组成的二进制代码串。

机器语言是直接面向机器的语言，是唯一可以不需要翻译，就能被计算机硬件系统直接识别和执行的语言。它的处理效率高，执行速度快，无需翻译。但是机器语言编写、测试、修改、移植和维护相当繁琐，这限制了计算机软件的发展。

（2） 汇编语言

汇编语言（Assemble Language）相当于是机器语言的一个变种，与机器语言实质相同，都直接对硬件操作。因为它是采用助记符号来代替二进制形成的机器指令，从而使机器语言变得“符号化”，所以汇编语言也称符号语言。每条汇编语言的指令就对应了一条机器语言的代码，不同型号的计算机系统一般有不同的汇编语言。

汇编指令比机器指令容易掌握，但是计算机无法自动识别和执行汇编语言，需要翻译，需要通过语言处理软件将汇编语言编译成机器语言（目标程序），再链接成可执行的程序在计算机中执行。

（3）高级语言

总的来说，机器语言与汇编语言都受到机器的限制，缺乏通用性，而且在编写时非常困难。因此，一种独立于计算机之外的语言被创造出来——高级语言。这种语言的数据用十进制来表示，语句用较为接近自然语言的英文字母来表示。高级语言具有较大的通用性，尤其是有些标准版本的高级算法语言，在国际上都是通用的。用高级语言编写的程序能使用在不同的计算机系统上。如前所述，高级语言是独立于计算机的，因此它并不能直接被计算机所识别和执行，此时就需要通过“编译”或“解释”的方式，将高级语言编写的程序翻译成计算机能识别和执行的二进制机器指令，然后供计算机执行。

① 编译：这种方式是把源程序翻译成等价的目标程序，然后再执行此目标程序。

② 解释：这种方式是把源程序逐句翻译，翻译一句执行一句，边翻译边执行。解释程序不产生将被执行的目标程序，而是借助于解释程序直接执行源程序本身。

一般将高级语言程序翻译成机器语言或汇编语言的程序称为编译程序。一般将用高级语言编写的程序称为“源程序”，而把由源程序翻译成的机器语言程序或汇编语言程序称为“目标程序”。把用来编写源程序的高级语言或汇编语言称为“源语言”，而把和目标程序相对应的语言（机器语言或汇编语言）称为“目标语言”。编译过程如图 1-20 所示。

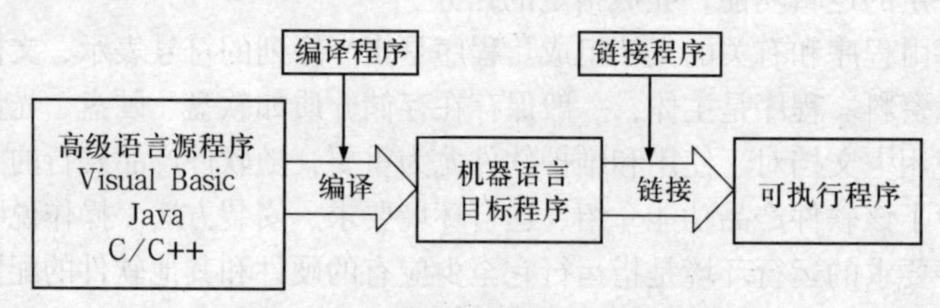

图 1-20　高级语言程序的编译过程

常用的高级语言有：Java、Javascript、C、C++、VB、php、Perl、Python 等。

2. 计算机软件的分类

（1）系统软件

系统软件（System software）是指用于控制与协调计算机本身及其外部设备的一类软件，它相当于是构建了一个平台。在这个平台上，可以通过调动硬件资源的方式，满足平台本身及其他应用软件的工作需求，使整个计算机系统协调而有效的运行，如启动计算机，存储、加载和执行应用程序，对文件进行排序、检索，将程序语言翻译成机器语言等。

系统软件为各类用户提供一个方便、灵活、安全的使用环境和人机界面；为系统维护人员提供便捷而有效的工具，如设定系统配置、硬件故障诊断排除等工具软件；为软件开发提供方便的工具，如语言编译和解释程序、链接程序、文本编辑程序、程序测试工具等；模拟或扩展某些硬件功能，如浮点仿真、虚拟存储等。

系统软件包括操作系统、语言处理软件、数据库管理系统和工具软件等。

① 操作系统：操作系统是软件系统的核心。计算机启动后，首先把操作系统调入内存，由它控制和支持在同一计算机上运行其他程序，并管理计算机的所有资源。操作系统（Operating System）是最基本、最重要的系统软件，负责管理计算机系统中的各种软、硬件资源，控制程序和各种操作命令的执行。常见的操作系统有 Windows、Linux、UNIX 等。操作系统是最靠近硬核的，其他软件均位于操作系统的外层。例如在个人电脑上，应用最为广泛的就是 Windows 操作系统，此外还有 UNIX、OS/2 以及国产的麒麟操作系统等。

② 语言处理软件：这是一种把用各种语言编写的源程序翻译成二进制代码程序的软件。

如汇编程序，各种编译程序及解释程序。

③ 数据库管理系统：数据库是指按照一定联系存储的数据集合，可为多种应用程序共享。数据库管理系统（database management system，DBMS）是一种操纵和管理数据库的大型软件，用于建立、使用和维护数据库。它对数据库进行统一的管理和控制，以保证数据库的安全性和完整性。用户通过 DBMS 访问数据库中的数据，数据库管理员也通过 DBMS 进行数据库的维护工作。它可使多个应用程序和用户用不同的方法在同时或不同时刻去建立、修改和询问数据库。DBMS 提供数据定义语言（Data Definition Language，DDL）与数据操作语言（Data Manipulation Language，DML），供用户定义数据库的模式结构与权限约束，实现对数据的追加、删除等操作。

数据库技术是计算机技术发展最快、应用最广的一个分支，对数据库技术尤其是微机环境下的数据库应用是非常必要的。常见的数据库管理系统软件有 SQL Sever、Oracle、Sybase、Visual Foxpro、Informix 等。此类软件提供了对大量的数据进行组织的动态、高效的管理手段，为信息管理应用系统地开发提供了有力的支持，常用的数据库管理系统有 FoxBASE、FoxPro、Oracle 等。

④ 系统辅助处理软件：此类软件是为了方便软件开发、系统维护而提供的。能够提供一些常用的服务性功能，为用户开发程序和使用计算机提供了方便，如微机上经常使用的机器调试程序、故障检测和诊断程序、编辑程序等。一个完善的计算机系统都配置了一定的服务性程序，称为实用程序，它们或者包含在操作系统中，或者可被操作系统调用。实用程序种类很多，包括了界面工具程序、编辑程序、装配调试程序、诊断排错程序等。

（2）应用软件

应用软件（Application software）是为满足用户在不同领域、不同问题的应用需求而提供的软件。办公软件、多媒体处理软件、Internet 软件都属于应用软件之列。系统软件是为管理、监控和维护计算机资源所设计的软件。应用软件是为解决各种实际问题而专门研制的软件，例如文字处理软件、会计账务处理软件等。

① 办公软件

办公软件通常是为了解决日常办公需要，包括 Microsoft Office 的 Word(文字处理)、Excel（表格处理）、Access（数据库）、Powerpoint（演示文稿）、个人数据库、个人信息管理等。常用的有微软公司的 Microsoft Office 和金山公司的 WPS 等。

② 多媒体处理软件

多媒体处理软件包括图形图像处理软件，如 Photoshop、Illustrator、CorelDRAW；用于三维及效果图处理的 3Ds Max、Maya、Zbrush；用于网页和动画处理的 Flash、Dreamweaver 等；音频处理软件 Audition；视频处理软件 Premier 和桌面排版软件 Indisign 等。

③ Internet 软件

随着网络技术的发展和 Internet 的普及，基于 Internet 环境的应用软件不断涌现，如 web 服务器软件、Web 浏览器、文件传送工具 FTP、远程访问工具 telnet、下载工具 Flashget 等。

3. 嵌入式系统与嵌入式操作系统

（1）嵌入式系统

嵌入式系统一般指非 PC 系统，有计算机功能但又不称之为计算机的设备或器材。它是以应用为中心，软硬件可裁减的，适应应用系统对功能、可靠性、成本、体积、功耗等综合性严格要求的专用计算机系统。简单地说，嵌入式系统集系统的应用软件与硬件于一体，类似于 PC 中 BIOS 的工作方式，具有软件代码小、高度自动化、响应速度快等特点，特别适合于要求实时和多任务的体系。

嵌入式系统主要由嵌入式处理器、相关支撑硬件、嵌入式操作系统及应用软件系统等组成，它是可独立工作的“器件”。嵌入式系统几乎包括了生活中的所有电器设备，如掌上PDA 、移动计算设备、电视机顶盒、手机、数字电视、多媒体、汽车、微波炉、数字相机、家庭自动化系统、电梯、空调、安全系统、自动售货机、蜂窝式电话、消费电子设备、工业自动化仪表与医疗仪器等。

嵌入式系统的硬件部分，包括处理器/微处理器、存储器及外设器件和 I/O 端口、图形控制器等。嵌入式系统有别于一般的计算机处理系统，它不具备像硬盘那样大容量的存储介质，而大多使用 EPROM 、 EEPROM 或闪存 (Flash Memory) 作为存储介质。软件部分包括操作系统软件（ 要求实时和多任务操作 ）和应用程序编程。应用程序控制着系统的运作和行为；而操作系统控制着应用程序编程与硬件的交互作用。

嵌入式系统的核心是嵌入式微处理器。嵌入式微处理器一般具备 4 个特点：① 对实时和多任务有很强的支持能力，能完成多任务并且有较短的中断响应时间，从而使内部的代码和实时操作系统的执行时间减少到最低限度； ② 具有功能很强的存储区保护功能，这是由于嵌入式系统的软件结构已模块化，而为了避免在软件模块之间出现错误的交叉作用，需要设计强大的存储区保护功能，同时也有利于软件诊断；③ 可扩展的处理器结构，以能迅速地扩展出满足应用的高性能的嵌入式微处理器；④ 嵌入式微处理器的功耗必须很低，用于便携式的无线及移动的计算和通信设备中靠电池供电的嵌入式系统更是如此，功耗只能为mW 甚至μW 级。

据不完全统计，目前全世界嵌入式处理器的品种总量已经超过 1 000 种，流行的体系结构有 30 多个系列。其中 8 051 体系占多半，生产这种单片机的半导体厂家有 20 多个，共350 多种衍生产品，仅 Philips 就有近 100 种。现在几乎每个半导体制造商都生产嵌入式处理器，越来越多的公司有自己的处理器设计部门。嵌入式处理器的寻址空间一般从 64kB 到16MB ，处理速度为 0.1~2000MIPS ，常用封装 8~144 个引脚。

（2）嵌入式操作系统

嵌入式操作系统（Embedded Operating System，简称 EOS）是一种支持嵌入式系统应用的操作系统软件，它是嵌入式系统（包括硬、软件系统 ）极为重要的组成部分，通常包括与硬件相关的底层驱动软件、系统内核、设备驱动接口、通信协议、图形界面、标准化浏览器等。嵌入式操作系统具有通用操作系统的基本特点，如能够有效管理越来越复杂的系统资源；能够把硬件虚拟化，使得开发人员从繁忙的驱动程序移植和维护中解脱出来；能够提供库函数、驱动程序、工具集以及应用程序 。与通用操作系统相比较，嵌入式操作系统在系统实时高效性、硬件的相关依赖性、软件固态化以及应用的专用性等方面具有较为突出的特点。

一般情况下，嵌入式操作系统可以分为两类，一类是面向控制、通信等领域的实时操作系统，如 WindRiver 公司的 VxWorks 、ISI 的 pSOS 、QNX 系统软件公司的 QNX 、ATI 的 Nucleus 等；另一类是面向消费电子产品的非实时操作系统，这类产品包括个人数字助理(PDA) 、移动电话、机顶盒、电子书、WebPhone 等。

目前在嵌入式领域广泛使用的操作系统有：嵌入式 Linux、Windows Embedded、VxWorks 等，以及应用在智能手机和平板电脑的 Android、iOS 等。

嵌入式操作系统是一种用途广泛的系统软件，过去它主要应用于工业控制和国防系统领域。EOS 负责嵌入系统的全部软、硬件资源的分配、任务调度，控制、协调并发活动。它必须体现其所在系统的特征，能够通过装卸某些模块来达到系统所要求的功能。目前已推出一些应用比较成功的 EOS 产品系列。随着 Internet 技术的发展、信息家电的普及应用及 EOS 的微型化和专业化，EOS 开始从单一的弱功能向高专业化的强功能方向发展。EOS 是相对于一般操作系统而言的，它除具有了一般操作系统最基本的功能，还有以下功能：如任务调度、同步机制、中断处理、文件处理等。

1.5 多媒体计算机

多媒体技术是一门新兴的信息处理技术，是信息处理技术的一次新的飞跃。多媒体计算机不再是供少数人使用的专门设备，现已被广泛普及和使用。

1.5.1 多媒体的基本概念

媒体是指承载信息的载体，早期的计算机主要用来进行数值运算，运算结果用文本方式显示和打印，文本和数值是早期计算机所处理的信息的载体。随着信息处理技术的发展，计算机能够处理图形、图像、音频、视频等信息，它们成为计算机所处理信息的新载体。所谓多媒体就是这些媒体的综合。多媒体计算机就是具有多媒体功能的计算机。

多媒体技术具有 3 大特性：载体的多样性、使用的交互性、系统的集成性。

- 载体的多样性：载体的多样性指计算机不仅能处理文本和数值信息，而且还能处理图形、图像、音频、视频等信息。
- 使用的交互性：使用的交互性指用户不再是被动地接收信息，而是能够更有效地控制和使用各种信息。
- 系统的集成性：系统的集成性指将多种媒体信息与处理这些媒体的设备有机地结合在一起，成为一个完整的系统。

1.5.2 多媒体计算机的基本组成

20 世纪 80 年代中后期开始，多媒体计算机技术成为人们关注的热点之一。多媒体技术的出现从根本上改变了昔日基于字符的各种计算机处理。首先是语音和图像的实时获取、传输及存储，使人们获取和交互信息流的渠道豁然开朗，既能听其声，又能见其人，千里之外，近在咫尺，改变了人们的交互方式、生活方式和工作方式。其次是促进了各个学科的发展和融合，开拓了计算机在国民经济各个领域中的广泛应用，从而对整个社会结构产生重大影响。多媒体计算机加速了计算机进入家庭和社会各个方面的进程，给人类的工作和生活带来一场革命。

1. 多媒体的特征

（1）信息载体的多样性

计算机处理信息已经由数值、字符以及文本发展到音频信号、静态或动态的图形和图像信号，这就使计算机具备了处理多媒体信息的能力，计算机也从传统的以处理文本信号为主的计算机发展成为多媒体计算机。计算机不仅能够获取(输入)多媒体信息，而且还能处理并表现（输出）多媒体信息，这大大改善了人与计算机的界面，使得计算机变得越来越符合人的自然能力。尽管如此，计算机的能力仍然处于低级水平。

（2）人机交互性

多媒体技术不仅可以显示多媒体信息，而且还可以向用户提供交互式使用、加工和控制信息的手段，从而提高人对信息表现形式的选择和控制能力，充分发挥人对信息表现形式的综合创造能力。

多媒体技术引入交互性后，人在系统中就不只是被动地接受信息，而是参与了数据转变为信息、信息转变为知识的过程。通过交互，人们可以获得所关心的内容，从而获取更多的信息；通过交互，可以对某些事物的运动过程进行控制，可以获得奇特的效果，例如快放、慢放、变形等；对一些娱乐性的应用，人们甚至还可以介入到剧本的修改、编辑之中，更增加了用户的参与性。

从多媒体数据库中进行文字、声音、图片的检索，这是多媒体技术的初级应用；通过交互，使用户介入到信息的加工处理过程之中，这是多媒体应用的中级水平；多媒体技术进入虚拟现实(Virtual Reality)，并融入人类的智能活动，才是多媒体技术最终的发展方向，这也是无止境的技术进步。

（3）多媒体系统的集成性

应用多媒体技术可以把多种媒体信息和多种媒体设备集成到一个系统中。各种单一的信息和技术，如图像处理技术、音频处理技术、电视技术、通信技术等，只有通过多媒体技术集成为一个综合、交互的系统，才能实现更高的应用境界，如电视会议系统、视频点播系统以至虚拟现实系统等。

从单一的技术到多媒体集成系统是技术上的飞跃，因为多媒体系统建立在一个大的信息环境之上。信息的多种媒体表现形式，系统设备的复杂性和统一性，将融合为一个整体。从硬件来说，应该具有能够处理各种媒体信息的高速及并行处理系统、多媒体中央处理器、大容量存储系统、高速多通道输入/输出系统以及高速远程多媒体通信网络；从软件来说，应该具备集成的、一体化的具有多媒体功能的操作系统、多媒体数据库管理系统、多媒体创作工具和开发软件以及各种应用软件。

（4）信息处理的实时性

在许多应用场合，对多媒体系统提出了实时性要求。所谓实时性，是指在人的感觉系统允许的情况下进行多媒体处理和交互。图像和声音既是同步的也是连续的。实时多媒体系统应该把计算机的交互性、通信的分布性和电视、音频的真实性有机地结合在一起，达到人和环境的和谐统一。

多媒体技术是综合的高新技术，它是微电子、计算机、通信等多个相关学科综合发展的产物。从应用角度来看，人们对多媒体系统的认识一是来自电视，二是来自计算机。使电视用户有一定的控制权限和使计算机画面更加赏心悦目成了我们改进的目标，这正是电视和计算机结合的原因所在。多媒体技术将计算机软硬件技术、数字化声像技术和高速通信网技术集成为一个整体，把多种媒体信息的获取、加工、处理、传输、存储表现于一体。

2. 媒体的数字化

（1）音频数字化

音频（Audio）也称“音频信号”或“声音”，其频率范围约在 20Hz ~ 20kHz。声音主要包括波形声音、语音和音乐 3 种类型。声音是一种振动波，波形声音是声音的最一般形态，它包含了所有的声音形式；语音是一种包含有丰富的语言内涵的波形声音，人们对于语音，可以经过抽象，提取其特定的成分，从而达到对其意义的理解，它是声音中的一种特殊媒体；音乐就是符号化了的声音，和语音相比，它的形式更为规范，如音乐中的乐曲，乐谱就是乐曲的规范表达形式。

数字音频是指用一系列数字表示的音频信号，是对声音波形的表示。在计算机内的音频必须是数字形式的，因此必须把模拟音频信号转换成由有限个数字表示的离散序列，实现音频的数字化。波形描述了声音在空气中的振动，波形最高点（或最低点）与基线间的距离为振幅，波形中两个连续的波峰间的距离称为周期，每秒钟内出现的周期数称为波形的频率。在捕捉声音时，以一定的时间间隔对波形进行采样，产生一系列的振幅值，将这一系列的振幅值用数字来表示，就生成波形文件。

MIDI（Musical Instrument Digital Interface，乐器数字接口）是一种技术规范，是数字音乐的国际标准。MIDI 信息是描述一段音乐的指令，它是音乐行为的记录，包括音长、音量、音高等音乐的主要信号。当 MIDI 信息通过一个音乐合成器进行播放时，该合成器对一系列的信息进行解释，然后产生出一段相应的音乐。由于 MIDI 文件是一系列指令，所以占用的磁盘空间小，一般用于处理较长的音乐。

声卡是一块对音频信号进行数/模和模/数转换的电路板，插在计算机主板的插槽中。平常人们所听到的声音是模拟信号，计算机不能对模拟信号进行直接处理，声卡的一个功能就是采集音频的模拟信号，并将其转换为数字信号，以便计算机存储和处理。计算机内部的音频数字信号不能直接在音箱等设备上播放，声卡的另一个功能就是把这些音频数字信号转换为音频模拟信号，以便在音箱等设备上播放。声卡有多个输入/输出插口，可以接音箱、话筒等设备。

（2）图像数字化

图像是多媒体中最基本、最重要的数据，图像可以分静态图像和动态图像、点位图和矢量图。多媒体系统和虚拟现实系统中，多利用图形、图像这两种技术进行完美的立体成像。

（3）数字视频

我们的眼睛具备一种“视觉停留”的生物现象，如果以足够快的速度不断播放每次略微改变物体的位置和形状的一幅幅图像，眼睛将感觉到物体在连续运动。视频（Video）系统就是应用这一原理产生的动态图像。这一幅幅图像被称为帧（Frame），它是构成视频信息的基本单元。数字化视频系统是以数字化方式记录连续变化的图像信息的信息系统，并可在应用程序的控制下进行回放，甚至通过编辑操作加入特殊效果。

（4）计算机动画

动画（Animation）和视频类似，都是由一帧帧静止的画面按照一定的顺序排列而成，每一帧与相邻帧略有不同，当帧以一定的速度连续播放时，视觉停留特性造成了连续的动态效果。计算机动画和视频的主要差别类似图形与图像的区别。计算机动画是用计算机表现真实对象和模拟对象随时间变化的行为和动作，是计算机图形技术绘制出的连续画面，是计算机图形学的一个重要的分支；数字视频主要指模拟信号源经过数字化后的图像和同步声音的混合体。目前，在多媒体中有将计算机动画和数字视频混同的趋势。

视频卡：视频卡是一块处理视频图像的电路板，也插在计算机主板的插槽中。视频卡有多种类型：能解压视频数字信息，播放 VCD 电影的设备——解压卡；能直接接收电视节目的设备——电视接收卡；能把摄像头、录像机、影碟机获得的视频信号进行数字化的设备——视频捕捉卡；能把 VGA 信号输出到电视机、录像机上的设备——视频输出卡。为保证以上设备能够正常工作，往往需要相应的软件或驱动程序，安装这些设备后，还应该安装相应的软件或驱动程序。

3. 多媒体数据压缩

多媒体技术几乎涉及到信息技术的各个领域。对多媒体的研究包括对多媒体技术的研究和对多媒体系统的研究。对于多媒体技术，主要是研究多媒体技术的基础，如多媒体信息的获取、存储、处理、信息的传输和表现以及数据压缩/解压技术等。对于多媒体系统，主要是研究多媒体系统的构成与实现以及系统的综合与集成。当然，多媒体技术与多媒体系统是相互联系、相辅相成的。另外，对多媒体制作与表现的专门研究，则更多地属于艺术的范畴，而不是技术问题，这是与艺术创作和艺术鉴赏紧密联系在一起的。本书主要讨论多媒体技术的原理和应用。

为了使现有计算机(尤其是微机)的性能指标能够达到处理音频和视频图像信息的要求，一方面要提高计算机的存储容量和数据传输速率，另一方面要对音频信息和视频信息进行数据压缩和解压。对人的听觉和视觉输入信号，可以对数据中的冗余部分进行压缩，再经过逆变换恢复为原来的数据。这种压缩和解压，对信息系统可以是无损的，也可以是有损的，但要以不影响人的感觉为原则。数据压缩技术(或数据编码技术)，不仅可以有效地减少数据的存储空间，还可以减少传输占用的时间，减轻信道的压力，这一点对多媒体信息网络具有特别重要的意义。

数据压缩可以分为有损压缩和无损压缩。无损压缩是利用数据统计的冗余进行压缩，又称可逆编码，解压缩后数据不失真，特点是压缩比较低，通常用于文本数据、程序以及重要的图形和图像的压缩。压缩软件 WinZip 和 WinRAR 就是基于无损压缩原理设计的。常用无损压缩算法包括行程编码、霍夫曼编码、算术编码、LZW 编码等。有损压缩又称不可逆编码，压缩后的数据不能够完全还原成压缩前的数据，也称破坏性压缩。损失的是对视觉和听觉不重要的信息，常用于音频、图像和视频的压缩，常用有损压缩编码，包括预测编码、变换编码、基于模型编码、分形编码和矢量量化编码等。

1.5.3 多媒体系统的软件

伴随着多媒体技术的发展，多媒体系统的软件也不断得到更新和完善。Windows 系统本身带有多媒体软件，如录音机、CD 播放器、媒体播放器等程序。此外，Windows 98/XP 的应用软件也附加了多媒体功能，如 Word、Excel、PowerPoint 中都能插入图片、音频、视频等对象，与原文档成为一体。另外，一些专门的多媒体软件也不断出现，如超级解霸、RealOne Player 等。

1.6 计算机病毒及防治

计算机病毒(Computer Virus)的定义在《中华人民共和国计算机信息系统安全保护条例》中明确指出："计算机病毒，是指编制或者在计算机程序中插入的破坏计算机功能或者毁坏数据，影响计算机使用，并能自我复制的一组计算机指令或者程序代码。"常见的病毒如蠕虫病毒、梅莉莎病毒、Happy qq 病毒、"特洛伊木马"病毒等。

1.6.1 计算机病毒的特征和分类

根据病毒存在的媒体可以分为网络病毒、文件病毒和引导型病毒。网络病毒，它通过计算机网络传染感染网络中的计算机；文件病毒指寄生在文件中的计算机病毒，主要感染计算机中的可执行或数据文件，如 COM、EXE、DOC 等类型文件；引导型病毒指寄生在磁盘引导区或主引导区中的计算机病毒，感染磁盘启动扇区（Boot)和系统引导扇区（MBR)。此外还有以上三种情况的混合型，如多型病毒同时感染文件和引导扇区。

根据病毒特有的算法又可以分为伴随型病毒、蠕虫型病毒和寄生型病毒三种。伴随型病毒不改变文件本身，它根据自身算法产生 EXE 文件的伴随体，具有相同的名字和不同的扩展名(.com)；病毒把自身写入 COM 文件并不改变 EXE 文件，当 DOS 加载文件时该伴随体优先被执行，再由伴随体加载执行原来的EXE文件。蠕虫型病毒通过计算机网络传播，不改变文件和资料信息，利用网络从一台机器的内存传播到其他机器的内存，并通过计算机网络地址将自身的病毒通过网络进一步传播出去。寄生型病毒是除了伴随型和蠕虫型之外的其他病毒，它们依附在系统的引导扇区或文件中，通过系统的运行进行传播。

1. 计算机病毒的特征

（1）寄生性。计算机病毒是一种特殊的寄生程序，与通常意义下的完整计算机程序不同，是寄生在其他可执行的程序中。

（2）感染性。即具有再生机制，可以将自身的复制品及其变种感染到其他程序体上。这是计算机病毒最根本的属性，也是判断、检测病毒的重要依据。

（3）潜伏性。即具有依附其他媒体的能力，入侵系统后一般不立即发作而是潜伏下来，经过一段时间或满足一定条件后才发作，复制病毒副本进行破坏。

（4）可激发性。即在一定条件下接受外界刺激，使病毒活跃起来实施感染和破坏。

（5）危害性。即病毒不仅占用系统资源，甚至使受感染的计算机网络瘫痪，删除文件或数据，格式化磁盘，降低运行效率或中断系统运行，造成灾难性后果。

（6）隐蔽性。即在感染宿主程序后自动寻找“空洞”并将病毒拷贝其中，保持宿主程序长度不变使人难以发现，从而争取较长存活时间，来造成大面积感染。

（7）欺骗性。即常采用一些欺骗技术（如脱皮技术，改头换面，自杀技术，密码技术等）逃脱检测，达到较长时间传染和破坏的目的。

计算机病毒主要通过文件拷贝和文件传送等方式来传播，其主要传播途径有磁盘、U盘、光盘和网络。早期的病毒传播主要靠软盘，通过软盘间的相互拷贝和安装程序传播文件型病毒；另外，引导区病毒也会在软盘与硬盘引导区内相互感染，使用带病毒的硬盘到其他机器安装使用或维修也会使病毒传染扩散到这台机器上。光盘容量大使大量病毒有了藏身之地，只读型光盘不能进行写操作，无法清除其中病毒，盗版光盘泛滥给病毒传播带来许多便利，甚至有些杀毒软件本身就带有病毒。“网上高速公路”也为病毒传播提供了传播途径，数据、文件、电子邮件在网上高速传播的同时，病毒也在被高速传播，事实上网络已成为病毒传播的第一途径。

2. 计算机病毒的分类

按病毒的破坏性分类，可把计算机病毒分为干扰性病毒和破坏性病毒两类；按病毒的传染途径分类，可将计算机病毒分为引导型病毒、文件型病毒、混合型病毒、宏病毒和网络型病毒；按病毒本身代码是否变化，可分为简单性病毒、变形型病毒和病毒生成工具。

（1）引导区型病毒：通过读U盘、光盘及各种移动存储介质感染引导区型病毒，感染硬盘的主引导记录，病毒进一步企图感染每个插入计算机进行读写的移动盘的引导区。该类病毒常常将其病毒程序替代主引导区的系统程序，引导区病毒总是先于系统文件装入内存储器，获得控制权并进行传染和破坏。

（2）文件型病毒：通过感染计算机中扩展名为(.exe)、(.com)、（.DRV）、（.BIN）、（.OVL）、（.SYS）的文件。文件型病毒是对计算机的源文件进行修改，使其成为新的带毒文件。一旦计算机运行该文件就会被感染，从而达到传播的目的。

（3）混合型病毒：即既能感染引导区，又能感染文件的病毒。只要中毒就会经开机或执行程序感染其他的磁盘或文件，此病毒最难杀灭。

（4）宏病毒：宏病毒是一种寄存在文档或模板的宏中的计算机病毒。一旦打开这样的文档，其中的宏就会被执行，于是宏病毒就会被激活，转移到计算机上，并驻留在Normal

模板上。从此以后，所有自动保存的文档都会“感染”上这种宏病毒，而且如果其他用户打开了感染这种病毒的文档，宏病毒又会转移到他的计算机上。宏病毒是针对微软公司的文字处理软件 Word 编写的一种病毒。Word 宏病毒通过.DOC 文档及.DOT 模板进行自我复制及传播，特别是随着 Internet 网络的普及，Email 的大量应用更为 Word 宏病毒的传播铺平道路。根据国外较保守的统计，宏病毒的感染率高达 40%以上，即在现实生活中每发现 100 个病毒，其中就有 40 多个宏病毒，而国际上普通病毒种类已达 12000 多种。

（5）Internet 网络型病毒：Internet 网络型病毒大多通过 Email 传播，黑客利用通信软件，通过网络非法进入他人计算机系统，截取或篡改数据。

如果网络用户收到来路不明的 Email，不小心执行了附带的“黑客程序”，该用户的系统的注册表信息会被修改，“黑客程序”会隐藏在系统中。当用户运行 Windows 时，“黑客程序”会驻留内存，一旦计算机联入网络，“黑客”可以监控该计算机系统，“为所欲为”。

3. 计算机病毒的防范

（1）增强计算机工作人员防计算机病毒意识；健全机房管理制度，如登记上机制度等，使得有病毒时能及时追查、清除，避免扩散。

（2）外来磁盘或程序若需使用时先查杀病毒，不要轻易使用不知来源的软件，谨慎使用公共软件和共享软件，防止病毒扩散和传播。

（3）对系统文件和重要数据文件进行写保护和加密，口令尽可能选用随机字符，以增强入侵者的破译难度。

（4）做好磁盘文件备份工作，尤其是重要的数据应及时备份，防止计算机病毒破坏或机器软、硬件故障使用户数据受损或丢失。

（5）很多游戏盘因非法复制带有惩罚性病毒，应禁止工作人员将各种游戏软件装入计算机系统，以防将病毒带入系统。

（6）一般病毒主要破坏 C 盘的启动区和系统文件分配表内容，因此要将系统文件和用户文件分开存放；系统中的重要数据要定期复制。

（7）选用一两种功能强的杀毒软件，建立自己的病毒防火墙，在线查杀病毒或定期检测计算机系统并定期升级杀毒软件。

（8）网络系统管理员在发现病毒传染迹象时，应立即隔离被感染系统和网络并进行处理，必要时争取有关专家帮助。

计算机病毒的防范的主要技术措施有软件预防、硬件预防和网络防范技术。软件预防主要通过安装病毒预防软件，使预防软件常驻内存，当病毒入侵时及时报警并终止处理，达到不让病毒感染的目的。软件预防具有一定的局限性，只能预防已知病毒，所以要注意软件升级达到增强防御能力。硬件预防方法有两种，一是设计计算机病毒过滤器，使得该硬件在系统运行过程中能防止病毒的入侵；二是改变现有计算机的系统结构，从根本上弥补病毒入侵的漏洞、杜绝计算机病毒的产生和蔓延。对于网络计算机系统，还应当在安装网络服务器时，保证安装环境和网络操作系统没有病毒，将文件系统划分成多个文件卷系统并为各个卷分配不同的用户权限，安装有效的查杀病毒软件，必要时在网关、路由器上安装病毒防火墙产品。

1.6.2 信息安全教育

1. 信息道德教育与网络隐私

信息资源是当今世界的一种战略性资源，每一个国家都必须保护自己的信息资源。要加强信息安全道德教育，制定相关的行为规范和准则。

关于网络隐私权问题，美国麻省理工学院媒体实验室主任尼古拉·尼葛洛庞帝将其界定为三个基本层面：首先，当我传送信息给你时，你希望知道信息的确是我传给你的；其次，当信息在我们之间往返时，你不希望被任何人窃听；再次，一旦信息已经在你的桌面上了，你不希望有人擅自闯进来阅读信息。对网络隐私的侵犯，主要来自于想要控制网络的政客和利用网络进行违法犯罪活动的黑客。但是，包括美国在内，世界上有不少国家为了各自的利益，确实在试图找到一种能“窃听”网上信息的办法。尼葛洛庞帝说，假如这还不足以令你毛骨悚然的话，你该警醒了，网络若无法提供最佳的安全和隐私保障就将会出现严重失误；因为数字化的本质决定了数字世界应该比模拟世界安全得多，前提是我们必须有意识地去塑造一个安全的数字化环境。

网络隐私的保护除了强化网络安全技术之外，还需要在全社会进行信息道德教育。信息道德是指整个信息活动中的道德，是调节信息开发者、服务者、使用者之间相互关系的规范的总和。信息社会的公民应自觉遵守一定的信息道德准则，以此规范自己的行为和活动。其主要内容包括：信息交流与社会整体目标协调一致；遵守信息法律法规，抵制违法信息行为；尊重他人知识产权；正确处埋信息开发、传播、使用三者之间的关系等。比如，在信息技术工作中遇到的信息引用、复制、咨询等知识产权问题；出版发行出版物所应承担的权利与义务问题；网络信息规范化管理与应用问题等，这些都需要专业技术人员和普通公民具有规范化管理的信息道德意识。

2. 知识产权保护

近些年，知识产权保护成为国际政治、经济、科技、文化交往中一个普遍受到关注的问题。知识产权是指受法律保护的人类智力活动的一切成果。它包括文学、艺术和科学作品；表演艺术家的表演及唱片和广播节目；人类一切活动领域的发明、科学发现；工业品外观设计；商标、服务标记以及商业名称和标志；制止不正当竞争，以及在工业、科学、文学或艺术领域内由于智力活动而产生的其他一切权利。知识产权是一种无形资产，它与有形资产一样可作为资本投资、入股、抵押、转让、赠送等，也是开展国际间科学技术、经济、文化交流与合作的基本环境和条件之一。

知识产权一般分为著作权、工业产权两大类。著作权（又称版权）包括文学和艺术作品，文学作品诸如小说、诗歌、戏剧、电影、音乐作品等；艺术作品诸如绘图、绘画、摄影、雕塑、建筑设计等。与版权相关的还有艺术家的表演权、作品的录音制作权、广播电视节目的播放权等。工业产权包括发明（专利）、商标、工业品外观设计、原产地地理标志等。专利是对发明授予的一种专有权利，这里的发明是指提供新的做事方式或对某一问题提出新的技术解决方案的产品或方法，专利对专利权人的发明予以保护，一般有效时限为 20 年。

知识产权有三大特性：一是专有性（又称独占性、垄断性、排他性），同一内容的发明创造只能给予一个专利，由专利人所垄断；二是地域性，一个国家赋予的专利只在本国有效，如要取得其他国家保护必须得到该国家授权；三是时间性，知识产权都有一定保护期限，过期即进入公有领域。这里所说的保护是指未经专利权人同意，不得对发明进行商业性制造、使用、经销或销售。

1.6.3 信息安全政策与法规

随着计算机信息网络的广泛应用，计算机犯罪将成为信息社会的主要犯罪形式之一。计算机犯罪的主要表现是侵犯计算机信息网络中的各种资源，包括硬件、软件以及网络中存储和传输的数据，从而达到窃取钱财、信息、情报以及破坏或恶作剧的目的。目前主要有以下几种形式。

（1）通过网络非法转移资金，盗窃银行中他人存款。主要是行业内部的工作人员利用自己的专业知识和银行计算机系统的漏洞进行违法犯罪活动。

（2）随着计算机和 Internet 的发展，许多国家的政府和军队的核心机密、企业的商业秘密都存储在计算机里。一些不法分子千方百计入侵这些网络，窃取政治、军事、商业秘密，或将秘密公布于众，或将秘密出卖，或利用秘密进行敲诈勒索。

（3）一些黑客通过互联网络未经许可进入他人的计算机设施，破解他人的密码，使用他人的计算机资源，造成了巨大的危害。

（4）故意向他人的计算机系统传播计算机病毒。

（5）散布虚假广告诈骗钱财。诈骗分子利用网络登发虚假产品广告、征婚广告、出国广告，或以转让财产、科技成果、计算机软件等名义，一旦钱财到手就溜之大吉。

（6）著作权的侵权。一些计算机用户将购买的商业软件随意复制给他人使用，严重侵害开发商权益；一些作者剽窃网上新闻作品、文学作品向全国各地报刊供稿；还有将他人作品下载并复制光盘出售，非法解密他人的软件出售等。

（7）传播淫秽、暴力、恐怖、迷信作品毒害青少年。在 Internet 上不仅有一些利欲熏心的网站传播黄色软件、小说、音像制品，以牟取不正当利益；而且在电子邮件和联机聊天中也会出现色情方面的内容。

（8）其他违法犯罪活动。例如利用互联网络对他人进行诽谤、谩骂、恐吓、制造谣言，传播假新闻，扰乱社会秩序，亵渎宗教，破坏民族团结等。

计算机犯罪是一种高技术犯罪，其特点是作案时间短、可异地远距离作案、可不留痕迹隐蔽性强危害性大，有些犯罪行为按传统刑法难以定罪量刑。因此，许多国家已修改刑法或制定计算机犯罪单行法规，以便有力地打击计算机犯罪。我国也在刑法修正案中增加了制裁计算机犯罪的法律法规。我国于 2007 年 6 月 22 日发布《信息安全等级保护管理办法》，其中包括总则、等级划分与保护、等级保护的实施与管理、涉及国家秘密信息系统的分级保护管理、信息安全等级保护的密码管理、法律责任以及附则，共七章四十四条规则办法。

所有的社会行为都需要法律法规来规范和约束，Internet 也不例外。随着 Internet 技术的发展，各项涉及网络信息安全的法律法规也会相继出台。下面列出我国与信息安全相关的一些法律法规，若需要时可查阅相关的法律书籍。

- 《电子出版物管理规定》
- 《中华人民共和国商标法》
- 《中华人民共和国专利法》
- 《中华人民共和国民法通则》
- 《中华人民共和国著作权法》
- 《中华人民共和国计算机软件保护条例》
- 《中华人民共和国反不正当竞争法》
- 《中华人民共和国计算机信息系统安全保护条例》
- 《中华人民共和国计算机信息网络国际联网管理暂行办法》
- 《计算机信息系统安全专用产品检测和销售许可证管理办法》

- 《科学技术保密规定》
- 《商用密码管理条例》
- 《计算机信息系统国际联网保密管理规定》
- 《中国公众多媒体通信管理办法》
- 《计算机信息网络国际联网的安全保护管理办法》
- 《中华人民共和国电信条例》
- 《互联网信息服务管理办法》

1.7 微机系统配置与选购

用户要根据追求的系统性能指标来配置硬件，根据要求的任务配置软件系统，根据性价比以及适用性购置电脑。

1. 性能指标

计算机系统的性能不是由单一指标来决定的，而是由许多指标综合决定的。

（1）字长：计算机每次作为一个整体处理的固定长度的二进制数称为计算机的字（word），字的位数称为计算机的字长，字长以位（bit）为单位。通常人们称一台计算机是16位还是32位，指的就是其字长。计算机的字长越大，它所表示数的范围越大，精度越高，处理能力越强。

（2）运算速度：微型计算机的速度通常用平均每秒执行指令的条数来衡量，单位是MIPS，1MIPS表示平均每秒执行100万条指令。大型计算机的速度通常用每秒完成浮点数运算的次数来衡量，单位是FLOPS，1FLOPS表示每秒执行1次浮点运算。巨型计算机的速度通常用每秒完成向量运算的次数来衡量。向量运算是指两组数参加运算，每一组称为一个向量。

（3）内存容量：计算机的内存被分成若干个存储单元，每个存储单元通常存放一个字节。内存的容量就是内存所能存放的字节数。字节（B）是存储容量的基本单位，常用的单位有KB、MB、GB等。

（4）主频：微机CPU内核工作的时钟频率（CPU Clock Speed），单位MHz。

（5）存取周期：存储器进行一次"读"或"写"操作所需的时间称为存储器的访问时间（或读写时间），存储器进行一次完整的存取（"读"和"写"）操作所需的时间，称为存取周期（或存储周期）。存取周期短，则存取速度快。

2. 硬件配置有（括号内为参考产品）

微机的硬件配置主要考虑以下几个方面：

（1） CPU（Intel core 2 系列64位双核微处理器）；

（2）主板（Intel　Q67或H67以上芯片组）；

（3）内存（≥2G DDR3）；

（4）硬盘（≥500GB容量　7200转）；

（5）显示器（三星793 MB）；

（6）显卡（集成HD核心显卡，视频输出DVI+VGA）；

（7）外存储器（250G SATA硬盘）。

3. 软件配置

一般电脑中要安装如下常用软件：

（1）操作系统：WindowsXP/Windows 7；

（2）办公软件：Office XP/2003；

（3）压缩/解压软件：WinRAR；

（4）网络软件：IE 浏览器，电子邮件软件（如 Foxmail），QQ 聊天软件，下载软件（如迅雷、Flashget）；

（5）阅读/看图/翻译/媒体播放器:如 Adobe Reader、ACDSEE、金山词霸、Realplayer；

（6）网络安全软件：瑞星杀毒软件、360 安全卫士、天网防火墙软件等。

还有根据个人需要的一些软件。

4. 组装

微机的各个部件采用标准化的设计和接口，任何人只要了解微机的组成并确定好一台微机的配置，并购买了所需的配件后，就可以组装自己的微机了。下面对组装的步骤及注意事项简要说明。

（1）安装前的注意事项。

① 防止人体所带静电对电子器件造成损伤：在安装前，先消除身上的静电，一般可用手触摸自来水管等接地设备，如果有条件，可以佩戴防静电环。

② 断电操作，注意安全。

③ 对各个部件要轻拿轻放，不要碰撞，尤其是硬盘；安装主板一定要稳固，同时要防止主板变形，不然会对主板的电子线路造成损伤。

（2）安装 CPU 和内存。

① 更改主板上的跳线以设置 CPU 的类型及频率。

② 安装 CPU 及 CPU 风扇：用拇指和食指按住零插拔力杆，如图 1-21 所示。稍往下用力压后往外抬起杆，把 CPU 按照缺针角的方向对准插座方向轻轻放入，然后再把零插拔力杆往下压。主板上一般都有好几个风扇供电插座，CPU 风扇最好插在第一个电源接口上。

图 1-21　安装 CPU　　图 1-22　安装内存

③ 安装内存（条）：按照内存条上的缺口跟内存条插槽（DIMM）缺口一致的方向插上，确保方向没有错的情况下，均匀用力压下（见图 1-22），此时应该听到“啪，啪”的两声，表示固定内存条的扣正常地扣紧了。

（3）机箱的准备：拆包装、固定档片等。

（4）安装电源。

（5）安装主板。

（6）安装驱动器：包括软驱、光驱（见图 1-23）、硬盘（见图 1-24）等。

（7）接插电源线：包括主板与电源，各种外存的电源，CPU 风扇等。

图 1-23　安装光驱

图 1-24　安装硬盘

（8）插接 IDE 数据线：包括光驱（见图 1-25）和硬盘（见图 1-26）的数据线。

（9）插接软驱数据线。

（10）安装板卡：包括显示卡、声卡、网卡等。

（11）收尾工作：连接开关、指示灯、喇叭线等，最后盖上机箱盖。

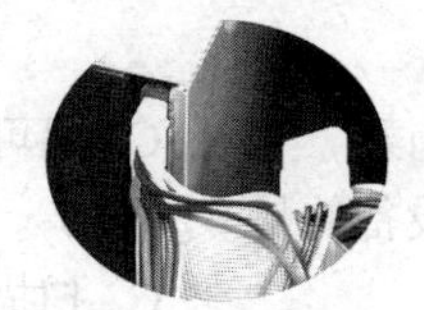

图 1-25 安装光驱数据线

图 1-26 安装硬盘数据线

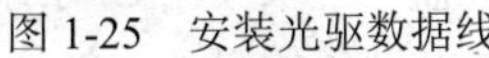

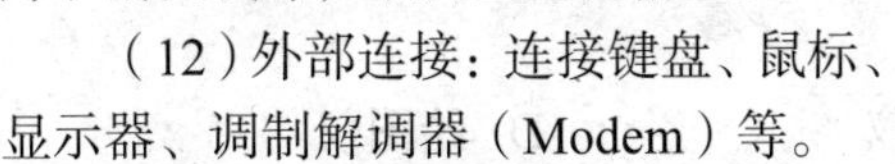

（12）外部连接：连接键盘、鼠标、显示器、调制解调器（Modem）等。

（13）CMOS 设置：包括日期、时间、软驱的个数及类型、硬盘的个数及其参数、系统的启动顺序、开机或 CMOS 设置密码等。

（14）安装操作系统及各种驱动程序。

（15）测试各种设备的工作是否正常。

（16）安装其他系统软件和应用软件。

思考题

一、判断题

1. 第一台电子计算机是为商业应用而研制的。 （ ）
2. 第一代电子计算机的主要元器件是晶体管。 （ ）
3. 微型计算机是第 4 代计算机的产物。 （ ）
4. 正数的原码、补码和反码是相同的。 （ ）
5. 信息单位“位”指的是一个十进制位。 （ ）
6. ASCII 码是 8 位编码，因而一个 ASCII 码可用一个字节表示。 （ ）
7. 运算器不仅能进行算术运算，而且还能进行逻辑运算。 （ ）
8. 计算机不能直接运行用高级语言编写的程序。 （ ）
9. 最重要的系统软件是操作系统。 （ ）
10. “存储程序”原理是由数学家冯·诺依曼提出的。 （ ）

二、选择题

1. 第一台电子计算机每秒可完成大约（ ）次加法运算。

   A. 50　　B. 500　　C. 5 000　　D. 50 000

2. 第二代电子计算机的主要元器件是（ ）。

   A. 电子管　　B. 晶体管　　C. 小规模集成电路　　D. 大规模集成电路

3. 微型计算机的分代是根据（ ）划分的。

   A. 体积　　B. 速度　　C. 微处理器　　D. 内存

4. 用计算机管理图书馆的借书和还书，这种计算机应用属于（ ）。

   A. 科学计算　　B. 信息管理　　C. 实时控制　　D. 人工智能

5. 以下十进制数（ ）能用二进制数精确表示。

   A. 1.15　　B. 1.25　　C. 1.35　　D. 1.45

6. 在计算机中，1KB 等于（ ）。

   A. 1024B　　B. 1204B　　C. 1402B　　D. 1240B

7. 11111101 是-12 的 8 位（　　）。

A. 原码　　B. 反码　　C. 补码　　D. ASCII 码

8. CPU 对 ROM（　　）。

A. 可读可写　　B. 只可读　　C. 只可写　　D. 不可读不可写

9. 以下不属于计算机输入设备的是（　　）。

A. 鼠标　　B. 键盘　　C. 扫描仪　　D. 光盘

10. 以下不属于计算机输出设备的是（　　）。

A. 显示器　　B. 打印机　　C. 扫描仪　　D. 绘图仪

三、填空题

1. 第一台电子计算机的名字是________，诞生于________年。

2. 微型计算机是由________、________和________接口部件构成的。

3. 十进制数 12.625 转化成二进制数是________，转化成八进制数是________，转化成十六进制数是________。

4. 八进制数 1234.567 转化成十进制数是________，转化成二进制数是________，转化成十六进制数是________。

5. 数字 0 的 ASCII 码是________，把该二进制数化成十进制等于________；字母 a 的 ASCII 码是________，把该二进制数化成十进制等于________；字母 A 的 ASCII 码是________，把该二进制数化成十进制等于________。

6. 计算机系统由________和________组成。

7. 计算机语言有________语言、________语言和________语言 3 类。

8. 中央处理器的英文缩写是________，它由________和________组成。

9. 鼠标器按工作原理可分为________鼠标、________鼠标和________鼠标 3 类。

10. 常见的打印机有________打印机、________打印机和________打印机 3 类。

四、问答题

1. 计算机的发展经历了哪几代？各代计算机采用的主要元器件是什么？

2. IEEE 把计算机分为哪几类？

3. 计算机有哪些特点？

4. 计算机有哪些应用领域？

5. 计算机系统有哪些性能指标？

6. 汉字编码标准有哪些？各有什么特点？

7. 计算机硬件系统包括哪几部分？计算机系统软件包括哪些软件？

8. CPU、内存、硬盘、显示器、显示卡有哪些重要指标？

9. 什么是多媒体技术？多媒体技术有哪些特性？

第2章

Windows 7 操作系统

2.1 操作系统基础知识

计算机系统是由硬件系统和软件系统两部分组成的。计算机系统的所有软、硬件资源之所以能相互配合、协调一致地工作，是借助于操作系统的控制、管理而实现的。操作系统(Operating System——缩写为 OS)是最重要的系统软件，是系统软件的核心，它直接运行在裸机(不配有任何软件的计算机系统硬件层)之上。操作系统是计算机所有软、硬件资源的组织者和管理者，是沟通软、硬件之间的桥梁，任何用户都是通过操作系统使用计算机的，操作系统是用户和计算机的接口，让用户使用计算机变成是一件很容易的事情。

2.1.1 操作系统的功能

计算机系统中各种资源都有它们自己固有的特征，因此对它们的管理手段也有所不同。从资源管理角度分析，操作系统具有：处理机管理、存储管理、设备管理、文件管理和作业管理等五大功能。

（1）处理机管理

处理机管理是指对处理器（CPU）资源的管理。处理机管理的任务就是解决如何把 CPU 合理、动态地分配给多道程序系统，从而使得多个处理任务同时运行而互不干扰，极大地发挥处理器的工作效率。

（2）存储管理

存储管理是指对主存储器资源的管理，就是要根据用户程序的要求为用户分配主存区域。当多个用户程序同时被装入主存储器后，要保证各用户的程序和数据互不干扰；当某个用户程序结束时，要及时收回它所占的主存区域，以便再装入其它程序，从而提高内存空间的利用率。

（3）设备管理

设备管理是指对所有外部设备的管理。它是操作系统中用户和外部设备之间的接口，主要负责分配、回收外部设备及控制外部设备的运行，采用通道技术、缓冲技术、中断技术和假脱机技术等充分而有效地提高外部设备的利用率。

（4）文件管理

文件管理是指对数据信息资源的管理。文件管理的主要任务是负责文件的存储、检索、共享、保护和安全等，为用户提供简便使用文件的方法。

（5）作业管理

完成一个独立任务的程序及其所需的数据组成一个作业。作业管理是对用户提交的诸多作业进行管理，包括作业的组织、控制和调度等，尽可能高效地利用整个系统的资源。

2.1.2 操作系统的分类

经过几十年的迅速发展和市场的激烈竞争，出现多种多样的操作系统，功能差异也很大，已经能够适应各种不同的应用和各种不同的硬件配置。操作系统有各种不同的分类标准，常用的分类标准有：按与用户对话的界面分类；按能够支持的用户数为标准分类；按是否能够运行多个任务的标准分类；也可以按操作系统的功能分类。

1. 按与用户对话的界面分类

（1）字符界面操作系统：在这类操作系统中，用户只能在命令提示符后（如 C:\>）输入命令才能操作计算机。例如：要运行一个程序，则应在命令提示符下输入程序名并按回车键才能运行。常见的字符界面操作系统如磁盘操作系统 MS—DOS、UNIX。

（2）图形界面操作系统：在这类操作系统中，每一个文件、文件夹和应用程序都可以用图标来表示，所有的命令都以菜单或按钮的形式给出。因此，要运行一个命令或程序，无需知道命令的具体格式和语法，只需使用鼠标对菜单或图标进行单击或双击即可。常见的图形界面操作系统如 Windows XP/7、MacOS。

2. 按能够支持的用户数为标准分类

（1）单用户操作系统：在单用户操作系统中，系统所有的硬、软件资源只能为一个用户提供服务。也就是说，单用户操作系统一次只能支持运行一个用户程序。如 MS—DOS、Windows XP/7 等。

（2）多用户操作系统：多用户操作系统能够管理和控制由多台计算机通过通信口连接起来组成的一个工作环境并为多个用户服务的操作系统。如 UNIX 等。

3. 按是否能够运行多个任务为标准分类

（1）单任务操作系统：在这类操作系统中，用户一次只能提交一个任务 ，待该任务处理完毕后才能再提交下一个任务，如磁盘操作系统 MS—DOS。

（2）多任务操作系统：在这类操作系统中，系统可以同时接受并处理用户一次提交的多个任务。如 Windows XP/7、MacOS 等。

4. 按操作系统的功能为标准分类

（1）批处理操作系统：在批处理操作系统中，用户可以把作业一批批地输入系统。批处理操作系统侧重于资源的利用率、作业的吞吐量以及操作的自动化。它主要运行在大中型计算机上，如 IBM 的 DOS/VSE。

（2）分时操作系统：分时操作系统的主要特点是将 CPU 的时间划分成时间片，轮流接收和处理各个用户从终端输入的命令。如果用户的某个处理要求时间较长，分配的一个时间片不够用，它只能暂停下来，等待下一次轮到时再继续运行。由于计算机运算的高速性能和并行工作的特点，因此，只要同时上机的用户不超过一定的数量，每个用户就会觉得自己好像独占了这台计算机。常见的分时系统有 UNIX，Linux 等。

（3）实时操作系统：实时操作系统就是使计算机系统能及时响应外部事件的请求，并在严格的时间范围内尽快完成对事件的处理，给出应答。超出时间范围就失去了控制的时机，控制也就失去了意义，甚至造成事故。根据具体应用领域的不同，又可以将实时系统分成两类：实时控制系统（如导弹发射系统）和实时数据处理系统（如火车票订购系统、银行 ATM 机）。常用的实时系统有 RDOS 等。

（4）网络操作系统：网络操作系统是在单机操作系统的基础上发展起来的，能够管理网络通信和提供网络资源共享，协调各个主机上任务的运行，并向用户提供统一、高效、方便易用的网络接口的一种操作系统。常见的有 Windows Server、Novell NetWare 等。

（5）分布式操作系统：分布式计算机系统也是由多台计算机连接起来组成的计算机网络，系统中若干台计算机可以互相协作来完成一个共同任务。这种用于管理分布式计算机系统中资源的操作系统称为分布式操作系统。

以上分类并不是绝对的，许多操作系统同时兼有多种类型系统的特点，因此不能简单地用一个标准划分。例如 MS—DOS 是单用户单任务操作系统，Windows XP/7 是单用户多任务操作系统。

2.1.3 一些常用的操作系统简介

1. Windows 操作系统

Windows 操作系统（或称视窗操作系统）是基于图形界面的操作系统，它是美国微软（Microsoft）公司的产品，有单机操作系统和网络操作系统两大类。因其生动、形象和直观的用户界面，十分简便的操作方法，吸引着成千上万的用户，成为目前装机普及率最高的一种操作系统。

2. UNIX 操作系统

UNIX 是一种多用户多任务的分时操作系统。其优点是具有较好的可移植性，可运行于许多不同类型的计算机上，且有较好的可靠性和安全性，支持多任务、多处理、多用户、网络管理和网络应用。缺点是缺乏统一的标准，应用程序不够丰富，并且不易学习，因此限制了 UNIX 的普及应用。

3. Linux 操作系统

Linux 是一套免费使用和自由传播的类似 UNIX 的操作系统，是一个基于 POSIX 和 UNIX 的多用户、多任务、支持多线程和多 CPU 的操作系统。

4. OS/2 操作系统

OS/2 是 Operating System 2 的缩写，意思为第二代的操作系统。OS/2 是 Microsoft 公司和 IBM 公司合作于 1987 年开发的配置在 PS/2 微机上的图形化用户界面的操作系统。

5. Mac OS 操作系统

Mac OS 是在苹果公司的 Power Macintosh 机及 Macintosh 系列计算机上使用的。它是最早成功的基于图形用户界面的操作系统，具有较强的图形处理能力，广泛用于桌面排版和多媒体应用等领域。Mac OS 的缺点是与 Windows 缺乏较好的兼容性，影响了它的普及。

6. NetWare 操作系统

NetWare 是 NOVELL 公司推出的网络操作系统。NetWare 最重要的特征是基于基本模块设计思想的开放式系统结构。NetWare 是一个开放的网络服务器平台，可以方便地对其进行扩充，主要用于局域网的构建与管理。

7. Android 操作系统

Android(安卓)是一种基于 Linux 的自由及开放源代码的操作系统，主要使用于移动设备，如智能手机和平板电脑，由 Google 公司和开放手机联盟领导及开发。

2.2 Windows 7 概述

2.2.1 Windows的发展简史

Windows来源于“window”这个英文单词，它的原意是“窗口”，而Windows则是window的复数形式，表示多个窗口。微软将自己的操作系统命名为“Windows”，既代表该操作系统是由多个窗口形式组成（其实Windows系统中最基本的概念也是窗口），又表示与DOS呆板而单一的旧时代的告别，从而打开一个全新的窗口，意义非常深远。

Microsoft于1983年春季宣布开发Windows，希望由它来取代MS-DOS操作系统，并于1985年5月推出Windows 1.0，这个Windows版本的功能还很弱。由于受到当时硬件条件的限制，因此Windows 1.0的GUI（图形界面）是基于字符，而不是现在的基于图形，只能说是DOS系统的一个外壳程序，启动界面也相当简陋，因此基本上没有引起业界太多的注意。

Microsoft随后又先后推出了Windows 1.03和Windows 2.0（后者在1987年10月发布），虽然它们的功能较Windows 1.0有了许多概念上的进步，如Windows 2.0已经能创建重叠的应用程序，使用了可以最大化/最小化应用程序的按钮，看上去较DOS界面要漂亮许多。但功能仍比较薄弱，加上当时软、硬件条件的限制，因此推出后反响平平。

Windows划时代的发展是1990年5月发行的Windows 3.0版。它提供了全新的用户界面和方便的操作手段，突破了640 KB常规内存的限制，可以在任何方式下使用扩展内存，具有运行多道程序、处理多任务的能力。速度快、内存容量大的PC成了Windows 3.0的最有效的平台，同时大量开发了基于Windows的应用软件。两年之后，也就是1992年，MicroSoft发布了Windows 3.1版本，该版本重点解决了3.0版中的许多Bug，如增加了故障检查功能、引入TrueType字体、对象链接与嵌入技术（即OLE），特别是提供了更完善的多媒体技术，标志着Windows从此进入了多媒体时代。因此Windows 3.1迅速成为当时最流行的操作系统，DOS的地位逐步被削弱，但是Windows 3.x仍然必须在MS-DOS操作系统上运行。

1993年，Microsoft公司在其Windows系列产品中加入新的成员。首先推出了具有网络支持功能的Windows for Workgroups，接着又推出了全新的32位操作系统Microsoft Windows NT 3.1，这将操作系统和网络软件结合在一起，用户不需要运行另外一个网络操作系统就可以与网络上运行Windows NT的计算机相连，其界面与Windows 3.1完全相同。Windows NT一般运行在高档PC机上，它对硬件环境有较高的要求，因此Windows NT 3.1并没有像Windows 3.1那样畅销。然而，随着硬件性能的提高，价格的大幅度下降，以及Windows NT 4.0的推出，Windows NT成为当时与UNIX、OS/2平分“客户机/服务器”市场的一种重要操作系统。

1995年，Microsoft隆重推出了划时代的操作系统：Windows 95，它可以独立运行而不需要MS-DOS的支持，但由于Windows 95为了保持对DOS程序的兼容，因此仍然只是一个仿真的32位操作系统（即16位和32位共存）。它在用户界面上有了较大的改进，每个文件、文件夹和应用程序都可以用图标来表示，增加了TCP/IP协议、拨号网络、即插即用能力等。1998年，Microsoft公司推出Windows 98，它是专为个人消费者设计的第一个Windows操作系统。1999年6月，Windows 98 SE发布，提供了Internet Explorer 5、Windows Netmeeting 3、Internet Connection Sharing、对DVD-ROM和对USB的支持。微软敏锐地把握住了即将到来的互联网网络大潮，捆绑的IE浏览器最终在几年后敲响了网景公司的丧钟，同期也因为触及垄断和非法竞争等敏感区域而官司不断。2000年，Microsoft公司推出Windows Me，去除了对 DOS 实模式的支持，它是基于 Windows 95 内核的最后一个操作系统。

2000 年，Windows 2000 是 Microsoft 又一个划时代产品。它集 Windows NT 的先进技术和 Windows 95/98 的优点于一身，具有低成本、高可靠性、全面支持 Internet、支持众多硬件设备等特点，成为在当时从笔记本电脑到高端服务器的各种类型 PC 上的最佳操作系统。

2001 年，Windows XP 发布。它共有 2 个版本：一是 Windows XP Professional，面向企业和高级家庭的计算机；二是 Windows XP Home，面向普通的家庭。Windows XP 是微软把所有用户要求合成一个操作系统的尝试，和以前的 Windows 桌面系统相比稳定性有所提高，而为此付出的代价是丧失了对基于 DOS 程序的支持。由于微软把很多以前是由第三方提供的软件整合到操作系统中，XP 受到了猛烈的批评。这些软件包括防火墙，媒体播放器（Windows Media Player），即时通讯软件（Windows Messenger），以及它与 Microsoft Pasport 网络服务的紧密结合，这都被很多计算机专家认为是安全风险以及对个人隐私的潜在威胁。这些特性的增加被认为是微软继续其传统的垄断行为的持续。

2003 年 4 月，Windows Server 2003 发布。对活动目录、组策略操作和管理、磁盘管理等面向服务器的功能作了较大改进，对.net 技术的完善支持进一步扩展了服务器的应用范围。

2006 年，Windows Vista 发布。它是继 Windows XP 和 Windows Server 2003 之后的又一重要的操作系统，该系统带有许多新的特性和技术。

Windows Server 2008 是微软最新一个服务器操作系统的名称，它继承 Windows Server 2003。Windows Server 2008 通过加强操作系统和保护网络环境提高了安全性。通过加快 IT 系统的部署与维护，使服务器和应用程序的合并与虚拟化更加简单，提供直观管理工具，Windows Server2008 还为 IT 专业人员提供了灵活性。Windows Server 2008 为任何组织的服务器和网络基础结构奠定了基础。

2009 年 10 月，Windows 7 正式发布，分 32 位和 64 位系统，有以下几种不同的版本：Windows 7 Starter(简易版)，Windows 7 HomeBasic(家庭普通版)，Windows 7 HomePremium(家庭高级版)，Windows 7 Professional(专业版)，Windows 7 Enterprise(企业版)，Windows 7 Ultimate(旗舰版)。Windows 7 的设计主要围绕五个重点——针对笔记本电脑的特有设计；基于应用服务的设计；用户的个性化；视听娱乐的优化；用户易用性的新引擎。

2.2.2 Windows 7 的特点

Windows 7 是微软于 2009 年发布的，第二代具备完善 64 位支持、开始支持触控技术的 Windows 桌面操作系统，其内核版本号为 NT6.1。在 Windows 7 中，集成了 DirectX 11 和 Internet Explorer 8。DirectX 11 作为 3D 图形接口，不仅支持未来的 DX11 硬件，还向下兼容当前的 DirectX 10 和 10.1 硬件。DirectX 11 增加了新的计算 shader 技术，可以允许 GPU 从事更多的通用计算工作，而不仅仅是 3D 运算，开发人员可以更好地将 GPU 作为并行处理器使用。Windows 7 还具有超级任务栏，提升了界面的美观性和多任务切换的使用体验。通过开机时间的缩短，硬盘传输速度的提高等使一系列性能得到改进。

Windows 7 操作系统具有如下特点。

1. 更加安全

Windows 7 改进了安全和功能的合法性，还把数据保护和管理扩展到外围设备。Windows 7 改进了基于角色的计算方案和用户账户管理，在数据保护和坚固协作的固有冲突之间搭建沟通桥梁，同时开启企业级数据保护和权限许可。

2. 更加简单

Windows 7 让搜索和使用信息更加简单，包括本地、网络和互联网搜索功能。直观的用户体验将更加高级，还整合了自动化应用程序的提交和交叉程序的数据透明性。

3. 更好的连接

Windows 7 进一步增强移动工作能力，无论何时、何地、任何设备都能访问数据和应用程序，开启坚固的特别协作体验，无线连接、管理和安全功能将得到扩展。性能和当前功能以及新兴移动硬件将得到优化，多设备同步、管理和数据保护功能将被拓展。

4. 更低的成本

Windows 7 将帮助企业优化桌面基础设施，具有无缝操作系统、应用程序和数据移植功能，简化 PC 供应和升级，进一步完善完整的应用程序更新和补丁方面的内容。Windows 7 还包括改进硬件和软件虚拟化体验，扩展 PC 自身的 Windows 帮助和 IT 专业问题解决方案诊断。

2.3 Windows 7 基本操作

2.3.1 Windows 7 启动与退出

1. 启动

Windows 7 启动时，首先出现用户登录界面，要求用户选择用户账户名，并且输入口令，操作正确后进入如图 2-6 所示的 Windows 7 桌面。

为了安全，Windows 7 建议使用计算机的每一个用户都有一个专用的账户。用户账户的创建或更改可以通过控制面板中的“用户账户”完成。当然，对安全性要求不高的用户也可以不设置口令，启动后直接进入到 Windows 7 桌面。

2. 退出

退出 Windows 7 操作系统不能直接关掉计算机电源。由于 Windows 7 是一个多任务多线程的操作系统，有时前台运行某一程序，后台同时在运行另几个程序。如果在前台程序运行结束后就关掉电源，会把后台程序的数据和运行结果丢失；同时，由于 Windows 7 运行的多任务特性，在运行时可能要用大量磁盘空间来临时保存信息，这些处在预设指定子目录下的临时性文件在 Windows 7 正常退出时将予以删除，以免浪费资源，但非正常退出将使 Windows 7 来不及做这些工作，导致硬盘空间的浪费，更为严重的会造成致命的错误并导致系统无法再次启动。

在退出 Windows 7 之前，用户应关闭所有执行的程序和文档窗口，否则系统会询问是否结束有关程序的运行。Windows 7 为用户提供两种退出方法。

（1）单击“开始”菜单→“关机”按钮（见图 2-1）或按组合键 Alt+F4，出现如图 2-2 所示的“关闭 Windows”对话框，再选择“关机”选项。系统先把本次开机的有关 Windows 修改的设置保存到硬盘中，然后显示“正在关机”并自动关闭计算机电源。

（2）单击“开始”菜单→“注销”按钮，当前用户退出，允许其他用户登录。

① 选择“切换用户”：当前用户不退出，允许其他用户登录。

② 选择“重新启动”：系统将当前所有 Windows 7 的设置保存到硬盘上，并自动重新启

动计算机。

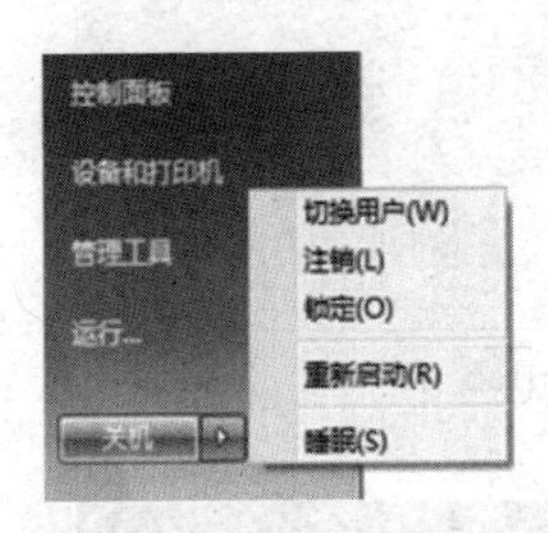

图 2-1 “关机”对话框

图 2-2 “关闭 Windows”对话框

③ 选择“睡眠”：系统会进入休眠状态。

④ 选择“锁定”：当前用户被锁定。

2.3.2 鼠标器和键盘的使用

鼠标器和键盘是 Windows 环境下最常用的输入设备，利用鼠标器和键盘可以很方便地进行各种操作。

1. 常用的鼠标器指针（光标）及其含义：

鼠标指针在窗口的不同位置或不同状态下会有不同形状，其中常用、常见的光标有：

（1）正常选择光标（或称指向光标 ）：移动它可以指向任一个操作对象。

（2）文字选择光标（或称插入光标 I）：出现该光标时才能输入、选择文字。

（3）精确选择光标（或称十字光标 ＋）：出现该光标时才能绘制各种图形。

（4）忙或后台忙光标（或称等待光标 、）：出现该光标说明系统正在运行程序，请稍候，此时不要操作鼠标与键盘。

（5）链接光标（或称手形光标）：出现该光标，可链接到相关的对象。

（6）移动光标（ ）：出现该光标，表示可拖动对象到某个位置。

2. 鼠标器的基本操作

（1）移动：握住鼠标器移动鼠标，显示器上的鼠标指针也随之移动。

（2）指向：移动鼠标，使光标指向某一对象。

（3）单击（或称左击）：快击一下鼠标左键后马上释放。

（4）右单击（或称右击）：快击一下鼠标右键后马上释放。

（5）双击：快击两下鼠标左键后马上释放。

（6）拖动：按住鼠标一个键不放，将选定的对象拖到目的地后释放。

（7）滚动：上下移动鼠标中间的滚轮。

注意：如无特殊说明，“单击”“双击”“拖动”指的都是使用鼠标左键，当要使用右键时，会用“右单击”“右拖动”来明确表示。

3. 键盘的操作

键盘不仅可以用来输入文字或字符，而且还可以使用组合键来替代鼠标操作。例如，使用组合键 Alt+Tab（先按住 Alt 键不放，再按 Tab 键，然后同时放开。）可以完成任务之间的切换，相当于用鼠标单击任务按钮，如图 2-3 所示。使用组合键 Win+Tab，系统使用“Flip 3D”技术用三维方式排列所有打开的窗口和桌面，可快速浏览窗口和切换窗口，如图 2-4 所示。

图 2-3　使用组合键 Alt+Tab

图 2-4　使用组合键 Win+Tab

2.3.3　Windows 7 的桌面

Windows 7 启动后的桌面如图 2-6 所示。所谓桌面是指 Windows 7 所占据的屏幕空间，即屏幕的整个背景区域。通常桌面上有："Administrator""计算机""网络""Internet Explorer""回收站"等图标和若干个用户自己创建的快捷方式图标。桌面的底部是任务栏，任务栏最左端是"开始"按钮，靠近右端是任务栏通知区域，最右端是"显示桌面"按钮。

1."开始"菜单

单击"开始"按钮会弹出"开始"菜单，这里集中了所有 Windows 7 的应用程序。若要运行程序、打开文档、改变系统设置、查找信息等，都可以用鼠标单击该按钮，然后再选择相应的命令，如图 2-5 所示。

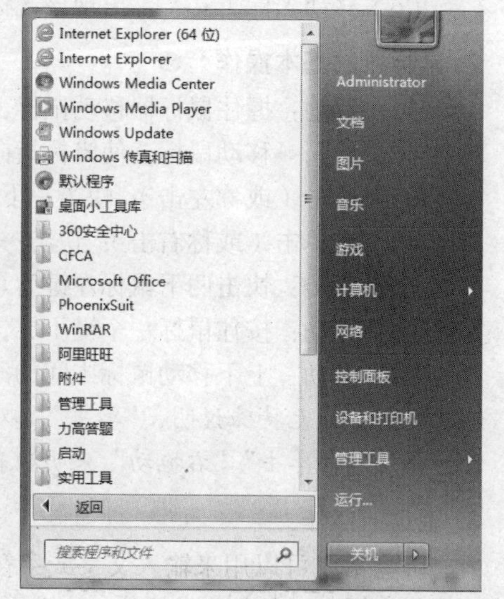

图 2-5　"开始"菜单

2. 全新的"任务栏"

当用户打开程序、文档或窗口后，在"任务栏"上就会出现一个相应的按钮图标。关闭一个窗口后，与之对应的按钮图标也将从"任务栏"上消失。

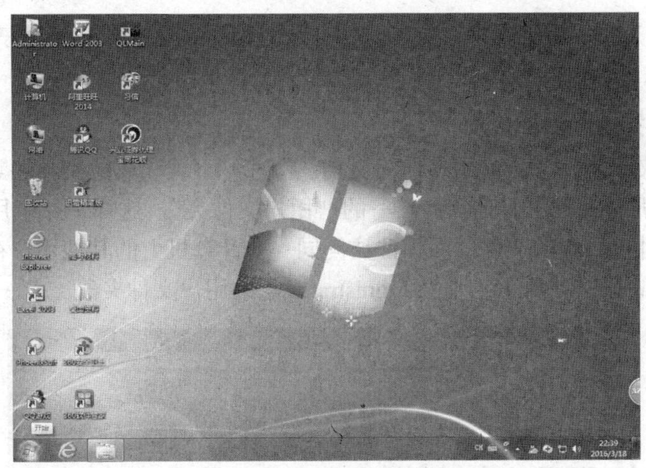

图 2-6　Windows 7 的桌面

Windows 7 的任务栏融合了快速启动栏的特点，每个窗口的对应按钮图标都能根据用户的需要随意排列。当鼠标指针停留在任务栏中的应用程序图标上即可预览各个窗口内容，用户可轻松找到需要的窗口并进行窗口切换，如图 2-7 所示。

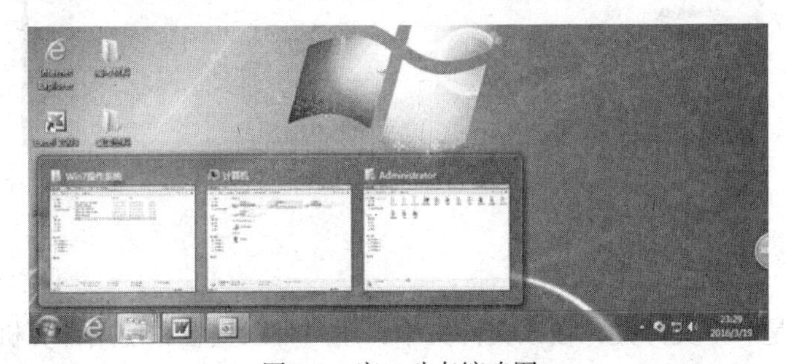

图 2-7　窗口动态缩略图

当鼠标指针停留在任务栏最右端“显示桌面”按钮上时，所有打开的窗口都会透明化，用户可以快速浏览桌面，单击该按钮则会切换到桌面。

单击“任务栏”右端的“日期和时间”区域，弹出如图 2-8 所示的对话框，用户可以在该对话框中设置日期、时间、时区和 Internet 时间等。

单击“任务栏”上的输入法按钮，弹出如图 2-9 所示的输入法菜单，用户可以从中选择一种输入法，这是切换输入法最简便的方法。也可以用键盘操作：中英文切换（Ctrl+空格）、中文输入法切换（Ctrl+Shift）。

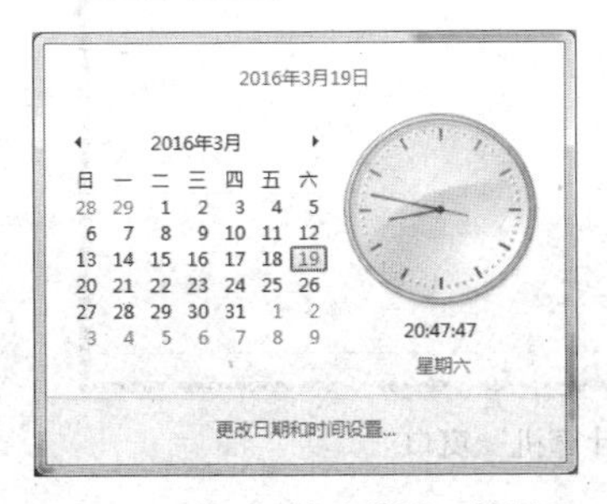

图 2-8　“日期和时间属性”对话框

图 2-9　输入法菜单

在任务栏通知区域，通过鼠标的简单拖动即可隐藏、显示和对图标进行排序。

在 Windows 7 的运行过程中，“任务栏”上还将显示一些小图标，用来表示任务的不同状态。

3. 用户文件夹（如 Administrator）

“用户文件夹”是一个当前用户作为文档、图片、下载和其他文件的默认存储位置，每个登录到该计算机的用户均拥有各自唯一的“用户文件夹”。这样，一个用户可以轻松访问到自己“用户文件夹”中的文件，而无法访问同一台计算机上的其他用户存储在“用户文件夹”中的内容。如图 2-10 所示，是 Administrator 超级用户文件夹。

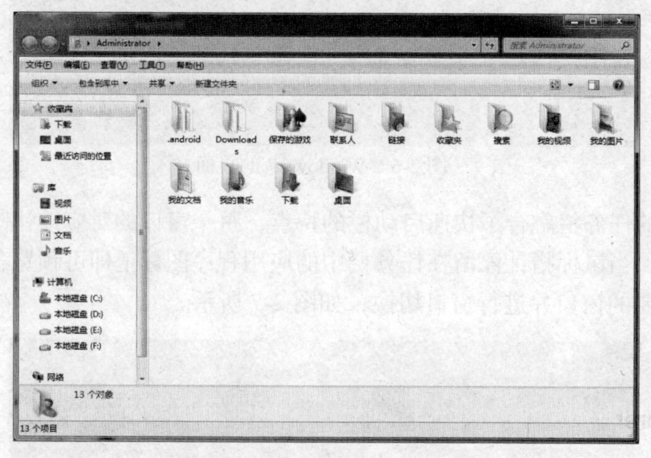

图 2-10　“Administrator”文件夹

4. 计算机

“计算机”是一个文件夹，在该文件夹中，用户可以查看和使用计算机上所有的软、硬件资源。如图 2-11 所示，是“计算机”窗口。

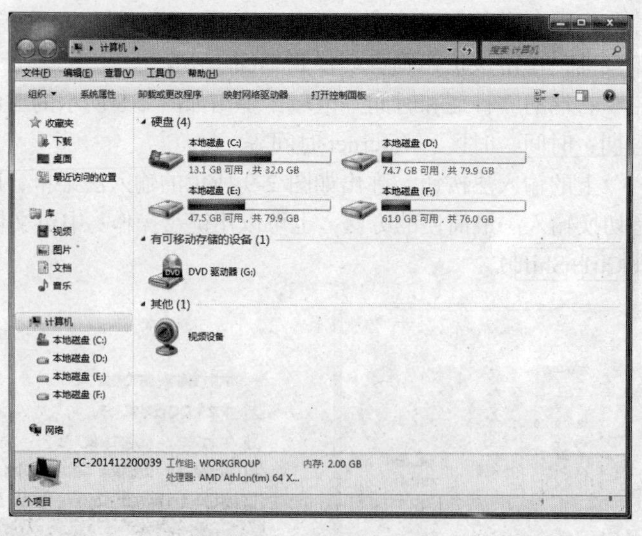

图 2-11　“计算机”窗口

5. 网络

“网络”是一个文件夹，用来浏览网络上的共享计算机、打印机和其他共享资源，其中

“网络和共享中心”面板中包含了几乎所有与网络相关的操作和控制程序，并通过可视化的视图和单站式命令，用户可以轻松连接到网络。如图 2-12 所示，是“网络”窗口。

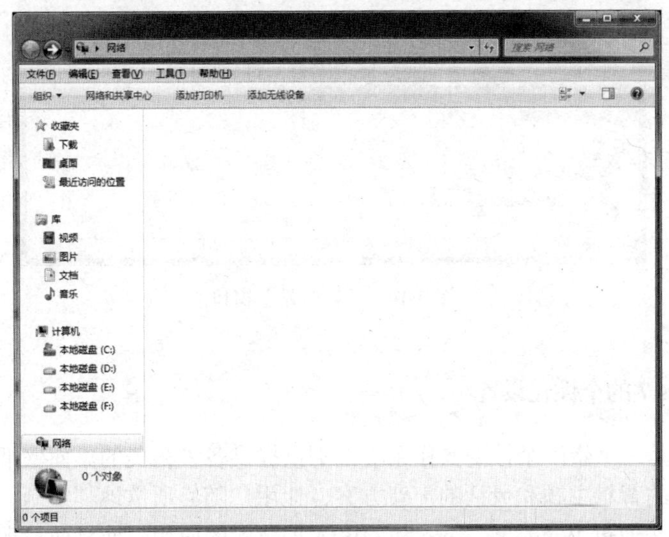

图 2-12　“网络”窗口

6. Internet Explorer

Internet Explorer（简称 IE）是一个 Internet 浏览器，用于访问 Internet 上的 Web、FTP、BBS 等服务器或本地的 Internet。如图 2-13 所示，是“IE”浏览器窗口。

图 2-13　“IE” 浏览器窗口

7. 回收站

“回收站”是一个文件夹，用来临时存储被删除的文件、文件夹或 Web 页等内容。直到清空为止，否则用户可以把“回收站”中的文件或文件夹恢复到它们在系统中原来的位置。如图 2-14 所示，是“回收站”窗口。

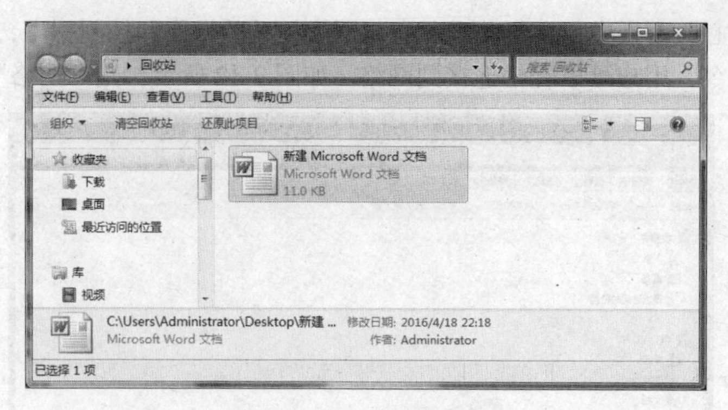

图 2-14 “回收站”窗口

2.3.4 Windows 7 的个性化设置

Windows 7 是一个崇尚个性的操作系统，不仅提供各种精美的桌面壁纸，还提供多种的外观选择、不同的背景主题和灵活的声音方案，让用户随心所欲地“绘制”属于自己的个性桌面。Windows 7 通过 Windows Aero 和 DWM 等技术的应用，使桌面呈现出一种半透明的 3D 效果。

1. 桌面设计

（1）桌面外观设置

在桌面空白位置单击鼠标右键，在弹出的快捷菜单中选择“个性化”选项，打开“个性化”设置窗口，如图 2-15 所示。

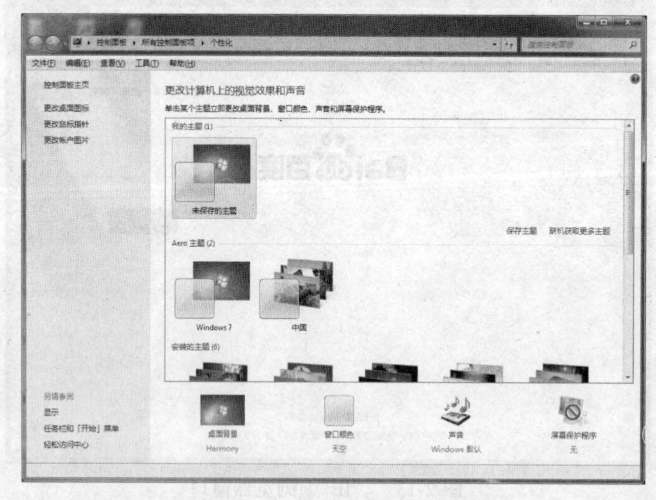

图 2-15 “个性化”设置窗口

在“Aero”主题下预置了多个主题，直接单击所需主题即可改变当前桌面外观。

（2）桌面背景设置

① 在“个性化”设置窗口下方，单击“桌面背景”图标，打开“桌面背景”设置窗口，如图 2-16 所示，选择单张或多张系统内置图片。

② 若选择了多张图片作为桌面背景，图片会定时自动切换。可以在“更改图片时间间隔”下拉菜单中设置切换间隔时间，也可以选择“无序播放”选项实现图片随机播放，还可

以通过“图片位置”设置图片显示效果。

③ 单击“保存修改”按钮完成操作。

图 2-16 “桌面背景”设置窗口

（3）桌面小工具

Windows 7 提供了日历、时钟、天气等一些实用的桌面小工具。

在桌面创建“小工具”图标：在桌面空白处单击鼠标右键或右键单击，在弹出的快捷菜单中选择“小工具”选项，打开“小工具”管理面板，如图 2-17 所示，直接将要使用的小工具拖动到桌面即可。

图 2-17 “小工具”管理面板

Windows 7 内置了 10 个桌面小工具，用户还可以在“小工具”管理面板中单击右下角的“联机获取更多小工具”超链接，打开 Windows 7 个性化主页的小工具分类页面，可以从微软官方网站获取更多的小工具。

如果想彻底删除某个小工具，只要在“小工具”管理面板中单击鼠标右键选择或右键单击某个需要删除的小工具，在弹出的快捷菜单中选择“卸载”即可。

（4）更改桌面图标

在“个性化”设置窗口左上方，单击“更改桌面图标”选项，打开“桌面图标设置”对话框，如图 2-18 所示，在“桌面图标”选择区中，可选择“计算机”“用户文件夹”“网络”“回收站”“控制面板”在桌面上是否显示相应的图标，也可以通过“更改图标…”按钮把图标设置成用户自己喜欢的样式。

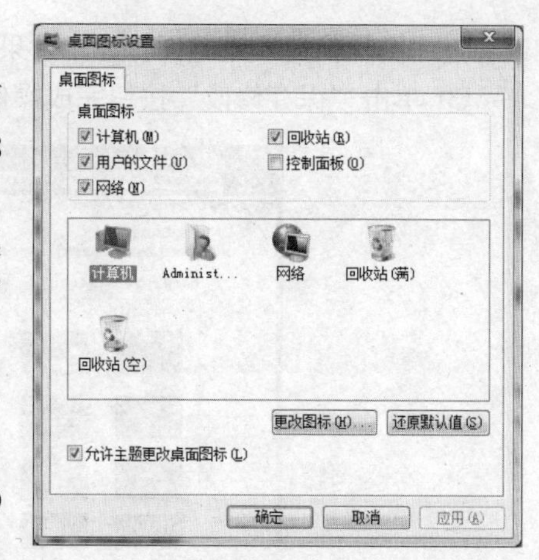

图 2-18 “桌面图标设置”对话框

2. 窗口颜色和外观

在“个性化”设置窗口下方，单击“窗口颜色”图标，打开“窗口颜色和外观”设置窗口，如图 2-19 所示。在此窗口中可以更改窗口边框、“开始菜单”和任务栏的颜色，是否启用透明效果，利用“高级外观设置…”可以进行更详细的设置。

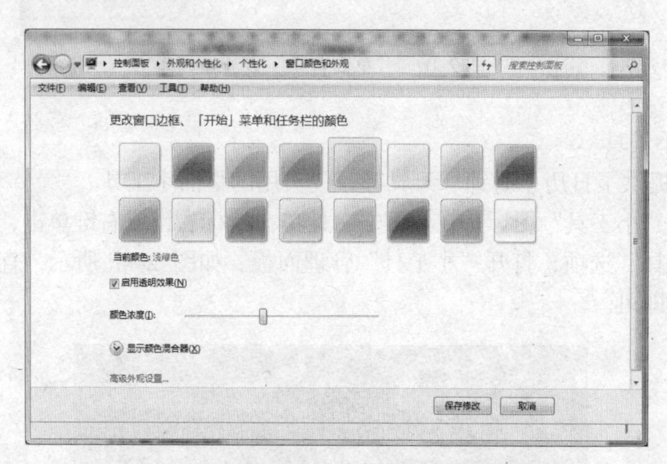

图 2-19 “窗口颜色和外观”设置窗口

3. 屏幕保护程序

屏幕保护程序是在一段指定时间内没有使用计算机时，屏幕上出现的移动的位图或图片。使用屏幕保护程序可以减少屏幕的损耗并保障系统安全。例如，在用户离开计算机时，可以防止无关人员窥探屏幕内容。另外，屏幕保护程序还可以设置密码保护，只有用户本人才能恢复屏幕的内容。

在“个性化”设置窗口右下方，单击“屏幕保护程序”图标，打开“屏幕保护程序”对话框，如图 2-20 所示。用户在“屏幕保护程序”对话框中可选择所需的屏幕保护程序并设置下列选项。

设置：对当前的屏幕保护程序进行设置。

预览：使屏幕立刻进入保护程序并观察设置

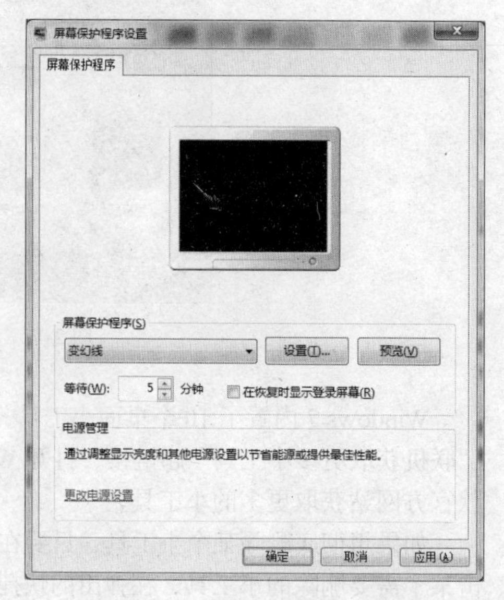

图 2-20 “屏幕保护程序”对话框

和选择的效果。

等待：计算机的闲置时间达到指定值时，屏幕保护程序将自动启动。

在恢复时显示登录屏幕：选择此项使得用户在退出屏幕保护时返回登录屏幕，用户如果有设置登录密码，此时需输入登录密码。

电源管理：设置显示器和硬盘等设备进入低功耗状态或进入关闭状态分别等待的分钟数。

2.3.5 窗口的组成及操作

窗口是 Windows 系统最重要的组成部分，是 Windows 的特点和基础。窗口分为文件夹窗口、应用程序窗口和文档窗口三大类。

1. 窗口的组成

无论是哪一类的窗口，其组成元素基本相同，如图 2-21 所示。

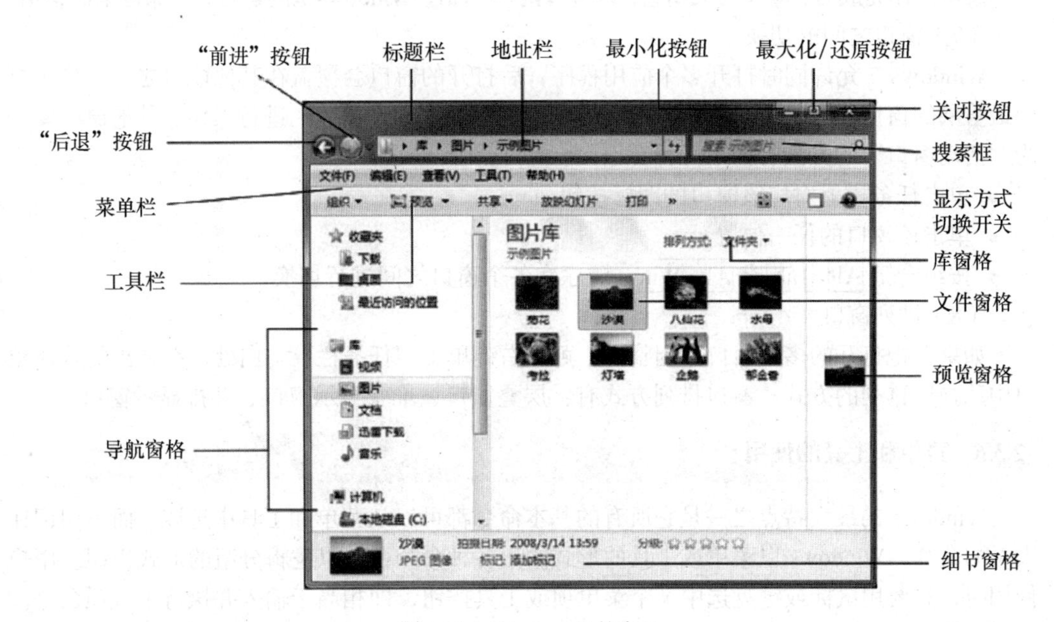

图 2-21　Windows 7 的窗口

2. 窗口的操作

窗口的操作主要有：打开窗口、使用滚动条、改变窗口尺寸、移动窗口、关闭窗口和排列窗口等。

（1）打开窗口

打开窗口是指运行某个应用程序或打开某个文件夹。打开窗口的方法有多种，如从一个图标打开一个窗口，双击该图标；或在该图标上单击鼠标右键或改为右键单击该图标，在弹出的快捷菜单上选择"打开"命令。

（2）使用滚动条

- 单击垂直滚动条的上下滚动箭头，窗口的内容向上或向下滚动一行。
- 单击水平滚动条的左右滚动箭头，窗口的内容向左右移动。
- 单击滚动块到与滚动箭头之间的滚动条上，窗口会一次翻动一屏的内容。

◆ 拖动滚动块到指定位置，然后松开鼠标按钮，可以快速滚动到指定的行。

（3）窗口的最大化/还原、最小化

◆ 单击“最大化”按钮，将窗口扩大到整个屏幕，此时“最大化”按钮变成“还原”按钮；单击“还原”按钮，使窗口还原到该窗口被最大化之前的尺寸。

◆ 单击“最小化”按钮，将该窗口缩小到任务栏上的一个按钮。

（4）手工改变窗口的大小

将鼠标指针放到要改变其大小的边框线位置（垂直边框、水平边框或角）上，当鼠标指针出现双头箭头时，拖动边框到一定位置时，松开鼠标按钮，即可改变窗口的大小。

（5）移动窗口

将鼠标指针放到该窗口的标题栏，拖动窗口到适当位置松开鼠标按钮即可。

（6）关闭窗口

关闭窗口的方法有多种，最简单的操作是单击窗口右上角的“关闭”按钮。

窗口操作完成后，应及时关闭它，以节省内存，加速 Windows 7 的运行，并保持桌面整洁。

（7）窗口之间的切换

Windows 7 允许同时打开多个应用程序，后打开的窗口会覆盖在其他窗口之上。位于桌面最上层的窗口称为“活动窗口”，Windows 7 只能对“活动窗口”进行操作。其他窗口要变为“活动窗口”的方法有如下几种：

◆ 单击任务栏上对应该窗口的图标按钮。

◆ 单击该窗口的任一位置。

◆ 按组合键 Alt+Tab 或 Alt+Win，顺序在各个窗口之间进行切换。

（8）排列窗口

如果要把打开的多个窗口排列整齐，可以右键单击“任务栏”空白处，在弹出的快捷菜单中选择要排列的方式，窗口排列方式有：层叠窗口、堆叠显示窗口、并排显示窗口。

2.3.6 菜单和工具的使用

Windows 的最大特点之一是它所有的基本命令都可以从菜单和工具中选取，而不用记住大量的命令。Windows 以菜单或工具的形式给出各种命令，并以逻辑分组的形式组织。用户使用时，只要用鼠标或键盘选中某个菜单项或工具按钮，即相当于输入并执行了该项命令。

1. 菜单

Windows 7 的菜单中，有“开始”菜单、控制菜单、菜单栏上的下拉菜单和快捷菜单等四种典型菜单。如图 2-22 所示是菜单栏上的下拉菜单。

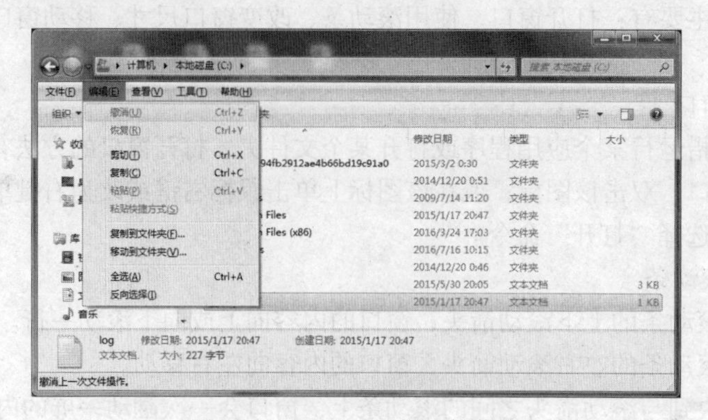

图 2-22　Windows 7 的下拉菜单

（1） 菜单的约定

Windows 所有的菜单都有统一的符号约定。

① 黑色字符显示的菜单项：表示当前状态下该菜单项可以使用。

② 灰色字符显示的菜单项：表示当前状态下该菜单项不起作用。

③ 菜单选项后带省略号“. . . ”：表示选择这种菜单项，会弹出一个相应对话框，要求用户输入信息或改变设置。

④ 菜单选项后带黑三角形“ ▶ ”：表示它还有下一级子菜单，当鼠标指针指向该选项，就会自动弹出下一级子菜单。

⑤ 菜单选项后带组合键：表示按下该组合键与选取该菜单选项的效果一样。

⑥ 菜单的分组线：在菜单选项间用一条线把它们分成若干个功能相近的菜单选项组。

⑦ 菜单选项前带“√”符号：表示在该分组菜单中可选中多个选项，被选中的选项前面带有“√”。如果再一次选择，则删除该标记，命令无效。

⑧ 菜单选项前带“●”符号：表示在该分组菜单中能且只能选中一项菜单，被选中的选项前面带有“●” 。

（2） 菜单的操作

要从菜单上选择一个命令，只要单击该命令即可。如果不选择命令且又想关闭菜单，可以单击该菜单以外的空白处或按 Esc 键。

2. 工具

工具是 Windows 提供的一种更简便、更快捷的操作方式，用户只要用鼠标单击工具栏中相应的命令按钮即可。

2.3.7 对话框的使用

在 Windows 系统中，当执行某些操作时（如选择带省略号…的菜单选项），系统会出现一个临时界面以便进行一些选择设置，这类临时界面称为对话框。对话框主要用作用户与系统之间的交互对话，用户可以根据需要进行设置或选择。前面已见过好几个对话框，图 2-2 所示是“关闭 Windows”对话框，而图 2-23 所示是一个比较典型的对话框。

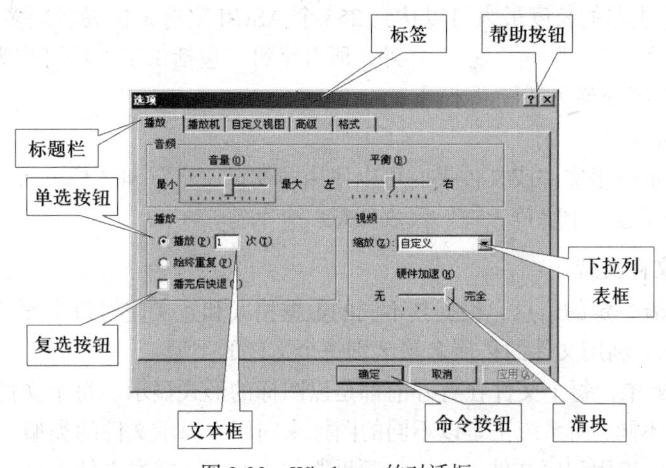

图 2-23 Windows 的对话框

对话框一般由以下一些元素组成：

（1）标题栏：在对话框的顶部，左端为对话框的名称，右端为帮助按钮 ? 和关闭按钮 × 。

（2）标签（或称选项卡）：提供该对话框的各种详细分类，有的对话框没有选项卡。

（3）文本框（或称输入框）：单击该框，会出现插入光标，可以在其中输入文字。

（4）列表框：列表框显示多个选项，由用户选择其中一项。

（5）下拉列表框：右边有下拉按钮▼ 的长条框［　　|▼］，单击下拉按钮▼，会出现多项选择的列表，用户可以从中选择一个。

（6）复选按钮：表示可以根据需要选择一个或多个任选项，☑表示选中，□表示不选。单击□变为☑，反之单击☑变为□。

（7）单选按钮：表示多个选项中能且只能选中其中一项，⊙表示选中，○表示未选中。单击○就变成⊙。

（8）数值框：单击数值框右边的增减按钮可以改变数值大小。

（9）滑块：滑块用来直观设置数值，用鼠标拖动滑块即可改变数值大小。

（10）命令按钮：如［确定］、［取消］、［应用(A)］、［是(Y)］、［否(N)］等，单击这些按钮对相应的操作进行确认。

2.4 Windows 7 文件操作

2.4.1 文件和文件夹的基本知识

1. 文件及文件名

（1）文件

在计算机中，各种数据和信息都保存在文件中，一个文件是具有某种相关信息的集合。例如，一个应用程序、一个由文字组成的文档都是文件。文件是磁盘中最基本的存储单位。

（2）文件名

每个文件都有一个自己的名字，称为文件名，Windows 通过文件名来识别和管理文件。在 Windows 中，文件名的命名规则如下。

① 文件名由两部分组成：主名和可选的扩展名。主名和扩展名由“.”分隔（例如 MYFILE.TXT）。主名的长度最大可以达到 255 个 ASCII 字符，扩展名最多为 3 个字符；

② 除了？ * / \ : " < > | 之外，所有字符（包括汉字）均可作为文件名；

③ 文件名不区分英文字母大小写。

（3）通配符

在查找和显示一组文件或文件夹时可以使用通配符“？”和“*”。

“？”代表任意一个字符，“*”代表任意多个字符。

2. 文件图标和文件类型

文件都包含着一定的信息，根据其不同的数据格式和意义使得每个文件都具有某种特定的类型。Windows 利用文件的扩展名来区别每个文件的类型。

在 Windows 中，每个文件在打开前都是以图标的形式显示。每个文件的图标会因为文件类型的不同而不同，而系统正是以不同的图标来向用户提示文件的类型。在 Windows 中常见的文件类型有：应用程序文件（.exe）、帮助文件（.hlp）、文本文件（.txt）、Word 文档文件（.doc）、Excel 工作簿文件（.xls）、位图文件（.bmp）、声音文件（.wav）、视频文件（.avi）、活动图像文件（.mpg）等。

3. 文件夹

由于文件是存放在硬盘、U盘、光盘等存储器中，一个存储器上通常可存有大量的文件，为了方便管理这些文件，Windows 把存储器分成一级级文件夹用于存放一些性质相类似的文件，即 Windows 采用树形结构以文件夹的形式来组织和管理文件。

文件夹指的是一组文件的集合。一般情况下，可以把 DOS 的目录同文件夹概念等同，但是，文件夹并不仅仅代表目录，它可以代表驱动器、设备，甚至是通过网络连接的其他计算机。文件夹名的规定与文件名的规定相同，不过一般情况下文件夹名不使用扩展名。

文件夹的内容可以是存储在该文件夹下的文件和其他文件夹，系统通过文件夹名来进行文件夹的操作。有了文件夹，文件就可以按文件夹分门别类地存放。这样在查找一个文件时，就不必在整个磁盘上查找，只要在对应的文件夹中查找就行了，可大大地提高查找的效率。

4. 快捷方式

快捷方式是 Windows 中一个重要的概念。它通常是指 Windows 桌面上或窗口中显示的一个图标，双击这个图标可以迅速地运行一个应用程序、完成打开某个文档或文件夹的操作。使用快捷方式的最大好处是用户可以快速而方便地进行某个操作。

实际上，快捷方式并不是它所代表的应用程序、文档或文件夹的真正图标，快捷方式只是一种特殊的 Windows 文件，它们具有.lnk 文件扩展名，且每个快捷方式都与一个具体的应用程序、文档或文件夹相联系，用户双击快捷方式的实际效果与双击快捷方式所对应的应用程序、文档或文件夹是相同的。对快捷方式的改名、删除、移动或复制只影响快捷方式文件本身，而不影响其所对应的应用程序、文档或文件夹。一个应用程序可有多个快捷方式，而一个快捷方式最多只能对应一个应用程序。

2.4.2 文件和文件夹的浏览

计算机系统中的大部分数据都是文件的形式存储在磁盘上的，用户在使用计算机的时候经常需要查看计算机中有些什么文件，以及文件是如何进行组织的，以便能够更好地使用和利用文件资源。因此，用户有必要知道文件系统是如何管理的。

1. 资源管理器

在 Windows 7 中，是采用“计算机”和“资源管理器”来管理系统资源的，“计算机”和“资源管理器”的功能相同，显示的方式也一样。用户可以使用它们查看计算机中的所有软硬件资源，特别是它们提供的树型文件系统结构，能够让用户更清楚、更直观地认识计算机中的文件和文件夹。Windows 7 的“资源管理器”以新界面、新功能带给用户新体验。下面以“资源管理器”的使用为例进行介绍。

（1）启动与关闭资源管理器

启动资源管理器：右键单击“开始”按钮，从弹出的快捷菜单上单击“打开 Windows 资源管理器(P)”，就会出现如图 2-24 所示的 Windows 7“资源管理器”窗口。

关闭资源管理器：与关闭其他应用程序一样，只要单击“关闭”按钮或按 Alt+F4。

（2）“资源管理器”窗口设置

在 Windows 7 资源管理器窗口的左上方有个“组织▼”选项卡，通过其中的“布局”选项，如图 2-25 所示，用户可以选择在资源管理器窗口中是否显示“菜单栏”“细节窗格”“预览窗格”“导航窗格”和“库窗格”。

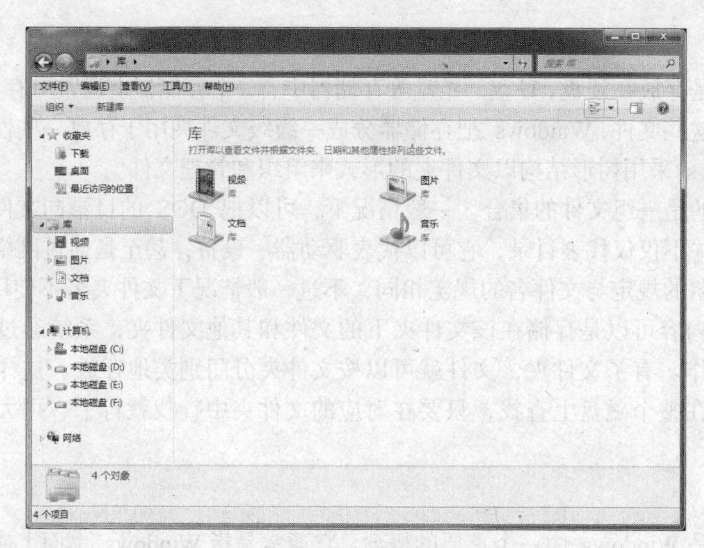

图 2-24 Windows 7 的“资源管理器”窗口

在“菜单栏”的“查看(V)”选项中可以选择在资源管理器窗口下方是否显示“状态栏”。

地址栏：Windows 7 的地址栏使用级联按钮取代传统的纯文本方式，它将不同层级路径用不同按钮分割，用户通过单击按钮即可实现目录跳转。

搜索栏：Windows 7 资源管理器将搜索功能移植到顶部，方便用户使用。

导航窗格：Windows 7 资源管理器内提供了“收藏夹”“库”“计算机”和“网络”等按钮，用户可以使用这些链接快速跳转到目的节点。

细节窗格：Windows 7 资源管理器提供更加丰富详细的对象信息，用户还可以直接在“细节窗格”中修改对象属性并添加标记。

“收藏夹”中预置了几个常用的目录链接，如“下载”“桌面”“最近访问的位置”以及“用户文件夹”。也可以添加自定义文件夹，只需将文件夹拖到“收藏夹”的图标上或下方的空白处即可。

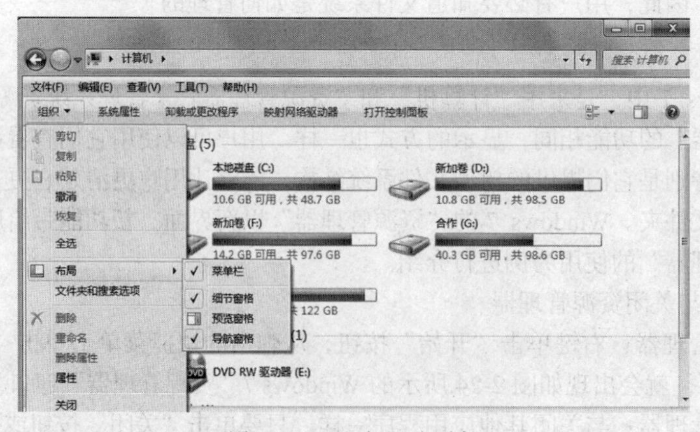

图 2-25 “组织”选项卡

（3）查看文件夹及文件

在资源管理器窗口中，左边“导航窗格”显示所有的文件夹（它们以树型结构显示），包括收藏夹、库、计算机和网络等文件夹。中间“文件窗格”显示的是在左边“导航窗格”

中选定的文件夹的内容（包括文件与子文件夹）。

在 Windows 7 资源管理器窗口左边“导航窗格”中，有的文件夹前面带有“◢”或“▷”符号。“▷”符号表示该文件夹中还包含有子文件夹，单击“▷”后，它就变成“◢”，同时展开它下一级子文件夹，并以树型结构显示。单击文件夹前面“◢”，可折叠该文件夹，文件夹前面变成“▷”符号。

（4）改变文件和文件夹的显示方式

利用菜单栏中的“查看”菜单或工具栏中的“显示方式切换开关”选项卡，可以改变窗口中文件和文件夹的显示方式。

如单击菜单栏中的“查看”菜单，弹出如图 2-26 所示的“查看”菜单，通过选择下面各“查看”菜单的选项，可以看到不同的显示外观。

“状态栏”选项：该选项用于控制是否在窗口底部显示状态栏提示。

“超大图标”“大图标”“中等图标”“小图标”“列表”“详细信息”“平铺”“内容”等选项：用于控制文件和文件夹图标的大小及不同的信息内容。

“排序方式”、“分组依据”选项：用于控制文件和文件夹图标在窗口中的排列位置。

“刷新”选项：用于更新窗口来显示新添加的文件和文件夹。

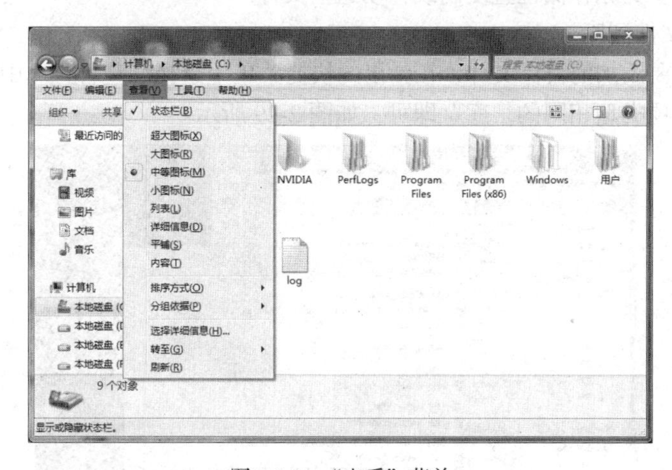

图 2-26 “查看”菜单

（5）“文件夹选项”设置

单击菜单栏中“工具”→“文件夹选项”或“组织”选项卡中“文件夹和搜索选项”，显示如图 2-27 所示“文件夹选项”对话框。

“常规”选项卡可以设置：在同一个窗口中打开每个文件夹还是在不同窗口中打开不同的文件夹；通过单击打开项目还是双击打开项目；导航窗格的显示方式等。

“查看”选项卡可以设置：是否显示隐藏的文件、文件夹和驱动器；是否隐藏已知文件类型的扩展名等设置。

“搜索”选项卡可以设置：搜索内容和搜索方式等。

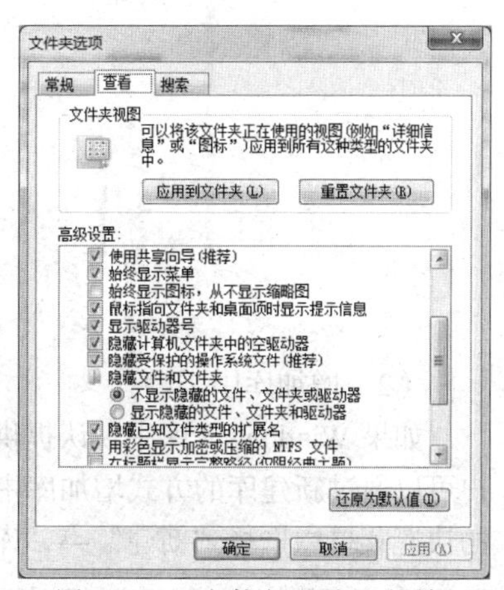

图 2-27 “文件夹选项”对话框

（6）查看磁盘信息

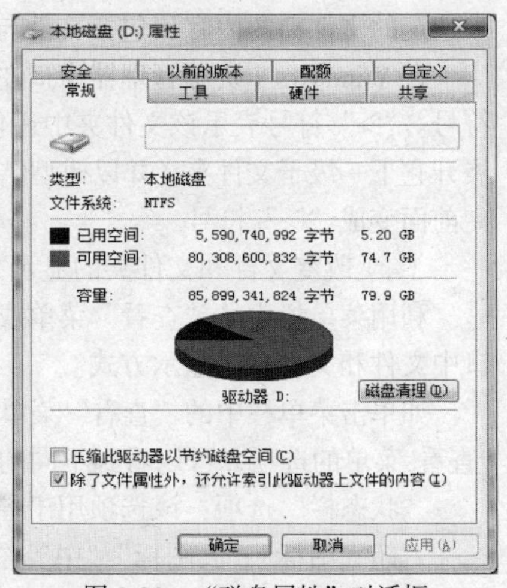

图 2-28　“磁盘属性”对话框

在 Windows 7 资源管理器窗口左边“导航窗格”中，右键单击要查看的磁盘驱动器图标，在弹出的快捷菜单中选择“属性”命令，出现如图 2-28 所示“磁盘属性”对话框。在对话框“常规”选项中可看到该磁盘的相关信息，在对话框“工具”选项中可对该磁盘进行查错、碎片整理、文件备份等操作。

2. 库

库是 Windows 7 系统最大的亮点之一，它彻底改变了传统的文件管理方式，变得更为灵活方便。库和文件夹表面上看非常相似，但其实它们有本质区别，在文件夹中保存的文件或子文件夹都存储在该文件夹内，而库中存储的文件来自四面八方，库可以不用存储文件本身，而仅保存文件快照。换句话说，库可以收集不同位置的文件，并将其显示为一个集合，而无需从其原存储位置复制或移动这些文件。

（1）添加文件到库

右键单击需要添加的目标文件，在弹出的快捷菜单中选择“包含到库中”命令，并在其子菜单中选择一项类型相同的“库”即可，如图 2-29 所示。

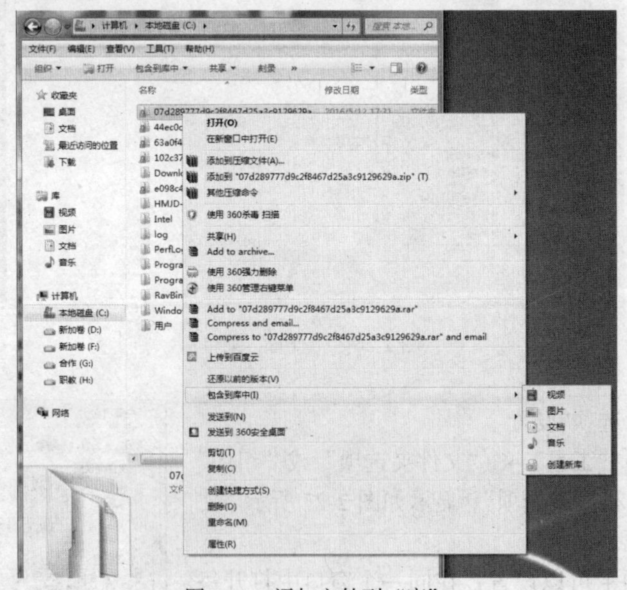

图 2-29　添加文件到“库”

（2）增加库中类型

如果 Windows 7 库中默认提供的视频、图片、文档、音乐这 4 种类型无法满足需求，用户可以通过新建库的方式增加库中类型。在“库”根目录下右键单击窗口空白区域，在弹出的快捷菜单中选择“新建”→“库”命令，输入库名即可。

2.4.3　文件和文件夹的搜索

用户有时需要知道某个文件或文件夹的位置，如果直接在“计算机”或“资源管理器”

中进行直接查找，可能会是“大海捞针”，此时就可以利用“搜索”功能来找到它。

在 Windows 7 系统中将“搜索栏” 移植到资源管理器的各种视图（窗口右上角）中，方便用户随时使用。

1. 搜索文件和文件夹

首先，用户定位要搜索的范围，然后在搜索栏中直接输入搜索关键字即可。搜索完成后，系统会以不同颜色的形式显示与搜索关键词相匹配的文件或文件夹，让用户更容易锁定所需结果。在对库里资源进行搜索时，系统是对数据库进行查询，而非直接搜索硬盘上的文件位置，从而大大提高了搜索速度。

2. 搜索条件设置

在 Windows 7 中利用搜索筛选器可以轻松设置搜索条件，缩小搜索范围。使用时，在搜索栏中直接单击搜索筛选器，选择需要设置参数的选项，直接输入恰当条件即可，如图 2-30 所示。普通文件夹的搜索筛选器只有“修改日期”和“大小”两个选项，而库的搜索筛选器有“种类”“修改日期”“类型”“名称”多个选项，库中不同类的搜索筛选器也不尽相同。

3. 组合搜索

除了筛选器外，用户还可以通过运算符（包括空格、AND、OR、NOT、>或<）组合出任意多的搜索条件，使得检索过程更加灵活、高效。在使用运算符时必须大写。

4. 模糊搜索

模糊搜索是指使用通配符“？”或“*”代替一个或多个位置字符来完成搜索操作的方法。其中“？”仅代表某一位置上的一个字母（或数字），“*”代表任意数量的任意字符。

5. 查找程序

Windows 7 系统在“开始”菜单中提供“搜索程序和文件”命令，使得查找程序一键完成。“开始”菜单中的搜索功能主要用于对程序、控制面板和 Windows 7 小工具的查找，使用前提是必须知道程序全称或者名称关键字。

（1）文件夹搜索筛选器

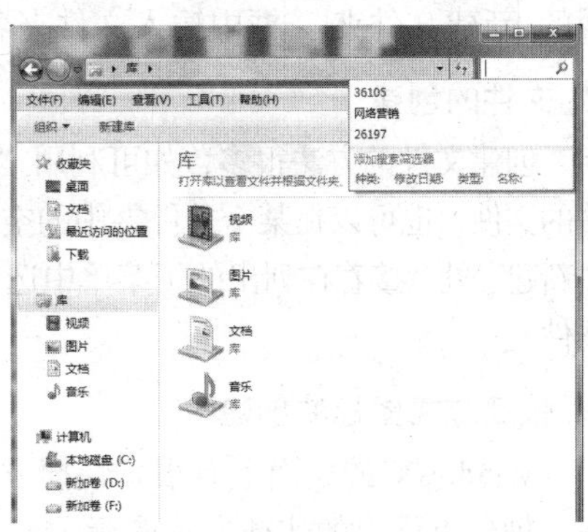

（2）库搜索筛选器

图 2-30 设置搜索条件

2.4.4 文件夹、文件和快捷方式的创建

1. 文件夹的创建

（1）在“桌面”上创建一个新的文件夹。

例如：在“桌面”上创建一个名为“MUSIC”的新文件夹，其操作步骤为：

① 在“桌面”上的空白处单击鼠标右键，弹出如图 2-31 所示的快捷菜单；

② 将鼠标移到“新建”处，再移到“文件夹”处单击，在桌面上出现一个新的文件夹；

③ 在 新建文件夹| 框中输入“MUSIC”后按回车即可。

图 2-31 快捷菜单

（2）在“资源管理器”或“计算机”或其他文件夹中创建一个新的文件夹。

操作方法有多种，方法一同上；方法二：选择并打开要在其中建立新文件夹的磁盘或文件夹，单击“文件”菜单→“新建”→“文件夹”或单击工具栏中的“新建文件夹”，在出现的 新建文件夹| 框中输入文件夹名后按回车即可。

2. 文件的创建

创建文件的方法很多，如可利用“写字板”“记事本”“WORD”“画图”等应用程序创建相关的文件，也可以在某个文件夹中的空白处单击鼠标右键，在弹出的“快捷菜单”中把光标移到“新建”处，接着在列出的子菜单中选择所要创建的文件类型，则在该文件夹中出现一个空的新文件。

3. 快捷方式图标的创建

Windows 的桌面上有很多快捷方式图标，双击这些图标可以快速启动与之关联的应用程序。创建桌面上的快捷方式图标主要方法如下。

（1）为“开始”菜单中的应用程序创建桌面上的快捷方式图标。

例如，在桌面上创建“Microsoft Word 2010”快捷方式图标的操作步骤为：

① 单击“开始”菜单；

② 光标移到“所有程序”→“Microsoft Word 2010”菜单上；

③ 按下 Ctrl 键并拖放到桌面空白处放开。

（2）为“资源管理器”（或“计算机”、其他文件夹）中的应用程序创建桌面上的快捷方式图标。

其具体操作步骤为：

① 打开该应用程序所在的文件夹；

② 右键单击该应用程序，弹出一个如图 2-32 所示的快捷菜单；

③ 选择“发送到”子菜单中的“桌面快捷方式”命令。

随后在桌面上就可看到该程序或文档的快捷方式图标。

如果要在当前文件夹下创建快捷方式只要在第③步选择“创建快捷方式”即可。

注意： 文件夹、文件和快捷方式的创建方法有多种，以上介绍的只是较常用的方法。

图 2-32　创建桌面快捷方式

2.4.5　文件和文件夹的操作

1. 选中要操作的文件、文件夹

如果要对某些文件、文件夹进行复制、移动、删除、重新命名、设置属性等操作，必须先选中它们（选中的图标颜色为浅蓝色）。在“桌面”“资源管理器”“计算机”“回收站”及任一文件夹中选中要操作的文件、文件夹方法基本相同。

选中的方法主要有以下几种。

（1）选择单个的文件或文件夹：单击要选中的对象即可。

（2）选择多个不连续的文件或文件夹：按下 Ctrl 键的同时，逐个单击要选中的对象（如果单击已选中的对象将取消选中）。

（3）选择多个连续的文件和文件夹：先选中连续区的第一个对象，接着按住 Shift 键不放，再单击连续区的最后一个对象。

（4）使用“编辑”菜单下的“全选”选中对象：选中当前文件夹中所有对象。

（5）使用“编辑”菜单下“反向选择”来选中对象：先选中几个不需要选取的对象，然后单击“编辑”菜单下“反向选择”，这样原来没有选中的变为选中，而原来选中变为没有选中。

如果要对选中的对象全部取消选中，只要鼠标在任一空白处单击即可。

2. 对选中的文件或文件夹进行操作

（1）对文件或文件夹重新命名

在操作过程中，有时想改变某个文件或文件夹的名称，可以按下述方法重新命名文件或文件夹名。

方法一：右键单击要重新命名的文件或文件夹，在弹出的快捷菜单中选择“重命名”选项，在该文件或文件夹名的四周会出现一个框，在框内输入文件或文件夹的新名称后按回车键或单击其他处即可。

方法二：先选中要重新命名的文件或文件夹，再选择“文件”菜单或“组织”选项卡中的“重命名”命令来实现对文件或文件夹的重新命名。

（2）删除/恢复文件和文件夹

① 删除

选择要删除的文件或文件夹，单击“工具栏”上的“删除”按钮（或者按Delete键），出现如图2-33所示的“确认删除文件”对话框，单击“是(Y)”按钮即可把选中的对象删除。

图2-33　“确认删除文件”对话框

Windows 7实际上并未真正删除它们，只是将这些对象移到硬盘上一个名叫“回收站”的文件夹中。在清空回收站之前，可以到回收站中对被删除的对象进行恢复。

② 恢复：

方法一：单击“撤消”按钮，刚执行的删除操作被取消；

方法二：双击桌面上的“回收站”，出现如图2-14所示的“回收站”窗口。在窗口中选中要恢复的对象，然后在窗口中单击“还原此项目”按钮，就可以把选中的对象恢复到原来的位置。

如果用户想永久删除硬盘上的这些文件或文件夹，不再恢复，直接单击“清空回收站”按钮即可。

从网络驱动器、软驱、U盘上删除的文件或文件夹不会被移到回收站，因此也无法恢复。

（3）复制/移动文件或文件夹

① 复制文件或文件夹

选择要复制的文件或文件夹，按住Ctrl键，并将文件或文件夹拖到目的驱动器或文件夹，然后松开鼠标按钮和Ctrl键即完成文件或文件的复制工作。如果要复制多个文件或文件夹，在选中要复制的文件或文件夹后，单击“组织”选项卡或菜单中的“复制”按钮，然后选择目的驱动器或文件夹，再单击“组织”选项卡或菜单中的“粘贴”按钮，就可完成多个文件或文件夹的复制工作。

② 移动文件或文件夹

选择要移动的文件或文件夹，将文件或文件夹拖到目的驱动器或文件夹，然后松开鼠标按钮即完成该文件或文件夹的移动工作。如果要移动多个文件或文件夹，在选中要移动的文件或文件夹后，单击“组织”选项卡或菜单中的“剪切”按钮，然后选择目的驱动器或文件夹，再单击“组织”选项卡或菜单中的“粘贴”按钮，就可完成多个文件或文件夹的移动工作。

（4）撤销操作

如果对文件或文件夹执行了错误的删除、重新命名、移动、复制等操作，可以选择“编辑”菜单中的“撤销”命令来取消操作，或单击“组织”选项卡中的“撤消”按钮。

（5）改变文件和文件夹的属性

在 Windows 7 环境下的文件有存档、只读、隐藏等属性。其中只读是指文件只允许读，不允许改变；存档是指普通的可读写文件；隐藏是指将文件隐藏起来，在一般的文件操作中不显示这些文件。

改变一个文件或文件夹属性的步骤为：

① 右键单击要改变属性的文件或文件夹；

② 在弹出的快捷菜单中单击“属性”命令，出现如图 2-34 所示“属性”对话框；

③ 选择要设定的属性，如要设置加密和压缩属性，可选择“高级…”按钮进入“高级”属性对话框进行选择；

④ 单击“确定”按钮即可完成。

如果要确定是否显示隐藏文件或文件夹，可选择“工具”菜单中的“文件夹选项”，单击“查看”标签，再单击“显示隐藏的文件、文件夹和驱动器”单选按钮。

注意：关于文件和文件夹的各种操作有多种方法，我们可以利用工具栏中的工具按钮、菜单栏中的菜单选项、快捷菜单及快捷键等方法。这里只介绍较常用的一两种方法，同学们要在以后的学习中掌握其他的操作方法。

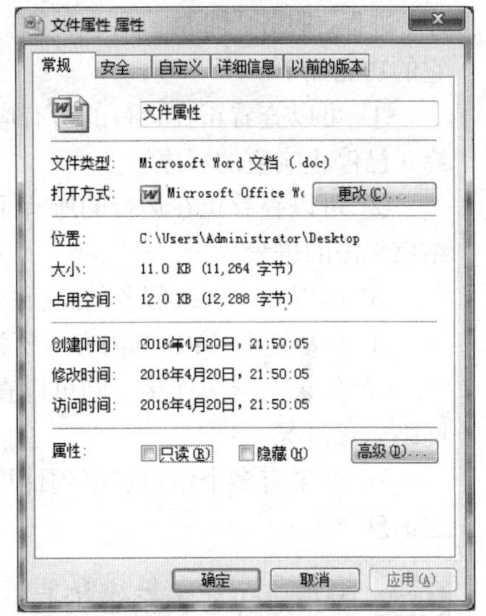

图 2-34 “属性”对话框

2.4.6 剪贴板和任务管理器

1. 剪贴板

剪贴板是 Windows 系统用来临时存放交换信息的内存区域，该区域不但可以储存正文，还可以存储图像、声音等其他信息。剪贴板好像是信息的中转站，可在不同的磁盘或文件夹之间做文件（或文件夹）的移动或复制，也可在不同的 Windows 程序之间交换数据。剪贴板每次只能存放一种信息，新的信息会覆盖旧的信息。

（1）将信息复制或移动到剪贴板

进入剪贴板的信息主要有以下几种。

① 对选定的文件或文件夹，执行“复制”或“剪切”命令，就把它们复制或移动到剪贴板中。实际上是把选中的文件或文件夹的路径保存在剪贴板中，并未保存文件的实际内容。

② 在编辑文档时，对选定的文本、表格、图形，执行“复制”或“剪切”命令，就把它们复制或移动到剪贴板中。

③ 按 Print Screen 键可把整屏画面复制到剪贴板中。

④ 按 Alt + Print Screen 键可把活动窗口画面复制到剪贴板中。

（2）将剪贴板中的信息粘贴到文档或文件夹中

① 当剪贴板中的信息为文本、图表、屏幕窗口画面时，在打开的文档中执行“粘贴”命令就可把这些内容直接复制到当前位置。

② 当剪贴板中的信息为文件或文件夹的路径时，执行“粘贴”命令时系统按照这些路径找到相应的文件或文件夹，把它们“复制”或“移动”到当前文件夹中。

2. Windows 7 任务管理器

按下 Ctrl + Alt + Del 键，或右键单击任务栏空白处，在弹出的快捷菜单中选择“启动任务管理器”，会出现如图 2-35 所示的“Windows 任务管理器”窗口。

在该窗口中，用户可以了解正在运行的所有应用程序、进程、服务、性能、联网和用户的相关信息等内容。它的功能如下。

① 可以查看正在运行的所有应用程序的状态，可终止已停止响应的程序。

② 可以查看正在运行的所有用户的进程信息，可结束无需的进程。

③ 可以查看系统服务的运行状态。

④ 可以查看 CPU 和内存等资源的使用情况。

⑤ 如果与网络连接，则可以查看网络状态，了解网络运行情况。

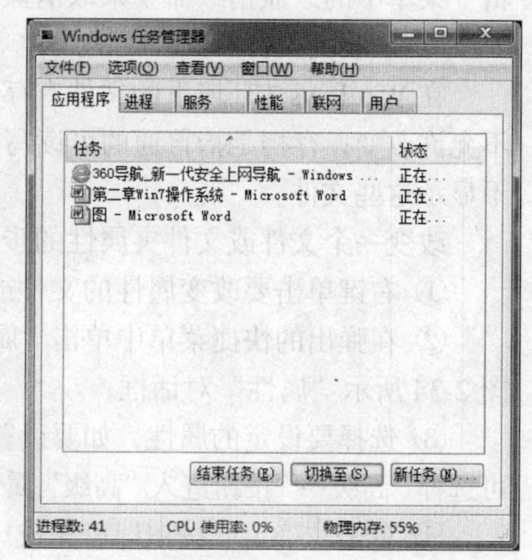

图 2-35 “任务管理

⑥ 如果有多个用户连接到计算机，则可以查看到连接的用户以及活动情况，还可以发送消息。

2.5 Windows 7 系统设置

2.5.1 任务栏和“开始”菜单的设置

1. 任务栏的设置

任务栏上显示了所有打开的程序、文档或最小化的窗口。用鼠标右键单击任务栏空白处，在弹出的快捷菜单中选择“属性”，出现“任务栏和‘开始’菜单属性”对话框。在其中的“任务栏”选项卡（见图 2-36）中可以设置：是否锁定任务栏、是否自动隐藏任务栏、是否使用小图标、任务栏在窗口的位置；可以自定义“通知区域”（见图 2-37）及是否使用 Aero peek 预览桌面等。

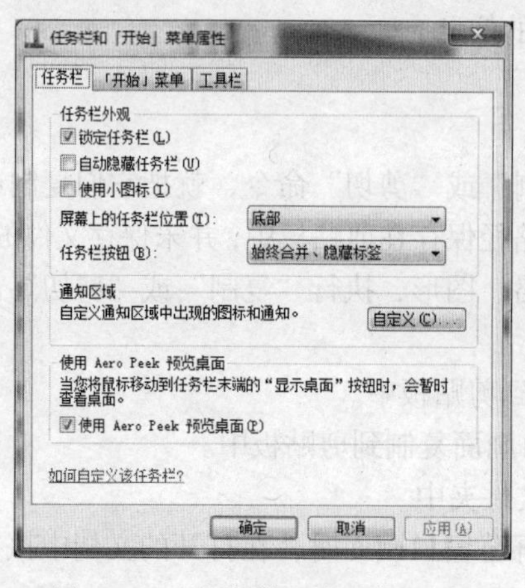

图 2-36 “任务栏”选项卡

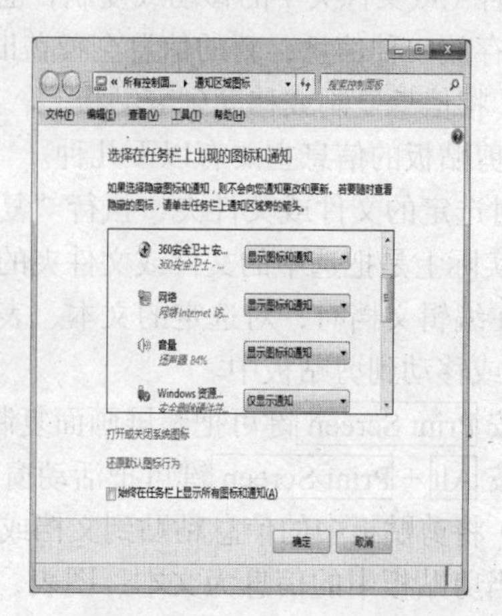

图 2-37 自定义“通知区域”

2. “开始”菜单的设置

在“任务栏和‘开始’菜单属性”对话框中的“开始菜单”选项卡（见图 2-38）中可以设置：自定义“开始菜单”（见图 2-39）、电源按钮操作、隐私设置等。

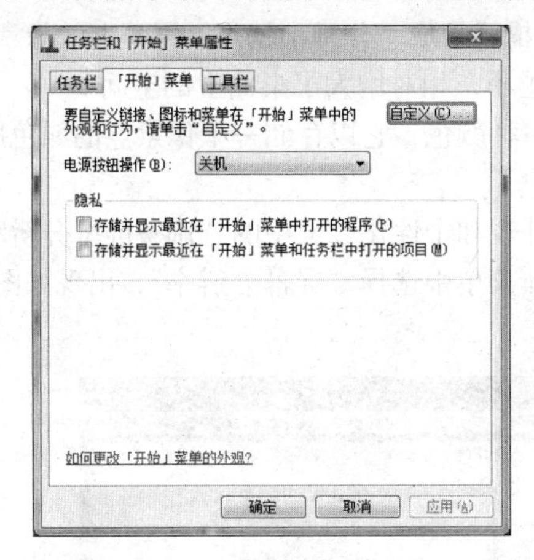

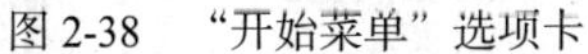

图 2-38 “开始菜单”选项卡

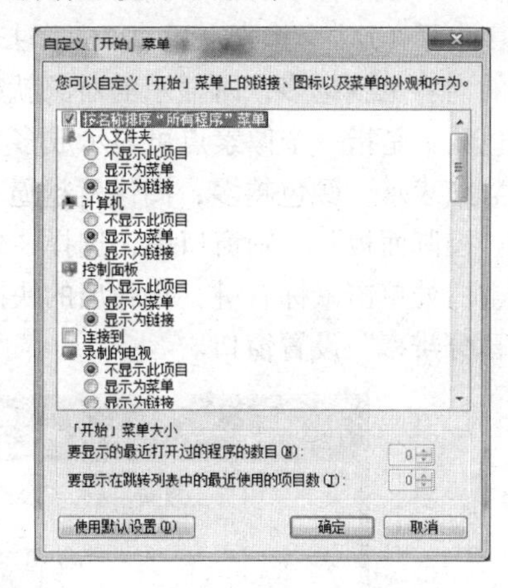

图 2-39 自定义“开始菜单”

2.5.2 控制面板的使用

控制面板是 Windows 系统中非常重要的一个工具集，方便用户对系统各种属性进行查看和设置。如用户可以根据自己的爱好设置显示、鼠标器、声音、用户账户等对象，还可以添加或删除程序、添加硬件以便更有效地使用。

启动控制面板的方法有多种，最简单的是选择“开始”按钮→“控制面板”命令。控制面板启动后，出现如图 2-40 所示的“控制面板”窗口。

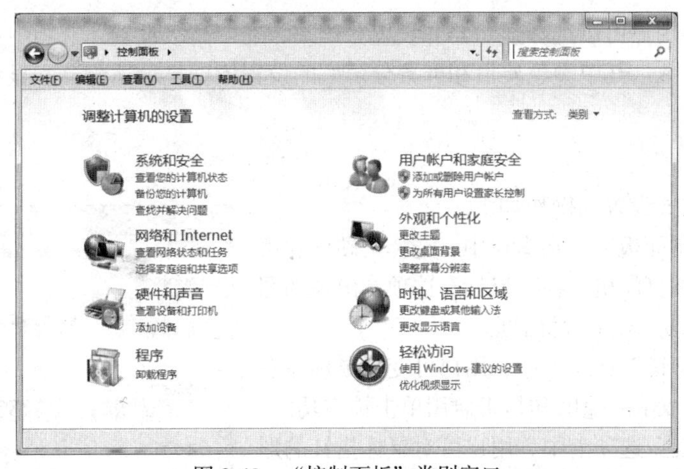

图 2-40 “控制面板”类别窗口

Windows 7 系统的控制面板缺省以“类别”的形式来显示功能菜单，分为系统和安全、用户账户和家庭安全、网络和 Internet、外观和个性化、硬件和声音、时钟语言和区域、程序、轻松访问等类别，每个类别下会显示该类的具体功能选项。

除了“类别”外，Windows 7 控制面板还提供了“大图标”和“小图标”的查看方式，只需点击控制面板右上角“查看方式”旁边的小箭头，从中选择自己喜欢的形式就可以了。

1. 显示器设置

显示器的性能由显示器和显示适配器决定，其主要性能指标如下。

分辨率：是指屏幕的水平和垂直方向最多能显示的像素点。例如，分辨率 1024×768 表示屏幕由水平 1024 个像素、垂直 768 条扫描线组成。分辨率越高，屏幕上的像素点就越多，可显示的内容也就越多，所显示的对象就越小，相对增大了桌面上的空间。

颜色数：是指一个像素点可显示成多少种颜色，它以存储一个像素点的颜色所需要的二进制位数来表示。颜色越多，图像就越逼真。

在“控制面板”类别窗口中，选择“外观和个性化”类中的“调整屏幕分辨率”选项或在桌面空白处单击鼠标右键，在弹出的快捷菜单中选择“屏幕分辨率”，出现如图 2-41 所示的“屏幕分辨率”设置窗口。

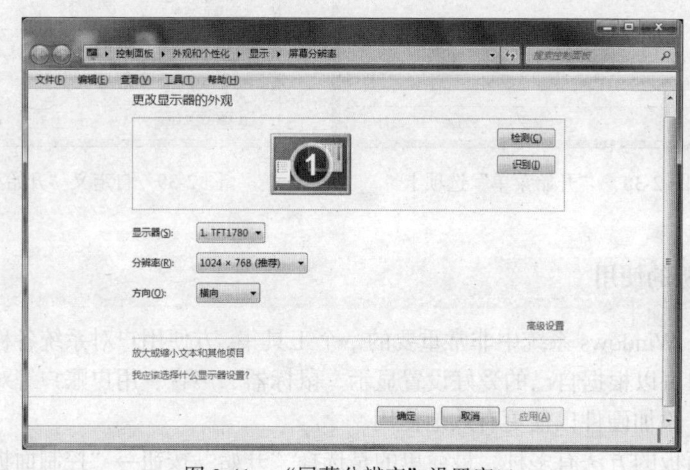

图 2-41 “屏幕分辨率”设置窗口

在此窗口中用户可以选择显示器并设置分辨率，在“高级设置”选项中可以设置屏幕的刷新频率和颜色数。其中颜色质量和屏幕分辨率的设置依据显示适配器和显示器类型的不同而有所不同。

2. 鼠标的设置

鼠标工作方式设置的操作如下。

① 在“控制面板”类别窗口中，选择“硬件和声音”→“设备和打印机”→“鼠标”选项，出现如图 2-42 所示的“鼠标属性”对话框。

② 在“鼠标键”选项卡中，用户可变换鼠标左右键的功能、调整双击的速度和是否启用单击锁定功能。

③ 在“指针”选项卡中，用户可对鼠标指针的形状进行设置。

④ 在“指针选项”选项卡中，用户可改变鼠标指针的移动速度、是否带有轨迹及轨迹的长短等设置。

⑤ 在“轮”选项卡中，用户可设置鼠标滚轮滚动一个齿时屏幕滚动的幅度。

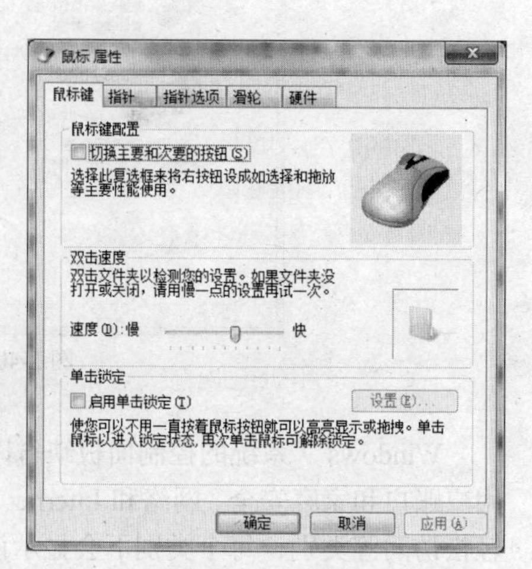

图 2-42 “鼠标属性”对话框

3. 卸载或更改程序

在使用计算机的过程中，常常需要安装、更新或删除已有应用程序。在“控制面板”类别窗口中，选择“程序” →“卸载程序”选项，出现如图 2-43 所示的“卸载或更改程序”窗口。

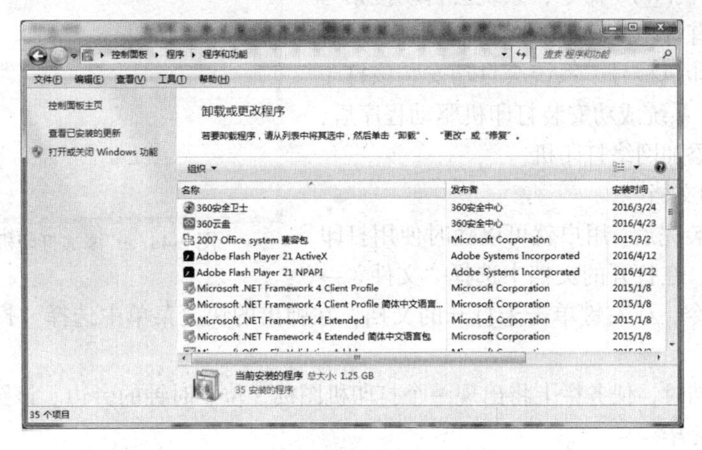

图 2-43 “卸载或更改程序”窗口

如果在“卸载或更改程序”窗口中已列出要卸载或更改程序的应用程序，只要选定该程序，然后单击工具选项卡中的“卸载”“更改”“修复”命令按钮就可以了；或者用鼠标右键单击该程序，在弹击的快捷菜单中选择“卸载”“更改”“修复”选项也可以。

如果没有显示出该程序，则应检查该程序所在的文件夹，查看是否有名称为 Remove.exe 或 Uninstall.exe 的卸载程序，然后再运行。

删除应用程序最好不要直接从文件夹中删除，因为一方面不可能删除干净，有些 DLL 文件安装在 Windows 主目录中，另一方面很可能会删除某些其他程序也需要的 DLL 文件，从而破坏其他依赖这些 DLL 文件的程序。

4. 打印机管理

Windows 7 通过“设备和打印机”界面管理所有和计算机连接的硬件设备，硬件设备要想在计算机上正常运行，首先必须正确安装该设备的驱动程序。Windows 7 系统中，驱动程序不再像以前运行在系统内核，而是加载在用户模式下，这样可以解决由于驱动程序错误而导致的系统运行不稳定或崩溃的问题。

Windows 7 的打印特性有了很大的提高，使得打印文档更加容易，计算机可以是直接连接到打印机，也可以是通过网络远程连接到打印机。

（1）安装本地打印机

目前，绝大多数打印机都支持即插即用，其安装步骤如下。

① 按照打印机制造商的安装说明书，将打印机连接到计算机相应的接口上。

② 将打印机电缆插入电源插座，并打开打印机。大多数情况下，Windows 7 将检测到即插即用打印机，在不需要做任何选择的情况下安装它。

③ 如果出现“发现新硬件向导”，请选中“自动安装软件（建议）”，然后按指示操作即可。

（2）安装网络打印机

如果要在一个局域网中共享一台打印机，供多个用户联网使用，则可以添加网络打印机。

选择“开始”按钮→“设备和打印机” →“添加打印机”命令，或者在控制面板类别窗口中，选择“硬件和声音”→“设备和打印机”→“添加打印机”命令，出现“添加打印机”对话框，如图 2-44 所示。选择“添加网络、无线或 Bluetooth 打印机(W)”命令，系统会自动搜索与本机联网的所有打印机设备，并以列表形式显示，再选择所需打印机型号，系统会自动安装该打印机的驱动程序。系统成功安装打印机驱动程序后，会自动连接并添加网络打印机。

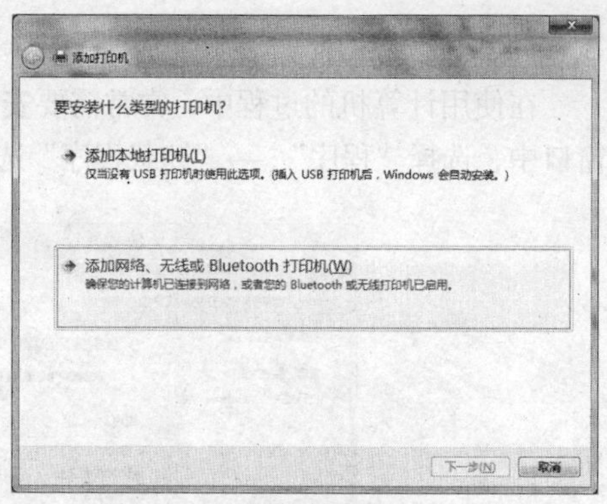

图 2-44 “添加打印机”对话框

（3）打印文档

打印机安装完后，用户就可以随时使用打印机打印文档了。在打开的文档中选择“文件”→“打印…”命令，或右键单击未打开的文档，在弹出的快捷菜单中选择“打印”命令就可以打印文档了。

在打印文档时，任务栏上将出现一个打印机图标，位于时钟的旁边。该图标消失后，表示文档已打印完毕。

（4）查看打印机状态

在文档的打印过程中，可以用鼠标右键单击任务栏上紧挨着时钟的打印机图标查看打印机状态。如果双击该图标则出现打印队列窗口，其中包含该打印机的所有打印作业。在打印队列窗口中可以查看打印作业状态和文档所有者等信息，还可以取消或暂停要打印的文档。文档打印完后，该图标将自动消失。

（5）更改打印机设置

更改打印机设置的方法是：首先在“打印机”窗口中右键单击要更改设置的打印机，然后选择快捷菜单中的“属性”命令，在弹出的“打印机属性”对话框中选择相关的选项卡进行设置。

上述方法更改打印机属性会影响所有打印的文档。如果只想为单个文档更改这些设置，应使用文档窗口“文件”菜单中的“页面设置”或“打印机设置”命令。

5. 网络设置

在 Windows 7 系统中，几乎所有与网络相关的操作和控制程序在“网络和共享中心”窗口中都可以找到，用户通过可视化的视图和单站式命令，可以轻松进行网络设置并连接到网络（具体操作过程见本书中网络章节）。

6. 用户账户管理

通过用户账户管理，用户可以在拥有自己的文件和设置的情况下与多个人共享计算机，每个用户都可以设置自己的用户名和密码。

Windows 7 系统有三种类型的账户，每种类型为用户提供不同的计算机控制级别。

① 标准账户适用于日常工作。

② 管理员账户可以对计算机进行最高级别的控制，只在必要时才使用。

③ 来宾账户主要针对需要临时使用计算机的用户。

点击“控制面板”下的“用户账户和家庭安全”选项，进入用户账户界面。该界面有：用户账户、家长控制、Windows CardSpace、凭据管理器四个部分。

单击“用户账户和家庭安全”下的“用户账户”选项，进入“用户账户”界面，可以设置账户密码、更改账户图片、更改账户名称、更改账户类型，管理员权限账户还可以对其他账户进行管理操作。

2.5.3 程序兼容性设置

1. 手动解决程序兼容性问题

由于 Windows 7 系统的代码是建立在 Vista 基础上的，如果安装和使用的应用程序是针对旧版本 Windows 开发的，直接使用可能会出现不兼容问题，可以手动选择兼容模式运行，具体操作步骤如下。

① 鼠标右键单击应用程序或其快捷方式图标，在弹出的快捷菜单中选择“属性”命令，打开“属性”对话框，再切换到“兼容性”选项卡。

② 勾选“以兼容模式运行这个程序”复选框，在下拉列表中选择一种与该应用程序兼容的操作系统版本，如图 2-45 所示。例如，基于 Windows XP 开发的应用程序通常选择“Windows XP(Service Pack2)”即可正常运行。

③ 如果此设置要对所有用户账号均有效，则单击“属性/兼容性”对话框下方的“更改所有用户的设置”按钮，进行兼容模式设置即可，如图 2-45 所示。

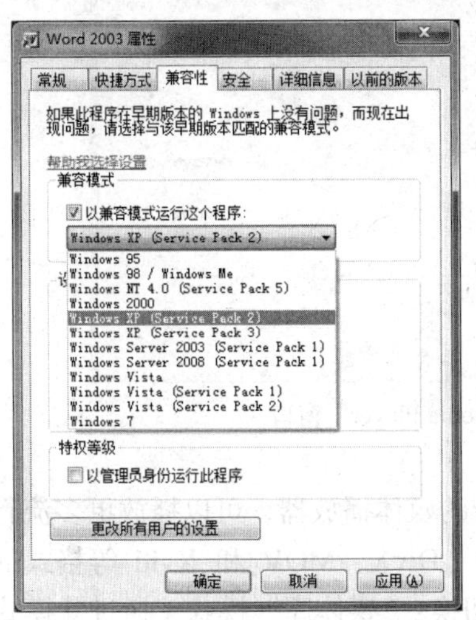

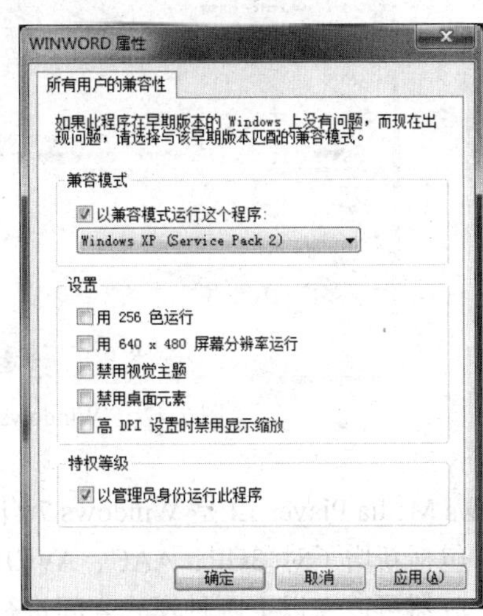

图 2-45 程序“兼容性”手动设置对话框

④ 如果当前 Windows 7 默认的账户权限（User Account Control，UAC）无法执行上述操作，则在对话框中的“特权等级”一栏勾选“以管理员身份运行此程序”复选框，再单击“确定”按钮即可。

2. 自动解决程序兼容性问题

① 鼠标右键单击应用程序或其快捷方式图标，在弹出的快捷菜单中选择“兼容性疑难解答”命令，打开“程序兼容性”向导对话框，如图 2-46 所示。

② 在“程序兼容性”向导对话框中，单击“尝试建议的设置”命令，系统会为程序自动提供一种兼容性模式让用户尝试运行。单击“启动程序”按钮来测试目标程序是否能正常运行。

③ 完成测试后，单击“下一步”按钮，在“程

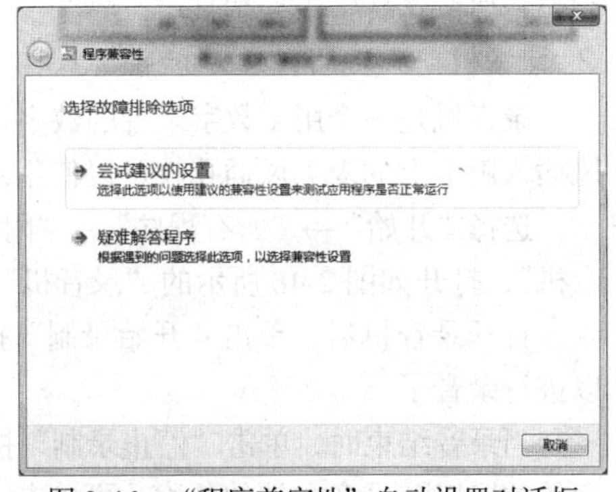

图 2-46 “程序兼容性”自动设置对话框

序兼容性”向导对话框中，如果程序能正常运行，则单击“是，为此程序保存这些设置”命令，否则单击“否，使用其他设置再试一次”命令。

④ 如果系统自动选择的兼容性设置能保证目标程序正常运行，则在“测试程序的兼容性设置”对话框中单击“启动程序”按钮，检查程序是否正常运行。

2.6 Windows 7 附件程序

1. 媒体播放器（Windows Media Player）

Windows Media Player 提供了直观易用的界面，可以播放数字媒体文件、整理数字媒体收藏集、将音乐刻录成 CD、从 CD 翻录音乐，将数字媒体文件同步到便携设备，并可从在线商店购买数字媒体内容等功能。

单击“开始”菜单→“所有程序”→“ Windows Media Player”，就打开如图 2-47 所示的媒体播放器“Windows Media Player”窗口。

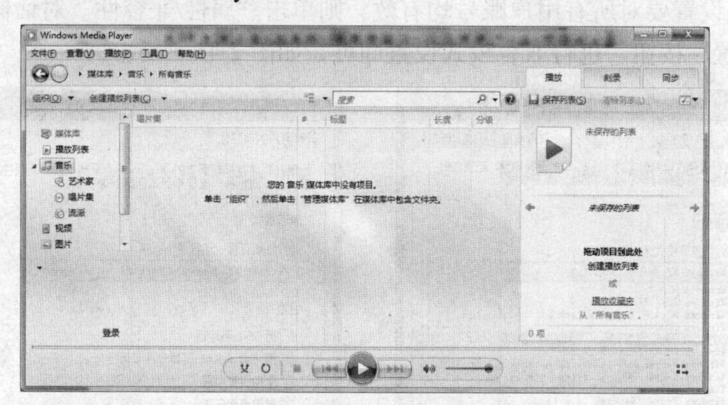

图 2-47 “Windows Media Player”窗口

Windows Media Player 12 是 Windows 7 自带的媒体播放器，可以播放更多流行的音频和视频格式，包括新增了对 3GP、AAC、AVCHD、DivX、MOV 和 Xvid 等格式的支持。

媒体播放器可以在以下两种模式之间进行切换：“媒体库”模式（通过此模式可以控制播放器的大多数功能）、“正在播放”模式（提供最适合播放的简化媒体视图）。若要从“媒体库”模式转至“正在播放”模式，只需单击播放器右下角的“切换到正在播放”按钮，若要再返回到“媒体库”模式，只需单击播放器右上角的“切换到媒体库”按钮。

Windows Media Player 可以查找计算机上特定的 Windows 媒体库中的文件,并将其添加到播放器的媒体库中：如音乐、视频、图片和录制的电视节目等。

2. 录音机

录音机是一个用于数字录音的数字媒体程序。在录制声音时，需要一个麦克风，将麦克风插入声卡上的麦克风插孔就可以使用录音机了。

选择“开始”→“所有程序”→“附件”→“录音机”，打开如图 2-48 所示的“录音机”窗口。

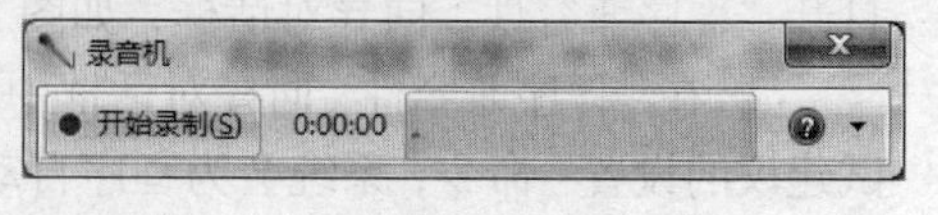

图 2-48 “录音机”窗口

打开录音机后，单击“开始录制”按钮，就可以进行录音了。

当录音结束时，单击“停止录制”按钮。这时会弹出录音文件的保存对话框，选择要保存的位置以及录音文件的名称，再单击“保存”命令即可。

3. 计算器的使用

计算器是 Windows 在附件中提供的一个计算用的小程序，用户在使用其他应用程序过程中，如果需要进行有关的计算，可以随时调用 Windows 的计算器。

图 2-49 标准型"计算器"

单击"开始"菜单→"所有程序"→"附件"→"计算器"，就打开如图 2-49 所示标准型"计算器"窗口，在此窗口中可进行简单的算术运算。

Windows 7 中的"计算器"并不是一个简单的计算器，此"计算器"的功能非常强大。单击"查看"菜单，可看到此"计算器"提供了标准型、科学型、程序员、统计信息四种模式，下面还有基本、单位转换、日期计算、工作表四种功能。

"科学型"模式：各种数学计算符号一应俱全。

"程序员"模式：进制换算十分简单，一键完成。

"统计信息"模式：可以进行计数、平均数、求和、方差、平方和等一些基本的统计学计算。

"单位换算"功能：功率、角度、面积、能量、时间、速率、体积、温度、压力、长度、重量/质量换算一应俱全。

"日期计算"功能：可以计算两个日期之差，加上或减去到指定日期的天数。

"工作表"功能：抵押、汽车租赁、油耗等。

用户如果要把计算的结果直接输入到有关的应用程序中，可先选择"编辑"菜单中的"复制"命令，然后切换到有关的应用程序窗口，把插入点移到要输入计算结果的位置，再选择"粘贴"命令即可。

4. 截图工具

Windows 7 自带的截图工具(Snipping Tool)使用便捷、简单、截图清晰，可全屏也能局部截图，还可以完成多种形状的截图。

图 2-50 "截图工具"窗口

单击"开始"菜单→"所有程序"→"附件"→"截图工具(Snipping Tool)"，即可打开截图工具，如图 2-50 所示。

启动"截图工具"后，就会自动进入到截图的状态，这时我们就可以进行截图了。根据不同形状截图的步骤是，单击"新建"旁边的黑色三角按钮，从列表中选择"任意格式截图""矩形截图""窗口截图"或"全屏幕截图"，然后选择要捕获的屏幕区域。

截图成功后，系统会自动打开"截图工具"，还可以在图片上添加注释，使用各种颜色的笔，选取后直接在图片上书写即可，并且可以使用橡皮进行涂改。完成后可以将截图另保存为 HTML、PNG、GIF 或 JPEG 等格式的文件，也可以将截图复制到其他应用程序中。

5. 画图工具

Windows 7 系统自带的画图工具提供了许多实用功能，能解决常见的图片处理问题，使用简便、速度快。

通过它用户可以快速地绘出各种颜色、粗细不同的线条和几何图形，还可以在图中加入文字等，并根据需要产生各种特殊效果。画图工具可以打开几乎所有常见的不同格式的图片，还可以对图片进行编辑处理。

图片处理完成后，还可以另存为其他不同格式的图片。

单击"开始"菜单→"所有程序"→"附件"→"画图"，即可打开画图工具，如图 2-51 所示。

图 2-51 “画图”窗口

6. 记事本

记事本是一个非常便捷、精炼的文本编辑工具，占用的内存很少，能够快速启动。它只能打开和保存纯文本文件，常用于编辑一些程序文件的内容。

单击“开始”菜单→“所有程序”→“附件”→“记事本”，打开如图 2-52 所示的“记事本”窗口。用户也可以双击文本文件（扩展名为.txt）启动“记事本”，将自动打开该文件。

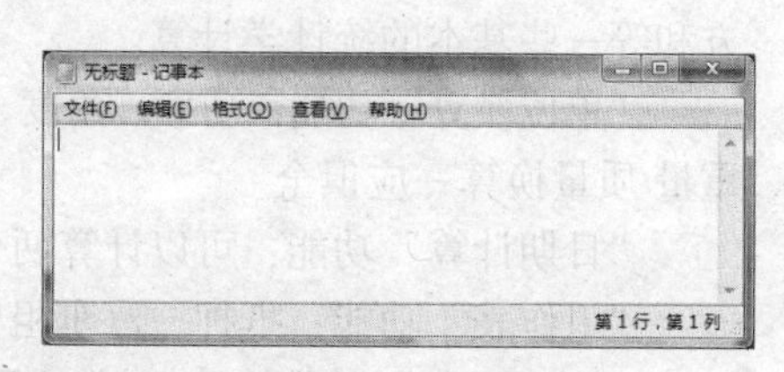

图 2-52 “记事本”窗口

7. 写字板

写字板是一个简洁而有效的字处理程序，用户通过它可以编辑、打印文档文件，并能使用与 Word 完全相同的格式，同时支持 RTF 文档和文本文档等文件格式的读写，是一个简单易用的“字处理”应用程序。

单击“开始”菜单→“所有程序”→“附件”→“写字板”，打开如图 2-53 所示的“写字板”窗口。

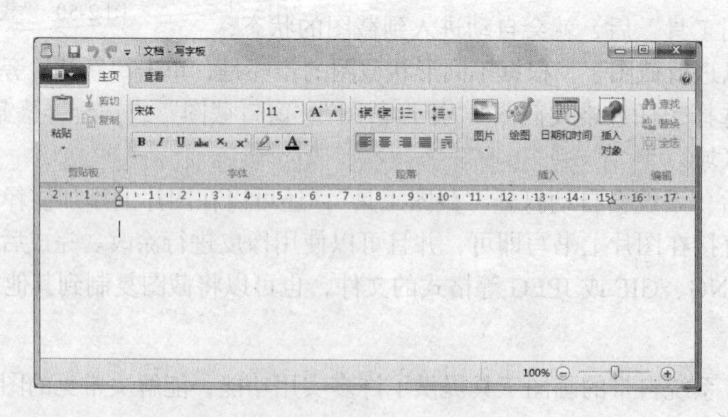

图 2-53 “写字板”窗口

“写字板”窗口分成几个区域：“标题栏”“菜单栏”“工具栏”“格式栏”“标尺行”“编辑区”和“状态栏”等。

8. 压缩工具 WinRAR

WinRAR 是一种文件压缩工具软件。文件压缩就是对文件进行处理，减小文件的长度，有利于在盘中保存和在网络中的发送和下载，并在解压缩时又能恢复文件的原样。WinRAR具有压缩/解压缩速度快、功能强、操作简单等特点。

（1）压缩文件或文件夹

右键单击要压缩的文件或文件夹后，在弹出的快捷菜单中选择“添加到压缩文件(A)…”命令，打开如图 2-54 所示的 WinRAR 应用程序的“压缩文件名和参数”对话框。

在“常规”选项卡可选择：压缩文件名，压缩文件的格式（.RAR 或.ZIP）。

如果要创建自解压文件（.exe），可在“常规”选项卡中选择“创建自解压格式压缩文件”复选框；这样以后可以随时进行解压缩，而不需要压缩软件的支撑。

如果在压缩同时需要加密，可选择如图 2-55 所示的“高级”选项卡中的“设置密码...”按钮来完成。

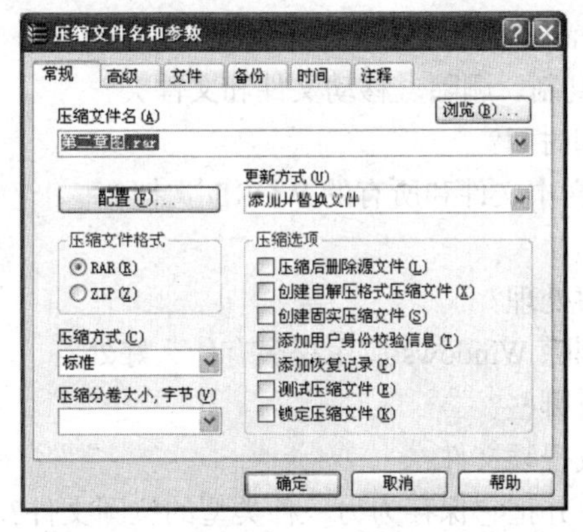

图 2-54 “压缩文件名和参数”对话框

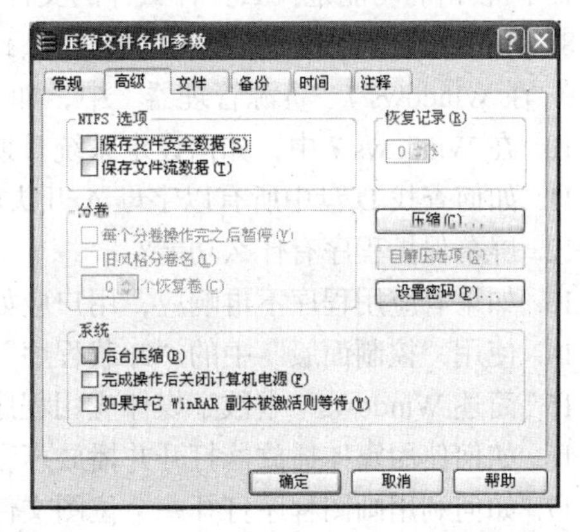

图 2-55 “压缩文件名和参数”高级选项卡

如果要再向压缩文件夹中添加文件，可直接将文件拖动至压缩文件夹上放开鼠标即可。

（2）解压缩文件

右键单击要解压缩的文件（.RAR 或.ZIP），在弹出的快捷菜单中选择“解压文件(A)…”命令，打开如图 2-56 所示的“解压路径和选项”对话框。在“目标路径”输入框中输入解压缩后的文件所要存放的驱动器及文件夹，或在右边的窗格中选择解压缩后所要存放的文件夹，然后单击“确定”按钮即可。

图 2-56 “解压路径和选项”对话框

思考题

1. 简述操作系统的主要功能，目前 PC 机上常用的操作系统有哪几种？
2. 简述 Windows 7“资源管理器”窗口的组成。
3. 简述 Windows 7 的文件和文件夹命名规则。
4. Windows 7 系统中的个性化设置有哪些？
5. Windows 7 中的菜单有哪几种？如何打开一个对象的快捷菜单？
6. 在 Windows 7 中运行应用程序有哪几种方法？
7. 回收站的功能是什么？什么样的文件删除后不能恢复？
8. 剪切板的功能是什么？如何把整屏、当前窗口画面复制到剪切板中？
9. 在 Windows 7“资源管理器”中，如何复制、删除、移动文件和文件夹？
10. 在 Windows 7 中，如何设定系统日期和时间？
11. 如何查找 D 盘中所有以字母 A 开头的文本文件和所有的 WORD 文档？
12. 屏幕保护程序有什么功能？
13. 如果有应用程序不再响应，用户应如何处理？
14. 使用“控制面版”中的“卸载程序”删除 Windows 应用程序有什么好处？
15. 简述 Windows 7 中数字媒体应用程序有哪些？
16. 如何使用媒体播放器打开并播放声音或视频文件？
17. 如何利用画图程序打开一个位图文件，并把它保存为另一种类型的位图文件？
18. 如何利用 WinRAR 对文件或文件夹进行压缩和解压？

第3章

文字处理软件 Word 2010

Word 2010 是办公自动化 Office 2010 套装软件中的一个文字处理软件，它具有强大的文字处理、图片处理及表格处理功能，它既能支持普通的办公商务和个人文档，又可以让专业印刷、排版人员制作具有复杂版式的各种文档。本章主要介绍 Word 2010 的基本概念、文字输入、编辑、格式设置、排版、页面设置、表格处理、图文混排等常用的功能和应用。

3.1 Word 2010 的启动、窗口基本组成与退出

3.1.1 Word 2010 的启动

Word 2010 常用的启动方法有下列 3 种。

1. 通过"开始"菜单启动

从"开始"菜单→"程序"→"Microsoft Office" →"Microsoft Word 2010"命令，即可启动 Word 2010，其默认文件名为"文档 1"。

2. 通过打开 Word 文档启动

在"资源管理器"中找到任意一个 Word 文档并双击，即可打开 Word 2010。

3. 通过桌面快捷方式启动

在桌面上选中 Word 2010 的快捷方式图标，双击此快捷方式图标就可以启动 Word 2010。

3.1.2 Word 2010 工作窗口简介

Word 2010 启动后，屏幕上就会出现 Word 2010 的工作窗口界面，如图 3-1 所示。窗口的主要元素包括快速访问工具栏、标题栏、控制按钮、"文件"按钮、功能区、标尺、编辑区、状态栏、文档视图工具栏、显示比例控制栏、滚动条等。

1. 快速访问工具栏

快速访问工具栏位于窗口顶端的左侧，用于放置一些常用工具，在默认情况下快速访问工具栏包括保存、撤销、重复和自定义 4 个按钮。需要的时候，可以根据需要进行添加。

2. 标题栏

标题栏位于窗口的最上端，在标题栏中显示的是文档名和当前应用程序名。标题栏由三部分组成，分别为位于最左端的控制按钮、位于中间部分的高亮度条和位于最右端的 3 个控制按钮。

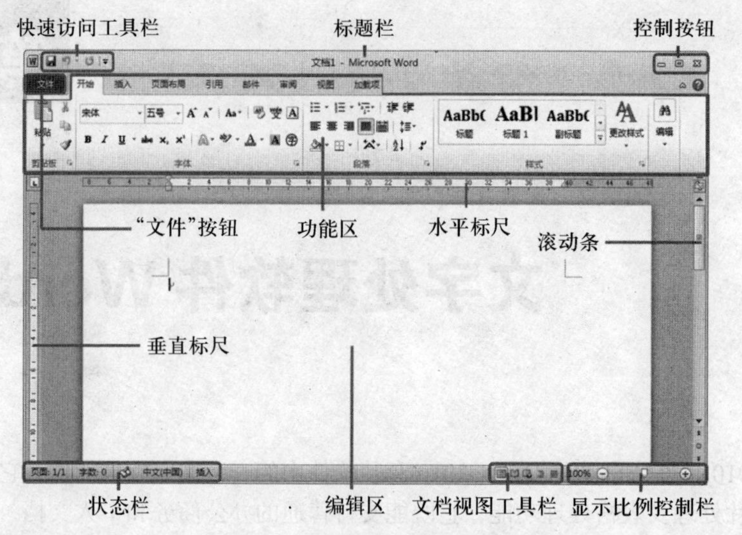

图 3-1 Word 2010 工作窗口

3. 控制按钮

控制按钮位于标题栏最右侧，用于对 Word 2010 窗口进行最小化、最大化以及关闭操作。

4. "文件"按钮

"文件"按钮用于打开"文件"菜单，"文件"菜单中提供了一组操作命令，可以进行文件的"新建""打开""关闭""另存为"和"打印"等操作；提供了关于文档、最近使用过的文档等相关信息，还提供了 Word 帮助。

5. 功能区

Word 2010 取消了 Word 2003 传统的菜单操作方式，而代之于各种功能区。在 Word 2010 窗口上方看起来像菜单的名称其实是功能区的名称，当单击这些名称时并不会打开菜单，而是切换到与之相对应的功能区面板。每个功能区根据功能的不同又分为若干个分组，每个功能区所拥有的功能如下所述。

（1）"开始"功能区

"开始"功能区中包括剪贴板、字体、段落、样式和编辑等几个组命令，主要用于帮助用户对文档进行文字编辑和格式设置，是用户最常用的功能区。

（2）"插入"功能区

"插入"功能区包括页、表格、插图、链接、页眉和页脚、文本、符号和特殊符号几个组命令，主要用于在文档中插入各种元素。

（3）"页面布局"功能区

"页面布局"功能区包括主题、页面设置、稿纸、页面背景、段落、排列几个组命令，主要用于帮助用户设置文档页面样式。

（4）"引用"功能区

"引用"功能区包括目录、脚注、引文与书目、题注、索引和引文目录几个组命令，主要用于实现在文档中插入目录等比较高级的功能。

（5）"邮件"功能区

"邮件"功能区包括创建、开始邮件合并、编写和插入域、预览结果和完成几个组命令，该功能区的作用比较专一，专门用于在文档中进行邮件合并方面的操作。

（6）“审阅”功能区

“审阅”功能区包括校对、语言、中文简繁转换、批注、修订、更改、比较和保护几个组命令，主要用于对文档进行校对和修订等操作，适用于多人协作处理长文档。

（7）“视图”功能区

“视图”功能区包括文档视图、显示、显示比例、窗口和宏等几个组命令，主要用于帮助用户设置操作窗口的视图类型，以方便操作。

（8）“加载项”功能区

“加载项”功能区包括菜单命令一个分组，加载项是可以为 Word 安装的附加属性，如自定义的工具栏或其他命令扩展。“加载项”功能区则可以在 Word 中添加或删除加载项。

6. 标尺

“标尺”包括水平标尺和垂直标尺，用于显示 Word 2010 文档的页边距、段落缩进、制表符等。选中或取消“标尺”复选框可以显示或隐藏标尺。

7. 编辑区

用于文档录入和排版的区域，在该区域中的可以进行文档的输入、编辑、修改和排版等操作。

8. 状态栏

状态栏位于 Word 窗口底端左侧，其中显示页面数、字数，用来发现校对错误的图标及对应校对的语言图标，还有用于将键入的文字插入到插入点处的插入图标等信息。

9. 文档视图工具栏

用于选择文档的视图方式，共有 5 种视图：页面视图、阅读版式视图、Web 版式视图、大纲视图和草稿视图，可以根据需要利用文档视图工具栏对文档选择不同的视图。

10. 显示比例控制栏

显示比例控制栏位于 Word 窗口底端右侧，显示比例控制栏由“缩放级别”按钮和“缩放滑块”组成，用于调整正在编辑文档的显示比例。

11. 滚动条

滚动条分为垂直滚动条和水平滚动条两种。使用垂直滚动条可以将文档上下滚动，以便查看文档的上下内容；使用水平滚动条可以用来查看文档的左右内容。

3.1.3 关闭文档和退出 Word 2010

1. 关闭文档的方法

当编辑完一篇文档并保存后，需要关闭该文档。关闭文档有以下几种方法：

（1）右键单击标题栏的任意位置，在打开的快捷菜单中，选择“关闭”命令。

（2）单击“文件”按钮，在打开的菜单中，选择“关闭”命令。

2. 关闭时文档的操作

如果在关闭之前没有保存当前文档，将会打开如图 3-2 所示的对话框，询问是否保存文档。单击“是（Y）”按钮，保存文档；单击“否（N）”按

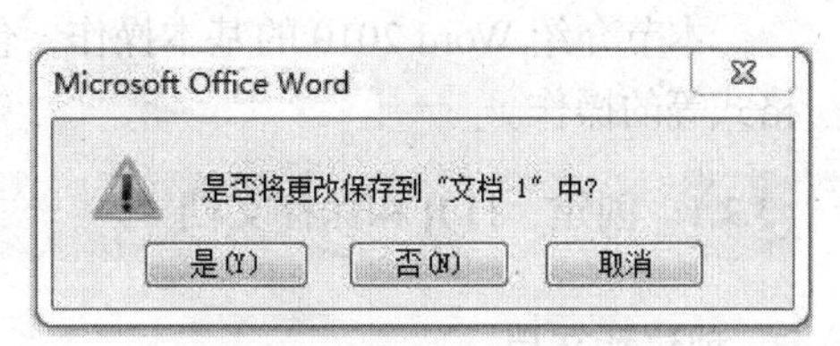

图 3-2　是否保存文档对话框

钮，不保存文档；单击“取消”按钮，表示取消此次关闭窗口操作。

3. 退出 Word 2010 的常用方法

（1）单击控制按钮“关闭”按钮“ ⊠ ”。

（2）单击“文件”按钮，在打开的菜单中，选择“退出”命令。

3.1.4 Word 2010 中的视图方式

视图方式就是在屏幕上显示文档的方式。Word 2010 为用户提供了 5 种的视图方式，分别是页面视图、阅读版式视图、Web 版式视图、大纲视图和草稿视图。用户可以在“视图”功能区中选择需要的文档视图方式，也可以在 Word 2010 文档窗口的右下方单击视图切换按钮选择视图，视图切换按钮如图 3-3 所示。

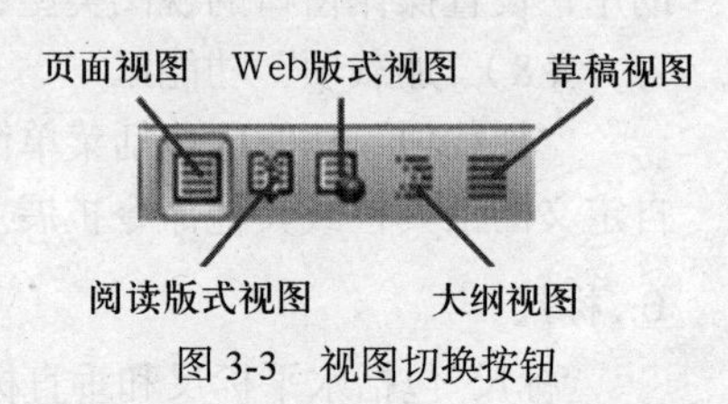

图 3-3　视图切换按钮

1. 页面视图

页面视图主要用于版面设计，按照文档的打印效果显示文档，具有“所见即所得”的效果。在页面视图中，可以直接看到文档的外观、图形、文字、页眉、页脚等在页面的位置，这样，在屏幕上就可以看到文档打印在纸上的样子，常用于对文本、段落、版面或者文档的外观进行修改。

2. 阅读版式视图

适合用户查阅文档，用模拟书本阅读的方式让人感觉在翻阅书籍。阅读版式视图以图书的分栏样式显示 Word 文档，“文件”按钮、功能区等窗口元素被隐藏起来。在阅读版式视图中，用户还可以单击“工具”按钮选择各种阅读工具。

3. Web 版式视图

Web 版式视图以网页的形式显示 Word 文档，Web 版式视图适用于发送电子邮件和创建网页。

4. 大纲视图

大纲视图用于显示、修改或创建文档的大纲，它将所有的标题分级显示出来，层次分明，特别适合多层次文档，使得查看文档的结构变得很容易。大纲视图广泛用于 Word 长文档的快速浏览和设置。

5. 草稿视图

草稿视图取消了页面边距、分栏、页眉页脚和图片等元素的显示，只显示了字体、字号、字形、段落及行间距等最基本的格式，将页面的布局简化，适合于快速键入或编辑文字并编排文字的格式。

3.2 Word 2010 基本操作

本节介绍 Word 2010 的基本操作，包括文档的创建、打开、保存、编辑文档和设置文档格式等的操作。

3.2.1 创建、打开和保存文档

1. 创建新文档

Word 2010 提供了多种创建新文档的方法，当启动 Word 时，系统会自动创建一个文件

名为“文档 1”的空文档。如果在编辑文档的过程中还想创建新文档，可按以下的方法进行操作。

（1）创建空白文档。单击“文件”按钮，在打开的菜单中选择“新建”命令，在右侧界面中单击“空白文档”选项，如图 3-4 所示，在界面右下角单击“创建”按钮。

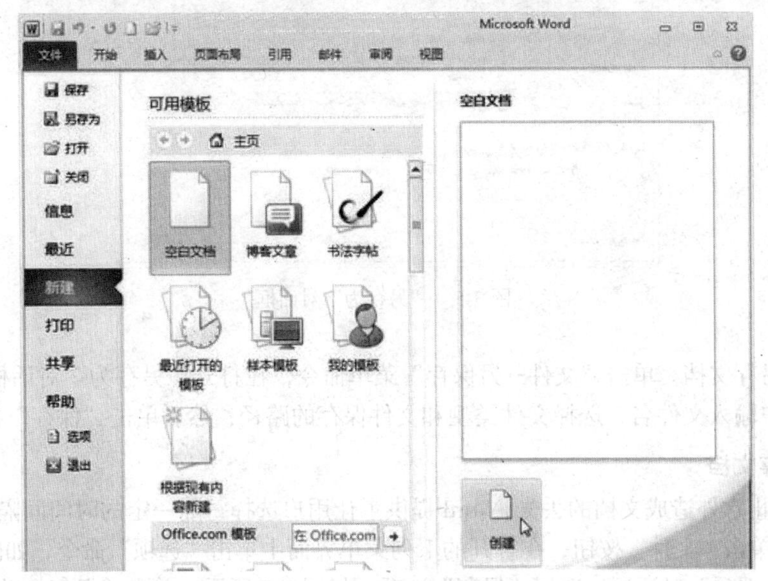

图 3-4　利用“文件”按钮创建“空白文档”菜单

（2）创建模板文档。在已经打开的文档中单击“文件”按钮，在打开的下拉菜单中单击“新建”命令，在打开的界面右侧单击“样本模板”选项，此时界面会显示出模板样式，然后单击所要创建的模板样式选项，最后单击“创建”按钮，就可以创建一个模板文档。

2. 打开已存在的文档

Word 2010 提供了以下几种打开文档的方法。

（1）在“资源管理器”中，找到所需打开的 Word 文档文件，双击该文件名即可打开该文档。

（2）启动 Word 2010 软件，在打开的 Word 2010 工作窗口中，单击“文件”按钮，在打开的下拉菜单中单击“打开”命令，在打开的“打开”对话框中选择需要打开的文件所在位置，再选中需要打开的文件名后单击“打开”按钮即可，或直接双击选中需要打开的文件名即可。

3. 文档的保存

在编辑文档过程中，为了避免用户编辑时因为操作失误、电脑死机和意外断电等情况，用户应用先保存文档，Word 2003 提供了以下几种保存文档的方法。

（1）单击“文件”按钮，在打开的下拉菜单中选择“保存”命令，如果该文档先前已保存过，则当前编辑的内容将按用户原来保存的路径、文件名及格式进行保存；否则，该命令的操作会打开“另存为”对话框，如图 3-5 所示，用户输入文件名、选择文件类型和文件保存的路径，然后单击“保存”按钮。

（2）按“Ctrl+S”组合键，该操作等同于单击“文件”按钮→“保存”命令。

图 3-5 “另存为”对话框

（3）另存文档。单击“文件→另保存”菜单命令，在打开“另存为”对话框（如图 3-5 所示），用户输入文件名、选择文件类型和文件保存的路径，然后单击“保存”按钮。

4. 自动保存文档

为了防止意外造成文档的丢失，Word 提供了让用户选择每隔一定的时间间隔自动保存文档的功能。单击“文件”按钮，在打开的下列菜单界面中单击“选项”命令，如图 3-6 所示，打开“Word 选项”对话框。选择“保存”选项，如图 3-7 所示，单击“保存自动恢复信息时间间隔”复选框，并在文本框中输入或选择时间（缺省为 10 分钟），最后单击“确定”按钮。

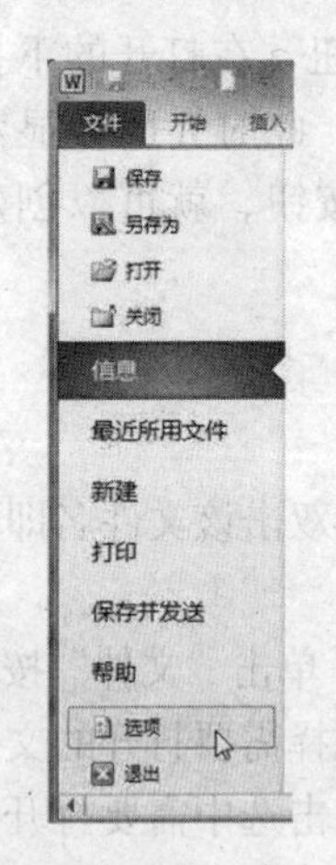

图 3-6 “选项”命令

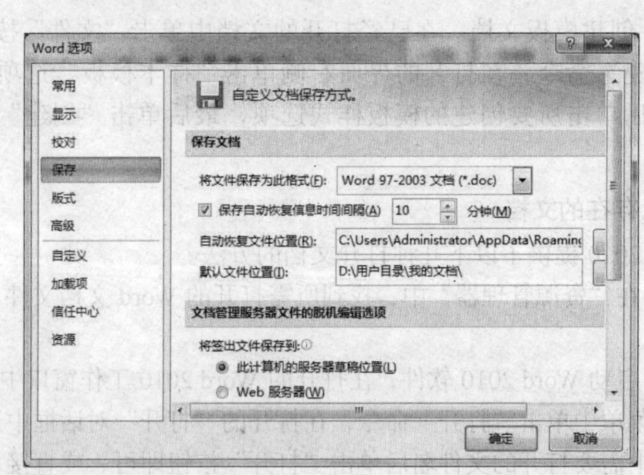

图 3-7 “Word 选项”对话框中的“保存”标签

3.2.2 编辑文档

1. 输入文本

在创建的新文档或打开已经建立的文档，此时在文档中会出了一个闪烁的光标，即“插入点”，用户只要先把插入点定位到要输入文本的位置，就可以开始输入文本。

（1）输入一般文本

光标位置确定以后，选择好中文或英文的输入法，就可以通过键盘输入文本了。 当发现文本中有输入错误时，只要将光标插入错误处的后边，然后按键盘上的 BackSpace 键即可删除光标前面错误的文本，若将光标插入到错误的前面，按键盘上的 Delete 也可删除光标后面错误的文本。输入汉字时，中文输入法的选择有以下两种方法。

1）使用键盘命令：按 Ctrl+Shift 组合键，可实现各种输入法之间的切换；当选择了一种中文输入法时，按 Ctrl+空格键时，可实现该中文输入法与英文输入法的切换；当按右边 Shift+空格键时，可实现全角与半角字符的切换。

2）使用鼠标操作：用鼠标单击任务栏图标，在弹出的输入法选择菜单中单击要使用的输入法。

（2）输入符号

在输入文本时，有时需要输入一些键盘上没有的特殊符号，插入符号的方法有以下 2 种方法。

1）利用 Windows 2010 提供的多种中文输入法的软键盘输入：单击输入法状态窗口的软键盘按钮，打开软键盘，然后右键单击输入法状态窗口的软键盘按钮，从打开的输入符号类型的快捷菜单中选择需要输入符号的类型，就可以输入符号和特殊符号。

图 3-8　“符号”对话框

2）使用功能区按钮输入：单击“插入”功能区，在“符号”分组中单击“等号”按钮，弹出如图 3-8 所示的“符号”对话框 ，在“符号”对话框中，选择需要输入的符号，单击“插入”按钮即可。

（3）插入日期和时间

在编辑文档时，有时需要插入日期和时间，可以按如下方法进行插入。在 Word 文档中，单击“插入”功能区，在“文本”分组中单击“日期和时间”按钮，弹出如图 3-9 所示的“日期和时间”对话框。在“日期和时间”对话框中，选择需要插入的日期格式，然后再单击“确定”按钮。如果选定“自动更新”复选框，则所插入的日期和时间会自动更新，否则保持插入时的日期和时间。

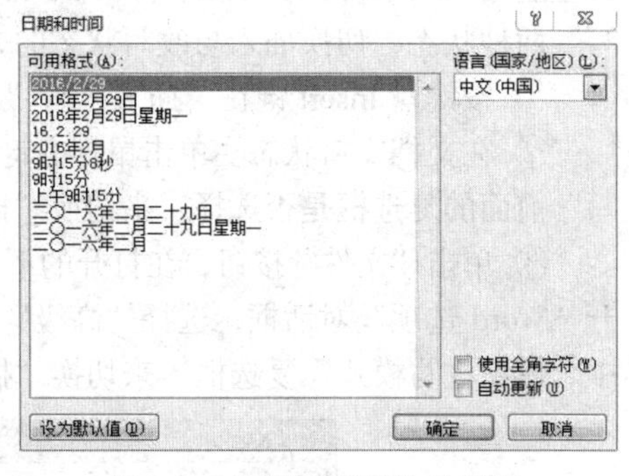

图 3-9　“日期和时间”对话框

（4）插入脚注和尾注

在文档编辑时，有时需要对一些从别人的文章中引用的内容加以注释，这时就需要用脚注和尾注来进行注释。插入脚注和尾注的方法如下。

将光标移到需要插入脚注或尾注的文字后面，单击“引用”功能区，在“脚注”分组中单击“脚注和尾注”按钮，弹出如图 3-10 所示的“脚注和尾注”对话框，在对话框中选定“脚注”或“尾注”单选框，设定注释的编号格式、自定义标记、起始编号和编号方式等。

删除脚注或尾注的方法：如果想删除脚注或尾注，可以选中脚注或尾注在文档中的位置，然后按键盘上的 Delete 键即可删除该脚注。

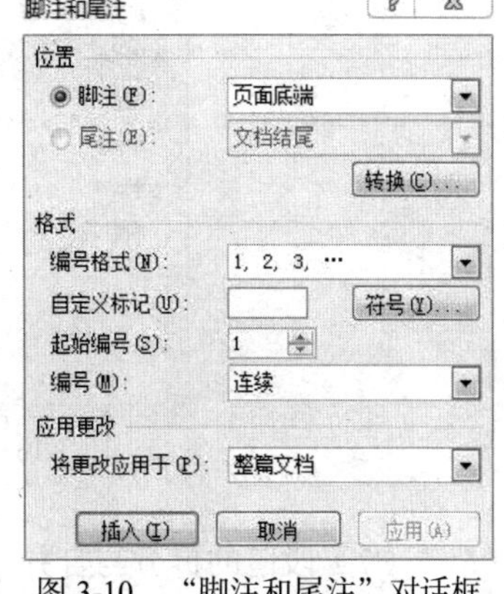

图 3-10　“脚注和尾注”对话框

（5）在文档中插入文件对象

用户有时需要将整个文件作为对象插入到当前文档中。

嵌入到 Word 文档中的文件对象可以使用原始程序进行编辑。在文档插入文件对象的操作方法：在文档中将光标定位到插入对象的位置，单击“插入”功能区，在“文本”分组中单击“对象”按钮，弹出如图 3-11 所示的“插入文件”对话框，单击“由文件创建”标签，单击“浏览”按钮，打开如图 3-12 所示的“浏览”对话框，在“浏览”对话框中查找并选中需要插入到的文件，并单击“插入”按钮，返回“对象”对话框，单击“确定”按钮。

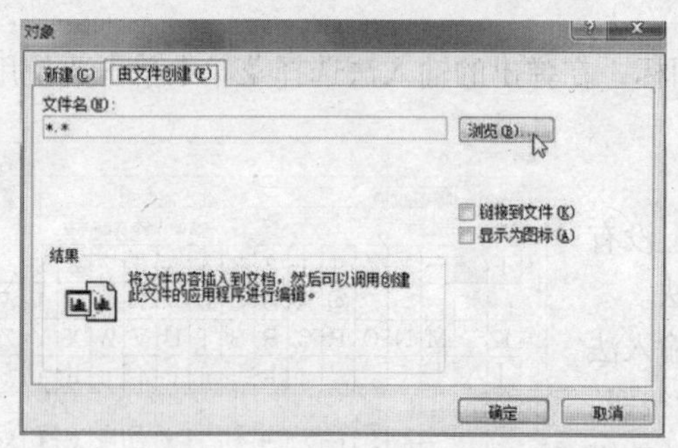

图 3-11 “对象”对话框

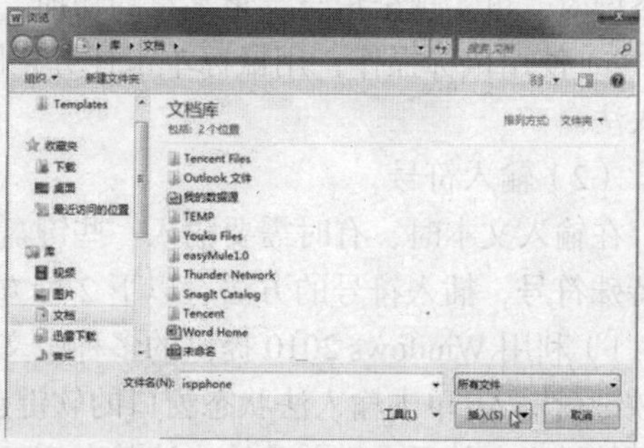

图 3-12 “浏览”对话框

（6）切换插入与改写状态

打开 Word 2010 文档窗口后，默认的文本输入状态为“插入”状态，即在原有文本的左边输入文本时原有文本将右移。另外还有一种文本输入状态为“改写”状态，即在原有文本的左边输入文本时，原有文本将被替换。用户可以根据需要在文档窗口中切换“插入”和“改写”两种状态，切换插入与改写状态的方法有如下几种。

① 按键盘 Insert 键在“插入”与“改写”两种编辑模式下切换。

② 在文档窗口状态栏单击鼠标右键，从打开的快捷菜单中选择“改写”选项，即以“改写”前面的复选框是否选择，来切换“插入”与“改写”两种编辑模式。

③ 单击“文件”按钮，在打开的下列菜单界面中单击“选项”命令，如图 3-6 所示，打开“Word 选项”对话框，选择“高级”选项，如图 3-13 所示，在“编辑选项”列表下，选中“使用改写模式”复选框，来切换“插入”与“改写”两种编辑模式。

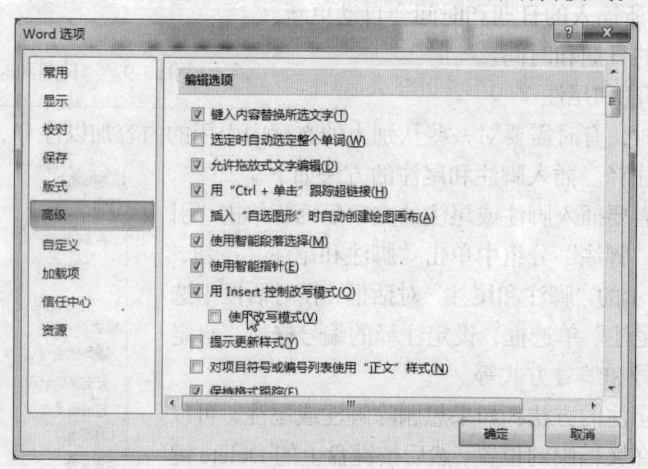

图 3-13 “Word 选项”对话框中的“高级”选项标签

（7）段落的拆分与合并

在文本输入过程中，如果按下 Enter 键，将结束本段落并在插入点下一行重新创建一个新的段落。如果要把一段分成两段，把插入点移到拆分处按下 Enter 键即可。如果要把两段合并成一段，把插入点移到第一段的段末按 Delete 键或把插入点移到第二段的段首按 BackSpace 键即可。

2. 编辑文本

编辑文本主要包括选择文本、删除文本、复制文本、移动文本以及在文档中进行查找与替换等操作。

（1）选定文本

在编辑文本时，要移动、复制或修改某一节文字的格式，首先要选择需要编辑的文本，然后再执行相应的操作。选定文本的方法通常使用鼠标选定文本。

1）在文本区使用鼠标选定文本。

拖曳鼠标：在要选定的文本之前单击鼠标，按住鼠标左键不放，将鼠标拖动到要编辑的文本末尾处，松开鼠标左键，即可看到选定的文本块与正常文字的显示颜色相反。若要选择一个词组，可将光标放置在词组的任意处，双击即可选择一个词组。

Shift+单击鼠标：先在要选定文本之前单击鼠标，然后按下 Shift 键，并单击所要选定的文本的末尾处。

2）在选择栏中使用鼠标选定文本，在 Word 文档工作区最左侧的一个狭长区域为选择栏，在其内的鼠标光标变为一个右上角箭头。

选定一整行：将鼠标移到选择栏，当指针变为，单击鼠标。

选定一个段落：将鼠标移到本段落任何一行的选择栏，当指针变为，双击鼠标左键。

选定整篇文档：将鼠标移到文档任何一行的选择栏，当指针变为，连击三次鼠标左键。

3）选定矩形文本区域：将鼠标的插入点置于预选矩形文本的一角，然后按住 Alt 键，拖动鼠标左键到文本块的对角，即可选定该块文本。

4）选择不连续的文本：先选择一个文本区域，按住 Ctrl 键不放，然后拖曳鼠标选择其他所需的区域，可选择多个不连续的文本区域。

（2）移动和复制文本

1）移动文本的方法。

① 使用鼠标拖动方法移动文本：先选定要移动的文本，将鼠标指向所选定的文本，按住鼠标左键不放，等到拖动光标出现后，将其拖至要移到的位置，松开鼠标。

② 使用功能区按钮移动文本：选定要移动的文本，单击“开始”功能区，在“剪贴板”分组中单击“剪切”按钮，将选定文本剪切到剪切板上；将光标移到文本要移到的位置，单击“开始”功能区，在“剪贴板”分组中单击“粘贴”按钮，从打开的下拉列表中选择要粘贴的选项，例如单击“保留源格式”命令。

③ 使用快捷键移动文本：选定要移动位置的文本，按 Ctrl+X 组合健，将光标移动到文本要移到的位置，按 Ctrl+V 组合键。

2）复制文本的方法。

① 使用鼠标拖动方法移动文本：先选定要移动的文本，将鼠标指向所选定的文本，按住鼠标左键不放，等到拖动光标出现后，拖动光标的同时加按 Ctrl 键，将其拖至要移到的位置，松开鼠标和 Ctrl 键。

② 使用功能区按钮移动文本：选定要移动的文本，单击“开始”功能区，在“剪贴板”分组中单击“复制”按钮，将选定文本复制到剪切板上；将光标移到文本要移到的位置，单击“开始”功能区，在“剪贴板”分组中单击“粘贴”按钮，从打开的下拉列表中选择要粘

贴的选项，例如单击“保留源格式”按钮。

③ 使用快捷键复制文本：选定要移动位置的文本，按 Ctrl+C 组合健，将光标移动到文本要移到的位置，按 Ctrl+V 组合键。

（3）插入和删除文本

在文档编辑过程中，有时需要在已经输入的文本中的某一位置插入文本，或删除一些已经输入的文本，这时就要进行插入或删除文本，其操作方法如下。

1）插入文本：在要插入文本之前，要确认当前文档处于“插入”状态还是“改写”状态，如果是在“改写”状态下，要切换到“插入”状态。在“插入”状态下，将光标移到需要插入本文的位置，输入要插入的文本。

2）删除文本。

① 利用 Delete 键或 Backspace 键删除字符：将光标移到要删除字符的位置，然后按 Delete 键，则删除光标后面的字符；按 Backspace，则删除光标前面的字符。

② 删除文本：选定要删除的文本，然后按 Delete 键；或单击“开始”功能区，或在“剪贴板”分组中单击“剪切”按钮。

（4）撤销与恢复

在编辑过程中不可避免地会出现一些误操作，常常用撤销与恢复操作来挽救误操作。

1）撤销操作：单击“快速访问工具栏”中的“撤销”按钮，单击一次按钮，撤销一步操作；如果单击按钮“快速访问工具栏”中的“撤销”按钮右侧的下拉箭头，单击列表中的任一项，可以撤销多步操作。

2）恢复操作：当用户执行一次“撤销”操作后，用户可以按 Ctrl+Y 组合键执行恢复操作；或单击“快速访问工具栏”中的“恢复”按钮，来恢复刚才撤销操作的内容。

（5）查找与替换

在 Word 2010 中，用户不仅可以查找文档中的普通文本，还可以对文档的格式进行查找和替换，使查找与替换的功能更加强大。

1）查找文本：单击“开始”功能区，在“编辑”分组中单击“查找”按钮，打开如图 3-14 所示的“查找和替换”对话框，选择“查找”选项卡，在“查找内容”框内输入要查找的内容，然后单击“查找下一处”的按钮，即可进行查找。当找到要查找的内容后，就将该内容移入窗口工作区内，并反白显示所找到的内容。如果单击“取消”按钮，就关闭“查找和替换”对话框，光标就停留在当前找到的内容处；如果需要继续查找下一个，那么单击“查找一下处”按钮，直到整个文档查找完毕为止。

图 3-14 “查找和替换”对话框中的“查找”选项卡

2）利用高级功能查找文本：在打开的“查找和替换”对话框中，单击“更多（M）”按钮，出现如图 3-15 所示“查找和替换”对话框的“查找”选项卡，在展开的内容中有“搜索选项”和“查找”等选项，各个选项的功能如下。

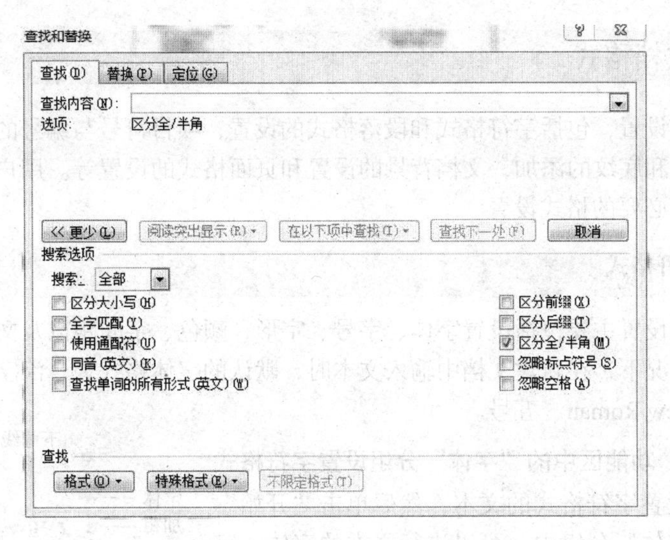

图 3-15　展开高级功能选项后的“查找和替换”对话框

① 搜索：在“搜索”后面的列表框有“全部”、“向上”和“向下”3 个选项。“全部”选项表示从光标所在处向后查找，找到文档末尾后，再从文档的开头开始查找到刚才光标所在处；“向上”选项表示从光标所在处开始向前查找到文档开头；“向下”选项表示从光标所在处向后查找到文档末尾。

② 区分大小写和全字匹配复选框：主要用于查找英文单词。

③ 使用通配符复选框：选中此复选框，在查找文本时，如果输入通配符，可以实现模糊查找。

④ 区分全/半角复选框：选中此复选框，可区分全角或半角的英文字符和数字。

⑤ “格式”按钮：单击此按钮，从展开的列表中，可以设置要查找指定格式的文本（如字体、段落、制表符等）。

⑥ “特殊格式”按钮：单击此按钮，从展开的列表中，可以设置要查找特殊字符。

3）替换：单击“开始”功能区，在“编辑”分组中单击“替换”按钮，打开如图 3-16 所示“查找和替换”对话框的替换选项卡，在“查找内容”文本框中输入要查找的内容，在“替换为”文本框中输入要替换的内容（这里通过高级功能，设置查找或替换内容的格式，方法与查找指定格式的文本设置方法相同），然后根据单击下列按钮来选择是否替换。

① “替换”按钮：单击此按钮，替换找到的内容，继续查找下处并定位。

② “全部替换”按钮：单击此按钮，将替换查找到的全部内容。

③ “查找下一处”按钮：单击此按钮，将不替换找到的内容，继续查找下一处并定位。

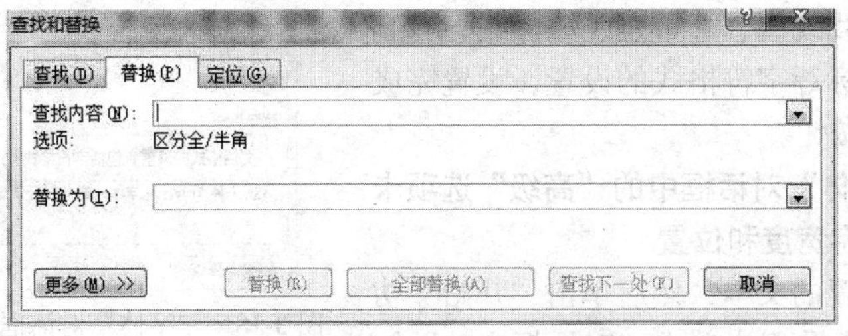

图 3-16　“查找和替换”对话框的“替换”选项卡

3.3 设置文档格式

文档格式的设置，包括字符格式和段落格式的设置，项目符号与编号的添加，设置特殊文字效果，边框和底纹的添加，文档背景的设置和页面格式的设置等。用户可以根据实际需要，对文档进行必要的格式设置。

3.3.1 设置字符格式

字符格式的设置主要包括设置字体、字号、字形、颜色、字间距以及文字特殊效果等几个部分。默认情况下，在新建文档中输入文本时，默认的字体格式为：汉字为宋体、五号，西文为 Times New Roman、五号。

1. 使用“开始”功能区中的“字体”分组设置字符格式

先选定要设置字符格式的文本，然后单击“开始”功能区，在“字体”分组中，可以进行文本的字体、字形、字号、字体颜色、下画线、上标和下标等设置，“字体”分组中各按钮设置功能如图 3-17 所示，部分按钮功能如下。

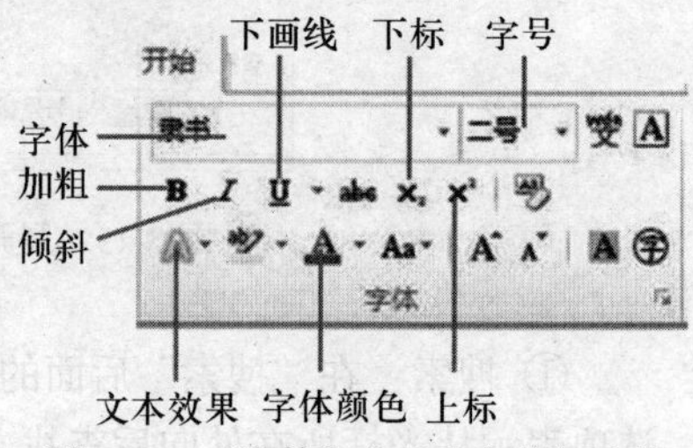

图 3-17 “字体”分组中各按钮功能

（1）字体：更改所选文字的字体。

（2）字号：更改所选文字的字号。

（3）加粗：将所选的文字加粗。

（4）倾斜：将所选的文字倾斜。

（5）下划线：给所选的文字加下画线。

（6）字体颜色：更改所选文字的颜色。

（7）下标：在文字基线下方创建小字符。

（8）上标：在文本行上方创建小字符。

（9）文本效果：对所选文本应用外观效果，例如：轮廓、阴影、映像、发光等。

2. 使用“字体”对话框设置字符格式

先选定要设置字体格式的文本，然后单击“开始”功能区，在“字体”分组中单击“对话框启动”按钮或右键单击已经选定的文本，在打开的快捷菜单中选择“字体”命令，打开如图 3-18 所示的“字体”对话框。在“字体”对话框中“字体”选项卡，可以进行中英文字体、字形、字号、字体颜色、下画线线型、着重号、删除线、双删除线、上标和下标等字符格式的设置，设置完成后单击“确定”按钮。

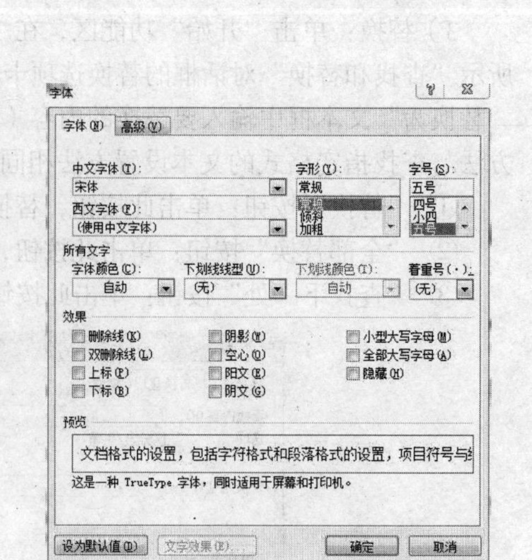

图 3-18 “字体”对话框中的“字体”选项卡

3. 使用“字体”对话框中的“高级”选项卡设置字符间距、字宽度和位置

先选定要设置的文本，然后单击“开始”功能区，在“字体”分组中单击“对话框启动”按钮，或右键单击已经选定的文本，在打开的快捷菜单中选择“字体”命令，打开 “字体”

对话框，单击“高级”选项卡，得到如图 3-19 所示的“字体”对话框。在“缩放”选项中，设置文字变窄还是变宽；在“间距”选项中，设置字符间距；在“位置”选项中，设置文字相对水平基线提升或降低显示的位置。设置完成后，可在预览框中查看设置结果，最后单击“确定”按钮。

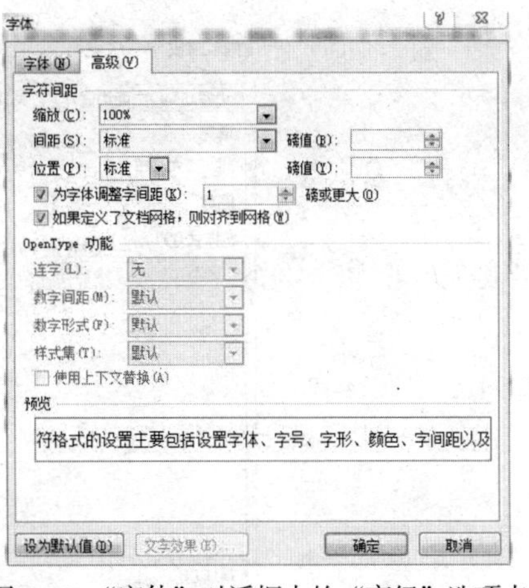

图 3-19 “字体”对话框中的“高级”选项卡

4. 使用“格式刷”设置字符格式

利用格式刷能把文本中已设置好的字符的格式，重复用于其他文本处。使用格式刷的方法如下。

（1）选定已设置好字符格式的文本。

（2）单击“开始”功能区，在“剪贴板”分组中单击“格式刷”按钮，这时鼠标指针成为格式刷形状。

（3）将鼠标指针移动到其他要设置同样字符格式的文本最前面，按下鼠标左键，并将鼠标拖到该文本末尾处，松开鼠标左键，该文本就被格式化了，“格式刷”按钮还原。

（4）如果双击“格式刷”按钮，则鼠标指针仍保持“格式刷”指针，可重复使用“格式刷”功能，直到单击“格式刷”按钮为止。

5. 设置文本边框和底纹

（1）设置文本边框：选中要设置边框的文本，单击“页面布局”功能区，在“页面背景”分组中单击“页面边框”按钮，打开“边框和底纹”对话框，单击“页面边框”选项卡，如图 3-20 所示。在“设置”“样式”“颜色”“宽度”等列表中选定所需的参数，在“应用于”列表框中选定为“整篇文档”，在“预览”框中查看设置效果，确认后单击“确定”按钮。

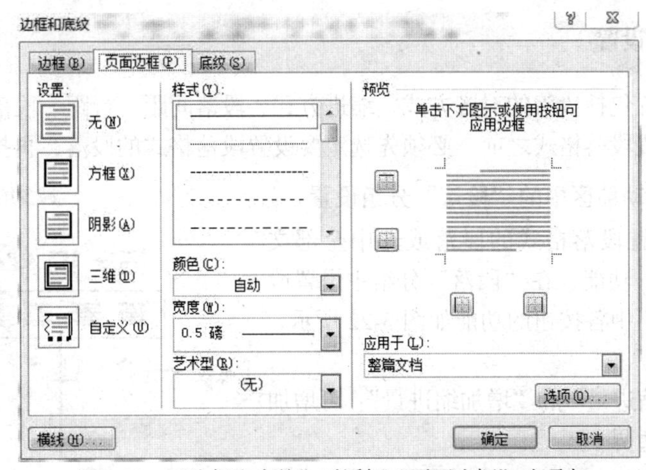

图 3-20 “边框和底纹”对话框“页面边框”选项卡

（2）设置文本底纹：选中要设置底纹的文本，单击“页面布局”功能区，在“页面背景”分组中单击“页面边框”按钮，打开“边框和底纹”对话框，单击“底纹”选项卡，如图 3-21 所示。在“填充”下列列表框中，选定底纹的颜色；在“图案”组下的“样式”列表框中，选定图案的样式，在“颜色”列表框中，选择图案的颜色；在“应用于”列表框中选定为“段落”；在“预览”框中查看设置效果，确认后单击“确定”按钮。

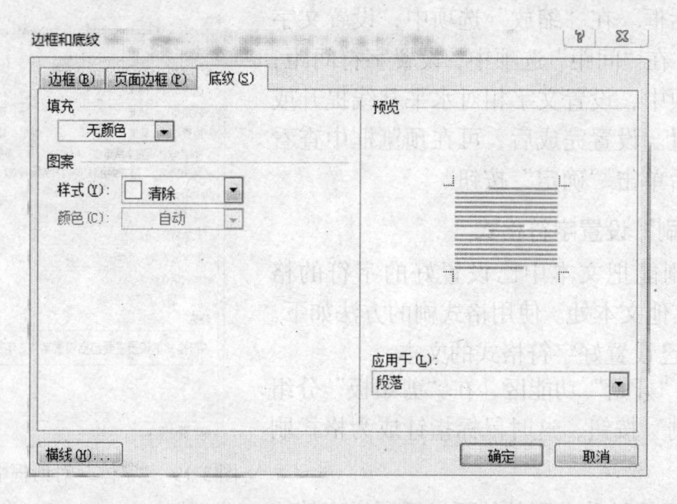

图 3-21 “边框和底纹”对话框“底纹”选项卡

6. 清除文本格式

用户有时对已经设置的格式不满意，需要将文档中已经设置的文本格式清除。清除已经设置的文本格式的方法有以下 2 种。

（1）选中需要清除文本格式的文本，单击“开始”功能区，在“字体”分组中单击“清除格式”按钮，即可清除选中文本的格式。

（2）选中需要清除样式或格式的文本，单击“开始”功能区，在“样式”分组中单击右下角显示样式窗口按钮，打开“样式”窗格，在样式列表中单击“全部清除”按钮，即可清除所有样式和格式。

3.3.2 段落格式设置

段落格式设置包括段落的对齐方式、缩进方式、段落间距、行距、段落换行和分页、中文版式等。在设置段落格式之前，必须先选定要设置段落格式的段落，再执行相应的设置。

1. 使用“开始”功能区中的“段落”分组设置

选中需要设置段落格式的段落或选中全部文档，单击“开始”功能，在“段落”分组中设置段落格式，段落分组中各按钮的功能如图 3-22 所示，部分按钮功能如下。

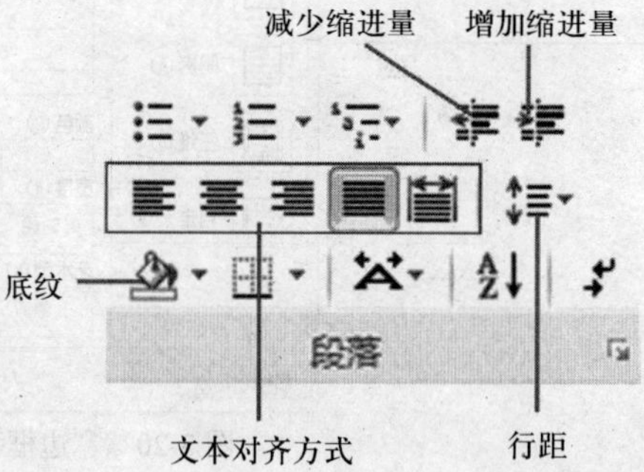

图 3-22 “开始”功能区中的“段落”分组

（1）“减少缩进量”和“增加缩进量”：可增加或缩进段落的左边界。

（2）文本对齐方式按钮组：可设置段落文本的对齐方式，包括文本左对齐、居中、文本右对齐、两端对齐和分散对齐 5 种方式。

（3）底纹：设置所选文本或段落的背景色。

（4）行距：更改文本行的行间距，还可以自定义段前和段后添加的间距量。

2. 使用“段落”对话框设置段落格式

选中需要设置段落格式的段落或选中全部文档，右键单击“开始”功能区，在“段落”分组中单击右下角的“段落”按钮（或右键单击已经选中的段落，在打开的快捷菜单中选择“段落”命令），打开如图 3-23 所示的“段落”对话框，在对话框可以对所选中的段落进行段落对齐方式、缩进方式（包括左、右缩进，特殊格式的首行缩进或悬挂缩进）、段落间距、行距等进行设置，设置后单击“确定”按钮。“字体”对话框的“间距和缩进”选项卡中各列表框和文本框的功能如下。

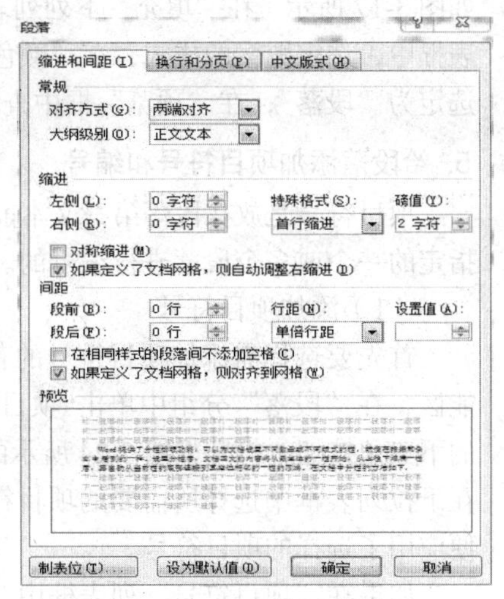

图 3-23 “段落”对话框

（1）“对齐方式”列表框：单击“对齐方式”列表框的下拉按钮，可以在列表中选择相应的文本对齐方式。

（2）“缩进”组下的“左侧”和“右侧”文本框：单击“左侧”和“右侧”文本框的增减按钮，设置左右边界的字符数，也可以在文本框中输入缩进的字符数。

（3）“缩进”组下的“特殊格式”列表框：单击“缩进”列表框的下拉按钮，设置“首行缩进”“悬挂缩进”“无”段落首行的格式。当选择“首行缩进”或“悬挂缩进”时，单击“磅值”文本框的增减按钮，设置缩进字符数，也可以在文本框中输入缩进的字符数。

（4）“间距”组下的“段前”和“段后”文本框：单击“段前”或“段后”文本框的增减按钮，设定段落之间的间距，每按一次增加或减少 0.5 行，也可以在文本框中直接输入数字和单位（厘米或磅）。

（5）“间距”组下的“行距”列表框：单击“行距”列表框下拉按钮，选择所需的行距选项，包括“单倍行距”“2 倍行距”“最小值”“固定值”和“多倍行距”。选择“固定值”选项时，通过“设置值”文本框的增减按钮，设置行距值为几磅，也可以在“固定值”文本框中输入行距值；选择“多倍行距”选项时，通过“设置值”文本框的增减按钮，设置行距值为几倍行距，也可以在“固定值”文本框中输入行距值。

（6）设置段落的左右边界、特殊格式、段间距和行距时，可以采用系统默认的单位，如左右缩进单位为“字符”，首行缩进单位为“字符”，段前和段后单位为“行”，行距中的固定值单位为“磅”等，用户也可以在输入设置值的同时输入单位，输入完成后，按钮 Enter 键。

3. 通过标尺设置段落缩进

选定要设置首行缩进的段落，单击“视图”功能区，在“显示/隐藏”分组中选中“标尺”复选框，在标尺上出现四个缩进滑块，拖动首行缩进滑块可以调整首行缩进；拖动悬挂缩进滑块设置悬挂缩进的字符；拖动左缩进和右缩进滑块设置左右缩进。拖动时会出现一条垂直虚线，通过这条垂直虚线可以判断当前移到的位置。

4. 给段落添加边框和底纹

（1）设置文本边框：选中要设置边框的文本，单击“页面布局”功能区，在“页面背景”分组中单击“页面边框”按钮，打开“边框和底纹”对话框，单击“页面边框”选项卡，如图 3-16 所示。在“设置”“样式”“颜色”“宽度”等列表中选定所需的参数，在“应用于”列表框中选定为“段落”，在“预览”框中查看设置效果，确认后单击“确定”按钮。

（2）设置文本底纹：选中要设置底纹的文本，单击“页面布局”功能区，在“页面背景”分组中单击“页面边框”按钮，打开 “边框和底纹”对话框，单击“底纹”选项卡，如图 3-17 所示。在“填充”下列列表框中，选定底纹的颜色；在“图案”组下的“样式”列表框中，选定图案的样式，在“颜色”列表框中，选择图案的颜色；在“应用于”列表框中选定为“段落”；在“预览”框中查看设置效果，确认后单击“确定”按钮。

5. 给段落添加项目符号和编号

项目符号是放在段落第一文本前以强调该段落效果的点或其他符号，而编号则是用来给指定的一个或多个段落进行编号的。

（1）添加项目符号

首先要选择需添加项目符号的若干段落，单击“开始”功能区，在“段落”分组中单击“项目符号”按钮中的右侧的下三角按钮，打开如图 3-24 所示的“项目符号”列表框，在下拉列表框中选择所需要的项目符号样式，此时所选段落便应用了选择的项目符号。

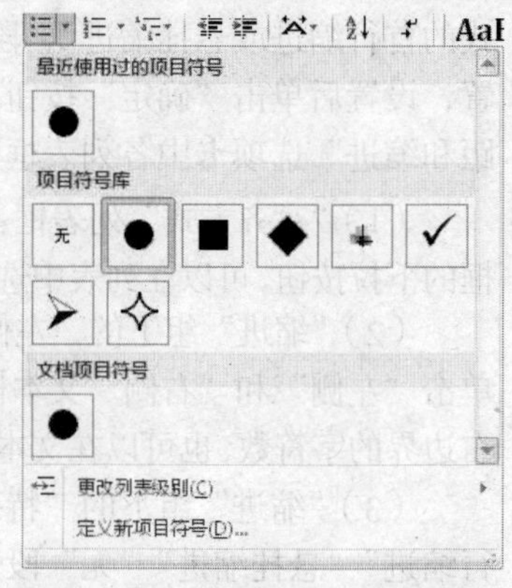

图 3-24 “项目符号”列表框

如果在“项目符号”列表框中，没有所要添加的项目符号，在“项目符号”列表框中，单击“定义新符号项目”命令，在打开的“定义新符号项目”对话框中，选定或设置所需要添加的“项目符号”。

（2）添加编号

首先要选择需添加项目符号的若干段落，单击“开始”功能区，在“段落”分组中单击“项目符号”按钮中的右侧的下三角按钮，打开如图 3-25 所示的“编号”列表框，在下拉列表框中单击所要添加的“编号”的样式，此时所选段落便应用了选择的项目编号。

如果在“项目符号”列表框中，没有所要添加的编号，可以在“编号”列表框中，单击“定义新编号格式”命令，在打开的“定义新编号格式”对话框中，选定或设置所需要添加的“编号”。

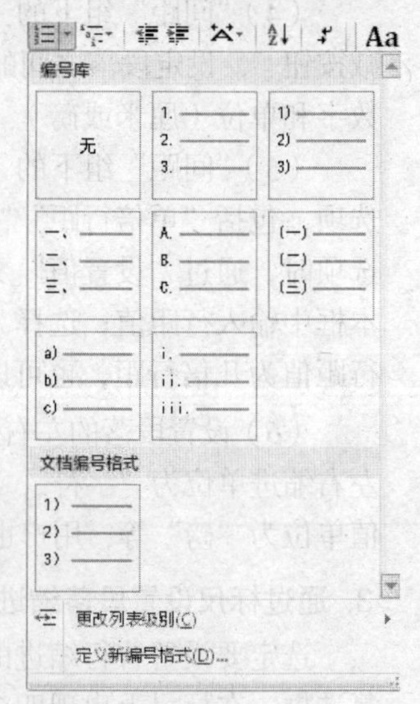

图 3-25 “编号”列表框

6. 设置制表位

制表位是指水平标尺上的位置，它指定了文字缩进的距离或一栏文字开始的位置，使用户能够向左、向右或居中对齐文本行；或者将文本与小数字符或竖线字符对齐，可以在制表符前自动插入一些特殊字符。按住 Tab 键就可以调到下一个制表位的位置，一直按 Tab 键的话一直往下跳。而且在一个制表符宽度范围内，增加或者删除文字不会影响下一制表符中的文字位置。在 Word 2010 中有 5 种不同的制表符，其中包括左对齐制表符、右对齐制表符、居中制表符、小数点制表符及竖线对齐制表符。设置制表位有以下 2 种方法。

（1）使用标尺来调整制表位

在水平标尺左端有一制表位对齐方式按钮，单击它可以循环出现左对齐制表符、右对齐制表符、居中制表符、小数点制表符及竖线对齐制表符。使用标尺调整制表位的方法如下。

① 单击水平标尺左侧的“制表位选择按钮”进行切换，确定一种制表符类型；

② 将鼠标指针移到水平标尺的适合位置后单击，当前的制表符即出现在水平标尺上的单击位置；

③ 重复①和②步骤，选择并放置其他制表符。

只要在标尺上放置了新的制表符，其左边所有的默认制表位将自动取消。如果插入点停留在编辑区左侧，按 Tab 键，插入点将直接移至第一个制表符位置，输入文字后按 Tab 键，则移向第二个，第二个制表符输入文字后按 Tab 键，则移到第三个，以此类推，直到输完此行数据后回车，将把前一段制表位设置带到新段落中。

如果文档中已存在使用默认制表位制作的多列文本，可先选中段落，按上述①和②步操作，文本将按新的制表位进行重新整齐排列。

（2）使用“制表位”对话框调整制表位

使用“制表位”对话框调整制表位的方法如下。

① 单击“开始”功能区，在“段落”分组中单击右下角的“段落” 按钮（或右键单击已经选中的段落，在打开的快捷菜单中选择“段落”命令），打开如图 3-23 所示的“段落”对话框。

② 在打开的“段落”对话框中单击“制表位”按钮，打开如图 3-26 所示“制表位”对话框。首先在制表位列表框中选中特定制表位，然后在“制表位位置”编辑框中输入制表位的位置数值；调整“默认制表位”编辑框的数值，以设置制表位间隔；在“对齐方式”区域选择制表位的类型；在“前导符”区域选择前导符样式。设置完毕单击“确定”按钮即可。

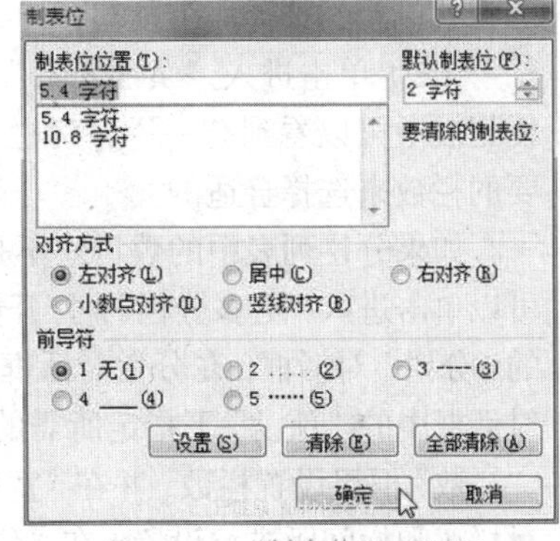

图 3-26 “制表位”对话框

3.3.3 页面格式的设置

在文档编辑完成后，要进行页面格式的设置，包括页面设置、插入分页符、插入页码、设置页眉和页脚、分栏等。

1. 节的设置

为了便于对同一文档中不同部分的文本设置不同的格式，可以将文档分为多个节。在不同的节中，可以分别设置与前文不同的页眉和页脚、页面方向、页边距、分栏版式等。插入分节符的方法：在要插入分节符的位置单击，然后单击“页面布局”功能区，在“页面设置”分组中单击“分隔符”按钮。在打开的分隔符列表中，“分节符”区域列出 4 种不同类型的分节符。

① 下一页：插入分节符，并在下一页上开始新节。

② 连续：插入分节符，并在同一页上开始新节。

③ 偶数页：插入分节符，并在下一偶数页上开始新节。

④ 奇数页：插入分节符，并在下一奇数页上开始新节。

选择合适的分节符，也就是说插入点即插入了分节符。

2. 分页

（1）手动分页：手动分页是指在页面中采取人工方式对文档进行强制分页。手动分页的方法：把插入点移到要分页的位置，单击“插入”功能区，在“页”分组中单击“分页”按钮；或单击“页面布局”功能区，在“页面设置”分组中单击“分隔符”按钮，从打开的“分隔符”列表中单击“分页符”命令；或按 Ctrl+Enter 组合键，即可完成手动分页。

如果要删除分页符或分节符，可以把文档视图切换到“普通视图”模式，在“普通视图”中，把光标移到分页符上，然后按 Delete 键即可。

（2）自动分页：自动分页是指在完成页面设置之后，Word 将自动根据页面参数的设置，对文档进行分页。

3. 分栏

Word 提供了分栏排版功能，可以为文档设置不同数量或不同版式的栏，就像在报纸和杂志中看到的一样。设置分栏后，文档正文的内容将从最左边的一栏开始，从上往下填满一栏后，再自动从当前栏的底部连接到其右边相邻的一栏的顶端。在文档中分栏的方法如下。

（1）如果你需要给整篇文档分栏，那么先选中所有文字；若只需要给某段落进行分栏，那么就单独的选择那个段落；

（2）单击进入“页面布局”功能区，在“页面设置”分组中单击“分栏”按钮，在分栏列表中可以看到有一栏、两栏、三栏、偏左、偏右和“更多分栏”，这里可以根据自己想要的栏数来选择合适的。

如果分栏列表中的数目还不是自己想要的，可以单击进入“更多分栏”，打开如图 3-27 所示的“分栏”对话框，在分栏对话框中，在“分栏”对话框中的“预设”下指定所需的分栏格式，在“栏数”框里设置栏数，并在“宽度和间距”下，对栏宽和栏间距进行设置，在“分隔线”复选框设置是否要分隔线，设置完成后单击“确定”按钮。

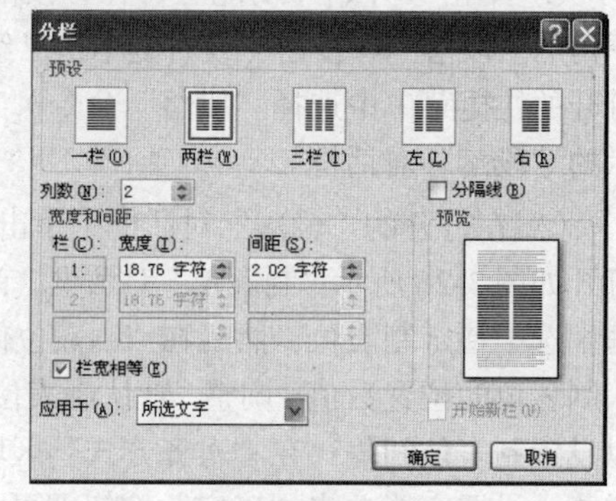

图 3-27 “分栏”对话框

4. 页面设置

在打印文档之前，需要对页面的页边距、纸张大小等进行设置。设置页面既可以在输入文本之前，也可以在文档输入过程中或文档输入完成后进行。Word 2010 中页面设置有以下 2 种方法。

（1）使用“页面布局”功能区“页面设置”分组中的按钮进行设置。

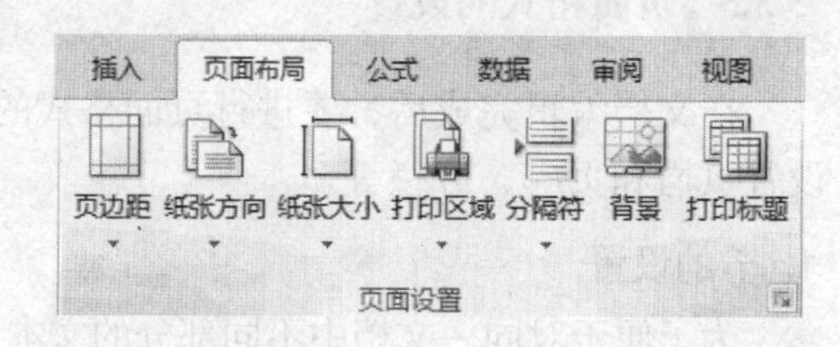

图 3-28 “页面布局”功能区“页面设置”分组

单击“页面布局”功能区，在如图 3-28 所示的“页面设置”分组中，通过单击“页边距”按钮，从下拉列表中选择“普通”“窄”“适中”或“宽”等；单击“纸张方向”按钮，从下拉列表中选择“横向”或“纵向”；单击“纸张大小”按钮，从下拉列表中选择纸张大小。

（2）使用“页面设置”对话框进行设置

单击“页面布局”功能区，在“页面设置”分组中单击右下角的“页面设置”按钮，打开“页面设置”对话框，在“页面设置”对话框中有“页边距”“纸张”“版式”和“文档网络”4 个选项卡。

① 设置页边距

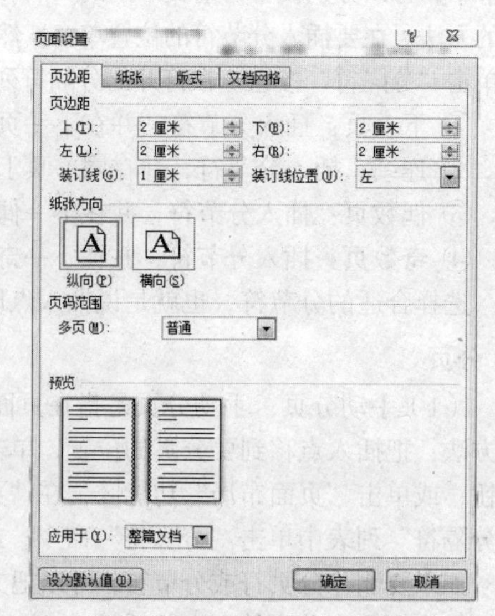

图 3-29 “页面设置”对话框中的“页边距”选项卡

设置页边距的方法：在打开的“页面设置”对话框中选择“页边距”选项卡，如图 3-29 所示。然后对“页边距”“纸张方向”“页码范围”

和“应用于”等进行设置，设置完成后单击“确定”按钮。

② 设置纸张大小

在文档中，用户可以自由设置纸张的大小。设置纸张大小的方法：在打开的“页面设置”对话框中选择“纸张”选项卡，如图 3-30 所示。单击“纸张大小”下拉列表框按钮，在下拉列表中选择一种纸型，设置完成后单击“确定”按钮。

③ 设置版式

在文档中，用户可以设置文档版式。设置文档版式的方法：在打开的“页面设置”对话框中选择“版式”选项卡，如图 3-31 所示。在“页眉和页脚”分组中，选择“奇偶页不同”或“首页不同”，设置页眉和页脚在文档中的编排；在“页面”分组中设置文本垂直对齐方式等。

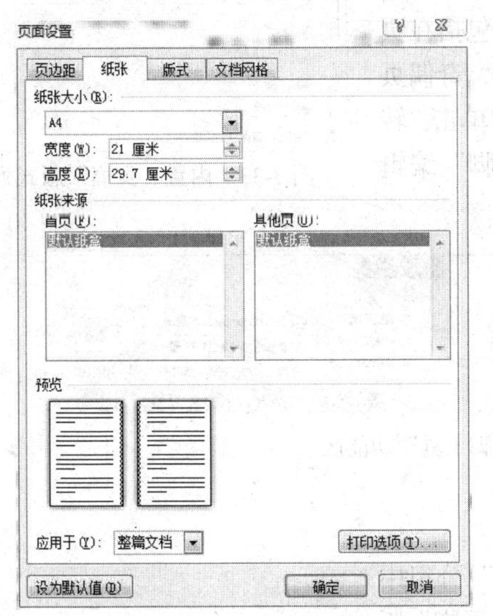

图 3-30 “页面设置”对话框中的“纸张”选项卡

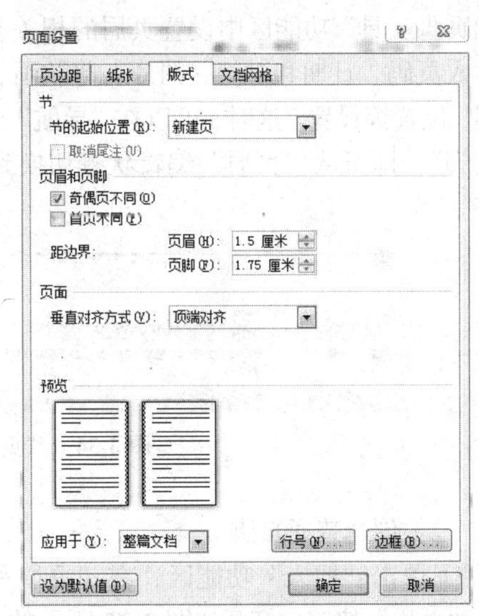

图 3-31 “页面设置”对话框中的“版式”选项卡

④ 设置文档网络

有些文档要求每页包含固定的行数和固定的字数，例如制作稿纸信函，还有一些文档要求纵向排版等。设置指定行和字符网格的方法：在打开的“页面设置”对话框中的选择“文档网格”选项卡，如图 3-32 所示。然后在“网格”选项中选择“指定行与图片内容不符网格”单选框，在“字符”选项中选择“每行”字数，在“行数”选项中选择“每页”的行数，设置完毕后单击“确定”按钮。

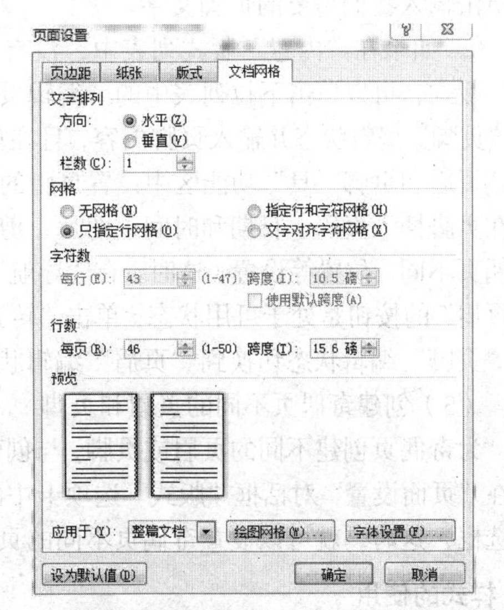

图 3-32 “页面设置”对话框中的“文档网格”选项卡

5. 页眉和页脚

页眉和页脚分别位于文档页面的顶部和底部，它们常常用来显示章节标题、页码、日期、书名和作者姓名等信息。页眉和页脚只能在页面视图和打印预览方式下看到。页眉的创建方法和页脚的创建方法一样。

（1）创建普通的页眉

① 单击“插入”功能区，在“页眉和页脚”分组中单击“页眉”按钮，打开如图 3-33 所示的内置“页眉”版式列表，可以看到 5 种页眉类型，选择所需要的页眉版式。在页眉处出现了输入文字的对话框，在“输入文字”下方单击，输入我们需要的页眉文字。

② 如果在“内置”版式列表中，没有所需要的页眉版式，可以单击下拉列表中的“编辑页眉”命令，进入“页眉”编辑状态并输入页眉内容，且在如图 3-34 所示的“页眉和页脚工具”功能区中设置页眉的相关参数，包括在页眉插入页码、日期和时间、图片、剪贴画、导航、奇偶页不同、位置等设置。这时，可以在“导航”分组中单击“转至页脚”，即可从“页眉”编辑状态切换到“页脚”编辑状态。

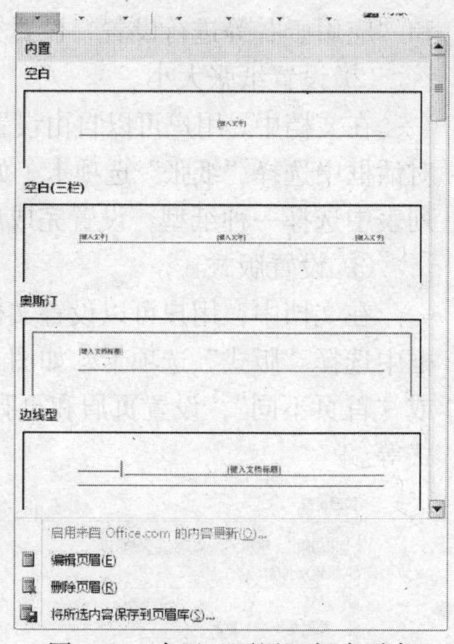

图 3-33　内置“页眉”版式列表

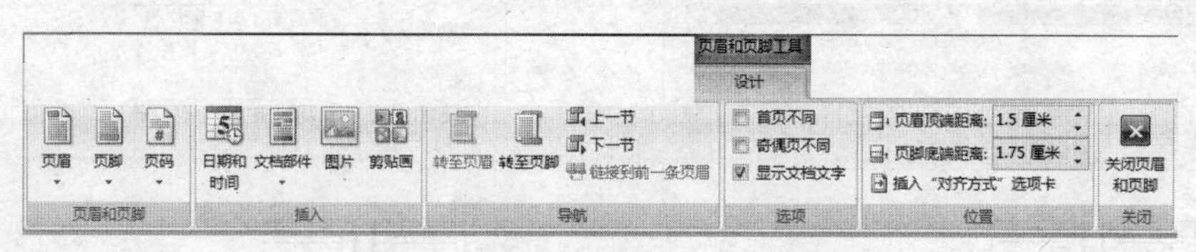

图 3-34　“页眉和页脚工具”功能区

（2）创建普通页脚

① 单击“插入”功能区，在“页眉和页脚”分组中单击“页眉”按钮，打开如图 3-35 所示的内置“页脚”版式列表，可以看到 4 种页脚类型，选择所需要的页脚版式，在页脚处出现了输入文字的对话框，我们在“输入文字”下方单击输入我们需要的页脚文字。

② 如果在“内置”版式列表中，没有所需要的“页脚”版式，可以单击下拉列表中的“编辑页脚”命令，进入“页脚”编辑状态并输入页脚内容，且在如图 3-34 所示的“页眉和页脚工具”功能区中设置页脚的相关参数，包括在页脚插入页码、日期和时间、图片、剪贴画、导航、奇偶页不同、位置等设置。这时，在“导航”分组中，“转至页眉”的按钮是处于可用状态，单击“转到页眉”按钮，从“页脚”编辑状态切换到“页眉”编辑状态。

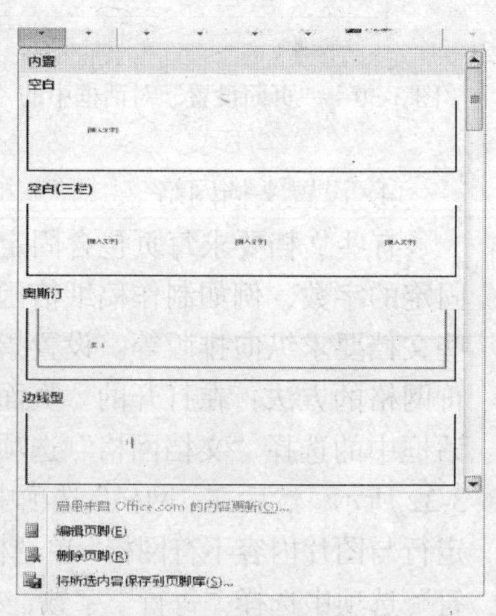

图 3-35　内置“页脚”版式列表

（3）创建奇偶页不同的页眉和页脚

为奇偶页创建不同的页眉或页脚，与创建普通的页眉和页脚方法相似，只是在创建之前，要在“页面设置”对话框“版式”选项卡中的“页眉和页脚”选项组中，选中“奇偶页不同”复选框，这时，就可以设置奇偶页不同的页眉和页脚。

6. 样式的使用

样式是一套预先设置好的文本格式。文本格式包括字号、字体、缩进等。并且样式都有对应的名字。应用样式时，可以在一段文本中应用，也可以在部分文本中应用，甚至可以在一个简单的任务中应用一组样式，且所有格式都是一次完成的。因此使用样式可以迅速改变文档的外观。使用样式的优点是当你修改某个样式时，整个文档中所有使用该样式的段落也会随之改变。

（1）应用 Word 2010 的内置样式

Word 2010 提供的一些模版中定义了一些样式可供使用，这些自带的样式称为内置样式。可以通过“样式和格式”任务窗格来应用内置样式。应用样式的方法如下。

① 选定要更改格式的文本，单击“开始”功能区，在“样式”分组中的右下角单击“显示样式窗口”按钮，打开如图 3-36 所示的“样式”窗格。

② 在下拉列表框中单击“选项”按钮，打开如图 3-37 所示的“样式窗格选项”对话框，在“选择要显示的样式”下拉列表中选中“所有样式”选项，并单击“确定”按钮。

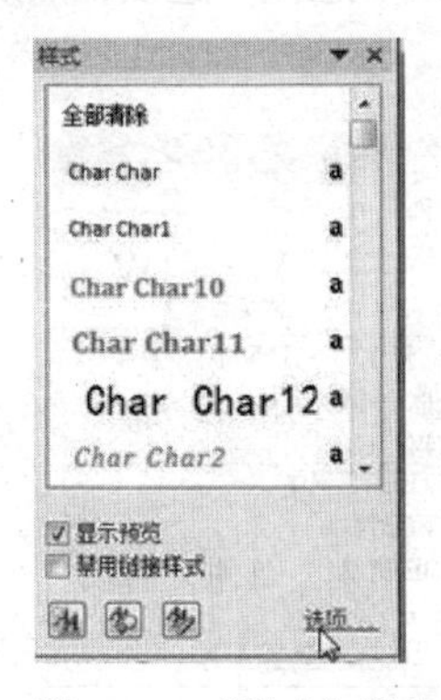

图 3-36　“样式”窗格

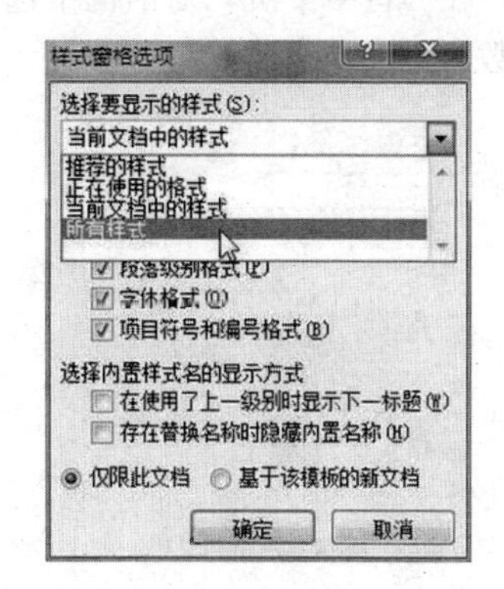

图 3-37　“样式窗格选项”对话框

③ 返回“样式”窗格，可以看到已经显示出所有的样式，如图 3-38 所示，选中“显示预览”复选框可以显示所有样式的预览，在“样式”窗格中选择需要应用的样式。

（2）修改样式

样式创建以后，往往随着具体情况的改变而改变，可能有些格式不再满足原来的需求，需要进行一定地修改或者直接删除相应的样式。修改样式的方法如下。

在如图 3-38 所示的“样式”窗格中，右键单击需要修改的样式，在弹出菜单中选择“修改”菜单命令，打开如图 3-39

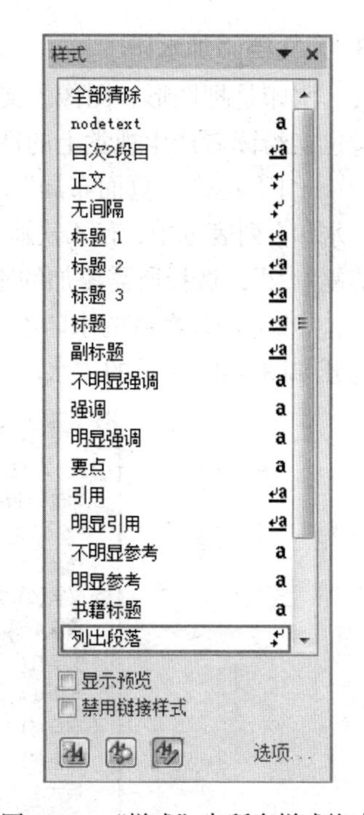

图 3-38　“样式”中所有样式格式

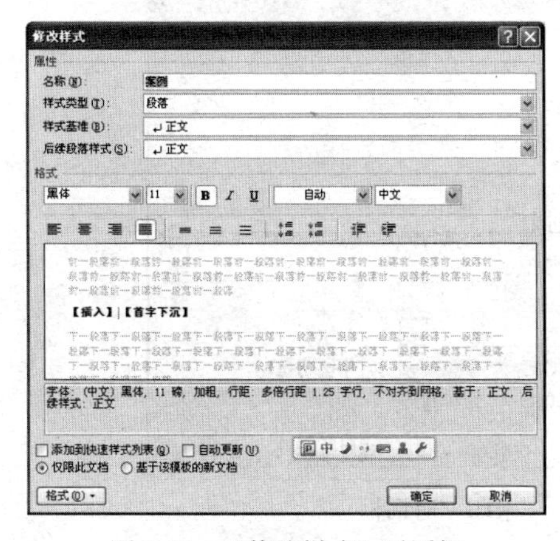

图 3-39　“修改样式”对话框

所示的“修改样式”对话框，在“修改样式”对话框中进行字体、段落等一些修改，修改完毕后单击“确定”按钮。

7. 首字下沉或首字悬挂效果

在使用 Word 2010 编辑文档的过程中，可以为段落设置首字下沉或首字悬挂效果，从而突出显示段首或篇首位置。设置首字下沉或首字悬挂效果的方法如下。

（1）将光标移动到需要设置首字下沉或悬挂的段落中，然后单击“插入”功能区，在“文本”分组中单击“首字下沉”按钮，打开如图 3-40 所示的下拉菜单，接着在菜单中选择“下沉”或“悬挂”选项，就可以实现首字下沉或首字悬挂的效果了。

（2）在“首字下沉”菜单中选择“首字下沉选项”命令，打开如图 3-41 所示的“首字下沉”对话框。在“首字下沉”对话框中选中“下沉”或“悬挂”选项，然后可以分别设置字体或下沉行数，最后单击“确定”按钮。

图 3-40 “首字下沉”下拉菜单

图 3-41 “首字下沉”对话框

8. 为文档添加水印

水印是把图形、图像、文字等作为文档背景的一种特殊处理方法，在统一文档风格的同时也能给读者产生视觉上的冲击和美感。为文档添加水印的方法如下。

（1）单击“页面布局”功能区，在“页面背景”分组中单击“水印”按钮，在打开的“水印”列表框中，有 4 款默认的文字水印样式——“机密 1”“机密 2”“严禁复制 1”和“严禁复制 2”，选择所需添加的水印即可。

（2）如果默认的水印不是用户想要的，那么点击水印列表框中的“自定义水印”命令，打开如图 3-42 所示的“水印”对话框，有“图片水印”和“文字水印”2 种水印形式。

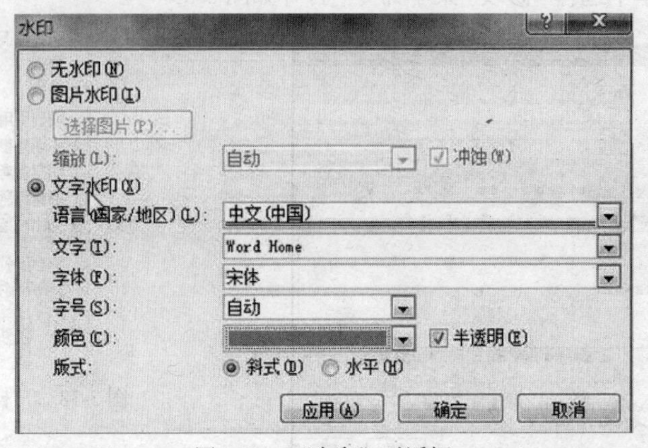

图 3-42 “水印”对话框

（3）如果想自定义水印文字，在“水印”对话框中选择“文字水印”，接着挨个设置水印文字的字体、字号等，设置完成后单击“确定”按钮。

（4）如果想自定义图片水印，在“水印”对话框中选择“图片水印”，单击“选择图片”按钮，从打开的“插入图片”对话框中选择合适的图片，并单击“插入”按钮，设置完成后单击“确定”按钮。

3.3.4 打印文档

当文档编辑、文档格式设置完成的，就可以打印输出文档。打印前，可以利用打印预览功能先查看一下文档排版的效果，如果对效果满意，就可以打印，否则可进行修改排版，通过设置打印选项使打印设置更适合实际应用。

1. 打印预览

单击“开始”按钮，从打开的下拉菜单中选择“打印”命令，在打开的“打印”窗口面板右侧就是打印预览的内容，如图 3-43 所示。

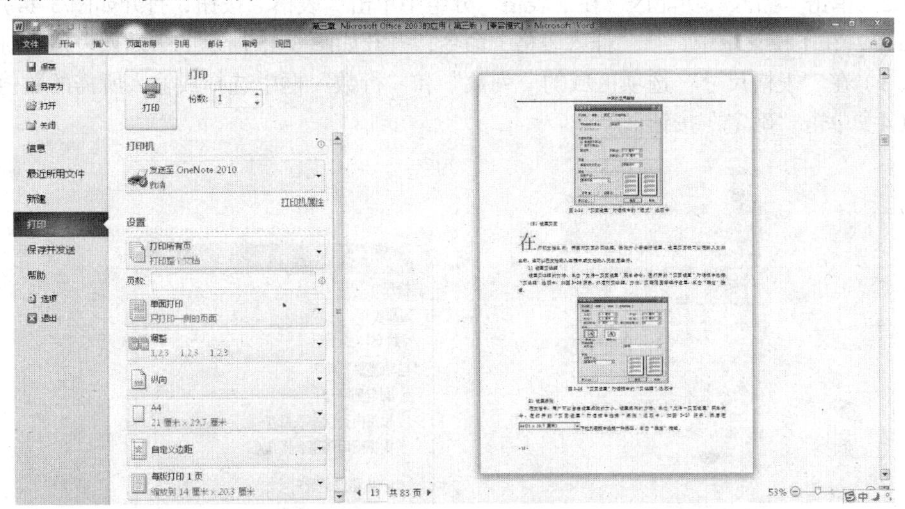

图 3-43 “打印”窗口面板

2. 打印文档

通过“打印预览”查看后，如果对文档排版满意，就可以开始打印文档。在打印文档之前，用户可以通过设置打印选项使打印设置适合自己的需要，设置 Word 文档打印选项的方法如下。

（1）打印份数设置：根据需要修改“份数”数值以确定打印多少份文档。

（2）打印机设置：在“打印”窗口中单击“打印机”下三角按钮，选择电脑中安装的打印机。

（3）打印页数设置：如果只要打印文档中的一页或几页，单击“打印所有页”右侧的下拉列表按钮，在打开列表的“文档”组中，选定“打印当前页”，就只打印当前光标所在的一页；如果选择“自定义打印范围”，在“页数”文本框输入要打印的页码，则可以对用户指定页码进行打印。

3.4 应用表格

表格由一行或多行单元格组成，用于显示数字和其他项，以便快速引用和分析，表格中的项被组织为行和列。表格常常作为显示成组数据的一种手段，有条理清楚、说明性强、查找速度快等优点，使用非常广泛。

3.4.1 创建表格

常用创建表格的方法有以下几种。

1. 利用“插入表格”按钮创建表格

（1）将光标移到要插入表格的位置。

（2）单击“插入”功能区，在“表格”分组中单击“表格”按钮，打开如图 3-44 所示的下拉菜单，将鼠标指针移到下拉菜单框中，按住鼠标左键，向右下方拖动鼠标选定需插入表格的行数和列数。例如，可拖动鼠标至 6×4。

（3）释放鼠标左键，所需表格被插入到光标指定位置。

2. 使用“插入表格”对话框创建表格

（1）单击要创建表格的位置。

（2）单击“插入”功能区，在“表格”分组中单击“表格”按钮，打开如图 3-44 所示的下拉菜单，在下拉菜单中选择“插入表格”命令，打开如图 3-45 所示的“插入表格”对话框。

（3）在“表格尺寸”选项区域的“列数”和“行数”框中选择或输入所需的数值。

（4）单击“确定”按钮。

图 3-44 “插入表格”列表框

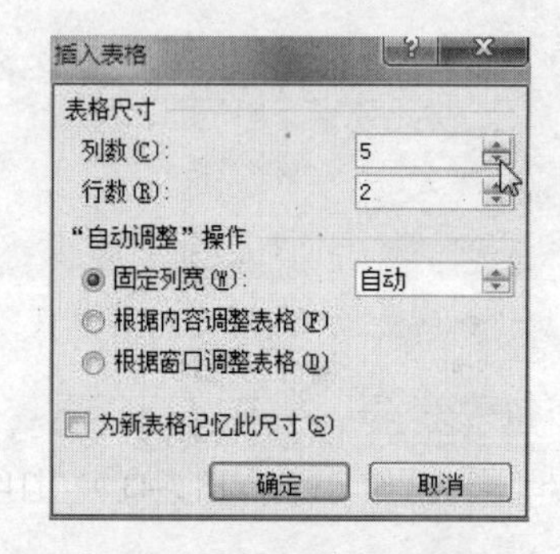

图 3-45 “插入表格”对话框

3. 使用“绘制表格”工具手工绘制表格

该方法常常用来绘制更复杂的表格，其创建表格的方法如下。

（1）在文档中选择要创建表格的位置，将光标放置于插入点。

（2）单击“插入”功能区，在“表格”分组中单击“表格”按钮，打开如图 3-44 所示的下拉菜单，在下拉菜单中选择“绘制表格”命令，在功能区出现了如图 3-46 所示的“表格工具”功能区。

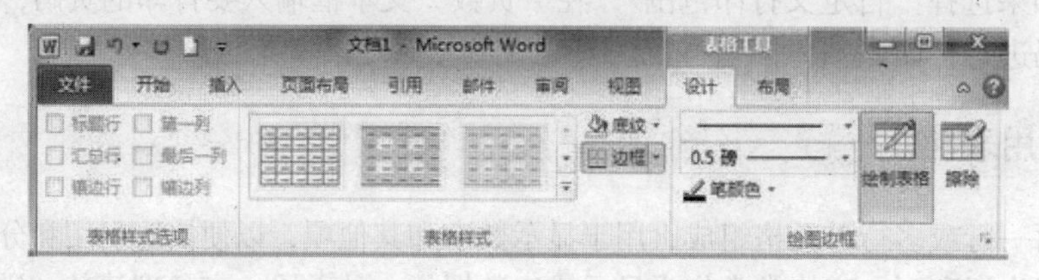

图 3-46 “表格工具”功能区

（3）单击“表格工具”功能区中“设计”区域，在“绘图边框”分组中单击“绘制表格”按钮，此时鼠标指针变为笔形。这时候就可以自由使用表格功能，绘制各种形状的表格。

（4）首先要确定表格的外围边框，可以先绘制一个矩形，在选中位置的左上角按下左键，然后向右下方拖动，到达合适位置时放开左键，即在选定的位置出现一个矩形框。

（5）绘制表格边框内的各行各列：在需要画线的位置按下鼠标左键，此时鼠标指针变为笔形，水平、竖直移动鼠标，移动过程中可以自动识别出要画的方向，放开左键则自动绘出相应的行和列。如果要画斜线，则要从表格的左上角开始向下方移动，等待程序识别出方向后，松开左键即可。

（6）如果绘制过程中绘了不必要的线条，可以使用“绘图边框”分组中“擦除”按钮，此时鼠标指针变成橡皮形状。将鼠标指针移到要擦除的线条上按下鼠标左键，系统会自动识别出要擦除的线条，松开鼠标左键，则会自动删除该线条。

4. 文本与表格的相互转换

在编辑文档时，需要将表格内容转换成文本，或者是将文本转为表格内容，只要简单几步便可解决问题。

（1）文本转换为表格

① 在需要画表格的文字中间加上空格或者逗号或者制表符等统一的标记，然后全选需要转换成表格形式的文字。例如，如图 3-47 所示的选定要转换为表格的文本（以制表符分隔）。

姓名　学号　性别　成绩↵
王大一　060001　男　90↵
李二　060002　男　85↵

图 3-47　选定要转换为表格的文本（以制表符分隔）

② 单击“插入”功能区，在“表格”分组中单击“表格”按钮，打开如图 3-45 所示的下拉菜单，在下拉菜单中选择“文本转换为表格”命令，打开如图 3-48 所示的“将文字转换成表格”对话框，在“列数”文本框中输入表格列数，在“文字分隔位置”选项中选定“制表符”单选项。

③ 设置完成后，单击“确定”按钮。转换后的表格如图 3-49 所示。

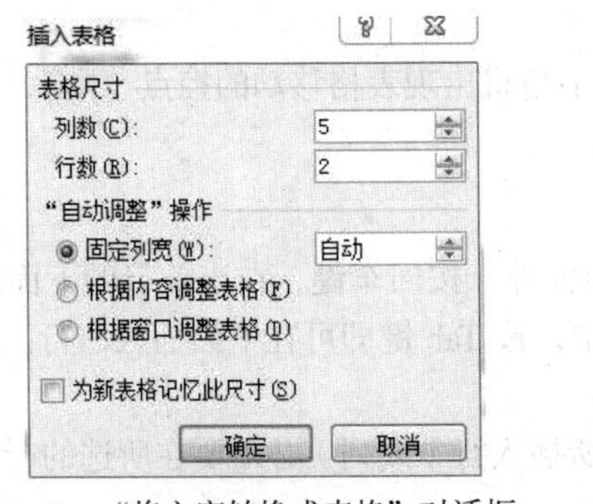

图 3-48　“将文字转换成表格”对话框

姓名↵	学号↵	性别↵	成绩↵
王大一↵	060001↵	男↵	90↵
李二↵	060002↵	男↵	85↵

图 3-49　转换后的表格

（2）表格转换成文本

① 单击要转换成文本的表格上的任意单元格，单击“表格工具”功能区，在“数据”分组中单击“转换为文本”按钮，如图 3-50 所示。打开如图 3-51 所示的“表格转换成文本”

对话框。

图 3-50 “表格工具”功能中的“数据”分组

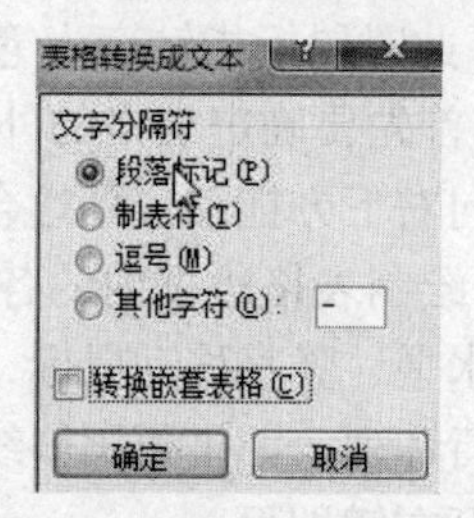

图 3-51 “表格转换成文本”对话框

② 在“表格转换成文本”对话框中选中“段落标记”“制表符”“逗号”或“其他字符”选项之一，一般情况下，使用“段落标记”；选中“转换嵌套表格”复选框可以将嵌套表格转换为文本；设置完成后，单击“确定”按钮，即可将当前表格转换成文本。

3.4.2 编辑表格

在建立表格之后，可以根据实际情况对表格结构做出调整，对表格拆分或合并表格的各种操作都是针对单元格、行或列进行的。对表格的编辑包括增删单元格、行或修改表格属性，拆分或合并单元格，移动、复制、删除表格的内容等。

1. 选定表格

要对表格的内容进行编辑时，必须先要选定表格。选定表格的方法有很多，下面仅介绍几种常用的方法。

（1）选定一个单元格：把鼠标移到要选定表格的左侧边框附近，鼠标指针变斜向右上的实心箭头“➚”，这个时候单击左键，就可以选定相应单元格。

（2）选定一行或多行：移动鼠标指针到表格该行左侧，鼠标变为斜向上的空心箭头“↗”，单击则选中该行，此时再上下拖动鼠标就可以选中多行。

（3）选中一列或多列：移动鼠标到表格该列顶端，鼠标变为竖直向下的实心箭头“⬇”，单击则选中该列，此时再左右拖动鼠标就可以选中多行。

（4）选中多个单元格：按住左键，在所要选中的单元格拖动，可以选中左右顺序排列的单元格。如果需要选择分散的单元格，则单击需要选中的第一个单元格、行或列，按住 Ctrl 键再单击其他单元格、行或列。

（5）选中整个表格：将鼠标划过表格，表格左上角将出现表格移动的控点“⊞”，单击该控点，或者直接按住左键，即可拖过整张表格。

2. 在表格中插入或删除行、列和单元格

（1）插入行的快捷方法：单击表格最右边的边框外，按回车键，在当前行的下面插入一行；或将光标定位在最后一行最后一列的单元格中，按 Tab 键即可在下面插入一行。

（2）插入行和列的方法。

① 在表格中，选择要插入行（或列）的位置，所插入行（或列）必须要在所选的行（或列）的上下（或左右）。

② 在选择要插入行（或列）的位置中单击鼠标右键，在打开的快捷菜单中选择“插入行”（或“插入列”）；或在准备插入行（或列）的相邻单元格中单击鼠标，然后在“表格工具”功能区中切换到“布局”选项卡，在“行和列”分组中根据实际需要单击“在上方插入”

"在下方插入""在左侧插入"或"在右侧插入"按钮插入行（或列）。

（3）插入单元格的方法：在准备插入单元格的相邻单元格中单击鼠标右键，然后在打开的快捷菜单中指向"插入"命令，并在打开的下一级菜单中选择"插入单元格"命令，打开如图 3-52 所示的"插入单元格"对话框，选择相应的方式，设置完成后单击"确定"按钮。

（4）删除行、列和单元格。

① 删除行和列的方法：选中需要删除的表格的整行或整列，右键单击被选中的整行或整列，在菜单中选择"删除行"或"删除列"命令即可。或在表格中单击需要删除的整行或整列中的任意一个单元格，打开如图 3-53 所示的下拉菜单，在菜单中选择"删除行"或"删除列"命令即可。

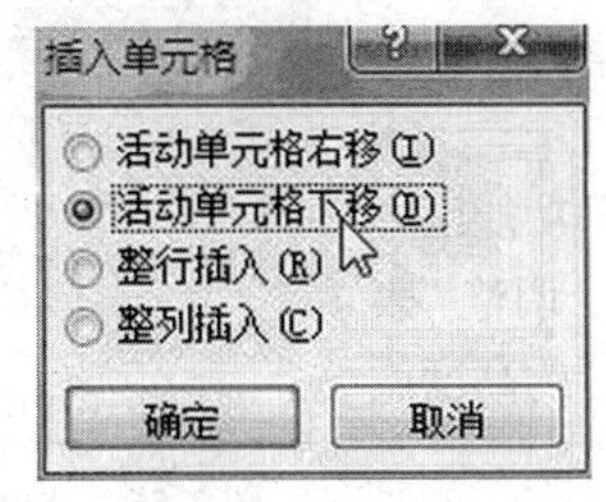

图 3-52 "插入单元格"对话框

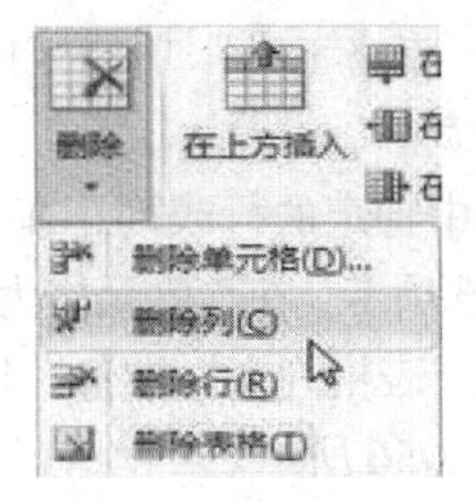

图 3-53 "删除"下拉菜单

② 删除单元格的方法：在表格中右键单击需要删除的单元格，在菜单中选择"删除单元格"命令。或在表格中右键单击需要删除的单元格，在"表格工具"功能区中选择"布局"选项卡，在"行和列"分组中单击"删除"按钮，在打开的下拉菜单中选择"删除单元格"命令，在打开的如图 3-54 所示的"删除单元格"对话框中选择相应的方式，设置完成后单击"确定"按钮。

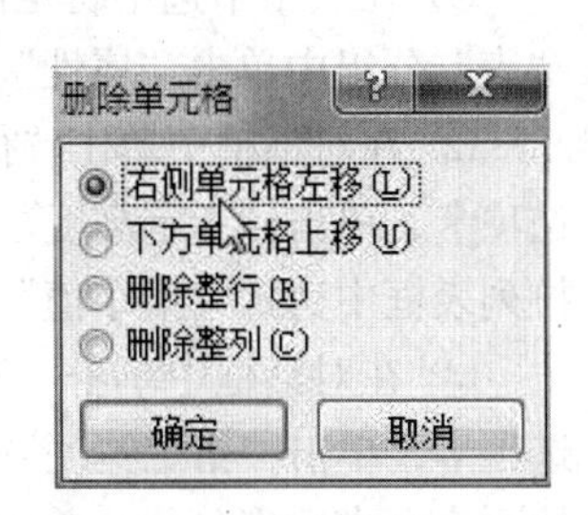

图 3-54 "删除单元格"对话框

3. 合并和拆分单元格

（1）合并单元格

选择表格中需要合并的两个或两个以上的单元格，在"表格工具"功能区中切换到"布局"选项卡，在"合并"分组中单击"合并单元格"按钮；或右键单击被选中的单元格，选择"合并单元格"菜单命令即可。

（2）拆分单元格的方法

选择要拆分的单元格（可以一个或多个），在"表格工具"功能区中切换到"布局"选项卡，在"合并"分组中单击"拆分单元格"按钮；或者单击右键选择拆分单元格，打开如图 3-55 所示的"拆分单元格"对话框，选择要将选定的单元分成的列数或行数，设置完毕后单击"确定"按钮。

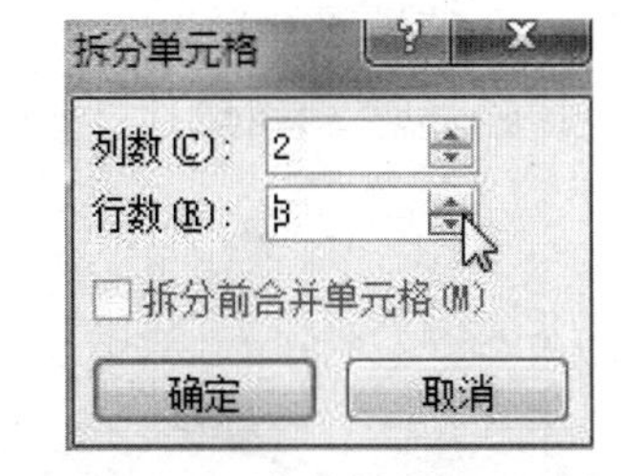

图 3-55 "拆分单元格"对话框

4. 拆分和合并表格

（1）拆分表格

将光标移到需要拆分的插入点处，在"表格工具"功能区中切换到"布局"选项卡，在"合并"分组中单击"拆分表格"按钮，即可将原来表格拆分为两个小表格。

（2）合并表格

将需要合并的两表格放置于相邻处，表格间只有空格行而没有文字，使用 Delete 键删除表格间的空格行即可将两个表格自动合并成大的表格。

5. 表格设置行高和列宽

用户使用 Word 2010 制作表格时，往往需要准确设置表格中行高和列宽的数值。设置表格行高和列宽有以下 3 种方法。

（1）拖动鼠标设置表格的行高或列宽。

将鼠标指针移到表格的垂直框线（或水平框）上，当鼠标指针变成调整列宽指针形状（或调整行高指针形状）时，按钮鼠标左键，此时出现一条上下垂直（或左右水平）的虚线。向左（或向上）或向右（向下）改变列宽（或行高），拖动鼠标到所需的位置，放开左键即可。

（2）利用“表格工具”功能区中的“单元格大小”分组设置行高或列宽。

在表格中选中特定的行或列，在“表格工具”功能区中切换到“布局”选项卡，在“单元格大小”分组中，调整“表格行高”数值或“表格列宽”数值，以设置表格行的高度或列的宽度，如图 3-56 所示。

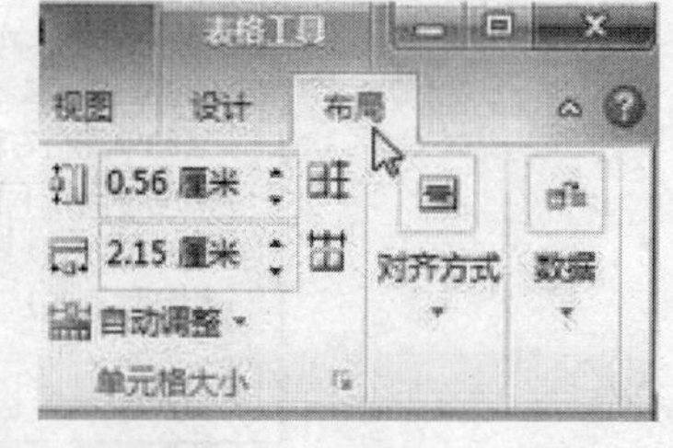

图 3-56 “单元格大小”分组

（3）利用“表格属性”对话框设置行高和列宽。

① 在表格中选中特定的行或列，在“表格工具”功能区中切换到“布局”选项卡，在“表”分组中单击“属性”按钮，打开如图 3-57 所示的“表格属性”对话框。

② 在对话框中单击“行”选项卡，得到如图 3-57 所示的“表格属性”对话框中的“行”选项卡，单击“指定高度”前的复选框，在文本框中输入行高的数值，并在“行高值是”下拉列表框中选定“最小值”或“固定值”，单击“确定”按钮，完成行高设置。

③ 在对话框中单击“列”选项卡，得到如图 3-58 所示的“表格属性”对话框中的“列”选项卡，单击“指定宽度”前的复选框，在文本框中输入列宽的数值，并在“度量单位”下拉列表框中选定单位，单击“确定”按钮，完成列宽设置。

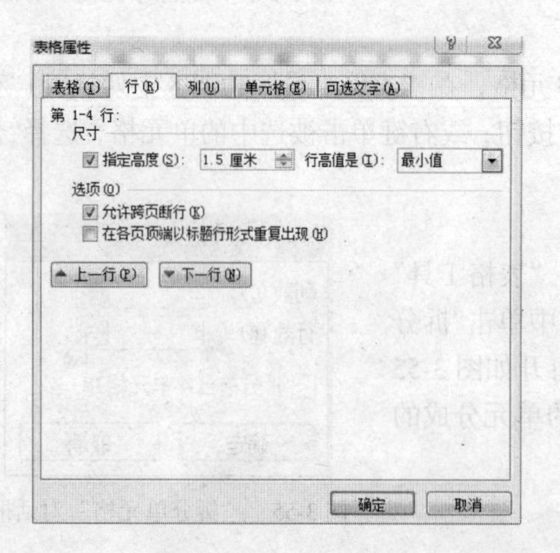

图 3-57 “表格属性”对话框的“行”选项卡

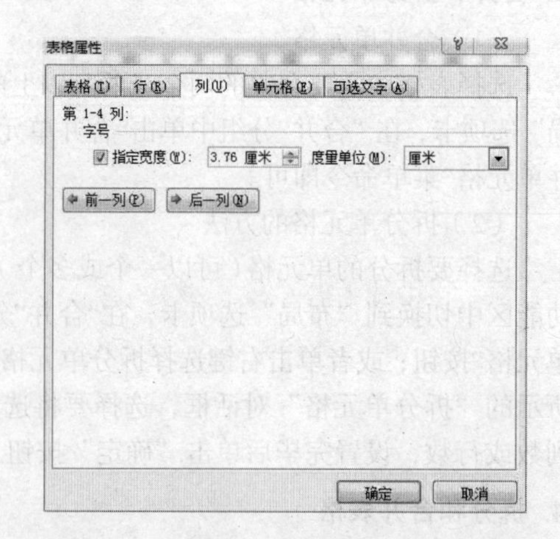

图 3-58 “表格属性”对话框的“列”选项卡

6. 设置表格标题行重复显示

在制作和编辑表格时，当同一张表格需要在多个页面中显示时，这时需要在每一页的表格中都显示标题行，让表格标题行重复显示。设置表格标题行重复显示的方法有 2 种，具体如下。

① 选中表格标题行，在“表格工具”功能区中切换到“布局”选项卡，在“表”分组中单击“属性”按钮，打开如图3-57所示的“表格属性”对话框。在对话框中单击“行”选项卡，得到如图3-57所示的“表格属性”对话框中的“行”选项卡，选中“在各页顶端以标题行形式重复出现”选项，单击“确定”按钮即可。

图3-59 “数据”分组中的“重复标题行”按钮

② 选中表格标题行，在“表格工具”功能区中切换到“布局”选项卡，在“数据”分组中单击“重复标题行”按钮即可，如图3-59所示。

3.4.3 表格的格式化

表格的格式化包括设置文字格式、设置文字在单元格中的对齐方式、设置表格的边框和底纹等，格式化表格可以使得表格美观、大方。

1. 设置文字格式

设置文字格式的方法：选中表格中要设置格式的文本，按照在文档中设置文本格式的方法，就可设置表格中的文字格式。

2. 设置文字在单元格的对齐方式

Word 2010提供9种不同的文字对齐方式，默认情况下，将表格中的文字与单元格的左上角对齐。设置文字在单元格的对齐方式的方法主要有以下2种。

（1）利用快捷菜单设置

选定要设置文字对齐方式的单元格，右键单击被选中的单元格，在菜单中选择“单元格对齐方式”选项，并在下一级菜单中选择合适的对齐方式。

（2）利用“表格工具”功能区中的“对齐方式”分组设置

选定要设置文字对齐方式的单元格，在“表格工具”功能区中切换到“布局”选项卡，在“对齐方式”分组中选择合适的对齐方式。

3. 设置表格的边框

表格边框的设置包括对整张表格或单元格区域的边框、线型及边框颜色的设置。设置表格边框的方法主要有以下2种。

（1）利用“表格工具”功能区中的“边框”按钮设置。

在表格中选中需要设置边框的单元格或整个表格，在“表格工具”功能区中切换到“设计”选项卡，在“表格样式”分组中单击“边框”下拉三角按钮，在打开的边框菜单中设置边框的显示位置即可。Word 2010边框显示位置包含上框线、所有框线、无框线等多种设置。

（2）利用“边框和底纹”对话框设置。

在表格中选中需要设置边框的单元格或整个表格，在“表格工具”功能区中切换到“设计”选项卡，在“表格样式”分组中单击“边框”下拉三角按钮，在打开的边框菜单中选择“边框和底纹”命令，打开“边框和底纹”对话框。在打开的“边框和底纹”对话框中切换到“边框”选项卡，如图3-60所示，在“设置”区域选择边框显示位置。其中：

① 选择“无”选项表示被选中的单元格或整个表格不显示边框；

② 选中“方框”选项表示只显示被选中的单元格或整个表格的四周边框；

③ 选中“全部”表示被选中的单元格或整个表格显示所有边框；

④ 选中“虚框”选项，表示被选中的单元格或整个表格四周为粗边框，内部为细边框；

⑤ 选中“自定义”选项，表示被选中的单元格或整个表格由用户根据实际需要自定义设置边框的显示状态。

在“样式”列表中选择边框的样式，在“颜色”下拉菜单中选择边框使用的颜色，单击“宽度”下拉三角按钮选择边框的宽度尺寸，在“预览”区域可以通过单击某个方向的边框按钮来确定是否显示该边框，设置完毕后单击“确定”按钮。

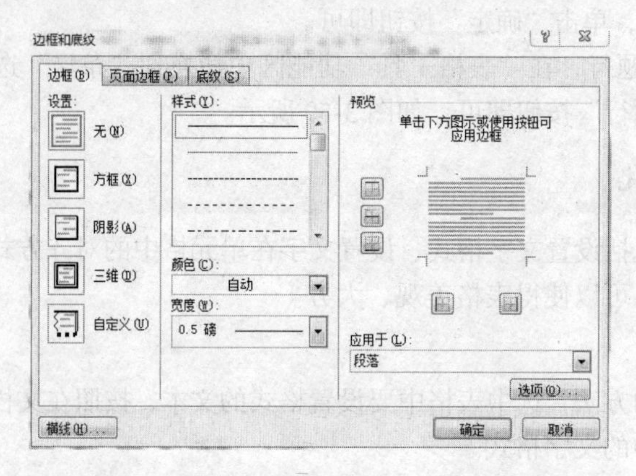

图 3-60 “边框和底纹”对话框中的“边框”选项卡

4. 设置表格底纹

在表格中添加底纹可以使表格更加美观。设置表格底纹的方法有以下 2 种。

（1）利用“表格工具”功能区中的“底纹”按钮设置。

在表格中选中需要设置边框的单元格或整个表格，在“表格工具”功能区中切换到“设计”选项卡，在“表格样式”分组中单击“底纹”下拉三角按钮，在打开的颜色列表框中选择合适的颜色即可。单击“其他颜色”按钮，在打开的“颜色”对话框中选择合适的颜色，并单击“确定”按钮。

（2）利用“边框和底纹”对话框设置。

在表格中选中需要设置边框的单元格或整个表格，在“表格工具”功能区中切换到“设计”选项卡，在“表格样式”分组中单击“边框”下拉三角按钮，在打开的边框菜单中选择“边框和底纹”命令，打开“边框和底纹”对话框。在打开的“边框和底纹”对话框中切换到“边框”选项卡，如图 3-61 所示，设置要向表格添加的底纹颜色和图案样式，设置完成后单击“确定”按钮。

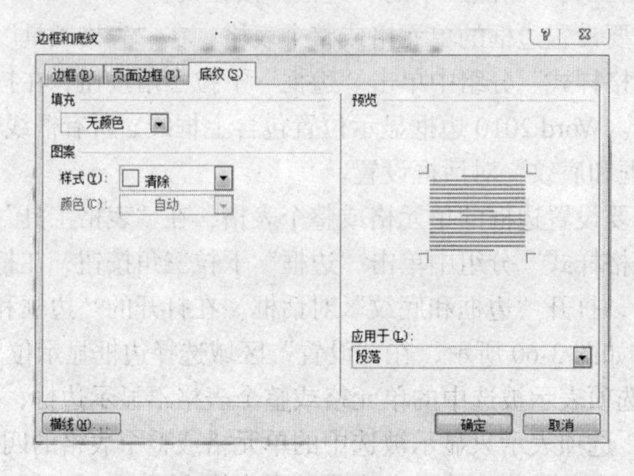

图 3-61 “边框和底纹”对话框中的“底纹”选项卡

5. 表格自动套用格式

为了快速排版表格，Word 2010 提供了若干种已经设计好的表格格式，用户可以根据需要直接套用。其方法如下。

将插入点移到要套用格式的表格中的任意位置，在“表格工具”功能区中切换到“设计”选项卡，在“表格样式”分组中单击“其他”按钮，打开如图 3-62 所示的“自动套用表格格式”列表框，在自动套用表格格式列表框中选定所需的表格样式。

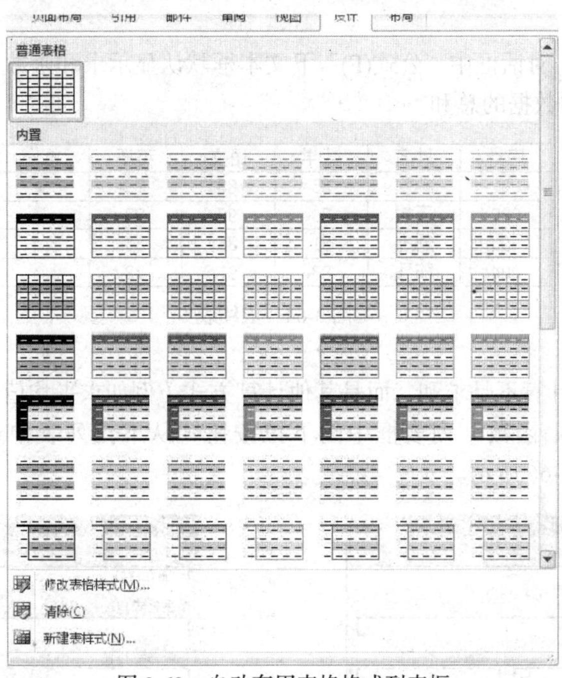

图 3-62　自动套用表格格式列表框

6. 设置表格在页面中的对齐方式和版式

设置表格在页面中的对齐方式和版式的方法如下。

（1）将插入点移到要套用格式的表格中的任意位置，在“表格工具”功能区中切换到“布局”选项卡，在“表”分组中单击“属性”按钮，打开 “表格属性”对话框，在打开的对话框中选择“表格”选项卡，如图 3-63 所示。

图 3-63　“表格属性”对话框中的“表格”选项卡

（2）在“尺寸”组中，如选择“指定宽度”复选框，则可设定具体的表格宽度；在“对齐方式”组中，设置表格在页面的对齐方式，包括“左对齐”、“居中”和“右对齐”；在“文字环绕”组中，可以选择“无”或“环绕”版式。

3.4.4　表格中数据的计算和排序

Word 2010 提供对表格中数据进行简单的数据分析，包括进行表格的数据计算和排序等。

1. 表格中数据的计算

表格中的数据计算包括数据求和、求平均值等常用的计算，利用数据计算可以对表格中的数据进行简单的分析。下面以如图 3-64 所示的成绩表为例，介绍表格中数据计算的方法。

（1）将光标移至标题总分下面的单元格（第 2 行第 6 列），在“表格工具”功能区中切换到“布局”选项卡，在“数据”分组中单击“公式”按钮，打开如图 3-65 所示“公式”对话框。

（2）在“公式”对话框中“公式(F)”下文本框默认显示求和函数“ = SUM(LEFT)”，这时可以计算左边各列数据的总和。

序号	姓名	数学	语文	英语	总分
001	林欢	85	88	79	
002	王树	89	92	82	
003	刘杰	81	83	86	
004	陈飞	93	91	88	

图 3-64　成绩表

（3）如果数据计算不是求和，而是其他计算方式（例如求平均值），可以在“公式”对话框中，单击“粘贴函数”列表框中的下拉按钮，从下拉列表中选择计算方式（选择 AVERAGE），如图 3-66 所示。

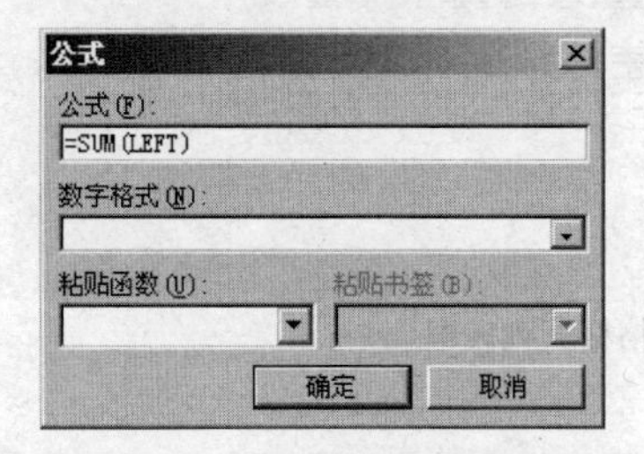

图 3-65　“公式”对话框

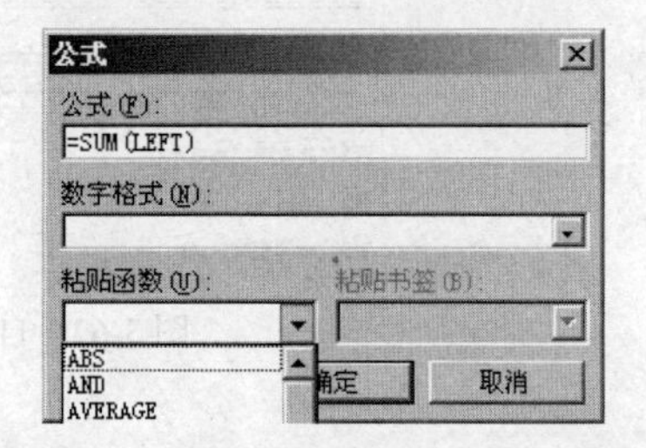

图 3-66　“公式”对话框中的“粘贴函数”

（4）在“公式”对话框中，单击“数字格式”列表框中的下拉按钮，在打开的下拉列表中选择数据的格式。

（5）最后，单击“确定”按钮，完成计算。计算后的成绩表如图 3-67 所示。

序号	姓名	数学	语文	英语	总分
001	林欢	85	88	79	252
002	王树	89	92	82	263
003	刘杰	81	83	86	250
004	陈飞	93	91	88	272

图 3-67　利用公式计算总分后成绩

2. 表格中数据的排序

在上面利用公式计算各个学生的总分后，对图 3-67 表格中的数据进行排序，按总分从高到低（降序）排序，当 2 个学生总分相同时，再按数学成绩从高到低（降序）排序。表格中数据的排序方法如下。

（1）单击成绩表表格任意单元格，在“表格工具”功能区中切换到“布局”选项卡，在“数据”分组中单击“排序”按钮，打开如图 3-68 所示的“排序”对话框。

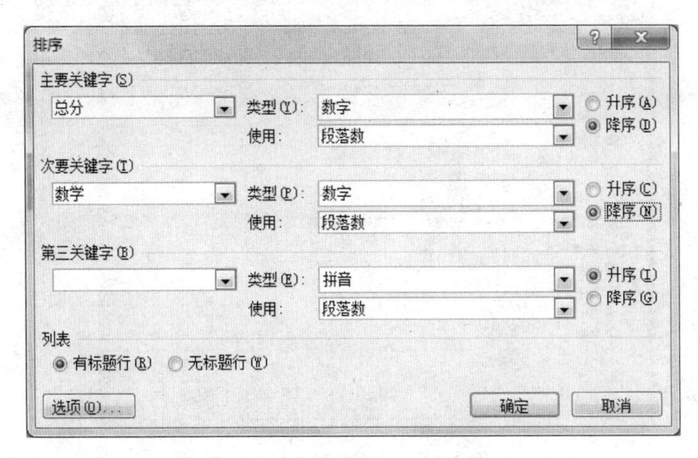

图 3-68 “排序”对话框

（2）在“排序”对话框中，在列表下面单击“有标题行”单选按钮。

（3）在“主关键字”列表框中选择“总分”项，在“类型”列表框中选择“数字”项，再单击“降序”单选按钮；在“次要关键字”列表框中选择“数学”项，在“类型”列表框中选择“数学”项，再单击“降序”单选按钮。

（4）设置完成后，单击“确定”按钮。此时，成绩表按总分从高到低排序结果如图 3-69 所示。

序号	姓名	数学	语文	英语	总分
004	陈飞	93	91	88	272
002	王树	89	92	82	263
001	林欢	85	88	79	252
003	刘杰	81	83	86	250

图 3-69 排序后的成绩表

3.5 图文混排

许多出版物都是图文并茂，因为这样可以让读者更好地理解作者的创意。Word 2010 提供了在文档中插入图片、照片、剪贴画、艺术字、自选图形、绘图作品的功能，以加强文档的直观性与艺术性。插入的图片可以随意放在文档中的任何位置，实现图文混排。

3.5.1 插入图片

Word 2010 可以插入两种类型的图片：一是剪辑管理器中提供的图片，另一种是来自文件中的图片。

1. 插入来自文件中的图片

在文档中插入来自文件中的图片的方法如下。

（1）将光标置于要插入图片的位置，单击“插入”功能区，在“插图”分组中单击“图片”按钮，打开如图 3-70 所示的“插入图片”对话框。

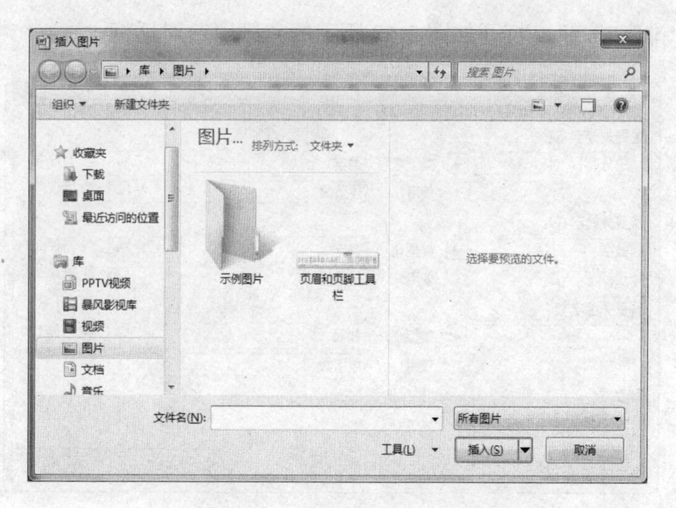

图 3-70　“插入图片”对话框

（2）在“插入图片”对话框的“查找范围”列表框中选择图片文件所在的文件夹，再选择要插入图片的文件名。预览框中将实时显示指定的图片。

（3）单击“插入”按钮，图片就插入到插入点的位置。

2. 插入剪贴画

在 Word 2010 中含有大量的剪贴画和图片，也可以把它们插入到文档中，具体的方法如下。

（1）将光标置于要插入图片的位置，单击“插入”功能区，在“插图”分组中单击“剪贴画”按钮，打开如图 3-71 所示的“剪贴画”任务窗格。

（2）默认情况下，Word 2010 中的剪贴画不会全部显示出来，而需要用户使用相关的关键字进行搜索。在该任务窗格中的“搜索”选项中的“搜索文字”框中，可键入所需剪贴画的关键词，如“运动”，或键入剪辑的完整或部分文件名。若要缩小搜索范围，可在“其他搜索选项”中选择搜索范围和结果类型。

（3）单击“搜索”按钮，出现搜索结果如图 3-71 所示。

（4）单击要插入的剪贴画，剪贴画就插入到插入点的位置；或单击剪贴画右侧的下拉按钮，并在打开的菜单中单击“插入”命令，即可将该剪贴画插入到插入点的位置。

图 3-71　“剪贴画”任务窗格

3. 编辑图片

当把图片插入到文档后，通常需要经过编辑和修改才会达到我们的期望的样式，例如对图片的大小、版式、位置等进行调整。

（1）调整图片大小

① 使用鼠标拖动来调整图片大小。

用鼠标单击图片的任意位置，此时在图片的四周会出现 8 个控制点，将鼠标指针放在控制点上。拖动 4 个角上的控制点可以成比例缩放图片，拖动上下两边中间的控制点可改变图片高度，拖动左右两边中间的控制点可改变图片的宽度。

② 利用“图片工具”功能区中的“大小”分组调整图片大小。

单击要调整大小的图片，在“图片工具”功能区中切换到“格式”选项卡，在“大小”分组中设置“宽度”和“高度”数值，以设置图片的具体尺寸，如图 3-72 所示。

③ 利用“布局”对话框设置图片大小。

右键单击需要改变尺寸的图片，在打开的快捷菜单中选择“大小和位置”命令，打开如图 3-73 所示的“布局”对话框，接着在“布局”对话框中单击“大小”选项卡，在“高度”和“宽度”区分别设置图片的高度和宽度数值，完成设置后单击“确定”按钮。单击“重置”按钮则可以恢复图片原来的尺寸。

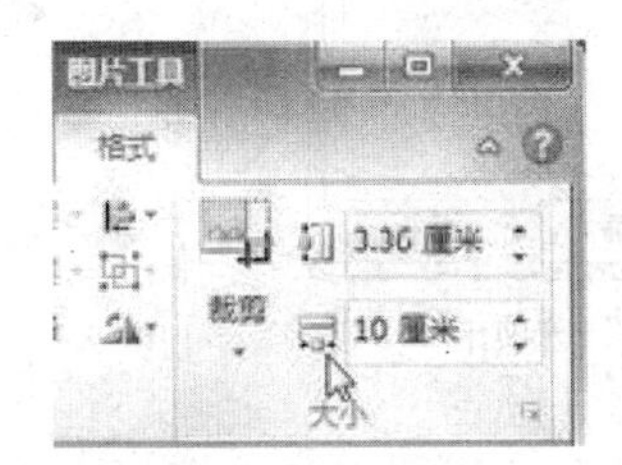

图 3-72 “格式”选项卡中“大小”分组

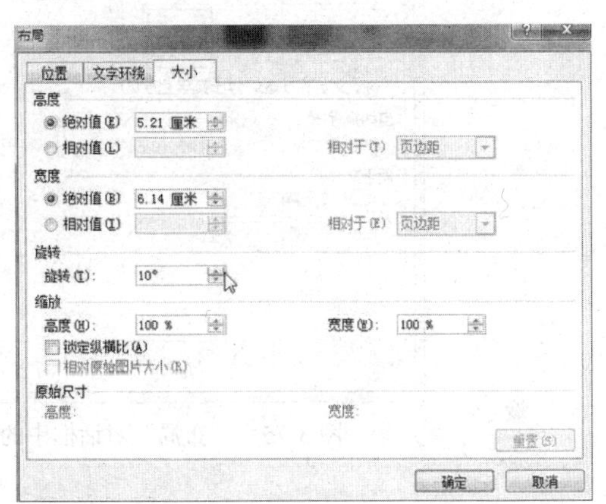

图 3-73 “布局”对话框中的“大小”选项卡

（2）更改图片的文字环绕方式

在编辑文档的过程中，为了制作出图文并茂的文档，往往需要按照版式需求安排图片位置。设置图片为文字环绕图片位置的方法主要有以下几种。

① 选中想要设置文字环绕的图片，在“图片工具”功能区中切换到“格式”选项卡，在“排列”分组中单击“位置”按钮，打开如图 3-74 所示“嵌入文本行中”的下拉列表框，接着在下拉列表中选择所需要的文字环绕方式即可。

② 选中想要设置文字环绕的图片，在“图片工具”功能区中切换到“格式”选项卡，在“排列”分组中单击“自动换行”按钮，从打开的下拉菜单中选择需要的文字环绕方式即可。菜单包括“四周型环绕”“紧密型环绕”“穿越型环绕”“上下型环绕”“衬于文字下方”和“浮于文字上方”六个选项。

图 3-74 “嵌入文本行中”的下拉列表框

③ 利用“布局”对话框设置文字环绕方式：选中想要设置文字环绕的图片，在“图片工具”功能区中切换到“格式”选项卡，在“排列”分组中单击“位置”按钮，打开如图 3-74 所示“嵌入文本行中”的下拉列表框，接着在下拉列表中选择“其他布局选项”命令，打开 “布局”对话框，在“布局”对话框中切换到“文字环绕”选项卡，如图 3-75 所示。

（3）调整图片的位置

插入图片后，图片都位于光标处，可以对图片在文档中的位置进行调整。选定要调整位置的图片，将鼠标置于图片的任意位置上，这时，鼠标指针成“✥”形状，按住鼠标左键，将图片拖到适当的位置上，释放鼠标左键，这时，图片的位置发生了改变。

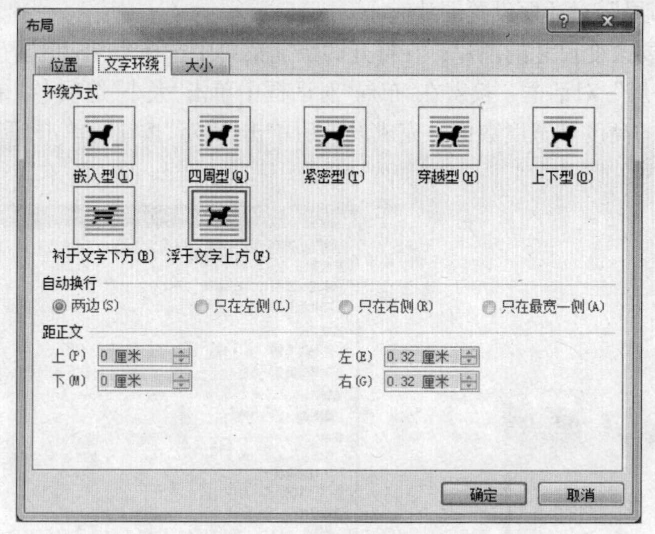

图 3-75　“布局”对话框中的“文字环绕”选项卡

（4）图片的裁剪

在 Word 2010 文档中，用户可以方便地对图片进行裁剪操作，以截取图片中最需要的部分，裁剪图片的方法如下。

① 将图片的环绕方式设置为非嵌入型，单击选中需要进行裁剪的图片，在“图片工具”功能区中切换到“格式”选项卡，在“大小”分组中单击“裁剪”按钮。

② 图片周围出现 8 个方向的裁剪控制柄，用鼠标拖动控制柄将对图片进行相应方向的裁剪，同时可以拖动控制柄将图片复原，直至调整合适为止。

③ 将鼠标光标移出图片，则鼠标指针将呈剪刀形状，单击鼠标左键将确认裁剪。如果想恢复图片只能单击快速工具栏中的“撤销”按钮。

（5）为图片添加边框

在编辑文档的过程中，为了使文档中的图片更加漂亮，有时需要为图片添加边框。为图片添加边框的方法有如下 2 种。

① 利用“图片工具”功能区中的“图片边框”按钮添加边框。

选中需要添加边框的图片，在“图片工具”功能区中切换到“格式”选项卡，在“图片样式”分组中单击“图片边框”下三角按钮。然后在打开的下拉列表中选择“粗细”选项，并在下一级列表中选择符合要求的边框粗细选项。接着选择“虚线”选项，在下一级列表中选择合适的边框类型；在图片边框列表中选择合适的边框颜色。

② 利用“设置图片格式”对话框添加边框。

右键单击选定的图片，从打开的快捷菜单中，选择“设置图片格式”命令，打开如图 3-76 所示的“设置图片格式”对话框；打开“线条颜色”命令，从“无线条”“实线”“渐变线”中选择一种；打开“线型”命令，在“宽度”文本框中输入边框线的宽度，在“复合类型”“短划线类型”“线端类型”等设置所需参数；设置完成后，单击“确定”按钮。

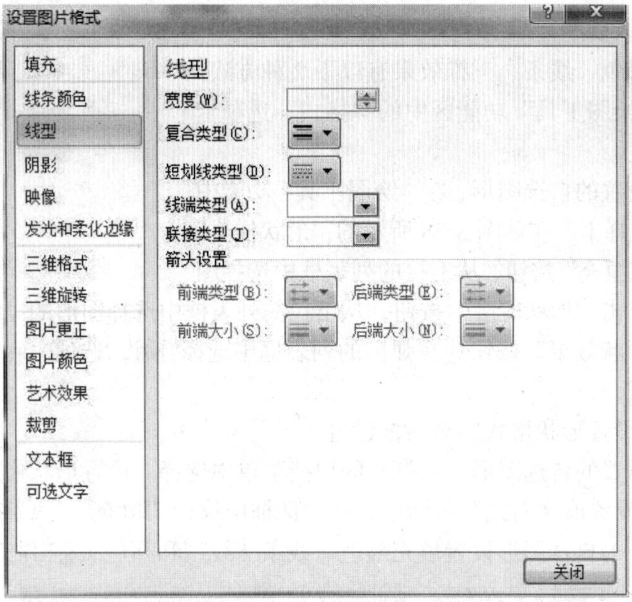

图 3-76 “设置图片格式”对话框

3.5.2 绘制图形

Word 2010 中的自选图形是指用户自行绘制的线条和形状，用户还可以直接使用 Word 2010 提供的线条、箭头、流程图、星星等形状组合成更加复杂的形状。只有在页面视图方式下，才可以在文档中插入图形，所以在创建图形前，应把视图切换到页面视图方式。

1. 绘制自选图形

切换到“插入”功能区，在“插图”分组中单击“形状”按钮，打开如图 3-77 所示的自选图形列表框，从列表框中选择所需的图形；将鼠标指针移动到页面位置，按下左键拖动鼠标即可绘制所选择的图形。如果在释放鼠标左键以前按下 Shift 键，则可以成比例绘制形状；如果按住 Ctrl 键，则可以在两个相反方向同时改变形状大小。将图形大小调整至合适大小后，释放鼠标左键完成自选图形的绘制。

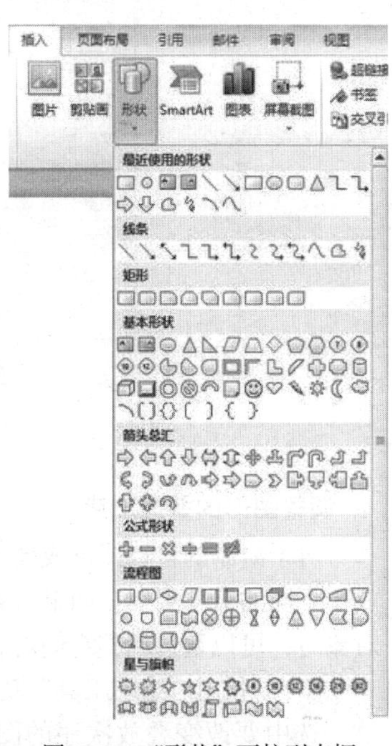

图 3-77 “形状”下拉列表框

2. 在图形中添加文字

使用文档提供的自选图形不仅可以绘制各种图形，还可以向自选图形中添加文字，从而将自选图形作为特殊的文本框使用。并不是所有的自选图形都可以添加文字，只有在除了“线条”以外的自选图形类型中才可以添加文字。在自选图形中添加文字的方法。

（1）右键单击准备添加文字的自选图形，在打开的快捷菜单中选择“添加文字”命令。

（2）自选图形进入文字编辑状态后，在自选图形中输入文字内容即可。用户可以对自选图形中的文字进行字体、字号、颜色等格式设置。

3. 图形的颜色、线条和三维效果

设置图形的颜色、线条、三维效果有以下 2 种方法。

（1）利用“绘图工具”功能区中的“格式”选项卡设置。

单击选中要设置的自选图形，在“绘图工具”功能中切换到“格式”选择卡。在如图 3-78 所示的“形状样式”分组中单击“形状填充”按钮，从下拉的列表框中选择图形的填充颜色；单击“形状轮廓”按钮，从下拉的列表框中选择图形的“线条颜色”和“线型”等；单击“形状效果”按钮，在弹出的列表框中选择“预设”选项，在“预设”子菜单中选择需要的三维样式。

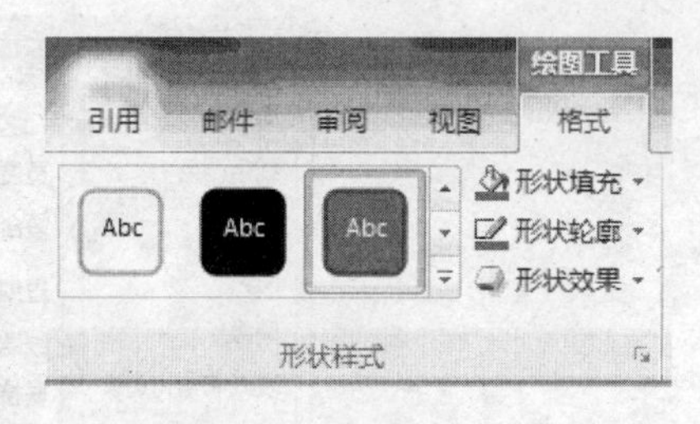

图 3-78 “形状样式”分组

（2）利用“设置形状格式”对话框设置。

右键单击要设置的自选图形，从打开的快捷菜单中选择“设置形状格式”命令，打开如图 3-79 所示的“设置形状格式”对话框，在对话框中执行“填充”“线条颜色”“线型”“三维效果”等命令，为自选图形设置填充颜色、线条（线型和颜色）、三维效果等。

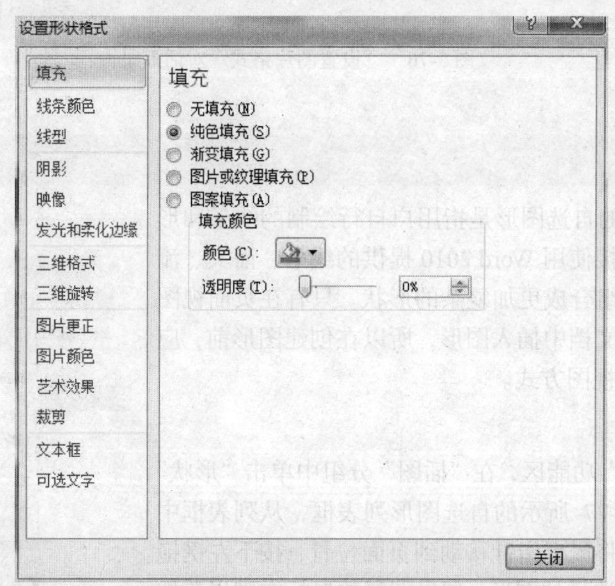

图 3-79 “设置形状格式”对话框

4. 调整图形的叠放次序

对于绘制的自选图形或插入的其他图形对象，Word 2010 将按绘制或插入的顺序将它们放于不同的对象层中。如果对象之间有重叠，则上层对象会遮盖下层对象。当需要显示下层对象时，可以通过调整它们的叠放次序来实现。调整图形的叠放次序的方法有以下 2 种。

（1）利用“绘图工具”功能区中的“格式”选项卡调整图形的叠放次序。

选中要改变叠放次序的图形，在“绘图工具”功能中切换到“格式”选择卡，如图 3-76 所示。在“排列”分组中，点击“上移一层”按钮，从下拉列表中选择“上移一层”“置于顶层”“浮于文字之上”其中的一个选项；或点击“下移一层”按钮，从下拉列表中选择“下移一层”“置于底层”“浮于文字之下”其中的一个选项；完成图形叠放次序的调整。

（2）利用快捷菜单调整图形的叠放次序。

用鼠标右键单击要改变叠放次序的图形，打开“绘图”快捷菜单；在快捷菜单中单击“置于顶层”右侧的三角形按钮，在下一级子菜单中，选择“上移一层”“置于顶层”“浮于文字之上”其中的一项命令；在快捷菜单中单击“置于底层”右侧的三角形按钮，在下一级子菜单中，选择“下移一层”“置于底层”“浮于文字之下”其中的一项命令；完成图形叠放次序的调整。

5. 图形的组合

使用自选图形工具绘制的图形一般包括多个独立的形状，当需要选中、移动和修改大小时，往往需要选中所有的独立形状，操作起来不太方便。这里可以将多个独立的形状组合的一个图形对象，然后对这个组合后的图形对象进行移动、修改大小等操作。多个图形组合的方法如下。

（1）在“开始”功能区的“编辑”分组中单击“选择”按钮，并在打开的菜单中选择“选择对象”命令。

（2）将鼠标指针移动到页面中，鼠标指针变为白色鼠标箭头形状，在按住 Ctrl 键的同时左键单击选中所有的独立形状。

（3）右键单击被选中的所有独立形状，在打开的快捷菜单中指向“组合”命令，并在打开的下一级菜单中选择“组合”命令，完成多个图形的组合。

如果想要取消多个图形的组成，可以右键单击组合对象，在打开的快捷菜单中指向“组合”命令，并在打开的下一级菜单中选择“取消组合”命令。

3.5.3 使用文本框

文本框是在文档中建立一个以图形为对象的文本，是一种可以移动、大小可调的文本或图形容器。文本框最大的优点就是不受地方的限制，可以移动到文档中的任何位置。

1. 插入文本框

Word 2010 内置有多种样式的文本框供用户选择使用，插入文本框的方法如下。

将光标移到要插入文本框的位置，单击“插入”功能区，在“文本”分组中单击“文本框”按钮，打开内置文本框下拉列表，在打开的内置文本框列表中选择合适的文本框类型，返回文档编辑窗口，所插入的文本框处于编辑状态，直接输入文本内容即可。

2. 设置文本框中文字格式

文本框的文字格式与设置文档的格式方法相同，包括字体、段落等设置。

3. 设置文本框样式和填充颜色

（1）设置文本框的模式

在插入文本框和输入文字后，如果想改变文本框的样式，其设置方法为：选中要设置的文本框，在“绘图工具”功能区中切换到“格式”选项卡，在“形状样式”分组中单击“其他形状样式”按钮，在打开的文本框样式面板中，选择合适的文本框样式和颜色即可。

（2）设置文本框的填充效果

在插入文本框和输入文字后，如果想改变文本框的填充颜色，其设置方法如下。

选中要设置的文本框，在“绘图工具”功能区中切换到“格式”选项卡，在“形状样式”分组中单击“形状填充”按钮，打开形状填充面板。

① 设置纯色填充效果：在形状填充面板中，单击“主题颜色”和“标准色”区域的任

何一种颜色，可以设置文本框的填充颜色；单击“其他填充颜色”按钮可以在打开的“颜色”对话框中选择更多的填充颜色。

② 设置渐变颜色填充效果：在形状填充面板中将鼠标指向“渐变”选项，并在打开的下一级菜单中选择“其他渐变”命令，打开“设置形状格式”对话框，并自动切换到“填充”选项卡。选中“渐变填充”单选框，用户可以选择“预设颜色”“渐变类型”“渐变方向”和“渐变角度”，并且用户还可以自定义渐变颜色。设置完毕后单击“关闭”按钮即可，

③ 设置纹理填充效果：在打开的“设置形状格式”对话框中，可以在“填充”选项卡中选中“图片或纹理填充”单选框，然后单击“纹理”下拉三角按钮，在纹理列表中选择合适的纹理。设置完毕后单击“关闭”按钮即可。

④ 设置图案填充效果：在打开的“设置形状格式”对话框中，可以在“填充”选项卡中选中“图案填充”单选框，在图案列表中选择合适的图案样式。用户可以为图案分别设置前景色和背景色，设置完毕后单击“关闭”按钮。

⑤ 设置图片填充效果：在打开的“设置形状格式”对话框中，可以在“填充”选项卡中选中“图片或纹理填充”单选框，单击“文件”按钮，打开“插入图片”对话框，找到并选中合适的图片，单击“插入”按钮，返回“填充”选项卡，单击“关闭”按钮即可。

4. 移动文本框的位置、设置文本框的大小和环绕方式

（1）移动文本框的位置

单击选中要移动位置的文本框，然后把鼠标指向文本框的边框，当鼠标变成四向箭头形状✥时，按住鼠标左键拖动文本框，即可移动其位置。

（2）改变文本框的大小

在文档中设置文本框的大小，使其符合用户的实际需要。设置文本框的大小有以下 2 种方法。

① 使用鼠标拖动来调整文本框的大小。

用鼠标单击文本框，此时在文本框四周会出现 8 个控制点，将鼠标指针放在控制点上。拖动 4 个角上的控制点可以成比例缩放文本框，拖动上下两边中间的控制点可改变文本框高度，拖动左右两边中间的控制点可改变文本框的宽度。

② 利用“格式”功能区中的“大小”分组调整文本框的大小。

用鼠标单击文本框，在“图片工具”功能区中切换到“格式”选项卡，在“大小”分组中设置“宽度”和“高度”数值，以设置文本框的具体尺寸。

（3）设置文本框的环绕方式

单击选中文本框，在“图片工具”功能区中切换到“格式”选项卡，在“排列”分组中单击“位置”按钮，在打开的位置列表中提供了嵌入型和多种位置的四周型文字环绕方式，如果这些文字环绕方式不能满足用户的需要，则可以单击“其他布局选项”命令，打开“布局”对话框，切换到“文字环绕”选项卡；对话框中提供了四周型、紧密型、衬于文字下方、浮于文字上方、上下型、穿越型等多种文字环绕方式；选择合适的环绕方式，并单击“确定”按钮。

思考题

1. 简述 Word 2010 工作窗口由哪些部分组成及各部分的功能。
2. 简述 Word 2010 工作窗口中各个功能区的功能。

3. 简述 Word 2010 中有几种视图方式。各视图方式的作用有什么不同?
4. 如何创建、打开和保存文档?如何自动保存文档?
5. 如何选定一句文本、一段文本和全文?
6. 复制和移动文本有几种方法?如何操作?
7. 编辑文本过程中，如何撤销与恢复操作?
8. 在替换时，如何设置替换成的内容的格式?
9. 简述页面设置的基本内容、基本操作。
10. 如何在奇、偶数页输入不同的页眉和页脚?
11. 如何修改和应用样式?简述其操作过程。
12. 如何将表格转换成文本?
13. 如何将文本转换成表格?
14. 如何在文档中插入图片、绘图、剪贴画?如何图文混排?
15. 在文档中，如何设置改变图片大小和图片的版式?
16. 试述节与页的概念，如何进行文档的分节与分页?

第 4 章

Excel 2010 的应用

Excel 作为一种广为流行、功能强大的电子表格处理软件，可用于对数据的财务处理、科学分析和计算等，并可以通过图表、数据图来显示说明数据之间的关系，实现对数据的组织和管理。

4.1 基本操作

4.1.1 Excel 2010 的启动与退出

1. Excel 2010 的启动

通过选择“开始”→“所有程序”→Microsoft Office →Microsoft Office Excel 2010，打开 Excel 2010 窗口。

2. Excel 2010 的退出

退出 Excel 2010 有 4 种方法，它们分别是：

（1）使用选项卡命令退出：选择“文件”选项卡里的“退出”命令。

（2）使用标题栏图标退出：单击窗口标题栏左侧的图标，在弹出的菜单中选择“关闭”命令，即可关闭 Excel 2010。

（3）通过按钮退出：单击窗口右上角的（关闭）按钮，即可退出 Excel 2010。

（4）通过组合键退出：按住 Alt+F4 组合键，也可退出 Excel 2010。

4.1.2 Excel 2010 工作窗口介绍

当启动 Excel 2010 后，屏幕上会出现 Excel 2010 工作窗口，如图 4-1 所示。该窗口主要由标题栏、菜单栏、工具栏、公式编辑栏、工作表区、状态栏等组成。

（1）功能区：工作簿标题位于功能区顶部，其左侧的图标包含还原窗口、移动窗口、改变窗口大小、最大（小）化窗口和关闭窗口选项，还包括保存、撤消清除、恢复清除、自定义快速访问工具栏等；其右侧包含工作簿、功能区及工作表窗口的最大化、还原、隐藏、关闭等按钮。拖动功能区可以改变 Excel 窗口的位置，双击功能区可放大 Excel 窗口到最大化或还原到最小化之前的大小。

（2）选项卡：功能区包含一组选项卡，各选项卡内均含有若干命令，主要包括文件、开始、插入、页面布局、公式、数据、审阅、视图等；根据操作对象的不同，还增加相应的选项卡，用它们可以进行绝大多数的 Excel 操作。使用时，先单击选项卡名称，然后在命令组中选择所需命令，Excel 将自动执行该命令。通过 Excel 帮助可以了解选项卡大部分功能。

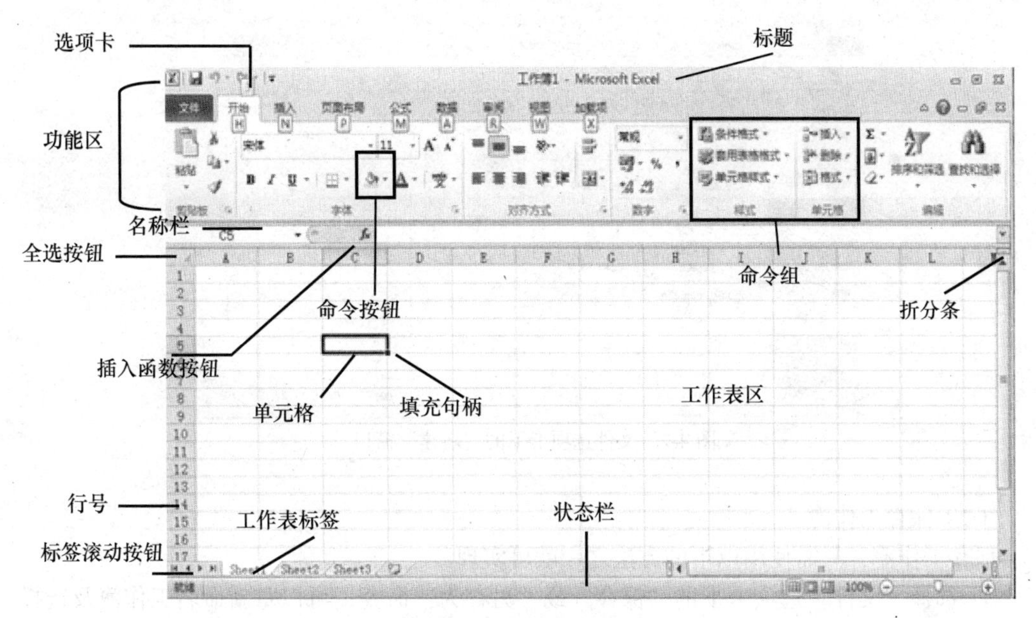

图 4-1　Excel 工作窗口

（3）工作表区：包含单元格和当前工作簿所含工作表的工作表标签等相关信息，并可对其进行相应操作。

（4）公式编辑栏：公式编辑栏主要用于输入公式。当在该栏中输入公式时，在工作表区域的相应单元格内会显示输入公式的内容。

（5）单元格：单元格是组成工作表的最基本元素，在 Excel 中用行号和列号的交点来指定单元格的相对坐标。

（6）行标号：行标号就是该行所在的行号，单击行标号，可以选定整行。Excel 中共有 65 536 行。

（7）列标号：列标号就是该列所在的列号，单击列标号，可以选定整列。Excel 共有 256 列。

（8）工作表标签：用于显示当前的工作表名称。

（9）状态栏：位于窗口的最底端，用于显示当前的操作进程。

4.1.3　工作簿、工作表和单元格

1. 工作簿

工作簿是用来储存并处理工作数据的文件，通常所说的 Excel 文件指的就是工作簿文件（文件的扩展名为.xls）。对工作簿的操作包括新建工作簿、保存工作簿和打开工作簿 3 项。

（1）新建工作簿

当启动 Excel 2010 时，系统会自动创建一个名为 Book 1 的工作簿。如果需要创建新的工作簿，有下列 2 种方法。

① 使用选项卡命令创建：选择“文件“选项卡下的”新建”命令，如图 4-2 所示。在“可用模板”下双击“空白工作簿”，即可创建一个新的工作簿。

② 使用快捷键创建工作簿：如果用户想创建一个默认格式的工作簿，只需按下 Ctrl+N 组合键，即可自动创建一个新的工作簿。

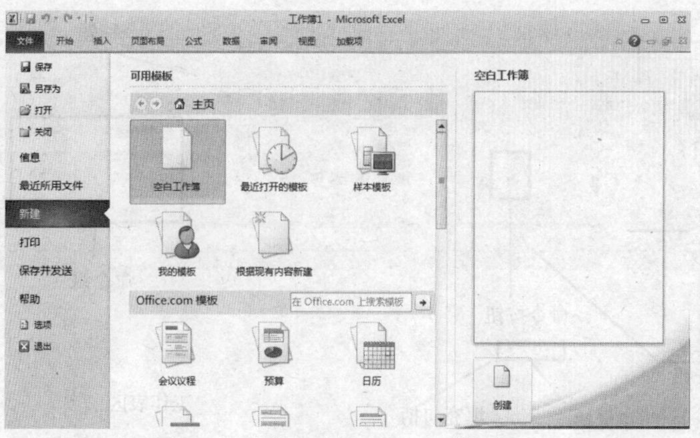

图 4-2　文件选项卡下的“新建”窗口

（2）保存工作簿

保存工作簿，只需使用以下的方法之一就可实现：

① 选择“文件”选项卡下的“保存”或“另存为”命令，可以重新命名工作簿及选择存放文件夹。

② 单击功能区的“保存”按钮。

③ 按 Ctrl+S 组合键。

（3）打开工作簿

打开工作簿的具体方法如下。

① 打开 Excel 窗口，单击“文件”选项卡下的“打开”命令，将会弹出如图 4-3 所示的“打开”对话框。

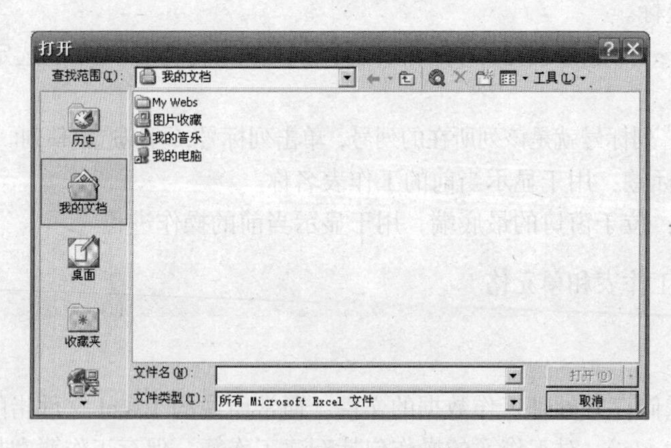

图 4-3　“打开”对话框

② 在“查找范围”下拉列表框中选择文件所在位置，找到要打开的文件后，双击该文件或选中要打开的文件名，单击“打开”按钮即可打开文件。

2. 工作表

工作簿创建完毕后，就需要使用工作表来输入数据。工作表在 Excel 中用于存储和处理数据的主要文档，也称为电子表格。每个工作簿可以包含多张工作表，默认为 3 张，每张工作表有 256 列 × 65536 行。用户可以对 Excel 中的工作表进行添加、删除和编辑工作。编辑工作表又包括插入新工作表、重命名工作表和移动、复制、删除工作表等。下面主要介绍重命名工作表、移动和复制工作表。

（1）重命名工作表

工作表的默认名称为 Sheet1、Sheet2、Sheet3、……，为了让用户对工作表能够见名知义，系统允许用户对工作表进行重命名。对工作表进行重命名有下列 2 种方法。

① 使用快捷菜单命令：在需要重命名的工作表标签上单击鼠标右键，打开如图 4-4 所示的快捷菜单，选择“重命名”命令，输入所需名称即可。

② 双击标签：双击需要重命名的工作表标签，直接输入名称即可。

（2）移动和复制工作表

移动和复制工作表的方法如下。

① 选中要移动的工作表单击鼠标右键，打开如图 4-4 所示的快捷菜单，选择“移动或复制”命令，打开如图 4-5 所示的“移动或复制工作表”对话框。

② 选择“下列选定工作表之前”选项中的一项，然后单击“确定”按钮，工作表就移动到指定的位置。

③ 如果要复制工作表，只需在第②步中选择“建立副木”复选框即可。

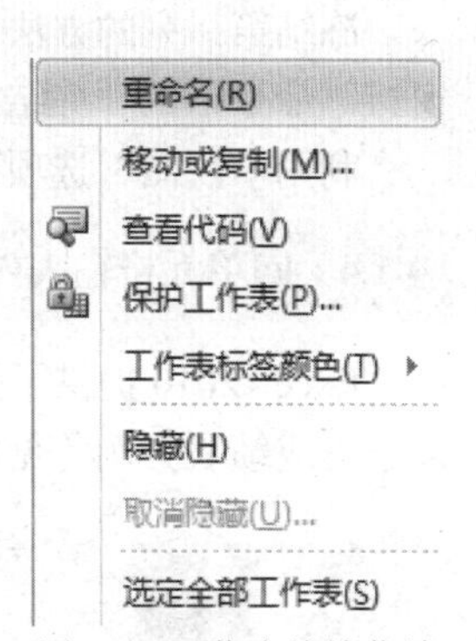

图 4-4 工作表快捷菜单

（3）拆分工作表窗口

一个工作表窗口可以拆分为“两个窗口”或“四个窗口”，如图 4-6 所示。分隔条将窗口拆分为四个窗口。窗口拆分后可以同时浏览一个较大工作表的不同部分。可用两种方法实现。

① 方法一：鼠标指针指向水平滚动条（或垂直滚动条）上的“拆分条”，当鼠标指针变成双箭头时，沿箭头方向拖动鼠标到适当的位置，放开鼠标即可。拖动分隔条，可以调整分隔后窗口的大小。

② 方法二：鼠标单击要拆分的行或列的位置，单击“视图”选项卡内窗口命令组的“拆分”命令，一个窗口被拆分为两个窗口。

取消拆分：将拆分条拖回到原来的位置或单击“视图”选项卡内窗口命令组的“取消拆分”命令。

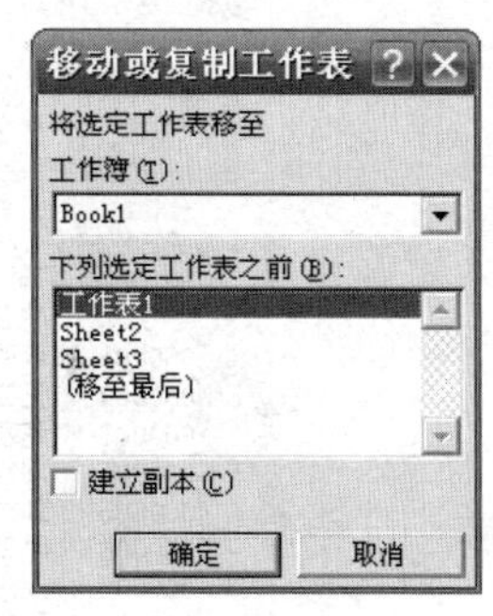

图 4-5 “移动或复制工作表”对话框

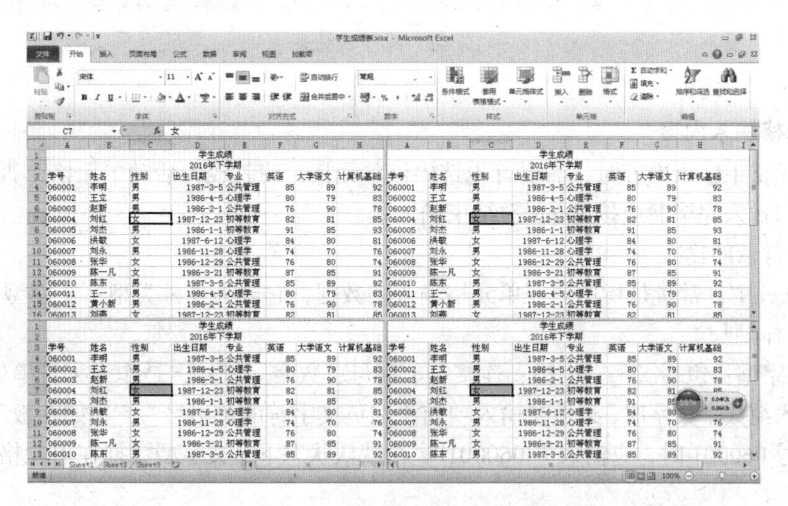

图 4-6 “拆分”窗口

（4）冻结窗口

工作表较大时，在向下或向右滚动浏览时将无法始终在窗口中显示前几行或前几列，采用“冻结”行或列的方法可以始终显示表的前几行或前几列。

冻结第一行的方法：选定第二行，选择“视图”选项卡的“窗口”命令组，单击“冻结窗口”命令下的“冻结拆分窗口”。

冻结前两行的方法：选定第三行，选择“视图”选项卡的“窗口”命令组，单击“冻结窗口”命令下的“冻结拆分窗口”。

冻结第一列的方法：选定第二列，选择“视图”选项卡的“窗口”命令组，单击“冻结窗口”命令下的“冻结拆分窗口”。

利用“视图”选项卡的“冻结窗口”命令内的操作还可以冻结工作表的首行或首列。

4.1.4 向单元格输入内容和编辑电子表格

Excel 2010 提供了强大的编辑功能，用于对工作表及其数据进行各种操作和处理。下面以学生成绩表为例（见图 4-7），来熟悉向单元格输入内容和编辑电子表格的操作方法。

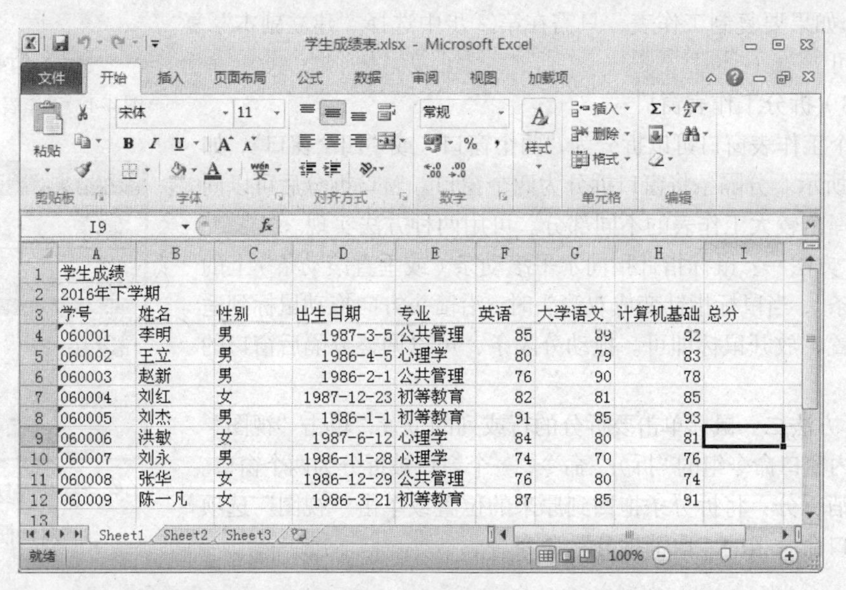

图 4-7　学生成绩表

1. 向单元格输入内容

向单元格中输入内容时，需要首先选中该单元格，使其成为活动单元格，否则不能够输入数据，当输入完毕时应按 Enter 键结束输入。

（1）常量的输入

在 Excel 中，常量是指用户在单元格输入的数据，它分为 4 种类型：文字型 、数字型、日期型和时间型。

① 文字型：包括汉字、空格、连接符、字母、数字等符号，是作为字符串处理的数据。要注意输入纯数字文字时，必须在输入项前添加英文字符的单引号“ ’”。如在教工工资表中，要输入学号 060001 时，应输入“’060001”。在默认状态下，文字型数据在单元格内均左对齐显示。

② 数字型：包括 0 ~ 9、加号（ + ）、减号（ – ）、小数点（ . ）、货币符号（ $ ）、百分号（ % ）、

圆括号、斜杠（/）、逗号（，）、科学计数符（E 或 e）等。输入负数时，需要注意在数字前面加一个负号，或者用圆括号将数字括起来，如 – 1，可输入 – 1 或（1）。输入分数时，应在分式前加一个 0 和一个空格，如 4/5，应为“0 4/5”；如果省略 0，系统将按日期处理，如 4/5 表示 4 月 5 日。若在单元格中输入数据的长度大于所在列的宽度，Excel 或者舍入显示或者显示一连串的#号，这与用户使用的显示格式有关，这时适当调整此单元格的列宽即可显示数字。

③ 日期和时间：在单元格中，可以输入不同的格式的日期和时间。输入日期可使用“ – ”号或“/”分隔，如 4-5 或 4/5 可表示 4 月 5 日；输入时间使用半角冒号“:”或汉字分隔，如 9:20:30am 或上午 9 时 20 分 30 秒。单元格中日期或时间的显示方式取决于单元格的数字格式。

（2）自动填充

为了使用户能够快速地实现数据的输入，Excel 为用户提供了自动填充的功能。如果输入的数据是一组有规律的数据序列，用户可以通过拖动“填充柄”（选中单元格右下角的+），快速地进行填充。

① 文字型数据的填充

选中文字型数据的单元格，无论拖动填充柄的同时是否按 Ctrl 键，所填充的数据值均保持不变，即复制单元格的文字数据。若选中纯数字文本后直接拖动填充柄，所填充的数值为按 1 递增的等差数列。

② 数字型数据的填充

a.复制：选中初值单元格直接拖动填充柄，所填充的数字保持不变。

b.生成等差数列：若选中第一个初值，拖动填充柄的同时按 Ctrl 键，向右、向下填充，数值递增，步长为 1；向左、向上填充，数值递减，步长为 – 1；若选中前两项作为初值，拖动填充柄进行填充，步长为前两项之差。

③ 日期型数据的填充

a.复制：拖动填充柄的同时按 Ctrl 键，所填充的日期型数据不变。

b.生成等差数列：直接拖动填充柄，按“日”生成等差数列。

c.若填充数据比较复杂，如等比数列和等差数列，可以通过单击“编辑→填充→序列”菜单命令，进行序列填充。

2. 编辑工作表

（1）选定单元格

对单元格编辑之前，需要先选定单元格。用户可以选定一个单元格、多个单元格或全部单元格，也可以选定一行或一列。

① 选定一个单元格：用鼠标单击需要编辑的单元格，当选定了某个单元格后，该单元格所对应的行列号或名称会显示在名称框中。

② 选定整张工作表：要选定整张工作表，只需将鼠标移至行标签和列标签的交会处，此时鼠标变成空心十字形状，单击鼠标即可选定整张工作表。

③ 选定整行：单击行号的标签就可选定整行。

④ 选定整列：单击列号的标签就可选定整列。

⑤ 选定一个矩形区域：单击起始单元格，按住鼠标左键拖动，此时将会出现一个矩形框，释放鼠标左键，则该矩形区域内的所有单元格都将被选中。

⑥ 选定不连续的区域：在选定开始区域，按住 Ctrl 键不放，再选定其他的区域。

（2）单元格的内容编辑和清除

① 编辑单元格内容：用鼠标双击待编辑数据所在的单元格或先选中该单元格，再单击

编辑栏，即可对该单元格中的内容进行修改。

② 清除单元格内容：选定要清除的单元格区域，单击“编辑→清除”菜单命令，在弹出的子菜单中选择“全部”“格式”“内容”“批注”命令，即可清除单元格的全部内容，也可利用键盘 Delete 键清除单元格的内容。

（3）插入单元格、行或列

插入单元格的方法如下。

① 选定单元格，选定的单元格的数量也就是要插入的单元格的数量（例如 4 个）。

② 单击“插入→单元格”菜单命令，打开“插入”对话框，如图 4-8 所示。

③ 选择需要插入的方式后单击“确定”按钮即可。

图 4-8 “插入”对话框

插入行或列的操作方法与插入单元格相同，在此不再详述。

（4）删除单元格、行或列

删除单元格、行或列的方法如下。

① 选定要删除的单元格、行或列。

② 单击“编辑→删除”菜单命令，打开如图 4-9 所示的“删除”对话框。

③ 选择相应的设置后单击“确定”按钮即可。

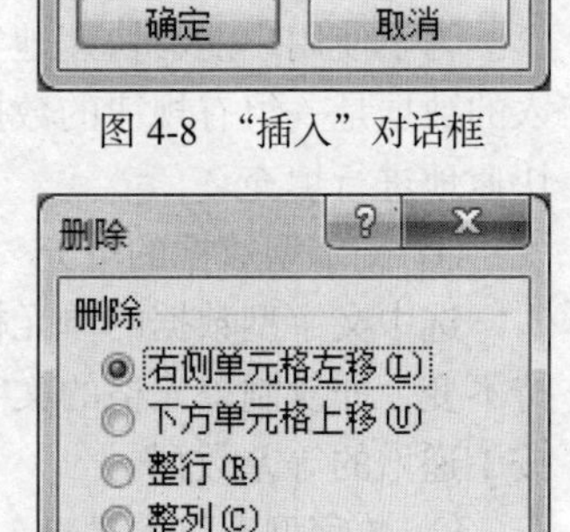

图 4-9 “删除”对话框

（5）移动和复制单元格内容

移动和复制单元格内容有 2 种方法。

① 使用剪贴板方法：选定单元格区域，单击“编辑→剪切”（若要复制，单击“编辑→复制”）菜单命令，然后将插入点移至目标处，单击“编辑→粘贴”菜单命令，即可完成单元格的移动或复制。也可以利用常用工具栏上的“剪切”“复制”“粘贴”按钮来完成移动和复制单元格内容。

② 使用鼠标拖放的方法：将鼠标移至所选定的单元格区域边缘，鼠标变成选择箭头，按住左键拖曳到目标处释放，即完成了单元格内容的移动。若按住左键拖曳同时，按住 Ctrl 键不放，即完成了单元格内容的复制。

（6）给单元格添加批注

对包含有特殊数据的单元格添加注释，可以利用给单元格添加批注的方法进行。给单元格添加批注的方法如下。

① 选中要添加批注的单元格。

② 单击“插入→批注”菜单命令，或从右键单击的快捷菜单中选择“插入批注”命令，在单元格旁边出现了一个输入批注框。

③ 在批注框中输入批注的信息。

4.1.5 格式化工作表

工作表建立和编辑后，为了美化工作表，使工作表更加美观漂亮、排列整齐、重点突出，必须对工作表中的单元格内容进行格式化。对工作表的格式化包括设置单元格的格式、行高和列宽的调整、自动套用格式等操作。

1. 设置单元格

设置单元格格式包括数字格式、对齐方式、字体设置、边框设置、图案等。下面通过一个实例来介绍“单元格格式”的设置。

例如，格式化如图 4-7 所示的学生成绩表。要求：标题为黑体、22 号、加粗、红色、A1:H1 合并居中；副标题为宋体、12 号、蓝色，A2:H2 合并左对齐；字段的格式为黑体、加粗、红色、12 号、水平居中、垂直居中、黄色底纹；出生日期中的数据格式设置为“03-14-01”的日期格式；A3:H12 的数据水平和垂直居中；数据清单（A3:H12）四周粗框线，内部细框线。

设置单元格格式的操作方法如下。

（1）设置标题为合并居中：选择要合并的单元格区域（A1:H1），选择“开始”选项卡内的“对齐方式”命令组中的 “合并后居中”按钮，完成标题的合并与居中。

（2）设置单元格格式。

选中要设置格式的单元格，选择“开始”选项卡内的“数字”命令组，打开“单元格格式”对话框，如图 4-10 所示。

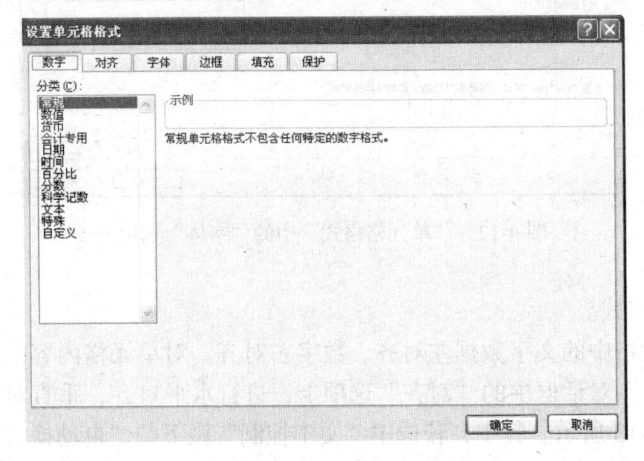

图 4-10 “单元格格式”对话框

① 设置数字格式。

数字格式就是同一数字的不同表示方式。设置数字格式主要通过“单元格格式”对话框中的“数字”选项卡，在“分类”框中选择要设置的格式，单击“确定”按钮即可完成设置。本例中出生日期中的数据格式设置为“2001 年 3 月 14 日”的日期格式的设置方法为：选中（C4:C12）单元格区域，在“单元格格式”对话框中单击“数字”选项卡，在“分类”框中选择日期，在“类型”下的列表中选择“2001 年 3 月 14 日”，然后单击“确定”按钮即完成设置，如图 4-11 所示。

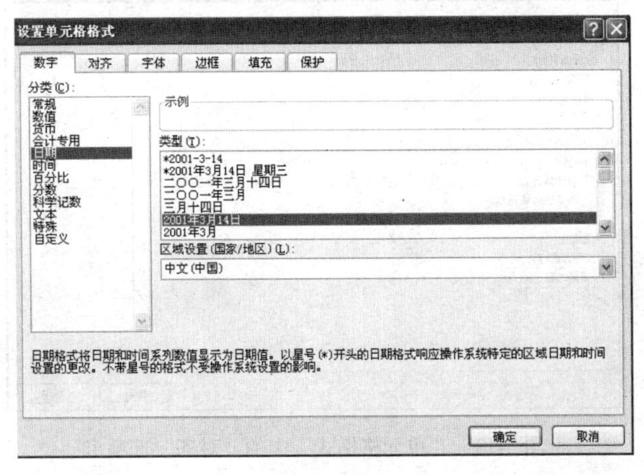

图 4-11 “单元格格式”对话框中的“数字”选项卡

② 设置字体格式。

在"字体"选项卡中可以设置所选单元格中内容的字体、字形、字号、颜色等。其各项含义与 Word 相同。本例中标题的字体的设置方法为：选中 A1 单元格，打开"单元格格式"对话框，单击"字体"选项卡，在"字体"选项卡中设置该单元格"字体"为黑体、"字号"为 22 号、"字形"为加粗、"颜色"为红色，如图 4-12 所示。其他字体的设置方法与之相同。

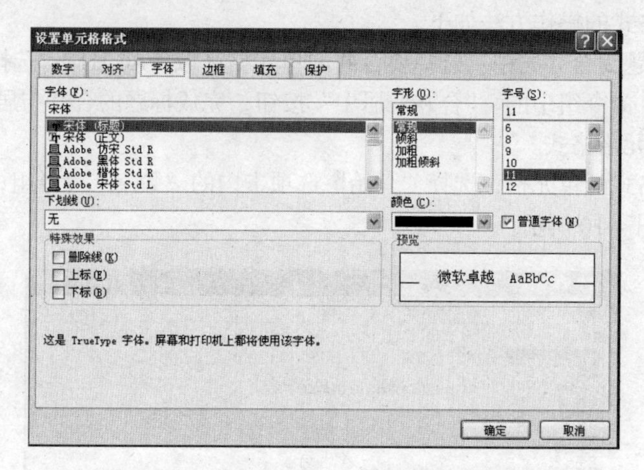

图 4-12　"单元格格式"中的"字体"选项卡

③ 设置对齐格式。

常规下，单元格中的文字数据左对齐、数字右对齐。对单元格内容的对齐方式的设置：单击"单元格格式"对话框中的"对齐"选项卡，进行水平对齐、垂直对齐、文本控制、方向等设置，如图 4-13 所示。其中，若选中"文本控制"栏下的"自动换行"复选框，可在单元格显示多行文本；若选中"缩小字体填充"复选框，字符会自动缩减大小与列宽保持一致；若要合并选定的单元格，可选中"合并单元格"复选框，若要重新分割单元格，只需将该复选框清除。本例中副标题文本 A2:H2 合并左对齐设置方法为：选中单元格区域 A2:I2，打开"单元格格式"对话框，单击"对齐"选项卡，在"水平对齐"下拉列表中选择"靠左（缩进）"，选中"文本控制"下的"合并单元格"复选框，单击"确定"按钮。其他对齐的设置方法与之相同。

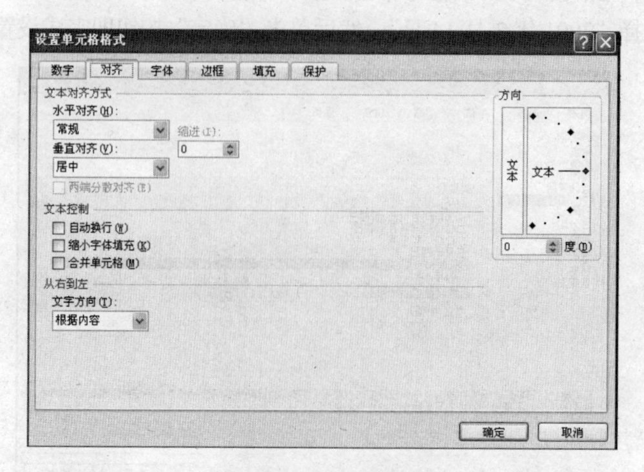

图 4-13　"单元格格式"中的"对齐"选项卡

④ 设置边框。

边框的作用是为了突出显示重点内容，使工作表更清晰明了。本例数据清单（A3:H12）四周粗框线，内部细框线的设置方法为：选中单元格区域 A3:H12，打开“单元格格式”对话框，单击“边框”选项卡，在“线条样式”中选择边框的形式和粗细，这里选择粗实线，如图 4-14 所示；在“预置”中选择边框的位置，这里选择“外边框”，设置了四周粗框线；在“线条样式”中选择细实线，在“预置”中选择“内部”，设置内线为细线，单击“确定”按钮。

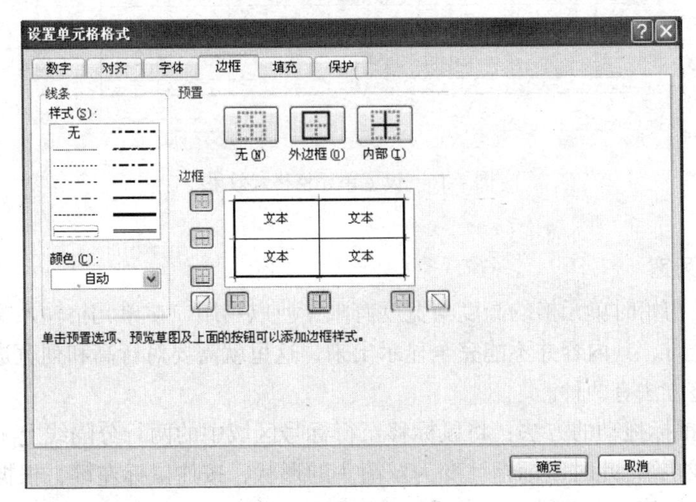

图 4-14 “单元格格式”中的“边框”选项卡

⑤ 设置填充。

使用“填充”选项卡，可以对选择的单元格区域设置背景的颜色和图案。“填充”选项卡主要用于设置选择单元格区域的背景，“填充”下拉列表中提供的图案样式叠加在原有背景上。本例中的字段单元格区域 A3:I3 黄色底纹的设置方法为：选中 A3:I3 单元格区域，打开“单元格格式”对话框，单击“填充”选项卡，在“背景色”框中选择黄色。在“图案样式”下拉列表中选择 6.25%灰色图案样式，如图 4-15 所示。设置完成后单击“确定”按钮。例题中的单元格格式设置的效果如图 4-16 所示。

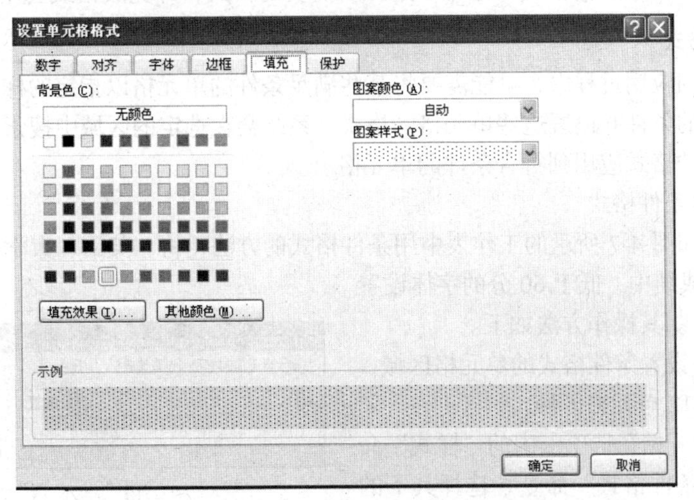

图 4-15 “单元格格式”中的“填充”选项卡

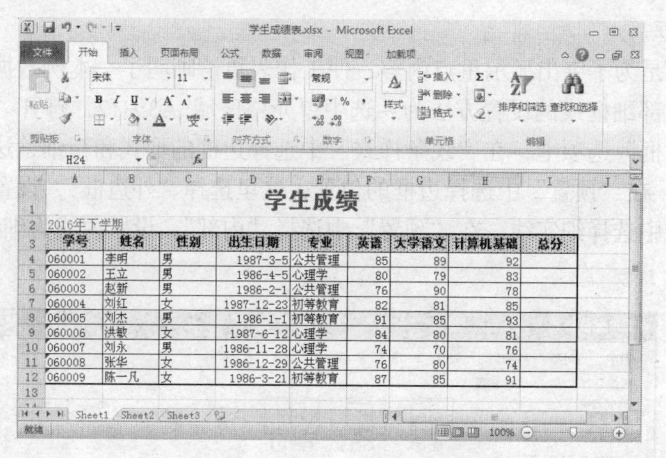

学生成绩

2016年下学期

学号	姓名	性别	出生日期	专业	英语	大学语文	计算机基础	总分
060001	李明	男	1987-3-5	公共管理	85	89	92	
060002	王立	男	1986-4-5	心理学	80	79	83	
060003	赵新	男	1986-2-1	公共管理	76	90	78	
060004	刘红	女	1987-12-23	初等教育	82	81	85	
060005	刘杰	男	1986-1-1	初等教育	91	85	93	
060006	洪敏	女	1987-6-12	心理学	84	80	81	
060007	刘永	男	1986-11-28	心理学	74	70	76	
060008	张华	女	1986-12-29	公共管理	76	80	74	
060009	陈一凡	女	1986-3-21	初等教育	87	85	91	

图 4-16　设置单元格格式效果

2. 调整行高与列宽

由于 Excel 初始时单元格的高度与宽度有限，所以当用户在单元格输入文本内容较多或加大文本的字号时，其内容并不能完全显示出来，这里就需要对行高和列宽进行调整了。行高和列宽的调整方法有两种。

（1）利用鼠标拖动的方法：将鼠标移至行标号区域中的两行分隔线上（或列标号区域中的两列分隔线上），此时鼠标指针变为双箭头的形状，按住鼠标左键，根据行高大小（或列宽大小）的显示值，拖动鼠标至合适的位置释放，即可完成行高（或列宽）的调整。

（2）利用菜单命令：先选中要调整行高（或列宽）的一行或若干行（一列或若干列），选择“开始”选项卡内的“单元格”命令组的“格式”命令，选择 “行高”（或“列宽”）对话框，输入行高（或列宽）的数值（单位为磅），单击“确定”按钮即可完成调整行高（或列宽）。

3. 自动套用表格格式

Excel 提供了许多种工作表的格式和样式，用户可以根据自己的需要套用已有的格式。自动套用格式的方法：先选中要自动套用格式的单元格区域，选择“开始”选项卡内的“样式”命令组的“套用表格格式”命令，选择所需要的格式，即完成格式套用。

4. 设置条件格式

在工作表的应用过程中，可能需要将某些满足条件的单元格以指定的样式进行显示。可以设置单元格的条件并设置这些单元格的格式，系统会在选定的区域中搜索符合条件的单元格，并将设定的格式应用到符合条件的单元格上。

（1）设置条件格式

例如，在如图 4-7 所示的工作表中用条件格式的方法，将“英语、大学语文、计算机基础”三个课程成绩中，低于 60 分的字体设置成“红色文本”。其操作方法如下。

图 4-17　“小于”对话框

① 选定要设置条件格式的单元格区域，这里选择 E4:G12 单元格区域。

② 选择“开始”选项卡内的“样式”命令组，单击“条件格式”命令，选择其下的

"突出显示单元格规则"操作，打开"小于"对话框，如图4-17所示。

（2）更改和删除条件格式

① 如果要更改条件格式，其操作步骤如下：选择"开始"选项卡内的"样式"命令组，单击"条件格式"命令，打开"条件格式规则管理器"对话框，如图4-18所示，选中要更改的规则，单击"编辑规则"按钮，打开"编辑格式规则"对话框，打开"单元格格式"对话框；在"单元格格式"对话框中，先单击"清除"按钮，后选择新格式。

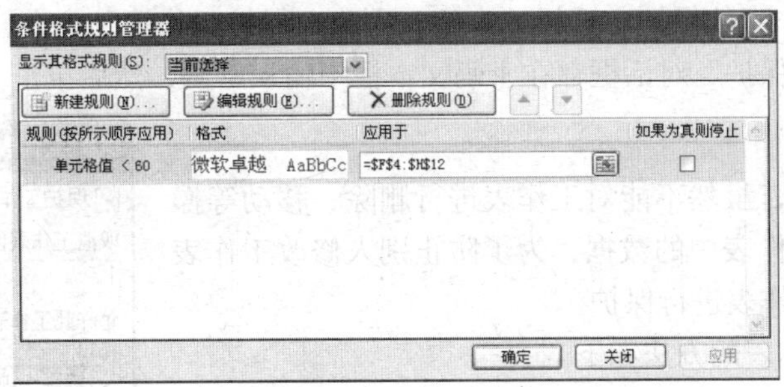

图4-18 "条件格式规则管理器"对话框

② 如果要删除条件格式，其操作步骤如下：选择"开始"选项卡内的"样式"命令组，单击"条件格式"命令，打开"条件格式规则管理"对话框，选中要删除的规则，单击"删除规则"按钮，设置完毕后单击"确定"按钮。

4.1.6 保护工作簿与工作表

工作簿有安全保护机制，最高一层的保护设置在文件级。如果不能访问文件本身，也就不能修改它内部的信息。可以根据不同的情况对工作簿、工作表和工作表中的单元格进行保护。

1. 设置打开或修改工作簿权限

为了防止别人打开自己的工作簿进行查看或修改，可以为这个工作簿设置密码。

在"另存为"对话框中设置权限，其操作方法如下。

（1）选择"文件"选项卡下的"另存为"命令，打开的"另存为"对话框中输入文件名。

（2）在"另存为"对话框中，单击"工具"选项，从下拉列表中选择"常规选项"对话框，如图4-19所示。

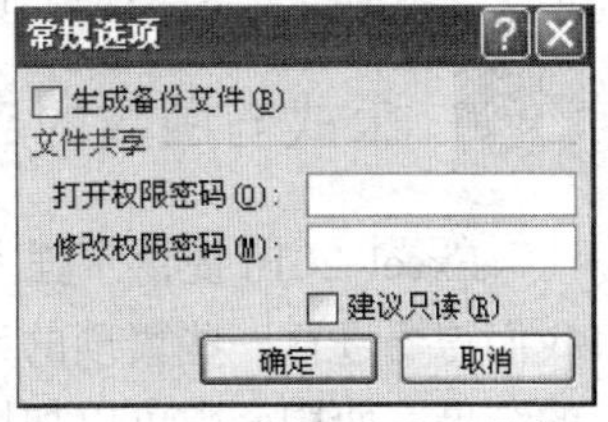

图4-19 "常规选项"对话框

（3）在打开的"常规选项"对话框中，在"打开权限密码"或"修改权限密码"文本框中输入密码，单击"确定"按钮；出现确认密码对话框，在对话框中再次输入密码，单击"确定"按钮；最后单击"保存"按钮即可完成文件的加密。

2. 保护工作簿

对工作簿进行保护可以防止他人对工作簿的结构（移动、重命名、删除等）或窗口进行改动。

（1）保护工作簿的方法如下。

① 将鼠标定位在要保护的工作簿任意工作表中，选择"审阅"选项卡下的"更改"命令组，选择"保护工作簿"命令，打开"保护结构和窗口"对话框，如图4-20所示。

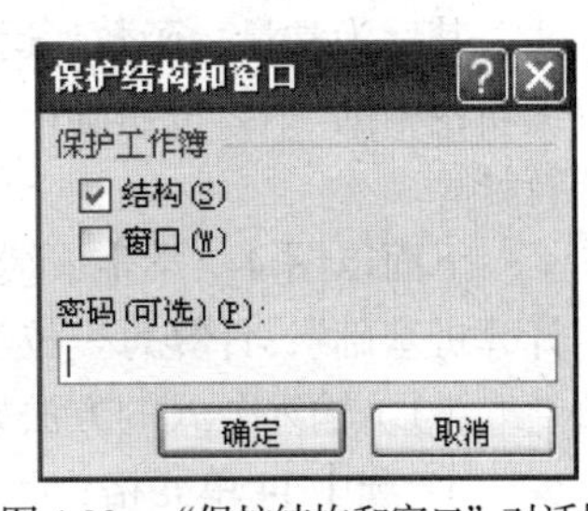

图4-20 "保护结构和窗口"对话框

② 在“保护工作簿”区域复选框功能如下。

a. 结构：防止修改工作簿结构。例如可以防止删除、重新命名、复制、移动工作表等。

b. 窗口：可以防止修改工作簿的窗口，窗口控制按钮变为隐藏，这时多数窗口功能不起作用。例如移动、缩放、恢复、最小化、新建、关闭、拆分和冻结窗口将不起作用。

③ 在密码文本框中输入密码，单击“确定”按钮后会弹出“确认密码”对话框，在对话框中的“重新输入密码”文本框中再次输入密码，单击“确定”按钮，工作保护完成。

（2）撤销工作簿的保护。选择“审阅→更改→保护工作簿”命令，如果设置了密码会弹出“撤销工作簿保护”对话框，在密码文本框中输入密码，然后单击“确定”按钮。

3. 保护工作表

对工作簿保护，虽然不能对工作表进行删除、移动等操作，但可以修改工作表中的数据，为了防止别人修改工作表中的数据可以对工作表进行保护。

（1）保护工作表的方法如下。

① 选定要保护的工作表为当前工作表，选择“审阅“选项卡下的“更改”命令组，选择“保护工作表”命令，打开“保护工作表”对话框，如图 4-21 所示。

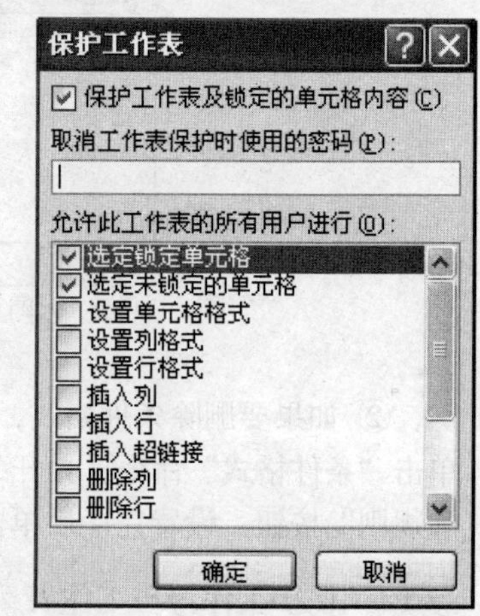

图 4-21 “保护工作表”对话框

② 选中“保护工作表及锁定的单元格内容”复选框，在“允许此工作表的所有用户进行”列表框中选择用户可以在工作表中进行的工作。

③ 在“取消工作表保护时使用的密码”文本框中输入密码，单击“确定”按钮后会弹出“确认密码”对话框，在此对话框中的“重新输入密码”文本框中再次输入密码，单击“确定”按钮，工作表保护完成。

（2）撤销工作表保护。单击“审阅→更改→撤销保护工作表”菜单命令，如果弹出“撤销工作表保护”对话框，在对话框中输入设置的密码。

4.2 公式与函数的应用

Excel 2010 提供了强大的数据计算功能，通过公式和函数实现对数据的计算与分析。在我们需要进行一些繁琐的计算时，可以把数据直接代入到函数中，Excel 会自动返回计算后的结果，使用函数可以加快计算速度，大大提高用户的工作效率。

4.2.1 输入公式

在 Excel 中，输入公式与输入文本很相似，所不同的是，公式的输入必须以等号（=）开头，其后为常量、函数、运算符、单元格引用和单元格区域等，然后按回车键或用鼠标单击编辑栏中的“√”按钮确认。输入完毕后，Excel 将根据公式中运算符的特定顺序从左到右进行计算。

下面以图 4-7 学生成绩表为例进行说明，在该表中利用公式“总分 = 英语 + 大学语文 + 计算机基础”，计算每一位学生的“总分”。

（1）输入公式的方法如下。

① 选中 I4 单元格；

② 在单元格中输入“= E4 + G4 + H4”，如图 4-22 所示；

③ 按回车键或单击编辑栏中的“√”按钮。

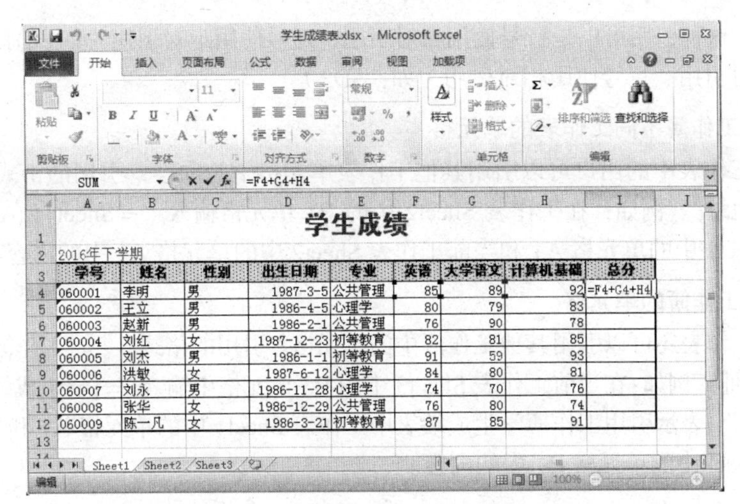
学生成绩

2016年下学期

学号	姓名	性别	出生日期	专业	英语	大学语文	计算机基础	总分
060001	李明	男	1987-3-5	公共管理	85	89	92	=F4+G4+H4
060002	王立	男	1986-4-5	心理学	80	79	83	
060003	赵新	男	1986-2-1	公共管理	76	90	78	
060004	刘红	女	1987-12-23	初等教育	82	81	85	
060005	刘杰	男	1986-1-1	初等教育	91	59	93	
060006	洪敏	女	1987-6-12	心理学	84	80	81	
060007	刘永	男	1986-11-28	心理学	74	70	76	
060008	张华	女	1986-12-29	公共管理	76	80	74	
060009	陈一凡	女	1986-3-21	初等教育	87	85	91	

图 4-22　利用公式计算学生总分样例

此时，单元格 I4 中将会出现 F4、G4、H4 单元格中数据之和，并且在公式编辑栏中还会出现刚才输入的公式。

（2）如果要计算其他学生的总分，可直接使用填充柄进行操作，方法为：选中单元格 I4，将填充柄拖至 I12 单元格并释放。此时就完成了每个学生的总分的计算。

4.2.2 单元格引用

公式中通常用引用单元格来代替单元格中的实际数值，引用单元格数据后，公式的值将随着被引用的单元格数据变化而变化。当被引用的单元格数据被修改后，公式的运算值将自动修改。

1. 引用类型

在上例中，使用的是单元格的相对引用。Excel 中的单元格引用共有相对引用、绝对引用、混合引用 3 种类型。

（1）相对引用

相对引用是指在公式中对单元格的引用只相对于公式所在的单元格的位置，如果公式的位置改变，则公式引用的单元格地址也会随之改变，但引用地址与公式之间的相对位置关系保持不变。例如，在上例学生成绩表中的 I4 单元格的公式“＝F4+G4+H4”的含义就是，计算同一行中公式所在单元格的左边 3 个单元格的数据之和。如果将该公式复制到 I5 单元格中，则 I5 单元格中的公式就改变为“＝F5+G5+H5”，而如果将该公式复制到 I6 单元格，则 I6 单元格中的公式就改为“＝F6+G6+H6”。默认下，新公式使用相对引用。

（2）绝对引用

在行号和列号的前面加上美元符号（$）就是绝对引用，如“$E$4”。绝对引用的意义是指在公式中对单元格的引用只同该单元格相对于工作表的位置有关，而同公式的位置无关。当使用绝对引用的公式位置改变时，不会影响公式的内容及结果。例如，在学生成绩表中的 I4 单元格输入公式“＝$F$4+$G$4+$H$4”，则该公式的意义就是指计算工作表中的 F4、G4 和 H4 单元格中的数据和。如果将该公式复制到 I5 单元格，则 I5 单元格中的公式仍为“＝$F$5+$G$5+$H$5”。

（3）混合引用

混合引用包含相对引用和绝对引用。其结果可以使单元格引用的一部分固定不变，一部分自动改变。这种引用可以是行号使用相对引用、列号使用绝对引用（如：D$3），也可以是列号使用绝对引用、行号使用相对引用（如：$D3）。

2. 引用同一工作簿不同工作表的单元格

在当前工作表中的用户可以引用其他工作表单元格中的内容，引用的格式："＝工作表名！单元格地址"。例如：在工作表 Sheet2 中的 B1 单元格输入"＝Sheet1！A1+A1"，表示引用工作 Sheet1 中的单元格 A1 和当前工作表 Sheet2 中的单元格 A1 中的内容。

3. 引用其他工作簿的单元格

在当前工作表还可以引用其他工作簿中的单元格。引用的格式："＝[工作簿名称]工作表名!单元格地址",例如:在当前工作表 Sheet3 中的 B3 单元格中输入"＝[学生成绩表]Sheet1A1＋Sheet3！B1"，表示引用工作簿学生成绩表中工作表 Sheet1 中的单元格 A1 和当前工作簿中的工作表 Sheet3 中的单元格 B1 中的内容。

4. 编辑公式

编辑和管理已输入的公式，可以对公式进行修正。编辑公式包括修改、复制、删除、移动等操作。

（1）修改和删除公式：选中要修改或删除公式的单元格，然后在编辑栏中进行修改后按回车键或直接按 Delete 键删除即可。

（2）移动和复制公式：选中要移动或复制公式所在的单元格，单击"编辑→剪切"或"编辑→复制"菜单命令，选中目标单元格单击"编辑→粘贴"命令即可完成。

5. 使用函数

函数可以看成是 Excel 内置的计算公式，用户可以直接调用它进行数值计算，这样可以简化在 Excel 中输入公式的操作，且有些函数实现的计算功能是采用公式不能完成的。

函数由函数名、参数表和括号组成。在 Excel 中，函数的格式为"＝函数名（参数 1,参数 2…）"，在函数中所带的参数可以是数字、文字、单元格引用、单元格区域及其他的函数计算结果等。

（1）引用运算符

引用运算符可以将单元格区域合并运算，下面列出了 Excel 中所有的引用运算符。

① :（冒号）：指引用由两对角的单元格围起来的单元格区域。例如"A3:B5"，表示引用单元格区域从 A3 到 B5 之间的单元格矩形区域内的所有单元格中的数据，即指定了 A3、B3、A4、B4、A5、B5 六个单元格。

② ,（逗号）：指逗号前后单元格同时引用。例如"B2,B4"，表示引用 B2 和 B4 两个单元格。

③ （空格）：指引用两个或两个以上单元格区域的重叠部分。例如"A1:C3　B2:D4"指两个单元格区域 A1 至 C3 以及 B2 至 D4 的交集部分，即引用 B2、C2、B3、C3 四个单元格。

（2）直接输入函数

Excel 中的函数同公式一样，可以直接在单元格中输入。例如在图 4-7 学生成绩表中，利用求和函数求学生的总分，其输入函数的方法如下。

① 单击单元格 I4。

② 在单元格中输入"＝SUM(F4:H4)"。

③ 按回车键或单击编辑栏中的"√"按钮即可完成，I4 单元格内容显示如图 4-23 所示。

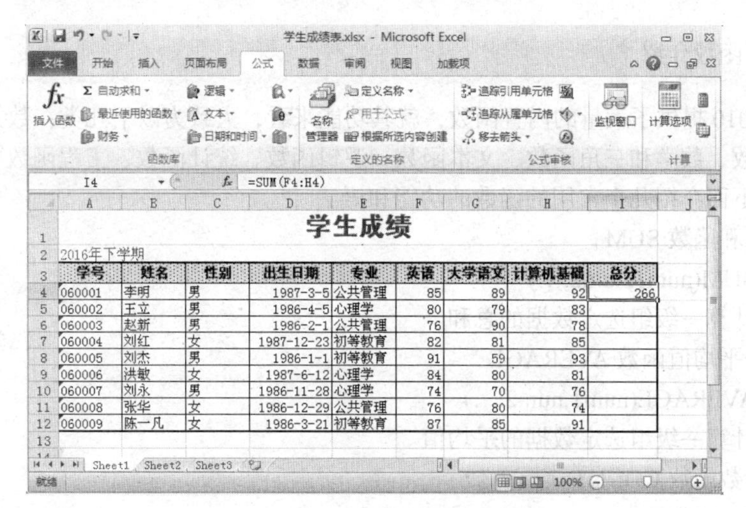

	A	B	C	D	E	F	G	H	I
1	学生成绩								
2	2016年下学期								
3	学号	姓名	性别	出生日期	专业	英语	大学语文	计算机基础	总分
4	060001	李明	男	1987-3-5	公共管理	85	89	92	266
5	060002	王立	男	1986-4-5	心理学	80	79	83	
6	060003	赵新	男	1986-2-1	公共管理	76	90	78	
7	060004	刘红	女	1987-12-23	初等教育	82	81	85	
8	060005	刘杰	男	1986-1-1	初等教育	91	59	93	
9	060006	洪敏	女	1987-6-12	心理学	84	80	81	
10	060007	刘永	男	1986-11-28	心理学	74	70	76	
11	060008	张华	女	1986-12-29	公共管理	76	80	74	
12	060009	陈一凡	女	1986-3-21	初等教育	87	85	91	

图 4-23　利用求和函数求学生总分样例

（3）在单元格中粘贴函数

Excel 中的函数很多，用户通常无法记住这些函数的名称及如何使用。此时可以利用“插入→函数”菜单命令或编辑栏上的 fx（插入函数）按钮来输入函数。

例如，使用这种方法，在图 4-7 学生成绩表中，利用求和函数求学生的总分，其输入函数的方法如下。

① 单击单元格 I4。

② 单击“插入→函数”菜单命令或编辑栏上的 fx（插入函数）按钮，打开如图 4-24 所示的“插入函数”对话框。

③ 从“或选择类别”框中选择函数类型，这里选择“常用函数”，在“选择函数”列表框中选定函数名称，本例选择“SUM”，单击“确定”按钮，出现如图 4-25 所示的“函数参数”对话框。

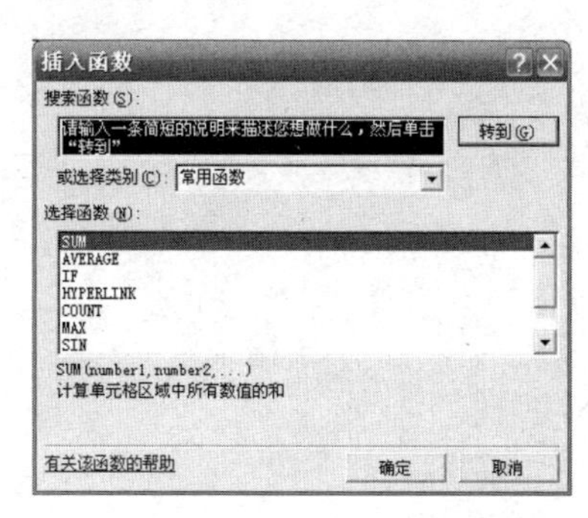

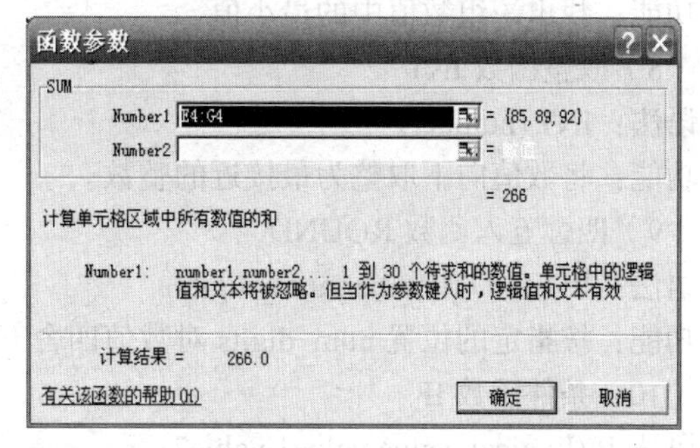

图 4-24　“插入函数”对话框　　　图 4-25　“函数参数”对话框

④ 在参数框中输入参数，参数可以是常量、单元格或单元格区域。这时也可单击参数框右侧的折叠按钮，将对话框暂时折叠，在显露出的工作表中选择单元格或单元格区域，这里选择 F4:H4 单元格区域作为求和区，再单击折叠后的输入框右侧折叠按钮，恢复“函数参数”对话框。

⑤ 输入完成函数所需的所有参数后，单击“确定”按钮，即可看到单元格 I4 中的计算结果和编辑中显示公式。

4.2.3 常用函数介绍

Excel 2010 提供了大量的内置函数，就其功能来看，大致为以下几类：数据库函数、日期与时间函数、数学和三角函数、文本函数、逻辑函数、统计函数、工程函数、信息函数、财务函数。下面介绍几个常用的函数的功能和语法。

（1）求和函数 SUM

语法：SUM(num1,num2,…)

功能：计算一级组选定数据的总和。

（2）求平均值函数 AVERAGE

语法：AVERAGE(num1,num2,…)

功能：计算一级组选定数据的平均值。

（3）计数函数 COUNT

语法：COUNT(num1,num2,…)

功能：计算单元格区域内数值型数据的个数。

（4）计数函数 COUNTA

语法：COUNTA(num1,num2,…)

功能：计算单元格区域内“非空”单元格的个数。

（5）计数函数 COUNTBLANK

语法：COUNTABLANK (num1,num2,…)

功能：计算单元格区域内“空”单元格的个数。

（6）求最大值函数 MAX

语法：MAX (num1,num2,…)

功能：找出一组数值中的最大值。

（7）求最小值函数 MIN

语法：MIN (num1,num2,…)

功能：找出一组数值中的最小值。

（8）取整函数 INT

语法：INT (number)

功能：将数值向下取整为最接近的整数。

（9）四舍五入函数 ROUND

语法：ROUND (number,num_digits)

功能：按指定的位置 num_digits 对数值四舍五入。

（10）条件函数 IF

语法:IF(Logical_value,value1,value2)

功能：若 Logical_value 为真（TRUE），则取 value1 表达式的值；否则，取 value2 表达式的值。

（11）排位函数 RANK

语法：RANK(number,ref,order)

功能：返回一个数字在数字列表中的排位。其中：Number 为需要找到排位的数字；Ref 为数字列表数组或对数字列表的引用；Order 若为 0 或省略表示排位按降序，若非 0 为升序。

（12）条件求和函数 SUMIF

语法：SUMIF(range,criteria,sum_range)

功能：根据某个区域指定条件对若干单元格求和。其中：Range 为用于条件判断的单元格区域；Criteria 为确定哪些单元格将被相加求和的条件，其形式可以为数字、表达式或文本。例如，条件可以表示为 32、"32"、">32" 或 "apples"；Sum_range 是需要求和的实际单元格。

（13）条件计数函数 COUNTIF

语法：COUNTIF(range,criteria)

功能：计算区域中满足给定条件的单元格的个数。其中：Range 为需要计算其中满足条件的单元格数目的单元格区域；Criteria 为确定哪些单元格将被计算在内的条件，其形式可以为数字、表达式或文本。例如，条件可以表示为 32、"32"、">32" 或 "apples"。

关于错误信息

在单元格输入或编辑公式后，有时会出现诸如“####!”或“#VALUE”的错误信息。错误值一般以“#”符号开头，出现错误值有以下几种原因，如表 4-1 所示。

表 4-1　错误及错误值出现的原因表

错误值	错误值出现的原因	举例
#DIV/0!	被除数为 0	例如=3/0
#N/A	引用了无法使用的数值	例如 HLOOKUP 函数的第 1 个参数对应的单元格为空
#NAME?	不能识别的名字	例如=sum(a1:a4)
#NULL!	交集为空	例如=sum(a1:a3 b1:b3)
#NUM!	数据类型不正确	例如 sqrt（-4）
#REF!	引用无效单元格	例如引用的单元格被删除
#VALUE!	不正确的参数或运算符	例如=1+"a"
####!	宽度不够，加宽即可	

4.3 工作表中的数据库操作

Excel 2010 除提供了前面介绍的所有功能外，还提供较强的数据库管理功能，不仅能够通过记录单来增加、删除和移动数据，还能够按照数据库的管理方式对以数据清单形式的工作表进行各种排序、筛选、分类汇总、统计和建立数据透视表等操作。需要特别注意的是，对工作表数据进行数据库操作，要求数据必须按“数据清单”存放。工作表中的数据库操作大部分利用“数据”选项卡下的命令来完成的，可以进行外部数据获取、连接操作、排序和筛选、使用数据工具、分级显示等。

4.3.1 数据清单

在 Excel 2010 中，数据库是作为一个数据清单来看待。我们可以理解数据清单就是数据库。在一个数据库中，信息按记录存储。每个记录中包含信息内容的各项，称为字段。例如，学生成绩表如图 4-26 所示，每一条学生信息就是一个记录，它由字段组成。所有记录的同一字段存放相似的信息（例如，学号、姓名、出生年月、专业等）。Excel 2010 提供了一整套功能强大的命令集，使得管理数据清单（数据库）变得非常容易。

	A	B	C	D	E	F	G	H	I	J
1	序号	学号	姓名	性别	出生日期	专业	英语	大学语文	计算机基础	总分
2	1	060001	李明	男	1987-3-5	公共管理	85	89	92	266
3	2	060002	王立	男	1986-4-5	心理学	80	79	83	242
4	3	060003	赵新	男	1986-2-1	公共管理	76	90	78	244
5	4	060004	刘红	女	1987-12-23	初等教育	82	81	85	248
6	5	060005	刘杰	男	1986-1-1	初等教育	91	59	93	243
7	6	060006	洪敏	女	1987-6-12	心理学	84	80	81	245
8	7	060007	刘永	男	1986-11-28	心理学	74	70	76	220
9	8	060008	张华	女	1986-12-29	公共管理	76	80	74	230
10	9	060009	陈一凡	女	1986-3-21	初等教育	87	85	91	263

图 4-26 “学生成绩表”数据清单

Microsoft 2010 提供一系列功能，可以很容易的在数据清单中处理和分析数据。在运用这些功能时，请根据下述准则在数据清单中输入数据。

（1）数据清单的大小和位置：避免在一个工作表上建立多个数据清单，因为数据清单的某些处理功能（如筛选等），一次只能在同一工作表的一个数据清单中使用。

（2）在工作表的数据清单与其他数据间至少留出一个空白列和一个空白行。在执行排序、筛选或插入分类汇总等操作时，这将有利于 Excel 检测和选定数据清单。

（3）避免在数据清单中放置空白行和列，这将有利于 Excel 检测和选定数据清单。

（4）列标志：在数据清单的第一行中创建列标题，并且不可有相同的列标题。Excel 使用这些标志创建报告，并查找和组织数据。

（5）行和列内容：在设计数据清单时，应使同一列中的各行有近似的数据项。在单元格的开始处不要插入多余的空格，因为多余的空格影响排序和查找。不要使用空白行将列标志和第一行数据分开。

4.3.2 数据排序

数据排序是按照一定的规则对数据进行重新排列，便于浏览或为进一步处理做准备。对工作表的数据清单进行排序是根据选择的“关键字”字段内容按升序或降序进行的，Excel 会给出两个关键字，分别是“主要关键字”“次要关键字”，用户可根据需要添加和选取；也可以按用户自定义的数据排序。对数据记录进行排序时，其方法主要有两种：一种是利用“数据”选项卡下的升序和降序按钮对数据进行快速排序，另一种是利用“数据”选项卡下的“排序和筛选”命令组的“排序”命令对话框来进行排序。

（1）利用“数据”选项卡下的升序按钮 和降序按钮 。

例如对工作表“学生成绩表”数据清单的内容按主要关键字“总分”的递减次序进行排序。

① 选定数据清单 J2 单元格（总分）。

② 选择“数据”选项卡下的“排序和筛选”命令组，选中“总分”列，单击降序按钮 ，即可完成对图 4-27 所示的数据清单的排序，如图 4-27 所示。

	A	B	C	D	E	F	G	H	I	J
1	序号	学号	姓名	性别	出生日期	专业	英语	大学语文	计算机基础	总分
2	1	060001	李明	男	1987-3-5	公共管理	85	89	92	266
3	9	060009	陈一凡	女	1986-3-21	初等教育	87	85	91	263
4	4	060004	刘红	女	1987-12-23	初等教育	82	81	85	248
5	6	060006	洪敏	女	1987-6-12	心理学	84	80	81	245
6	3	060003	赵新	男	1986-2-1	公共管理	76	90	78	244
7	5	060005	刘杰	男	1986-1-1	初等教育	91	59	93	243
8	2	060002	王立	男	1986-4-5	心理学	80	79	83	242
9	8	060008	张华	女	1986-12-29	公共管理	76	80	74	230
10	7	060007	刘永	男	1986-11-28	心理学	74	70	76	220

图 4-27 按“总分”降序排序后的数据清单

（2）利用“数据”选项卡下的“排序和筛选”命令组的“排序”命令

使用“数据”选项卡下的两个排序按钮进行排序时虽然很方便，但只能按单个字段名的内容进行排序，但在工作表中有时会遇到两个或多个关键字相同的情况，此时如果想区分它们，就需要用其他的字段名进行较为复杂的排序了，即需要使用多列排序。

如果要对数据清单的数据进行多列排序，可使用“数据→排序”命令来进行排序。例如对工作表“学生成绩表”数据清单的内容按主要关键字“专业”的递增次序和“总分”递减次序进行排序，方法如下。

① 选定数据清单区域，选择“数据”选项卡下的“排序和筛选”命令组的“排序”命令，弹出“排序”对话框，如图 4-28 所示。

② 在“主要关键字”下拉列表框中选择“专业”，选中“升序”，单击“添加条件”按钮；在新增的“次要关键字”中，选择“总分”列，选中“降序”次序，如图 4-28 所示，单击“确定”按钮即可。

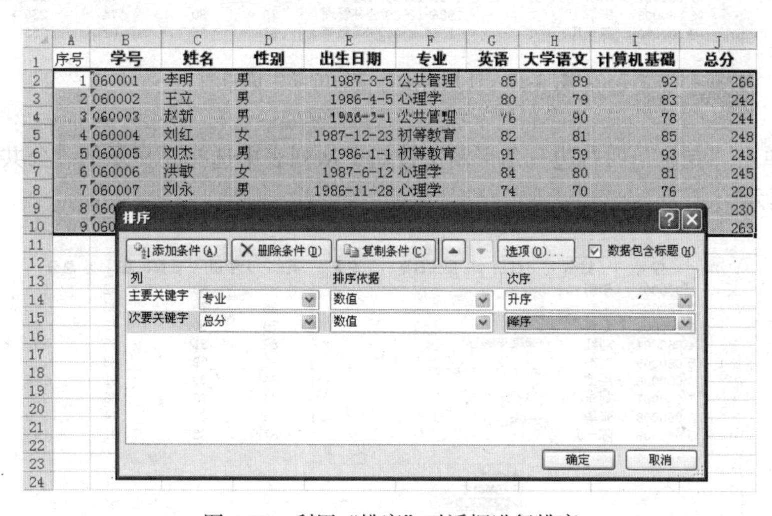

图 4-28　利用“排序”对话框进行排序

（3）自定义排序

如果对数据的排序有特殊要求，可以利用图 4-28 所示的“排序”对话框内“次序”下拉列表中的“自定义序列”选项所弹出的对话框来完成。用户可以不按字母或数值等常规排序方式，根据需求自行设置。

（4）恢复排序

如果希望将已经过多次排序的数据清单恢复到排序前的状况，可以在数据清单中设置“记录号”字段，内容为顺序数字“1、2、3、4……”。无论何时，只要按“记录号”字段排列即可恢复为排序前的数据清单。

4.3.3 数据筛选

筛选就是在工作表中只显示满足给定条件的数据，而不满足条件的数据自动隐藏，是一种用于查找数据清单中的数据的快速方法。Excel 同时提供了“自动筛选”和“高级筛选”命令来筛选数据。

1. 自动筛选

自动筛选是一种快速的筛选方法，利用自动筛选功能可以快速地访问大量数据，从中选择满足条件的记录并显示出来，不过它只适用于简单条件。

例如在图 4-26 所示对工作表“学生成绩表”数据清单的内容进行自动筛选，条件为：“公共管理”专业学生的记录，其筛选的方法如下。

（1）选定要筛选的数据清单的单元格区域 A1:J10。

（2）选择“数据”选项卡下的“排序和筛选”命令组的“筛选”命令，此时，工作表中的数据清单的列标题全部变成下拉列表框即字段名旁边将出现一个下拉三角按钮▾，如图 4-29 所示。

	A	B	C	D	E	F	G	H	I	J
1	序	学号	姓名	性别	出生日期	专业	英语	大学语	计算机基	总分
2	1	060001	李明	男	1987-3-5	公共管理	85	89	92	266
3	2	060002	王立	男	1986-4-5	心理学	80	79	83	242
4	3	060003	赵新	男	1986-2-1	公共管理	76	90	78	244
5	4	060004	刘红	女	1987-12-23	初等教育	82	81	85	248
6	5	060005	刘杰	男	1986-1-1	初等教育	91	59	93	243
7	6	060006	洪敏	女	1987-6-12	心理学	84	80	81	245
8	7	060007	刘永	男	1986-11-28	心理学	74	70	76	220
9	8	060008	张华	女	1986-12-29	公共管理	76	80	74	230
10	9	060009	陈一凡	女	1986-3-21	初等教育	87	85	91	263

图 4-29　使用自动筛选后的学生成绩表

（3）单击“专业”列右边三角形箭头按钮，从列表中选择要显示的“公共管理”项，如图 4-30 所示。

	A	B	C	G	H	I	J
1	序	学号	姓名	英语	大学语	计算机基	总分
2	1	060001	李明	85	89	92	266
3	2	060002	王立	80	79	83	242
4	3	060003	赵新	76	90	78	244
5	4	060004	刘红	82	81	85	248
6	5	060005	刘杰	91	59	93	243
7	6	060006	洪敏	84	80	81	245
8	7	060007	刘永	74	70	76	220
9	8	060008	张华	76	80	74	230
10	9	060009	陈一凡	87	85	91	263

升序(S)
降序(O)
按颜色排序(T)
从“专业”中清除筛选(C)
按颜色筛选(I)
文本筛选(F)
搜索
(全选)
初等教育
公共管理
心理学
确定　取消

图 4-30　选择要显示的选项

例如在图 4-27 所示对工作表“学生成绩表”数据清单的内容进行自动筛选，条件为：“总分”大于等于 250 且小于 300 学生的记录，其筛选的方法如下。

（1）选定要筛选的数据清单的单元格区域 A1:J10；

（2）选择“数据”选项卡下的“排序和筛选”命令组的“筛选”命令，此时，工作表中的数据清单的列标题全部变成下拉列表框；

（3）单击“总分”列右边三角形箭头按钮，选择“数字筛选”命令，在下级菜单选项中选择“自定义筛选”命令，如图 4-31 所示。在弹出的“自定义自动筛选方式”对话框中，在“总分”的第一个下拉列表框中选择“大于或等于”，在右侧的输入框中输入“250”；选中“与”单选项；在“总分”的第二个下拉列表框中选择“小于”，在右侧的输入框中输入“300”，如图 4-32 所示，单击“确定”按钮即可完成自动筛选。

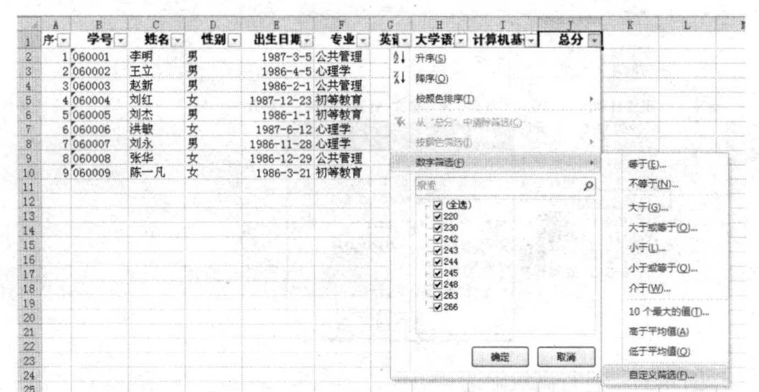

图 4-31　“自定义筛选”命令选择

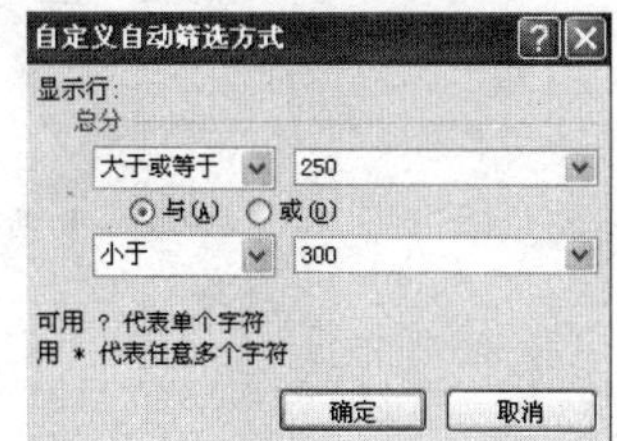

图 4-32　“自定义自动筛选方式”对话框

筛选条件涉及多个字段内容的为多字段条件筛选，可采用执行多次自动筛选的方式完成。

例如在图 4-27 所示对工作表“学生成绩表”数据清单的内容进行自动筛选，需要同时满足两个条件，条件 1 为：“总分”大于等于 250 且小于 300；条件 2 为：专业为公共管理。其筛选的方法如下。

（1）按照上例中筛选“总分”大于等于 250 且小于 300 操作筛选出满足条件 1 的数据记录。

（2）在根据条件 1 筛选出的数据清单内，按上例中筛选公共管理专业的操作筛选出满足条件 2 的数据记录。筛选结果如图 4-33 所示。

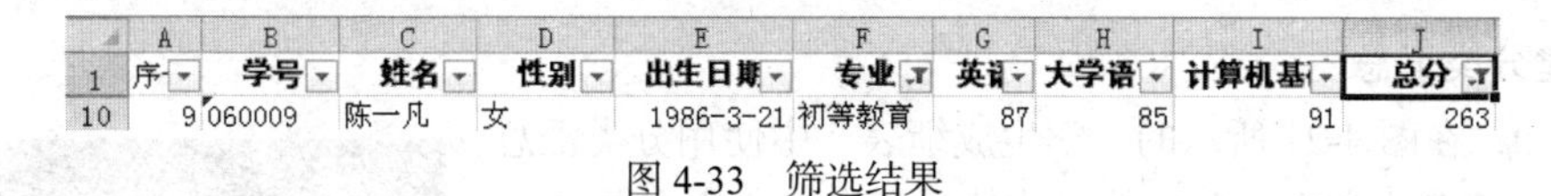

	A	B	C	D	E	F	G	H	I	J
1	序	学号	姓名	性别	出生日期	专业	英语	大学语	计算机基	总分
10	9	060009	陈一凡	女	1986-3-21	初等教育	87	85	91	263

图 4-33　筛选结果

2. 高级筛选

使用自动筛选功能可快速查找符合条件的记录，但该命令的条件是不能太复杂的。如果是很复杂的条件，只能用高级筛选功能来筛选数据。使用高级筛选必须先建立一个条件区域，用来编辑筛选条件。条件区域的第一行是所有筛选条件的字段名，这些字段名必须与数据清单中的字段名完全一样。在条件区域的其他行输入筛选条件，“与”关系的条件必须出现在同一行内，“或”关系的条件不能出现在同一行内。

例如，对如图 4-26 所示对工作表“学生成绩表”数据清单的内容中筛选出公共管理和初等教育两个专业的男生记录。其操作步骤如下。

（1）首先在工作表第一行前插入四行作为高级筛选的条件区域。

（2）在条件区域（E1:F3）输入筛选条件，选择工作表的数据清单区域。

（3）选择“数据”选项卡下的“排序和筛选”命令组的“高级”命令，弹出“高级筛选”对话框，选择“在原来区域显示结果”（也可以选择“将筛选结果复制到其他位置”），利用下拉按扭确定列表区域（数据清单区域）和条件区域（筛选条件区域），单击“确定”按钮即可完成高级筛选，如图 4-34 所示。

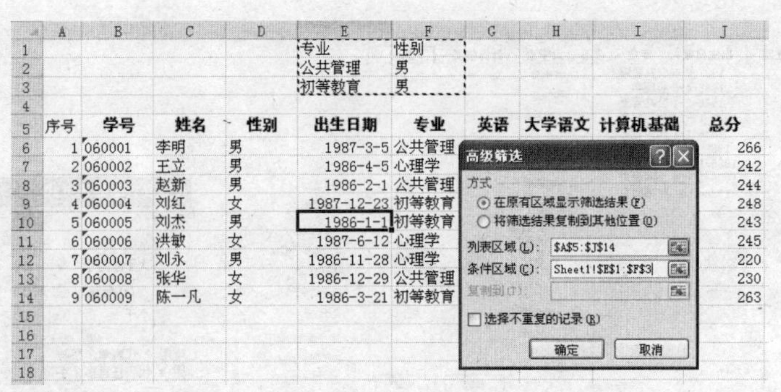

图 4-34 进行高级筛选

3. 取消筛选

如果要在数据清单中取消对这一列进行的筛选，用户可以单击该列首单元格右端的下拉箭头，从中选择“全部”选项即可。如果要在数据清单中取消对所有列进行的筛选，可选择“数据”选项卡下的“排序和筛选”命令组的“清除”命令即可取消筛选，恢复所有数据。

4.3.4 分类汇总

汇总是指对数据清单中的某列数据做求和、求平均值等计算，它是对数据清单上的数据进行分析的一种方法。分类汇总的功能是按照数据清单中的某一列字段进行分类，相同的值为一类，然后对相同的类进行汇总操作，以便进行分析。使用分类汇总的数据表必须满足以下两个条件：具有列标题，即字段名；数据清单必须在要进行分类汇总的列上进行排序。

1. 创建分类汇总

例如，在图 4-27 所示的“学生成绩表”中使用分类汇总功能求出各专业学生的总分的平均值。其分类汇总的操作方法如下。

（1）将数据清单按分类汇总的列排序，本例将学生成绩表的数据清单按“专业”排序。

（2）选定要分类汇总的数据清单的单元格区域，本例选定单元格区域 A1:J10。

（3）选择“数据”选项卡下的“分级显示”命令组的“分类汇总”命令，弹出如图 4-35 所示的“分类汇总”对话框。

（4）在“分类汇总”对话框中，选定相关内容，本例中“分类字段”选择“专业”，“汇总方式”选择“平均值”，“选定汇总项”选择“总分”。

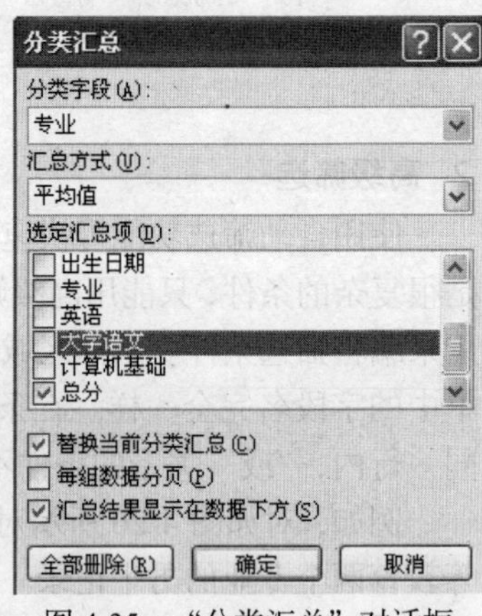

图 4-35 “分类汇总”对话框

（5）单击“确定”按钮，就可看出汇总结果，如图 4-36 所示。

	A	B	C	D	E	F	G	H	I	J
1	序号	学号	姓名	性别	出生日期	专业	英语	大学语文	计算机基础	总分
2	4	060004	刘红	女	1987-12-23	初等教育	82	81	85	248
3	5	060005	刘杰	男	1986-1-1	初等教育	91	59	93	243
4	9	060009	陈一凡	女	1986-3-21	初等教育	87	85	91	263
5						初等教育 平均值				251.33333
6	1	060001	李明	男	1987-3-5	公共管理	85	89	92	266
7	3	060003	赵新	男	1986-2-1	公共管理	76	90	78	244
8	8	060008	张华	女	1986-12-29	公共管理	76	80	74	230
9						公共管理 平均值				246.66667
10	2	060002	王立	男	1986-4-5	心理学	80	79	83	242
11	6	060006	洪敏	女	1987-6-12	心理学	84	80	81	245
12	7	060007	刘永	男	1986-11-28	心理学	74	70	76	220
13						心理学 平均值				235.66667
14						总计平均值				244.55556

图 4-36 “分类汇总”结果的显示

2. 改变分类汇总显示内容

（1）明细数据和汇总数据

明细数据是指在分类汇总中要对其进行汇总的行或列中的数据，汇总数据是指对明细数据进行汇总的行或列中的数据。汇总数据 A 若被更高一级的汇总数据 B 所汇总，那么汇总数据 A 就是汇总数据 B 的明细数据。汇总数据可以是明细数据的求和，也可以是平均值、最大值或其他汇总函数的结果，汇总数据必须与其汇总的明细数据相邻。汇总行可以在明细数据下方或上方，一般在下方；汇总数据可以在明细数据的左方或右方，一般在右方。

（2）改变显示内容

在对数据清单进行分类汇总后，Excel 2010 会自动对数据清单进行分级显示，汇总后在工作表左窗口处将出现“1”“2”“3”的数字，还有“－”“＋”等符号来控制显示汇总结果。

其中 1 2 3 表示明细数据级别，1 级数据为最高级，2 级数据是 1 级数据的明细数据，又是 3 级数据的汇总数据。单击 1 可以直接显示一级汇总数据，单击 2 可以显示一级和二级数据，单击 3 可以显示一级、二级、三级数据，即全部数据。符号 - 是“隐藏明细数据”按钮，+ 是“显示明细数据”按钮。单击 - 可以隐藏该级及以下各级的明细数据，单击 + 则可以展开该级明细数据。

3. 删除分类汇总

建立分类汇总后，如果不需要，用户可以删除分类汇总，删除分类汇总的方法如下。

（1）单击分类汇总数据清单中任一单元格。

（2）选择“数据”选项卡下的“分级显示”命令组的“分类汇总”命令，弹出 “分类汇总”对话框。

（3）在“分类汇总”对话框中单击“全部删除”按钮即可。

4.3.5 数据合并

数据合并可以把来自不同源数据区域的数据进行汇总，并进行合并计算。不同数据源区包括同一工作表中、同一工作簿的不同工作表中、不同工作簿中的数据区域。数据合并是通过建立合并表的方式来进行的。其中，合并表可以建立在某源数据区域所在工作表中，也可以建在同一个工作簿或不同的工作簿中。利用“数据”选项卡下“数据工具”命令组的命令可以完成“数据合并”“数据据有效性”“模拟分析”等功能。

例如，在同一工作簿的“1 分店”和“2 分店”的 4 种图书在一月、二月、三月的“销售数量统计表”数据清单，位于工作表“销售单 1”和“销售单 2”中，如图 4-37 所示。现需新建工作表，计算出两个分店 4 种图书的一月、二月、三月销售总和。其数据合并的操作方法如下。

（1）在本工作簿中新建工作表“合计销售单”数据清单，数据清单字段名与源数据清单相同，第一列输入图书书名，选定用于存入合并计算结果的单元格区域 B3:D6，如图 4-38 所示。

（2）单击“数据”选项卡下“数据工具”命令组的 “合并计算”命令，弹出“合并计算”对话框，在“函数”下拉列表框中选择“求和”，在“引用位置”下拉列表中选取“销售单 1”的 B3:D6 单元格区域，单击“添加”，再选取“销售单 2”的 B3:D6 单元格区域（当单击“添加”时，选择“浏览”可以选取不同工作表或工作簿中的引用位置），选中“创建指向源数据的链接”（当源数据变化时，合并计算结果也随之变化），如图 4-39 所示，计算结果如图 4-40 所示。

（3）合并计算结果以分类汇总的方式显示。单击左侧的“+”号，可以显示源数据信息。

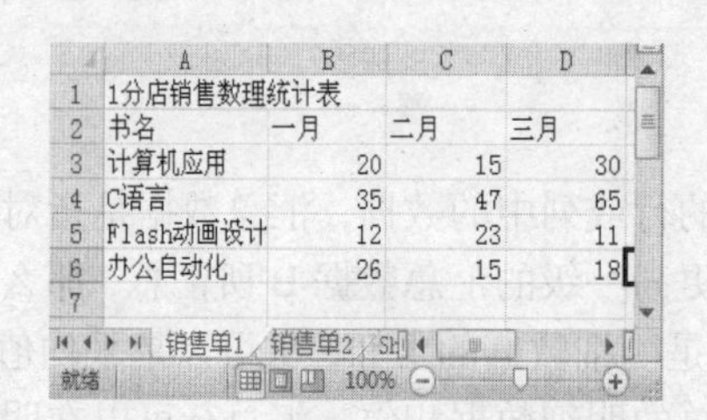

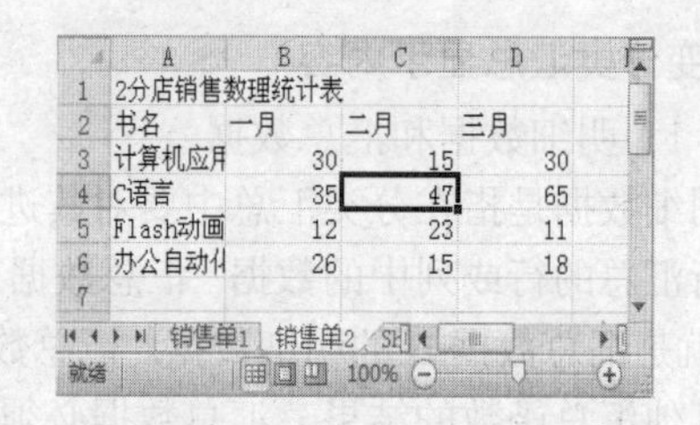

图 4-37 “销售单 1”和“销售单 2”工作表

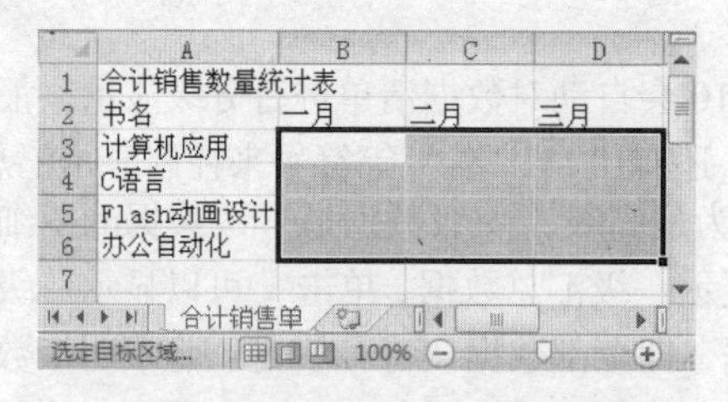

图 4-38 选定合并后的工作表的数据区域

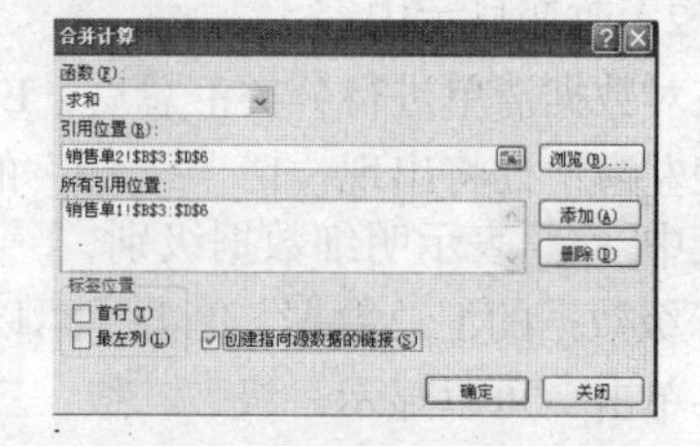

图 4-39 利用“合并计算”对话框进行合并计算

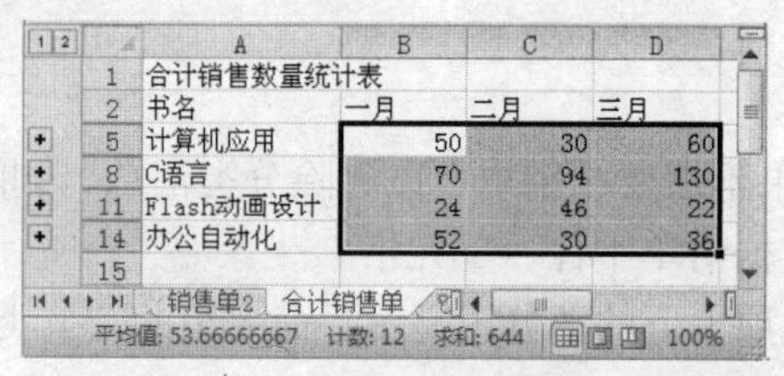

图 4-40 合并计算后的工作表

4.3.6 数据透视表

数据透视表是用于对大量数据快速汇总和建立次序列表的交互表格，在数据透视表中，可以转换行和列以查看源数据和不同汇总结果，可以显示不同的页面来筛选数据，还可以根据需要显示区域中的明细数据。

1. 数据透视表概述

数据透视表主要由字段（页字段、数据字段、行字段、列字段）、项（页字段项、数据项）和数据区域组成。

2. 创建数据透视表

数据透视表的功能很强大，但创建过程却非常简单，基本上是自动完成，用户只需在“数据透视表和数据透视图向导”中指定用于创建的原始数据区域、数据透视表的存放位置，并指定页字段、行字段和数据字段即可。

例如以图 4-26 所示的“学生成绩表”为例，建立一张统计各专业各种性别的人数及总分平均值的成绩情况表。其具体操作方法如下。

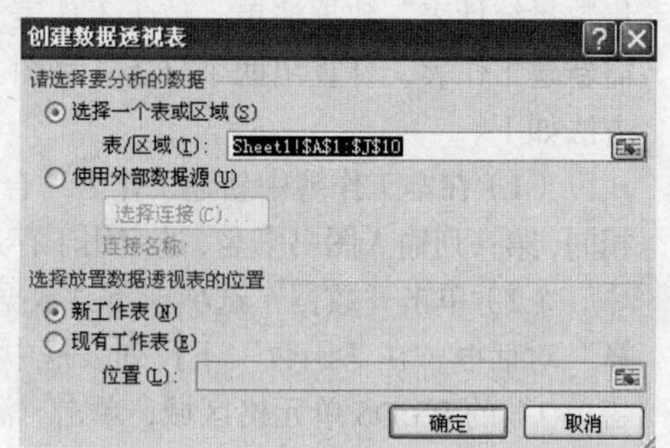

图 4-41 “创建数据透视表”对话框

（1）单击要创建数据透视表的数据清单中的任一单元格，单击“插入”选项卡下“表格”命令组的“数据透视表”命令，打开“数据透视表”对话框，如图 4-41 所示。

（2）在“数据透视表”对话框中，自动选中“选择一个表或区域”（或通过“表/区域”切换按钮选定区域“Sheet1!$A$1:$J$10”），在“选择放置数据透视表的位置”选项下选择“新工作表”，单击“确定”按钮，弹出如图4-42所示“数据透视表字段列表”对话框和未完成的数据透视表。

（3）在弹出“数据透视表字段列表”对话框中，选定数据透视表的列表签、行标签和需要处理的方式（单击“数据透视表字段列表”对话框右侧的“字段节和区域节层叠”按钮，可以改变“数据透视表字段列表”对话框的布局结构）。此时，在所选择放置数据透视表的位置处显示出完成的数据透视表，如图4-43所示。

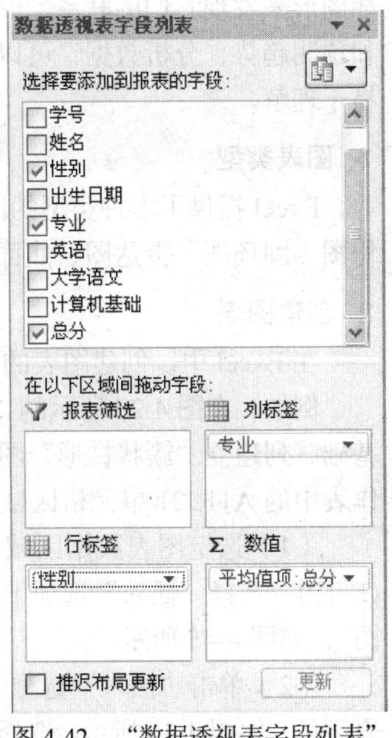

图4-42 “数据透视表字段列表”对话框

	A	B	C	D
1				
2				
3	平均值项:总分	列标签		
4	行标签	男	女	总计
5	初等教育	243	255.5	251.3333333
6	公共管理	255	230	246.6666667
7	心理学	231	245	235.6666667
8	总计	243	246.5	244.5555556
9				

图4-43 完成的数据透视表

选中数据透视表，单击鼠标右键，可弹出“数据透视表选项”对话框，利用对话框的选项可以改变透视表的布局和格式、汇总和筛选项以及显示方式等，如图4-44所示。

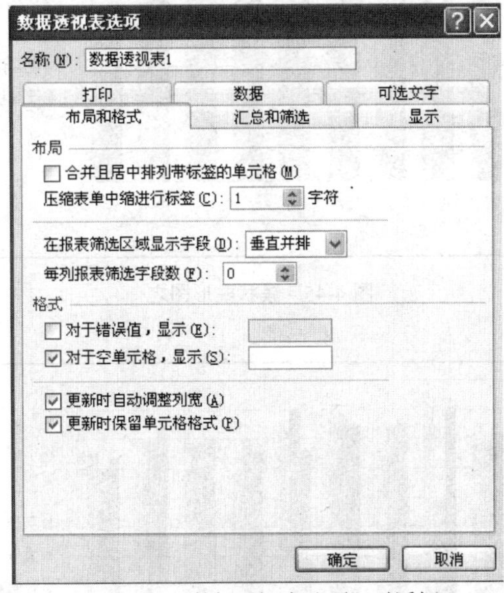

图4-44 “数据透视表选项”对话框

4.4 使用图表分析数据

在分析工作表的数据时，更需要了解工作表中各个数据之间的联系，这就需要结合数据和图形来发现它们的联系。而图表具有良好的视觉效果，可方便用户查看数据的差异、图案和预测趋势、分析数据，可以将抽象的数据变为图表，使数据更直观、更简明、更生动、更易于理解。

1. 图表类型

Excel 提供了多种类型的图表，常见的有柱形图、条形图、折线图、饼图、XY 散图、面积图、圆环图、雷达图、曲面图、气泡图、股价图、圆柱\圆锥\棱锥图。

2. 创建图表

在 Excel 中，创建图表的方法十分简单。可以利用选项卡下的命令创建图表。

例如，在图 4-27 所示的“学生成绩表”中，以姓名为系列，为英语、大学语文、计算机基础三列建立“簇状柱形”图表，系列产生在“列”，图表标题为“成绩表”，将图表插入工作表中的 A11:J21 单元格区域内。其具体操作方法如下。

（1）选定图表数据区域（一般包括列标题），本例选取单元格数据区域为 C1:C10 和 G1:I10。选择“插入”选项卡下的“图表”命令组，单击“柱形图”命令，选择“簇状柱形图”，如图 4-45 所示。

（2）单击“插入”选项卡，选择“设计”选项卡下的“图表样式”命令组可以改变图表颜色，如图 4-46 所示。选择“设计”选项卡下的“图表布局”命令组可以改变图表的布局，如图 4-47 所示。

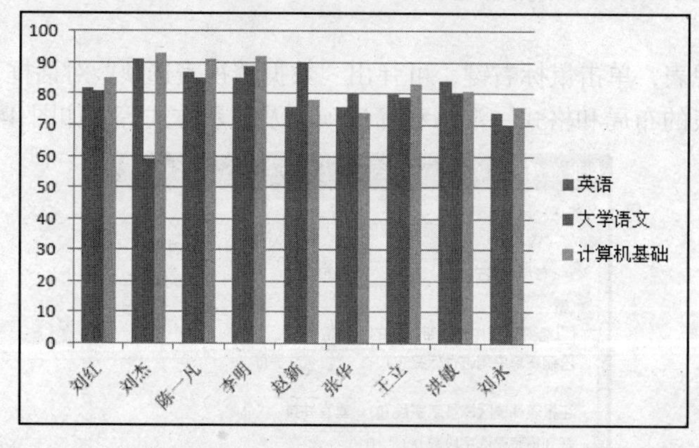

图 4-45　簇状柱形图之一

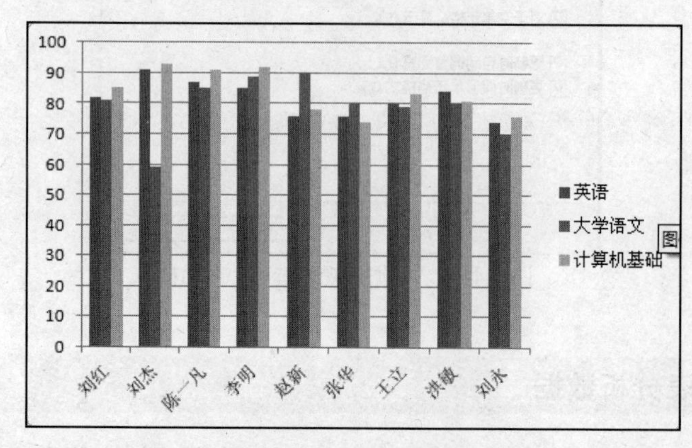

图 4-46　簇状柱形图之二

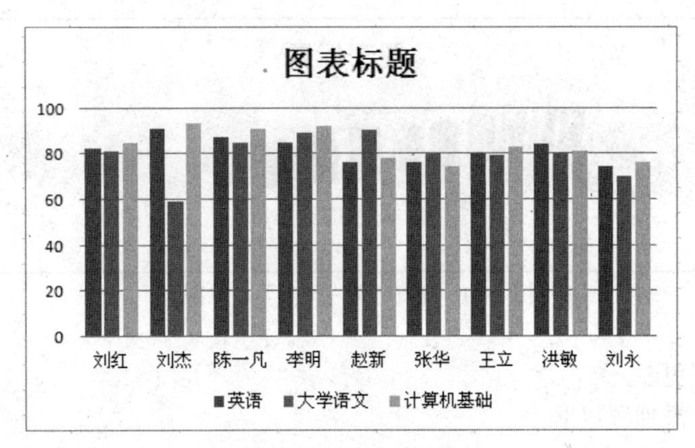

图 4-47　簇状柱形图之三

（3）单击图 4-47，选择“布局”选项卡下的“标签”命令组，使用“图表标题”命令，可以输入图表标题为“成绩表”。

（4）图表将显示在工作表内，调整大小，将其插入 A11:J21 单元格区域内，如图 4-48 所示。

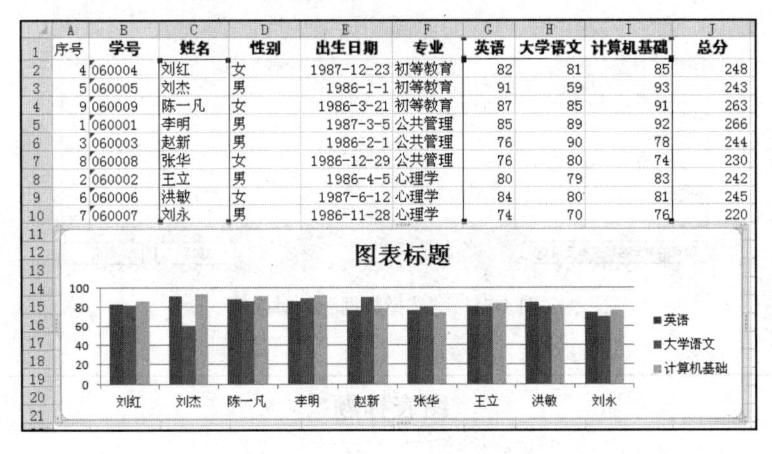

	A	B	C	D	E	F	G	H	I	J
1	序号	学号	姓名	性别	出生日期	专业	英语	大学语文	计算机基础	总分
2	4	060004	刘红	女	1987-12-23	初等教育	82	81	85	248
3	5	060005	刘杰	男	1986-1-1	初等教育	91	59	93	243
4	9	060009	陈一凡	女	1986-3-21	初等教育	87	85	91	263
5	1	060001	李明	男	1987-3-5	公共管理	85	89	92	266
6	3	060003	赵新	男	1986-2-1	公共管理	76	90	78	244
7	8	060008	张华	女	1986-12-29	公共管理	76	80	74	230
8	2	060002	王立	男	1986-4-5	心理学	80	79	83	242
9	6	060006	洪敏	女	1987-6-12	心理学	84	80	81	245
10	7	060007	刘永	男	1986-11-28	心理学	74	70	76	220

图 4-48　插入图表后的工作表

3. 编辑图表

创建图表之后，可以在工作表中或直接在图表中对图表进行编辑和修改，还可以调整工作表中生成图表的源数据区域，以使图表更符合用户的要求。

当选中一个图表后，功能区会出现“图表工具”选项卡，其下的“设计”“布局”“格式”选项卡内的命令可编辑和修改图表，也可以选中图表后单击鼠标右键，利用弹出的菜单编辑和修改图表，如图 4-49 所示。

图 4-49　修改图表菜单

（1）图表的类型修改

单击图表绘图区，选择图 4-49 所示的菜单中的“更改图表类型”命令，修改图表类型为“三维簇状柱形图”，结果如图 4-50 所示。也可以利用“图表工具”选项卡下的“类型”命令组中的“更改图表类型”命令来完成。

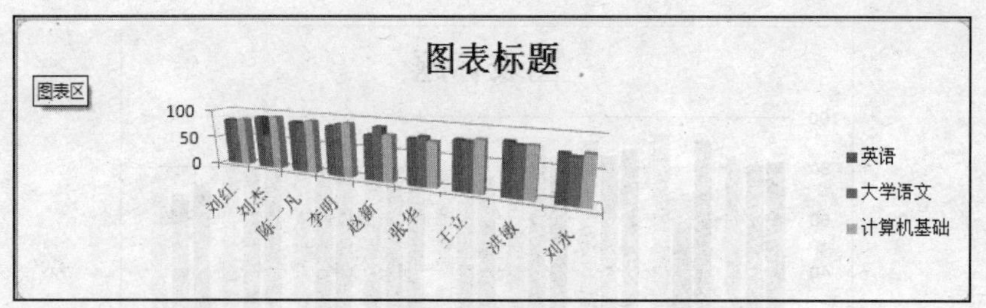

图 4-50　修改“图表类型”后的图表

（2）源数据更改

① 向图表中添加源数据

如果将“学生成绩表”中的“总分”列的数据添加到图表中，操作步骤是：单击图表绘图区，选择“图表工具”选项卡下的“数据”命令组的“选择数据”命令，或单击图表绘图区，选择图 4-49 所示的菜单中的“选择数据”命令，在弹出的“选择源数据”对话框中，如图 4-51 所示，重新选择图表所需的数据区域，即可完成向图表中添加源数据，如图 4-52 所示。

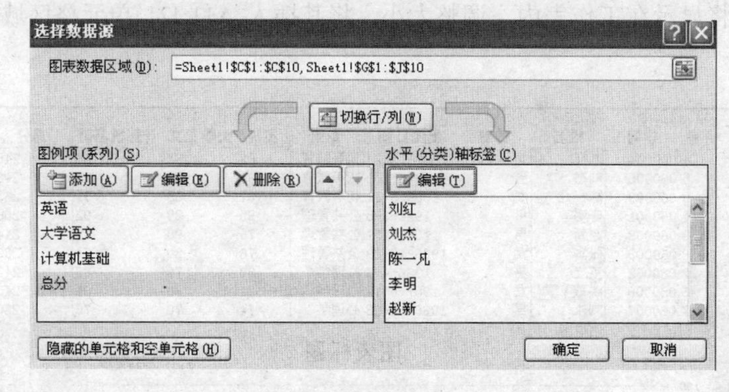

图 4-51　“选择数据源”对话框

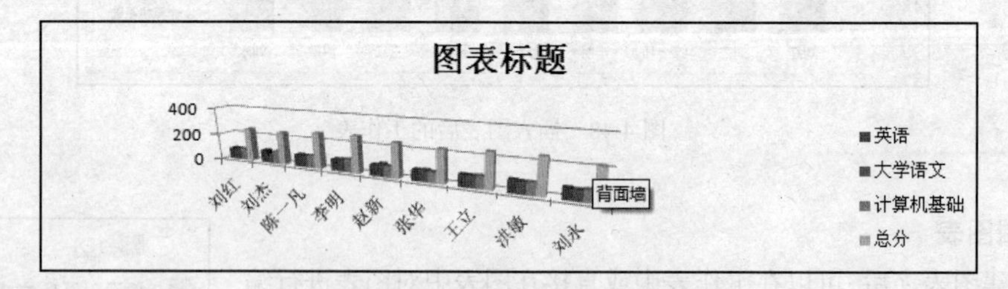

图 4-52　添加源数据后的图表

② 删除图表中的数据

如果要同时删除工作表和图表中的数据，只要删除工作表中的数据，图表将会自动更新。如果只从图表中删除数据，在图表上单击所要删除的图表系列，按 Delete 键即可完成。利用“选择数据源”对话框的“图例项（系列）”栏中的“删除”按钮也可以进行图表数据的删除。

（3）图表的格式化

为了使图表更加美观，可以对图表的边框、颜色、文字和数据等进行格式设置。具体的操作方法为：选定图表后，双击图表区或按右键使用快捷菜单打开如图 4-53 所示的“图表区格式”对话框。用户可在“填充”选项卡中设置边框线的格式和区域的背景颜色。选中图表的标题区，双击图表的标题区或按右键使用快捷菜单打开 “图表标题格式”对话框，可设置标题区的图案颜色、边框样式、对齐方式等。

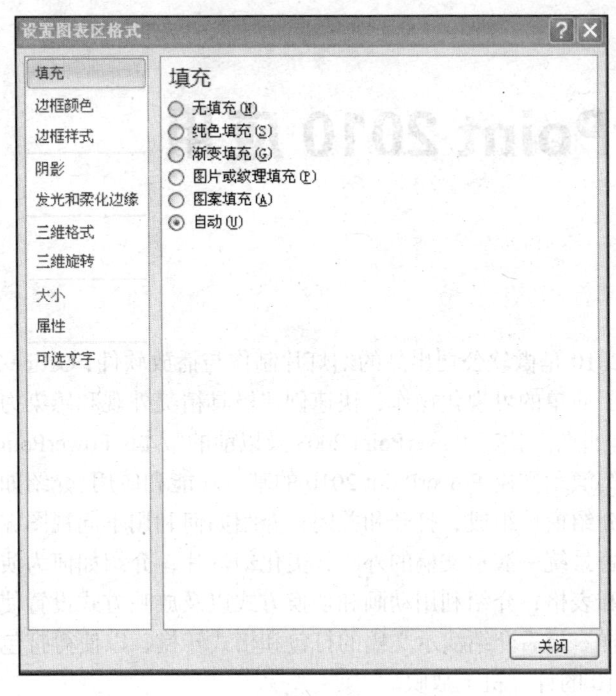

图 4-53 “图表区格式”对话框

思考题

1. 简述 Excel 2010 工作窗口与 Word 2010 窗口的不同之处。
2. 简述工作簿、工作表、单元格的概念。
3. 输入纯数字字符串、日期和时间数据时，需要注意什么？
4. 如何使用“填充柄”快速地复制和填充数据？
5. 简述如何设置单元格格式。
6. 简述单元格引用有几种类型，它们之间有什么区别。
7. 输入公式与输入文本之间有什么区别？
8. 简述对工作表中的数据进行排序、筛选、分类的操作。
9. 简述建立数据透视表的操作方法。
10. 简述图表的创建和编辑操作方法。

第 5 章

PowerPoint 2010 应用

PowerPoint 2010 是微软公司出品的幻灯片制作与播放软件，Office 2010 办公软件中的重要组件。它提供了简单的可视化操作，快速创建极具精美外观和感染力的演示文稿，能达到复杂的演示效果。此外，比起 PowerPoint 2003 及以前的版本，PowerPoint 2010 功能更为强大。

本章主要介绍演示文稿 PowerPoint 2010 的基本功能和应用。介绍如何从最简单的演示文稿进入与退出，介绍窗口组成、打开和关闭；介绍如何利用不同视图编辑幻灯片；介绍如何利用主题和设置背景统一演示文稿的外观，美化幻灯片；介绍如何为演示文稿添加文本、添加图片、艺术字和表格；介绍利用动画和切换方式以及放映方式设置使演示文稿更加丰富，表现形式更为多样。最后介绍演示文稿的打包和格式转换，以使得打包后的文件能在没有安装 PowerPoint 2010 的计算机上放映。

PowerPoint 2010 还可以利用 VBA 控件以及其他高级功能来实现更为丰富灵活的展现形式和交互。

5.1 PowerPoint 2010 基础

PowerPoint 2010 是一个功能强大的幻灯片制作与演示软件，它能合理有效地将图形、图像、文字、声音以及视频剪辑等多媒体元素集于一体，淋漓尽致地把用户的设想通过放映幻灯方式演示出来。

5.1.1 启动和退出 PowerPoint 2010

1. 启动 PowerPoint 2010

在 Windows 环境下，启动 PowerPoint 2010 有多种方法。常用方法如下。

（1）单击“开始”→“所有程序”→“Microsoft Office” →“Microsoft PowerPoint 2010”。

（2）双击桌面上的“Microsoft PowerPoint 2010”图标。

（3）双击文件夹中的 PowerPoint 2010 演示文稿文件（其扩展名为.pptx），将启动 PowerPoint 2010，并打开该演示文稿。

前两种方法启动 PowerPoint 2010 后，在 PowerPoint 的窗口中自动生成一个名为“演示文稿 1”的空白演示文稿。

2. 退出 PowerPoint 2010

退出 PowerPoint 2010 也有多种方法。常用方法如下。

（1）单击“文件”选项卡里的“退出”项。

（2）双击窗口快速访问工具栏左端的控制菜单图标。

（3）单击应用程序右上角的关闭按钮。

（4）按组合键 Alt + F4。

5.1.2 PowerPoint 2010 窗口介绍

启动 PowerPoint 2010 后，系统进入图 5-1 所示的窗口界面。

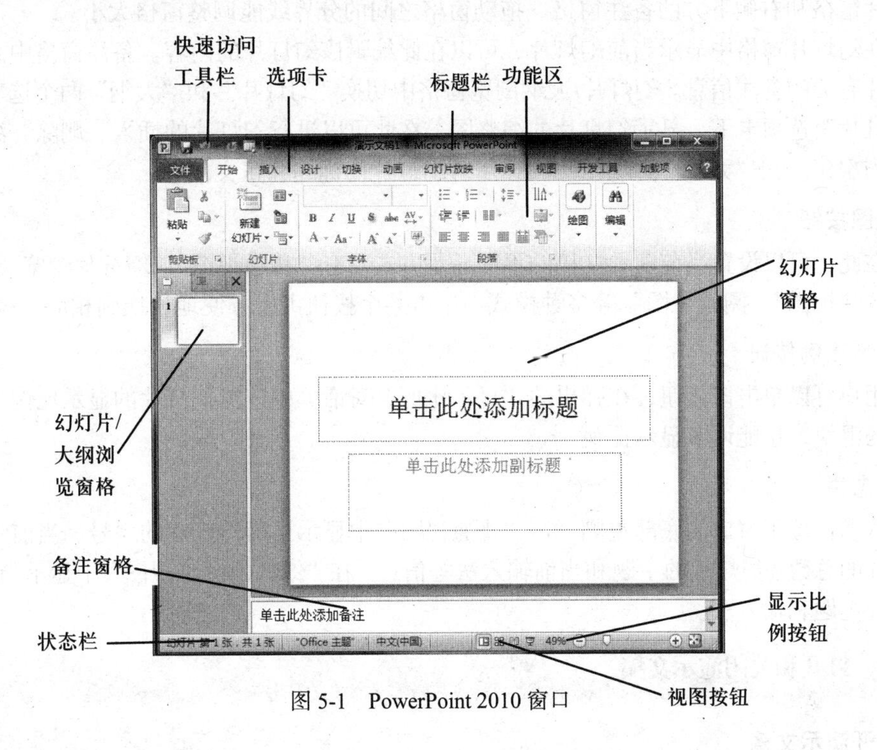

图 5-1 PowerPoint 2010 窗口

1. 标题栏

标题栏位于窗口的最上方，上面显示了演示文稿的名称。双击标题栏，可以将窗口放大或将缩小的窗口恢复到原来的大小。

2. 快速访问工具栏

快速访问工具栏位于标题栏左侧，常用的几个命令按钮放在这里，便于快速访问。有“保存”“撤销”和“恢复”等按钮，用户可以根据自己的需要进行增删。

3. 选项卡

选项卡位于标题栏下方，包含了 PowerPoint 2010 的所有的控制功能。通过选项卡里的按钮或快捷键，可以完成需要完成的各项任务。选项卡里每一个按钮代表一个命令，如果要激活某个命令，只需要用鼠标单击或使用快捷键。通过单击按钮的操作和通过使用快捷键的操作结果是一样的。

选项卡包括“文件”“开始”“插入”等 9 个常用不同类别的功能。用户可以根据需要增加或删除，并能新建选项卡进行个性化调整。选择“文件”→“选项”→“自定义功能区”命令，进入自定义界面进行调整。

4. 功能区

功能区用于显示与选项卡对应的命令按钮。在不同的选项卡下显示每个功能分组对应的命令按钮。

5. 演示文稿编辑区

功能区下方的演示文稿编辑区分为 3 个部分：左侧的幻灯片/大纲浏览窗格、右侧上方的幻灯片窗格和右侧下方的备注窗格。拖动窗格之间的分界线能调整窗格大小。

在幻灯片窗格中显示当前幻灯片，可以在此编辑该幻灯片的内容。备注窗格中添加与该幻灯片有关的备注信息。幻灯片/大纲浏览窗格中切换“幻灯片”和“大纲”两个选项卡。在“幻灯片”选项卡下，显示幻灯片的缩略图。在此可以进行幻灯片的插入、删除、添加和重新排列次序。在“大纲”选项卡下，显示各幻灯片的标题和正文信息。

6. 视图按钮

在此，可以设置当前演示文稿的不同显示方式。有“普通视图”“幻灯片浏览视图”“幻灯片放映视图”“阅读视图”等多种模式。单击某个按钮可以方便地切换到相应的视图。

7. 显示比例按钮

用户可以单击该按钮，在弹出的“显示比例”对话框中选择幻灯片的显示比例。拖动其右方的滑块，也能调节显示比例。

8. 状态栏

状态栏位于窗口的底部左侧。在“普通视图”中显示当前幻灯片的序号、当前演示文稿幻灯片的总数、幻灯片的主题和当前输入法等信息。在“幻灯片浏览视图”中显示当前视图、幻灯片主题和输入法。

5.1.3 打开和关闭演示文稿

1. 打开演示文稿

打开现有的演示文稿的方法主要有以下几种。

（1）以一般方式打开演示文稿

单击“文件”选项卡，在出现的菜单中选择“打开”命令，弹出“打开”对话框，如图 5-2 所示。双击演示文稿所在的文件夹，双击要打开的文件或直接在“文件名”文本框中输入要打开的文件名，再单击“打开”按钮。

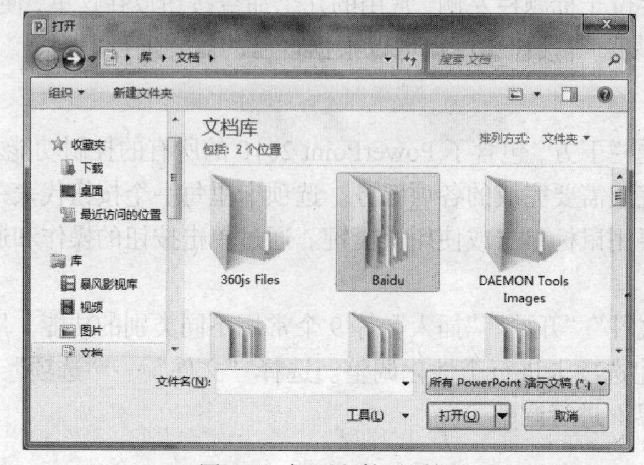

图 5-2 打开文件对话框

（2）以副本方式打开演示文稿（见图 5-3）

以副本方式打开演示文稿时，对副本的修改不会影响原来的演示文稿。其操作方法与第一种方法的前几个步骤一样，不同之处仅在于最后一步。在打开文件对话框中，单击“打开”按钮的下拉按钮，从中选择“以副本方式打开”，这样打开的演示文稿在标题栏处出现的文件名前出现“副本(1)”，此时编辑的演示文稿与原演示文稿无关。

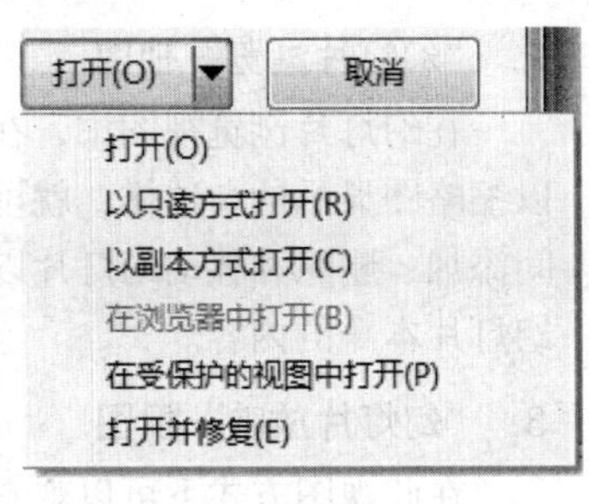

图 5-3　打开下拉菜单

（3）以只读方式打开演示文稿（见图 5-3）

以只读方式打开演示文稿时，只能浏览，不能修改。如果有修改则不能以原文件名存盘，只能保存为其他文件名。方法与“以副本方式打开演示文稿”相似，不同之处在于最后一步。在“打开”对话框中，单击“打开”按钮的下拉按钮，从中选择“以只读方式打开”，这样打开的演示文稿在标题栏处出现的文件名后出现[只读]。

（4）打开最近使用过的演示文稿

单击“文件”选项卡，在“最近所用文件”中单击要打开的演示文稿。这样，就能快速打开最近打开过的演示文稿。

（5）双击演示文稿方式打开

以上四种方式是在已启动 PowerPoint 的情况下打开演示文稿的方法，在没有启动 PowerPoint 的情况下直接双击要打开的演示文稿能快速打开指定的演示文稿。

（6）一次打开多个演示文稿

要同时打开多个演示文稿，可以单击“文件”选项卡，在出现的菜单中单击“打开”，在弹出的“打开”对话框中找到要打开的演示文稿，按住 Ctrl 键单击多个要打开的演示文稿文件，然后单击“打开”，即可同时打开所选择的多个演示文稿。

2. 关闭演示文稿

关闭演示文稿常用以下几种方法。

（1）单击“文件”选项卡，在打开的“文件”菜单中选择“关闭”命令，则关闭演示文稿，但不退出 PowerPoint。

（2）单击 PowerPoint 窗口右上角的“关闭”按钮，则关闭演示文稿并退出 PowerPoint。

（3）右键单击任务栏上的 PowerPoint 图标，在弹出的菜单中选择“关闭窗口”命令，则关闭演示文稿并退出 PowerPoint。

5.2　演示文稿的五种视图方式

PowerPoint 2010 为了建立、编辑、浏览和放映幻灯片的需要，提供了普通视图、幻灯片浏览视图、幻灯片放映视图、备注页视图、阅读视图等多种视图方式。

5.2.1　视图方式介绍

1. “普通”视图

普通视图由左侧的“幻灯片浏览/大纲窗格”、右侧上方的“幻灯片窗格”和右侧下方的“备注窗格”组合到一个窗口中。既可以输入、编辑和排版文本，也可以在备注面板内输入备注信息。普通视图是主要的编辑视图，可用于撰写或设计演示文稿。

窗格的大小是可以调节的。一般情况下，“幻灯片窗格”调得大些适合编辑幻灯片。

2. “幻灯片浏览”视图

在幻灯片浏览视图中，在一个屏幕上同时看到演示文稿中的多张幻灯片，这些幻灯片是以缩略图显示的。这样，就可以很直观地看到演示文稿的整体外观，并很容易地在幻灯片之间添加、删除和移动幻灯片以及选择幻灯片等，还可以设置幻灯片的切换效果，但不能改变幻灯片本身的内容。

3. “幻灯片放映”视图

在此视图方式下可以观看幻灯片的全屏放映效果。单击该幻灯片放映选项卡，并功能区中选择相应的放映方式。将“从头开始”或“从当前幻灯片开始”或以其他方式放映演示文稿。当所有的幻灯片放映结束时，单击鼠标，即可返回到普通视图的编辑窗口中；或者单击窗口底部的“幻灯片放映”视图按钮，也可以从当前幻灯片开始放映演示文稿。

4. “备注页”视图

在“视图”选项卡中单击“备注页”命令按钮，进入“备注页”视图，显示一张幻灯片及其下方的备注页，可在此输入编辑备注页的内容。

5. “阅读”视图

在“视图”选项卡中单击“阅读”命令按钮，进入“阅读”视图。在“阅读”视图下只保留幻灯片窗格、标题栏和状态栏，在幻灯片制作后可作简单地放映浏览。按Esc键退出“阅读”视图。

5.2.2 视图方式的切换

切换视图方式的方法有两种：一是在“视图”选项卡下单击“普通视图”“幻灯片浏览”“备注页”和“阅读视图”命令按钮；二是单击位于演示窗口底部的视图切换按钮，如图5-4所示。

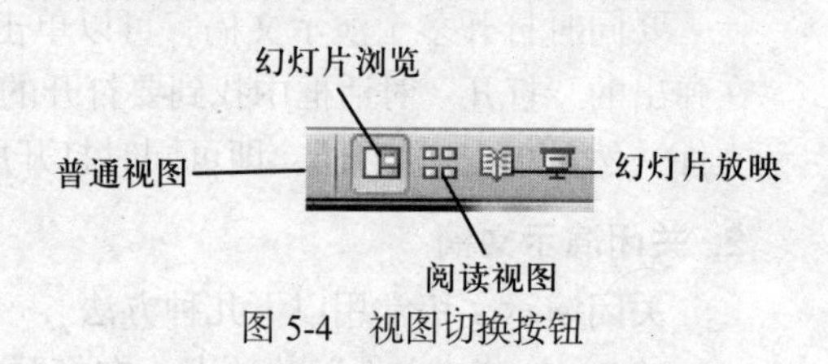

图5-4 视图切换按钮

5.2.3 “普通”视图下的操作

在“普通”视图下，用于显示单张幻灯片时幻灯片窗格面积最大，因此适合对幻灯片上的对象，包括文本、图片、表格等进行编辑操作。主要操作有对文本和图片进行选择、移动、复制、插入、删除，对图片进行缩放，以及设置文本格式和对齐方式等。

5.2.4 “幻灯片浏览”视图下的操作

在“幻灯片浏览”视图下，可以同时显示多张幻灯片的缩略图，便于进行重排幻灯片的顺序、移动、复制、插入和删除多张幻灯片等操作。

1. 选择幻灯片

若要编辑某张幻灯片，必须使其成为当前幻灯片。“普通”视图下可在左侧的“幻灯片/大纲浏览”窗格中用拖动滚动条方式快速找到目标幻灯片缩略图。

在“幻灯片浏览”视图下，窗口中以缩略图方式显示全部幻灯片，而且缩略图的大小可以调整。所以，可以同时看到比“幻灯片/大纲”窗格中更多的幻灯片缩略图，如果幻灯片不多，甚至可以显示全部幻灯片缩略图，并快速找到目标幻灯片。

选择幻灯片的方法如下。

（1）单击“视图”选项卡“演示文稿视图”组的“幻灯片浏览”命令，或单击窗口底部“幻灯片浏览”视图按钮，进入“幻灯片浏览”视图，如图 5-5 所示。

（2）利用滚动条或 PgUp 或 PgDn 键滚动屏幕，寻找目标幻灯片缩略图。单击目标幻灯片缩略图，该幻灯片缩略图的四周出现黄框，说明该幻灯片被选中。

若想选择连续的多张幻灯片，可以先单击其中第一张幻灯片缩略图，然后按住 Shift 键再单击其中的最后一张幻灯片缩略图，则这些连续的多张幻灯片均出现黄框，说明它们都被选中。如果想选择不连续的多张幻灯片，可以按住 Ctrl 键并逐个单击要选择的幻灯片缩略图即可。

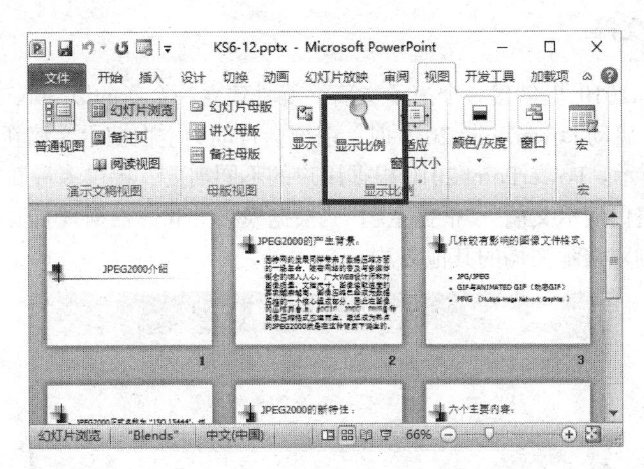

图 5-5 “幻灯片浏览”视图

2. 缩放幻灯片缩略图

在“幻灯片浏览”视图下，幻灯片通常以 66%的比例显示，所以称为幻灯片缩略图。根据需要可以调节显示比例，如希望一屏显示更多幻灯片缩略图，则可以缩小显示比例。

要确定幻灯片缩略图显示比例，在“幻灯片浏览”视图下单击“视图”选项卡“显示比例”组的“显示比例”命令，出现“显示比例”对话框（见图 5-6）。在“显示比例”对话框中选择合适的显示比例，如 50%等。也可以自己定义显示比例，方法是在“百分比”栏中直接输入比例或单击上下箭头选取合适的比例。

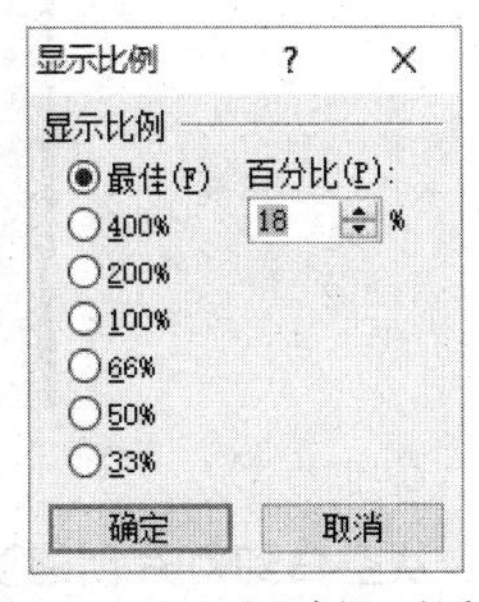

图 5-6 “显示比例”对话框

3. 重排幻灯片的顺序

演示文稿中的幻灯片有时要调整位置，按新的顺序排列。因此需要向前或向后移动幻灯片。移动幻灯片的方法如下。

在幻灯片视图下选择需要移动位置的幻灯片缩略图，按鼠标左键拖动幻灯片缩略图到目标位置，当目标位置出现一条竖线时，松开左键，所选幻灯片缩略图移到该位置。移动时出现的竖线表示当前位置。

移动幻灯片的另一种方法是采用剪切/粘贴方式，选择需要移动位置的幻灯片缩略图，单击“开始”选项卡“剪贴板”组的“剪切”命令。单击目标位置，如第 5 张幻灯片和第 6 张幻灯片缩略图之间的位置，此时该位置出现一条竖线。单击“开始”选项卡“剪贴板”组的“粘贴”按钮，则所选幻灯片移到第 5 张幻灯片后面。

4. 插入幻灯片

在“幻灯片浏览”视图下能插入一张新幻灯片，也能插入另一演示文稿的一张或多张幻灯片。

5. 删除幻灯片

在创建和编辑演示文稿的过程中，可能要删除某些不需要的幻灯片。在“幻灯片浏览”视图下，可以显示更多幻灯片，所以删除多张幻灯片更为方便。先选择要删除的幻灯片，按删除键即可。

5.3 创建和编辑简单的电子演示文稿

5.3.1 创建演示文稿

在 PowerPoint2010 里创建一个演示文稿，就是建立一个新的以.pptx 或.ppt 为扩展名的 PowerPoint 文件。启动 PowerPoint 2010 时，系统会自动为空白演示文稿新建一张“标题”幻灯片，如图 5-7 所示。PowerPoint 2010 根据用户的不同需要，提供多种新文稿的创建方式，常用的有“创建空白演示文稿”“根据主题”“根据模板”和“根据现有演示文稿”等。下面介绍几种常见的创建演示文稿的其他方法。

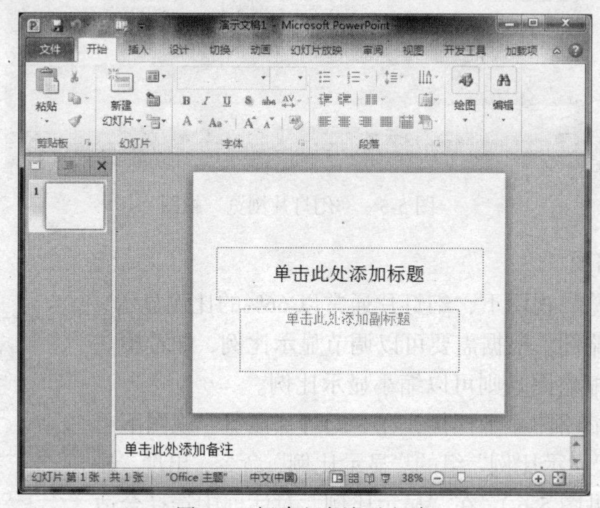

图 5-7　新建空白演示文稿

1. 从空白幻灯片创建演示文稿

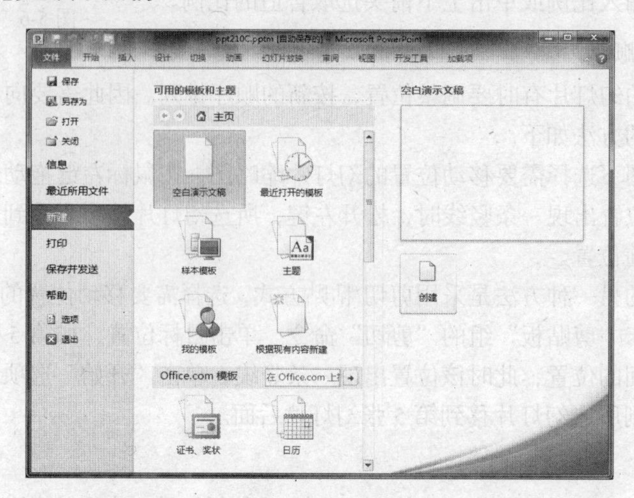

图 5-8　新建任务面板

从空白幻灯片创建演示文稿的具体操作方法如下。

（1）单击“文件→新建→空白演示文稿→创建”命令或“文件→新建→双击空白演示文稿”。

（2）单击图 5-8 所示的“新建”任务面板中的“空白演示文稿”项，创建了图 5-7 所示的“空白演示文稿”。

2. 用主题创建演示文稿

操作步骤如（1），在图 5-8 中选择“主题”，在打开的面板中选择要用的主题，双击或单击后点击“创建”，如图 5-9 所示。

使用现成的主题创建演示文稿，可以利用已有的主题样式，简化演示文稿风格设计的大量工作，快速创建所选主题的演示文稿。

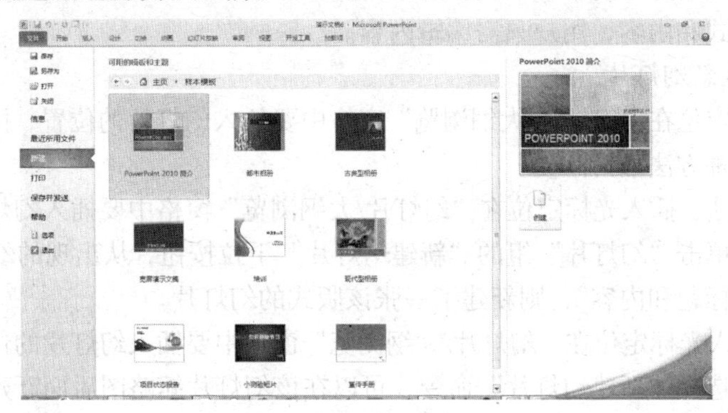

图 5-9　用主题创建演示文稿

3. 用设计模板创建演示文稿

操作步骤如（1），在图 5-8 中选择“样本模板”，在打开的面板中选择要用的模板，双击或单击后点击“创建”。

使用现成的设计模板创建演示文稿，省时省力，能快速创建专业水平的演示文稿，从而提高了工作效率。

但预设的模板样式有限，如果“样本模板”中没有符合要求的模板，也可以在 office.com 网站下载。操作步骤如（1），在图 5-8 中下方的“office.com 模板”中双击所要的类别，在联网状态下，office 会自动在网络上搜索相关类别的模板并显示，从中选择一个模板，然后单击“创建”，office 自动下载模板并创建一个相应的演示文稿。

4. 用现有演示文稿创建演示文稿

操作步骤如（1），在图 5-8 中双击“根据现有内容创建”，即可创建一个与现有演示文稿样式和内容完全一样的新演示文稿，在此基础上进行适当修改并保存。

5.3.2　在演示文稿中增删幻灯片

一个演示文稿由多张幻灯片组成，创建空白演示文稿时，生成一张空白幻灯片。一张幻灯片编辑完成，需要增加下一张幻灯片。有时需要删除某些幻灯片。

1. 选择幻灯片

（1）选择一张幻灯片

在“幻灯片/大纲浏览”窗格中单击所要选择的幻灯片缩略图。有时需要拖动“幻灯片/

大纲浏览”窗格中的滚动条滑块，找到要选取的幻灯片后，单击即可选定。

（2）选择多张相邻幻灯片

在“幻灯片/大纲浏览”窗格中单击所要选择的第一张幻灯片缩略图，然后按住 Shift 键同时单击所选最后一张幻灯片缩略图，即可选定这两张幻灯片之间的全部幻灯片。

（3）选择多张不相邻幻灯片

在“幻灯片/大纲浏览”窗格中单击所要选择的第一张幻灯片缩略图，然后按住 Ctrl 键同时逐个单击所选的其他幻灯片缩略图，即可同时选定多张不相邻幻灯片。

2. 插入幻灯片

插入幻灯片有两种常用方法，插入新幻灯片和插入当前幻灯片的副本。插入新幻灯片后由用户重新编写幻灯片内容和格式。插入当前幻灯片的副本则直接复制当前幻灯片，包括当前幻灯片的格式和内容，用户只需编辑内容。

（1）插入新幻灯片

插入光标定位在“幻灯片/大纲浏览”窗格中要插入幻灯片的位置，按回车，即可插入一张幻灯片。这种方法最为简便。

第二种方法，插入光标定位在“幻灯片/大纲浏览”窗格中要插入幻灯片的位置，在“开始”选项卡下单击“幻灯片”组的“新建幻灯片”下拉按钮，从出现的幻灯片版式中选择一种版式，如“标题和内容”，则新建了一张该版式的幻灯片。

另外，插入光标定位在“幻灯片/大纲浏览”窗格中要插入幻灯片的位置，右键单击，在弹出的菜单中选择“新建幻灯片”命令，可以在该幻灯片缩略图后面新建一张幻灯片。

（2）插入当前幻灯片的副本

在“幻灯片/大纲浏览”窗格中选择目标幻灯片缩略图，然后在“开始”选项卡下单击“幻灯片”组的“新建幻灯片”下拉按钮，在出现的列表中单击“复制所选幻灯片”命令。这样就在当前幻灯片之后插入一张与当前幻灯片完全相同的幻灯片。也可右键单击目标幻灯片缩略图，在出现的菜单中选择“复制幻灯片”命令，在目标幻灯片后面插入新幻灯片。所插入的幻灯片的格式与内容都与目标幻灯片一致。

3. 删除幻灯片

在“幻灯片/大纲浏览”窗格中选择要删除的幻灯片缩略图，按删除键 Delete 键删除。也可右键单击幻灯片缩略图，在出现的菜单中选择“删除幻灯片”命令（见图 5-10）。若删除多张幻灯片，可以同时选中这多张幻灯片，然后按删除键删除。

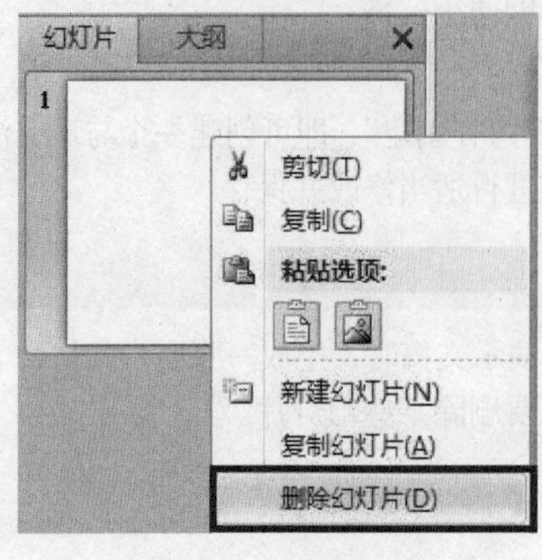

图 5-10　删除幻灯片

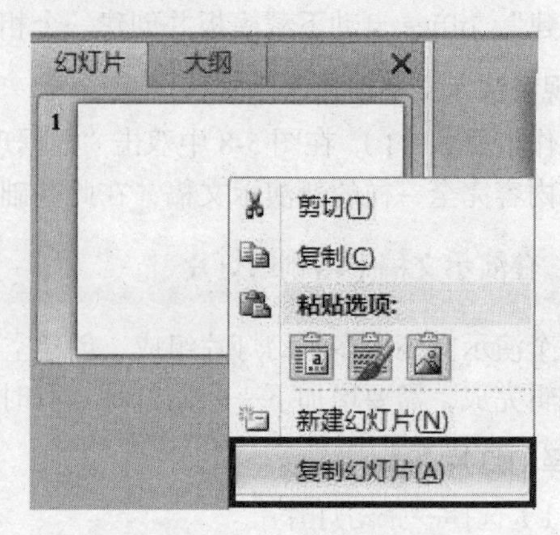

图 5-11　复制幻灯片

4. 复制幻灯片

（1）本文档内复制幻灯片

选中幻灯片→右键单击→复制幻灯片，如图 5-11 所示。

（2）不同文档间复制幻灯片

在某一文档中选中幻灯片，右键单击→复制，在另一文档合适的位置，右键单击→粘贴选项→使用目标主题，如图 5-12、图 5-13 所示。

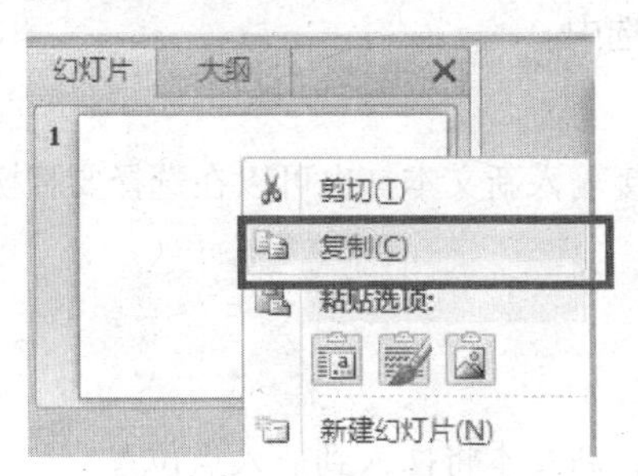

图 5-12　复制不同文档幻灯片

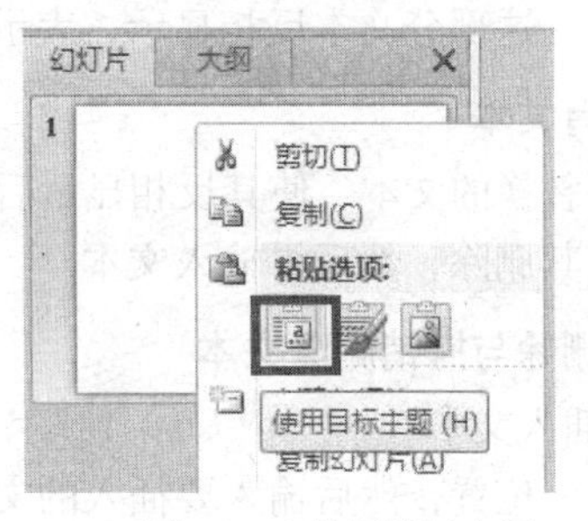

图 5-13　使用目标主题

5.3.3　编辑幻灯片中的文本内容

演示文稿由若干幻灯片组成，幻灯片根据需要可以出现文本、图片、表格等。文本是最基本的表现形式，也是演示文稿的基础。文本输入后，可以设置相应的格式以及利用图片、表格、背景为之增加表现形式。

1. 输入文本

（1）利用占位符输入文本

新建空白演示文稿时，系统自动生成一张标题幻灯片，其中包括两个虚线框，框中有提示文字，这个虚线框称为占位符。占位符是预先安排的对象插入区域，对象可以是文本、图片、表格等。单击不同的占位符即可插入相应的对象。标题幻灯片的两个占位符都是文本占位符。单击占位符，提示文字消失，出现插入光标，直接输入文本内容。一般情况下自动换行，需要开始新段落时，按 Enter 键。

（2）利用文本框输入文本

插入→文本→文本框。可以选择横排文本框和垂直文本框。把鼠标指向文本框的边界小方块处，当鼠标变为双向箭头时，按住鼠标左键直接拖动文本框控制点即可对大小进行粗略设置。此外，还可以选中文本框→“绘图工具/格式”选项卡→“大小”组→高度/宽度。用第二种方法可以设置文本框的精确大小，如图 5-14 所示。

使用“形状填充/形状轮廓/形状效果”设置文本框格式（见图 5-15）。选中文本框→“绘图工具/格式”选项卡→“形状样式”组→形状填充/形状轮廓/形状效果。

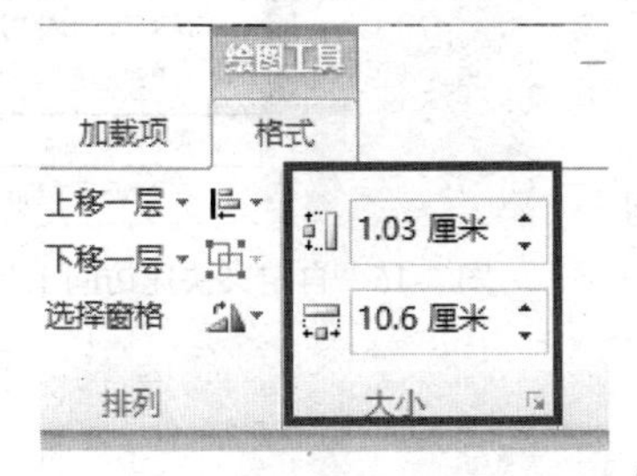

图 5-14　设置文本框大小

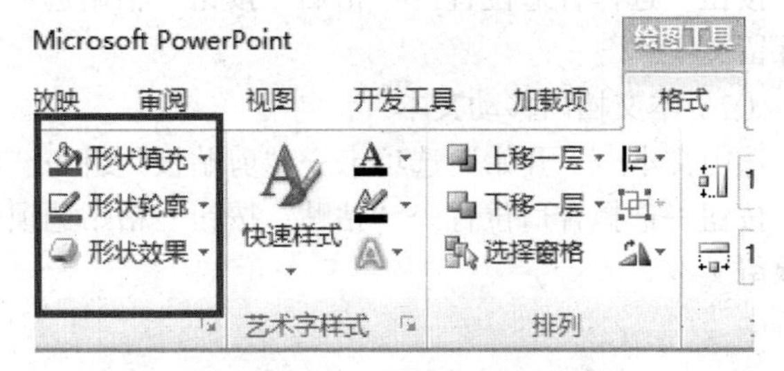

图 5-15　设置文本框格式

2. 选择文本

要对文本进行编辑，必须先选择该文本。根据需要可以选择整个文本框、整段文本或部分文本。

选择整个文本框：单击文本框中任一位置，出现虚线框，再单击虚线框，则变成实线框，此时表示选中整个文本框。单击文本框外的位置，即可取消选中状态。

选择部分文本：按住鼠标左键从文本的第一个字符拖动鼠标到文本的最后一个字符，放开鼠标左键，这部分文本反相显示，表示被选中。

3. 替换原有文本

选择要替换的文本，使其反相显示后直接输入新文本。也可以在选择要替换的文本后按删除键，将其删除，然后再输入文本。

4. 插入、删除与撤销删除文本

（1）插入文本

单击插入位置，然后输入要插入的文本，新文本将插入到插入点位置。

（2）删除文本

选择要删除的文本，使其反相显示，然后按删除键或者 Backspace 键（退格键）即可。也可以选择文本后右键单击该文本，在弹出的快捷菜单中单击“剪切”命令。还可以定位光标，按键盘上的 Delete 键（删除键）即可删除光标之后的文本，按 Backspace 键（退格键）即可删除光标之前的文本。

此外，还可以采用“清除”命令。选择要删除的文本，单击快速访问工具栏中的“清除”命令，即可删除该文本。

若“清除”命令不在快速访问工具栏，可以将“清除”命令添加到快速访问工具栏。具体方法是：单击快速访问工具栏右侧的“自定义快速访问工具栏”按钮，从中选择“其他命令”，在出现的“PowerPoint 选项”对话框中单击“从下列位置选择命令”栏的下拉按钮，从中选择“不在功能区的命令”，然后从列表中选择“清除”命令，并单击中间的“添加”按钮。可以看到右侧新出现“清除”命令。单击“确定”按钮后，快速访问工具栏中出现“清除”命令，如图 5-16 所示。

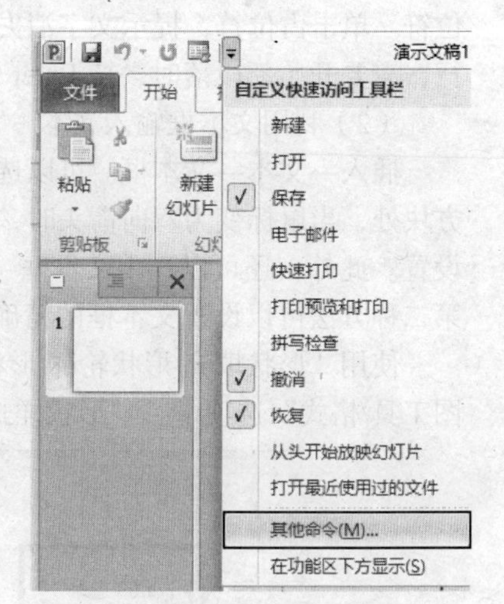

图 5-16　自定义快速访问工具栏

（3）撤销删除文本

点击快速访问工具栏上的撤销按钮即可撤销删除，即图 5-16 左上角的这个按钮 ↶。

5. 移动与复制文本

（1）本文档内复制文本

选中文本→“开始”选项卡→“剪贴板”组→“复制”按钮→选择合适位置→“粘贴”按钮→粘贴选项→只保留文本。

（2）本文档内移动文本

选中文本→“开始”选项卡→“剪贴板”组→“剪切”按钮→选择合适位置→“粘贴”按钮→粘贴选项→只保留文本。

（3）不同文档间复制文本

选中文本，右键单击→复制，在合适的位置，右键单击→粘贴选项（只保留文本）。

（4）不同文档间移动文本

选中文本，右键单击→剪切，在合适的位置，右键单击→粘贴选项（只保留文本）。

5.3.4 设置幻灯片中文字格式

1. 字体、字号、字体样式和字体颜色

可以利用“开始”选项卡“字体”组的相关命令进行设置。单击“字体”组中的“字体”工具的下拉按钮，在出现的下拉列表中选择中意的字体，如宋体。单击“字号”工具的下拉按钮，在出现的下拉列表中选择中意的字号，如图为44磅。单击字体样式按钮，如加粗、倾斜等。

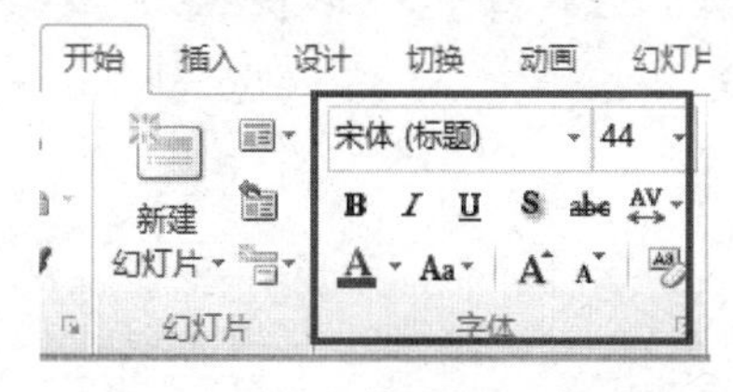

图 5-17　利用“字体”组设置文本格式

如图 5-17 所示，单击“字体”组的右下角的字体按钮，即可弹出“字体”对话框（见图 5-18）。

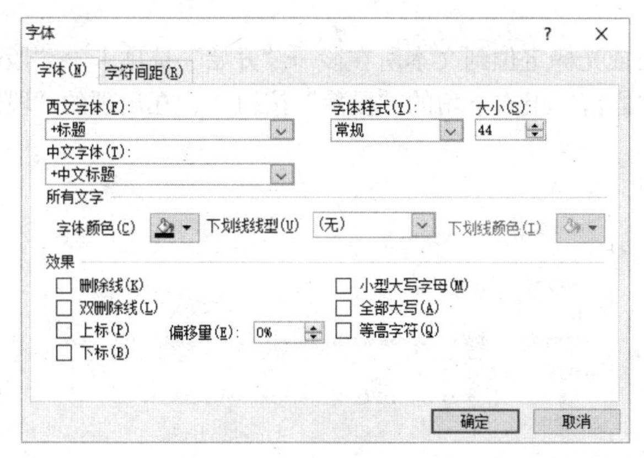

图 5-18　“字体”对话框

关于字体颜色的设置，可以单击“字体颜色”工具的下拉按钮，在“颜色”下拉列表中选择所需要的颜色，如红色。

如对颜色列表中的颜色不满意，也可以自定义颜色。单击“颜色”下拉列表中的“其他颜色”命令，出现“颜色”对话框，如图 5-19 所示。在“自定义”选项卡中选择“RGB”颜色模式，然后分别输入红色、绿色、蓝色数值，如（255，0，0）从而自定义所需要的字体颜色。右侧可以预览对应于输入的颜色数值的自定义颜色，若不满意，修改颜色数值，直至满意为止。单击“确定”完成自定义颜色。

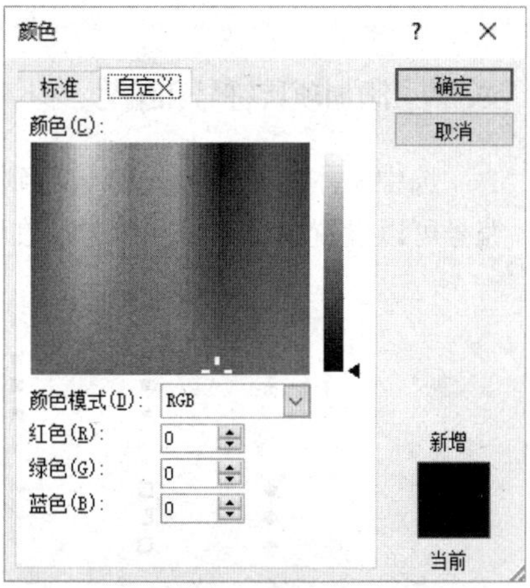

图 5-19　“颜色”对话框

2. 文本对齐

文本有水平方向和垂直方向两种对齐方式。其中水平方向有左对齐、居中、两端对齐和分散对齐。垂直方向有顶端对齐、中部对齐和底端对齐三种方式（见图 5-20）。若要改变文

本的对齐方式，可以先选择文本，然后单击“开始”选项卡“段落”组的相应命令（见图 5-21），同样也可以单击“段落”组右下角的“段落”按钮，在出现的“段落”对话框（见图 5-22）中设置文本的对齐方式。

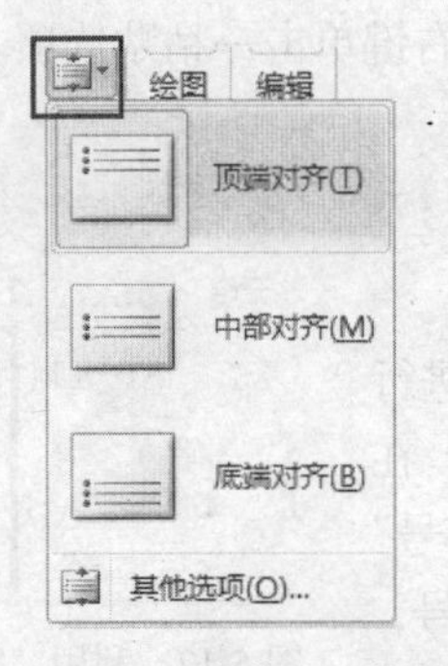

图 5-20 “段落”组按钮

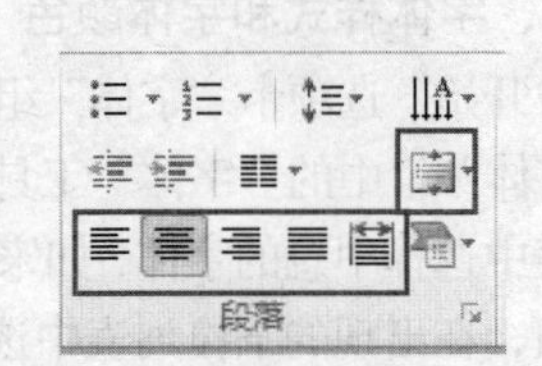

图 5-21 垂直方向的对齐方式

5.3.5 设置段落格式

选中文本所在段或光标定位到文本所在段→“开始”选项卡→“段落”组就可以设置段落格式。也可单击“段落”组右下角的“段落”按钮，在出现的“段落”对话框中更精细地设置段落格式。

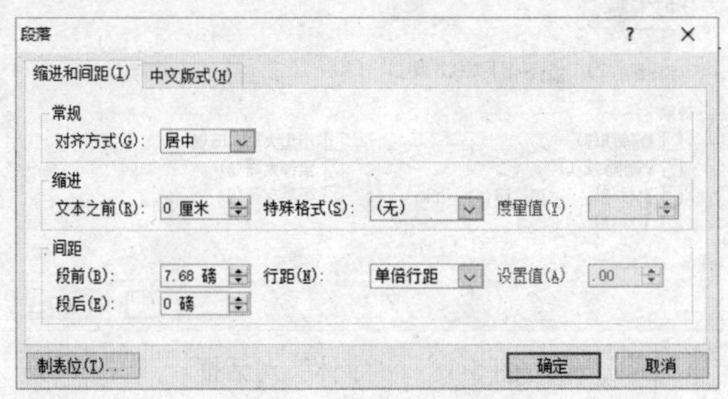

图 5-22 “段落”对话框

5.3.6 添加项目符号和编号

选中文本所在段或光标定位到文本所在段→“开始”选项卡→“段落”组→项目符号/编号可以设置项目符号和编号。在图 5-21“段落”组按钮中第一行前两个按钮分别为设置项

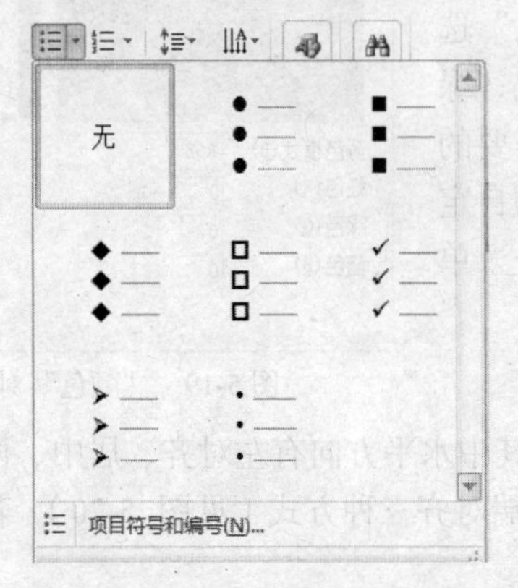

图 5-23 “项目符号”对话框

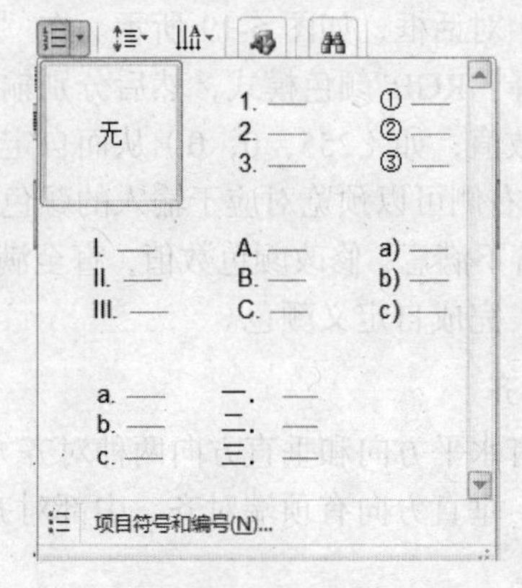

图 5-24 “编号”对话框

目符号按钮和设置编号按钮。如果需要选择其他格式的项目符号和编号，可以分别单击这两个按钮右侧的下拉箭头进行其他格式的设置。

5.3.7 保存演示文稿

在演示文稿制作完成后，应将其保存在磁盘上。要养成良好的习惯，在制作过程中每隔一段时间保存一次，以防因断电或故障导致已经编辑好的幻灯片信息丢失。

演示文稿可以保存在原位置，也可以保存在其他位置，甚至换名保存。既可以保存为PowerPoint 2010 格式，即.pptx 的格式，也可以保存为 97-2003 格式，即.ppt 格式，以兼容PowerPoint 2003。

1. 保存在原位置

制作演示文稿后，单击快速访问工具栏的“保存”按钮，或单击“文件”选项卡，在下拉菜单中选择“保存”按钮。若是第一次保存，会出现如图 5-25 的“另存为”对话框。否则，不会出现该对话框，直接按原路径及原文件名存盘。

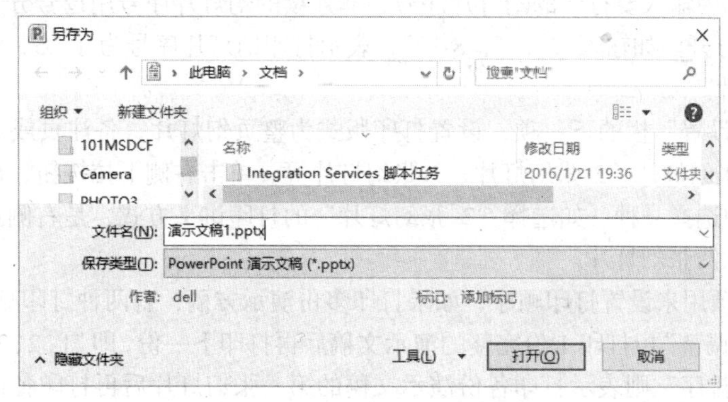

图 5-25 “另存为”对话框

在“另存为”对话框左侧选择保存位置，在下方“文件名”栏中输入演示文稿文件名，单击“保存类型”栏的下拉按钮，从下拉列表中选择“PowerPoint 演示文稿（*.pptx）”，也可以根据需要保存为其他类型的文件，如“PowerPoint 97-2003 演示文稿（*.ppt）”。最后，单击“保存”按钮。

2. 保存在其他位置或换名保存

对已经存在的演示文稿，希望存入在另一位置或换名保存，都可以单击“文件”选项卡，在下拉菜单中选择“另存为”命令，出现“另存为”对话框，然后按上述步骤确定保存位置或在“文件名”栏输入新文件名，再单击“保存”按钮。这样，演示文稿用原名保存在另一位置或在原文件夹下有两个以不同文件名命名的文件。

3. 自动保存

自动保存是指在编辑演示文稿的过程中，每隔一段时间就自动保存当前文件。自动保存将避免因意外断电或电脑故障所带来的损失。若设置了自动保存，遇意外而重新启动后，PowerPoint 会自动恢复最后一次保存的内容，从而减少了损失。

设置“自动保存”的方法如下。

单击“文件”选项卡，在展开的菜单中选择“选项”命令，弹出“PowerPoint 选项”对话框，单击左侧的“保存”选项，单击“保存在演示文稿”选项组中的“保存自动恢复信息时间间隔”前的复选框，使其出现“√”，然后在其右侧输入时间，如 5 分钟，表示每隔指定时间就自动保存一次。“默认文件位置”栏可设定演示文稿存入的默认文件夹，以后保存时不必指定路径就能存入该文件夹，以节约时间。

5.3.8 打印演示文稿

演示文稿除放映外，还可以打印成文档，便于演讲时参考、现场分发、传递交流和存档。打印的步骤是。

（1）打开演示文稿，单击“文件”选项卡，在下拉菜单中选择“打印”命令，右侧各选项可以设置打印份数、打印范围、打印版式、打印顺序等（见图 5-26）。

（2）在“打印”栏输入打印份数，在“打印机”栏中选择当前要使用的打印机。

（3）从“设置”栏开始从上到下分别确定打印范围、打印版式、打印顺序和彩色/灰度打印等。单击“设置”栏右侧的下拉按钮，在出现的列表中选择“打印全部幻灯片”“打印所选幻灯片”“打印当前幻灯片”或“自定义范围”。若选择“自定义范围”，则在下面“幻灯片”栏文本框中输入要打印的幻灯片序号，非连续的幻灯片序号用逗号分开，连续的幻灯片序号用“-”分开。如输入“1，5，8-12”，表示打印幻灯片序号为 1、5、8、9、10、11、12 共 7 张幻灯片。

（4）在“设置”栏的下一项，设置打印版式为整页幻灯片、备注页或大纲以及打印讲义的方式为 1 张幻灯片、2 张幻灯片、3 张幻灯片等。单击右侧下拉按钮，出现版式列表或讲义打印方式中选择一种。如选择“2 张幻灯片”的打印讲义方式，是右侧预览区显示每页打印上下排列的两张幻灯片。

（5）下一项用来设置打印顺序，如果打印多份演示方稿，有两种打印顺序：“调整”和“取消排序”。“调整”指打印 1 份完整的演示文稿后再打印下一份，即“1、2、3，1、2、3，……”的顺序。“取消排序”则表示打印各份演示文稿的第一张幻灯片后再打印各份演示文稿的第二张幻灯片，即“1、1、1，1、1、1，……”的顺序。

（6）设置打印顺序栏的下方用来设置打印方向。单击并选择“横向”或“纵向”。

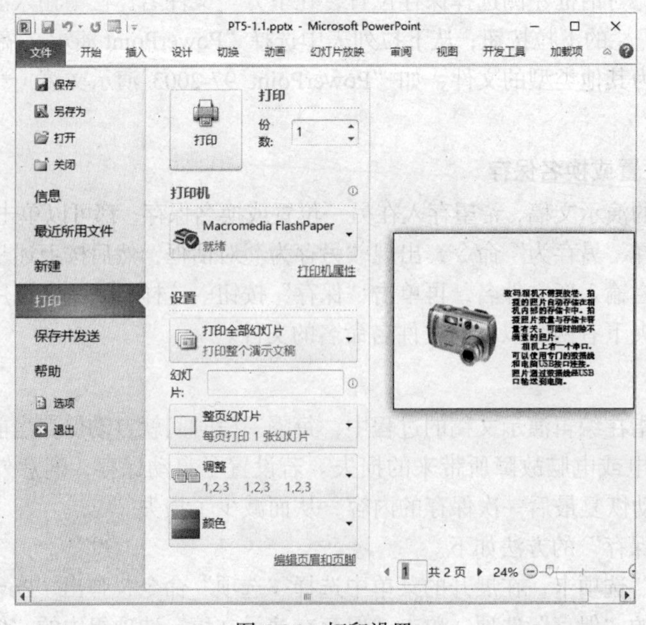

图 5-26 打印设置

（7）“设置”栏的最后一项可以设置彩色打印、黑白打印和灰度打印。单击该项下拉按钮，在出现的列表中选择“颜色”“纯黑白”或“灰度”。

（8）设置完成后，单击“打印”按钮。

纸张的大小等信息可以通过单击“打印机属性”按钮来设置。单击“打印机”栏下方的“打印机属性”按钮，出现“文档属性”对话框，在“纸张/质量”选项卡中单击“高级”按钮，出现“高级选项”对话框，在“纸张规格”栏可以设置纸张的大小，如 A4 等。在“布局”选项卡的“方向”栏也可以选择打印方向为“纵向”或“横向”。

5.4 设置演示文稿外观

在制作幻灯片的过程中，为了体现所演示内容的整体性，需要演示文稿的幻灯片具有一致的外观。PowerPoint 2010 提供的主题样式和幻灯片背景设置等方法能实现演示文稿的风格的一致性。主题包括主题颜色、主题字体和主题效果三者的组合。主题可以作为一套独立的选择方案应用于演示文稿中。因此，主题是一组设置好的颜色、字体和图形外观效果的集合。使用主题可以简化专业设计师水准的演示文稿的创建过程，使演示文稿具有统一的风格。

幻灯片的背景对幻灯片放映效果起着重要的作用。通过背景的设计不仅能充实美化幻灯片，而且使演示文稿更加系统和专业。为此，可以对幻灯片背景的颜色、图案和纹理等进行调整，甚至用特定图片作为幻灯片背景，以达到预期的效果。

5.4.1 应用主题

在 PowerPoint 2010 中可以很方便地使用不同的主题来改变幻灯片的版式和背景。选择不同的主题就可改变对演示文稿外观风格的整体设置。

在 PowerPoint 2010 中提供了 40 多种内置主题。用户通过选择满意的主题并应用到当前演示文稿中，就能改变当前演示文稿的颜色、字体和图形外观效果。主题的应用能统一演示文稿的设计风格。

打开演示文稿，单击“设计”选项卡，“主题”组显示了部分主题列表（见图 5-27），单击主题右下角“其他”按钮，就可以显示全部内置主题供选择。鼠标移到某主题，几秒后就

图 5-27 “设计”选项卡“主题”组

显示该主题的名称。单击该主题，则系统就按该主题的颜色、字体和图形外观效果来修饰当前演示文稿。

如果要用该主题修饰部分幻灯片，可以选择这些幻灯片后右键单击该主题，在出现的快捷菜单中选择“应用于选定幻灯片”命令，则所选幻灯片按该主题效果自动更新，其他幻灯片不变。若选择“应用于所有幻灯片”命令，则整个演示文稿均采用所选主题。

5.4.2 设置幻灯片背景

幻灯片背景设置对幻灯片放映的效果起着很重要的作用。所以，可以对幻灯片背景的颜色、图案和纹理等进行调整，以达到更好的演示效果。

可以通过改变主题背景样式和设置背景格式，如纯色、颜色渐变、纹理、图案或图片等方法来美化幻灯片的背景。

1. 设置背景样式

在 PowerPoint 2010 中每个主题提供了 12 种背景样式，用户可以选择一种样式快速改变演示文稿中幻灯片的背景，可以改变所有幻灯片的背景，也可改变选定幻灯片的背景。

打开演示文稿，单击“设计”选项卡“背景”组的“背景样式”命令，显示当前主题 12 种背景样式列表（见图 5-28）。从背景样式列表中选择一种背景样式，则演示文稿全部幻灯片采用该背景样式。如果只希望改变部分幻灯片的背景，则先选择这些幻灯片后，再右键单击某背景样式，在出现的快捷菜单中选择“应用于所选幻灯片”命令，则选定的幻灯片采用该背景样式，而其他幻灯片不变。

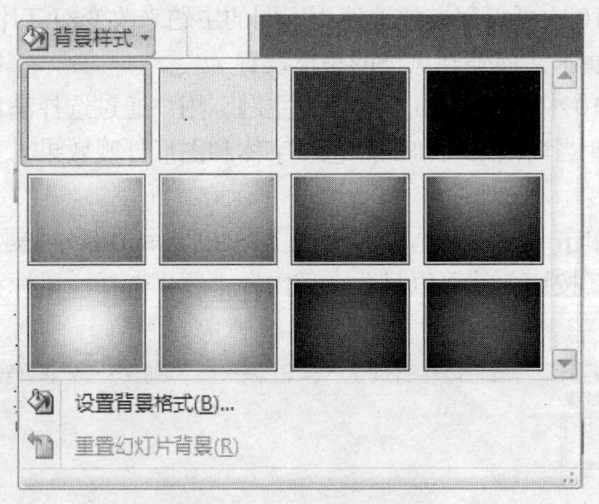

图 5-28 背景样式

2. 设置背景格式

如果对所应用的背景样式不满意，也可以自己设置背景格式。有四种方法可以改变背景格式、改变背景颜色、图案填充、纹理填充和图片填充。

（1）设置背景颜色

背景颜色的设置有两种方式，“纯色填充”和“渐变填充”。“纯色填充”是选择单一颜色填充背景，而“渐变填充”是将两种或更多种填充颜色逐渐混合在一起，以某种渐变方式从一种颜色逐渐过渡到另一种颜色。

① 单击“设计”选项卡“背景”组的“背景样式”命令，在出现的快捷菜单中选择“设

置背景格式"命令，弹出"设置背景格式"对话框。也可以单击"设计"选项卡"背景"组右下角的"设置背景格式"按钮，显示"设置背景格式"对话框（见图 5-29）。

② 单击"设置背景格式"对话框左侧的"填充"项，右侧提供两种背景颜色填充方式，"纯色填充"和"渐变填充"。

选择"纯色填充"单选框，单击"颜色"栏下拉按钮，在下拉列表颜色中选择背景填充颜色。拖动"透明度"滑块，可以改变颜色的透明度。若想要应用的颜色在列表中没有，也可以单击"其他颜色"项，从出现的"颜色"对话框中选择或按 RGB 颜色模式自定义背景颜色。

若选择"渐变填充"单选框，可以直接选择系统预设颜色填充背景，也可以自己定义渐变颜色。

选择预设颜色填充背景，单击"预设颜色"栏的下拉按钮，在出现的几十种预设的渐变颜色列表中选择一种，如"漫漫黄沙"等。

自定义渐变颜色填充背景，在"类型"列表中，选择所需的渐变类型，如"线性"等。在"方向"列表中，选择所需的渐变发散方向，如"线性对角—左上到右下"。在"渐变光圈"下，应出现与所需颜色个数相等的渐变光圈个数，否则应单击"添加渐变光圈"或"删除渐变光圈"按钮以增加或减少渐变光圈，直到要在渐变填充中使用的每种颜色都有一个渐变光圈，如两种颜色需要两个渐变光圈。单击某一个渐变光圈，在"颜色"栏的下拉颜色列表中，选择一种颜色与该渐变光圈对应。拖动渐变光圈位置可以调节该渐变颜色。如果需要，还可以调节颜色的"亮度"或"透明度"。对每一个渐变光圈用此方法调节，直到满意为止。

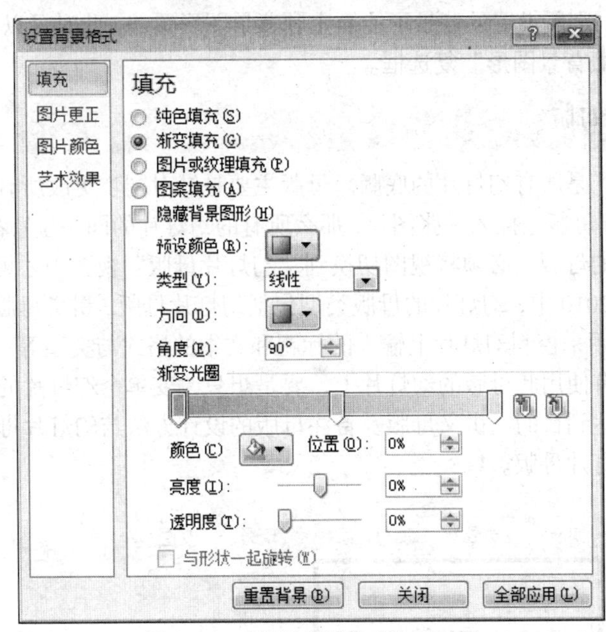

图 5-29　"设置背景格式"对话框

③ 单击"关闭"按钮，则所选背景颜色作用于当前幻灯片，若单击"全部应用"按钮，则改变所有幻灯片的背景。若选择"重置背景"按钮，则撤消本次设置，恢复当前状态。

（2）设置图案填充

① 单击"设计"选项卡"背景"组右下角的"设置背景格式"按钮，弹出"设置背景格式"对话框。

② 单击对话框左侧的“填充”项，右侧选择“图案填充”单选框，在出现的图案列表中选择所需图案，如“深色上对角线”。通过“前景”和“背景”栏可以自定义图案的前景色和背景色。

③ 单击“关闭”或“全部应用”按钮。

（3）设置纹理填充

① 单击“设计”选项卡“背景”组的“背景样式”命令，在出现的快捷菜单中选择“设置背景格式”命令，弹出“设置背景格式”对话框。

② 单击对话框左侧的“填充”项，右侧选择“图片或纹理填充”单选框，单击“纹理”下拉按钮，在出现的各种纹理列表中选择所需纹理，如“画布”。

③ 单击“关闭”或“全部应用”按钮。

（4）设置图片填充

① 单击“设计”选项卡“背景”组的“背景样式”命令，在出现的快捷菜单中选择“设置背景格式”命令，弹出“设置背景格式”对话框。

② 单击对话框左侧的“填充”项，右侧选择“图片或纹理填充”单选框，在“插入自”栏单击“文件”按钮，在弹出的“插入图片”对话框中选择所需的图片文件，并单击“插入”按钮，回到“设置背景格式”对话框。

③ 单击“关闭”或“全部应用”按钮，则所选图片成为幻灯片背景。

也可以选择剪贴画或剪贴板中的图片填充背景，这在上述第②步单击“剪贴画”按钮或“剪贴板”按钮即可。

若已设置主题，则所设置的背景可能被主题背景图形覆盖，此时可以在“设置背景格式”对话框中选择“隐藏背景图形”复选框。

5.4.3 设置幻灯片母版

母版又叫主控，是所有幻灯片的底版。母版主要是针对同步更改所有幻灯片的文本及对象而定，例如用户在母版上插入一张图片，那么所有的幻灯片的同一位置都将显示这张图片，如果想修改幻灯片的母版，必须将视图切换到“幻灯片母版”视图中才可以修改。

在 PowerPoint 2010 中，幻灯片的母版类型包括幻灯片母版、讲义母版和备注母版（见图 5-30）。幻灯片母版用来控制幻灯片上输入的标题和文本的格式与类型等。对母版所做的任何改动，将应用于所有使用此母版的幻灯片上，要是想只改变单个幻灯片的版面，只要对该幻灯片进行修改就可达到目的。讲义母版及备注母版的设计方法与幻灯片母版基本相同，下面只介绍最常用的幻灯片母版。

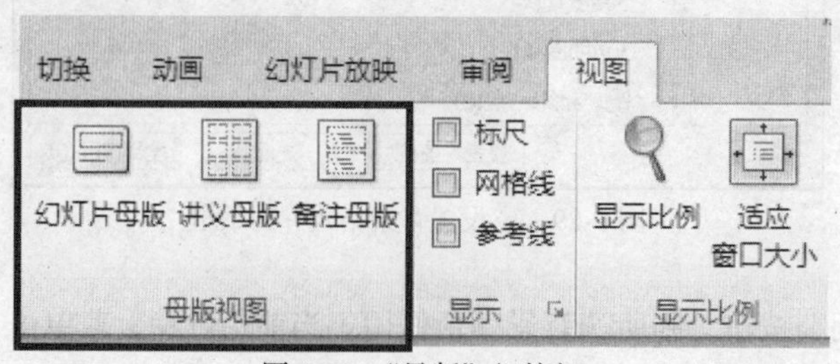

图 5-30 “母版”组按钮

幻灯片母版包含五个占位符：标题区、文本区、日期区、页脚区和数字区，这些占位符并没有实际内容，只是起引导用户操作的作用，用户可以按照提示进行格式编辑、添加页眉和页脚等，可以使用文本框在标题区或文本区添加各幻灯片都共有的文本，还可以在幻灯片母版中插入图片和图形，并调整其位置和大小。

幻灯片母版用来定义整个演示文稿的幻灯片页面格式，对幻灯片母版的任何更改，都将影响到基于这一母版的所有幻灯片格式。设置幻灯片母版的具体操作方法如下。

（1）打开一个原有的演示文稿或创建一个新演示文稿，在其上设置幻灯片母版。

（2）单击“视图”选项卡下的“母版视图”组中的“幻灯片母版”命令，进入如图 5-31 所示的幻灯片母版设置界面。

（3）单击“标题幻灯片版式”或“幻灯片母版”等，选择某一级的标题文本，右键单击打开快捷菜单，可以选择“字体”“段落”“文字效果格式”“形状格式”菜单命令等，进行字体、字形、字号、颜色以及效果的设置。选择“项目符号和编号”菜单命令，在打开的“项目符号和编号”对话框中，设置此级项目符号的样式。

（4）单击日期区、页脚区、数字区，可以设置日期、时间、幻灯片编号等。

（5）设置完成后，单击“幻灯片母版视图”工具栏上的“关闭母版视图”命令按钮，关闭母版视图，幻灯片上的标题即会应用母版已更改的设置。

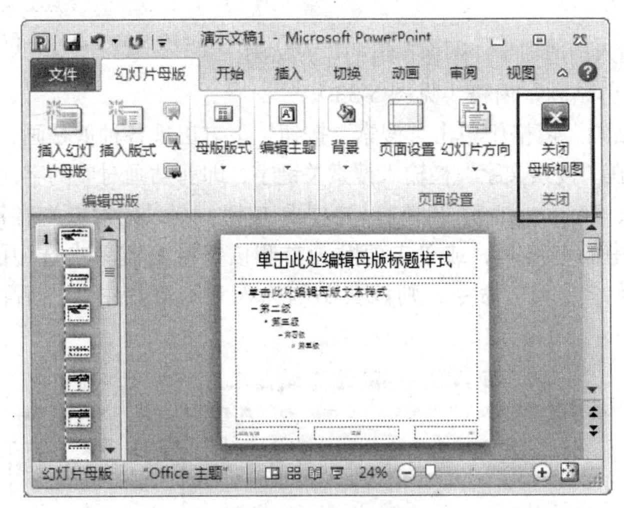

图 5-31　幻灯片母版

5.5　插入图片、形状和艺术字

PowerPoint 演示文稿中不仅包含文本，而且可以添加多媒体效果，如插入剪贴画、图片、形状、艺术字等。幻灯片插入多媒体对象后，幻灯片图文并茂、有声有色，能使演示文稿美观、生动更具说服力。可以为图片进行更改大小、样式、增加各种效果。如果希望使用自己设计的图形，以配合表达演示文稿的内容，系统提供了线条、基本形状、流程图、标注等形状以供选择使用。对于文本，可以利用系统提供的“艺术字”样式使文本具有特殊的艺术效果，可以改变艺术字的形状、大小、颜色和变形幅度，还可以旋转、缩放图片和艺术字等。

5.5.1　插入图片、剪贴画

插入图形能使幻灯片达到更好的表达效果。Office 里有两类可以插入的图片，第一类是剪贴画，它们分门别类地存放着，便于我们使用。第二类是以文件的形式存在的图片。插入图片后，我们还可以调整图片大小、设置叠放顺序、旋转和剪裁图片、调整图片亮度和对比度、利用样式美化图片以及为图片增加特效。

有两种方法插入剪贴画、图片，第一种是利用功能区命令，另一种是单击幻灯片内容区占位符剪贴画或图片的图标。

利用占位符插入图片和剪贴画按如下步骤操作（见图 5-32）。插入新幻灯片选择“标题和内容”版式或其他版式。单击内容的“插入来自文件的图片”或“剪贴画”图标。而后再选择相应的图片或剪贴画，调整大小和位置。插入图片和剪贴画还有下面描述的方法。

1. 插入图片

利用以下几个步骤插入一个来自文件的图片。

（1）单击“插入”选项卡“图像”组的“图片”命令，出现“插入图片”对话框。

（2）在对话框左侧选择存放要插入图片文件的文件夹，在右侧该文件夹中选择图片文件，然后单击“插入”按钮，该图片插入到当前幻灯片中。

单击此处添加标题

• 单击此处添加文本

图 5-32　利用占位符插入图片和剪贴画

2. 插入剪贴画

（1）单击“插入”选项卡“图像”组的“剪贴画”命令，右侧出现“剪贴画”窗格（见图 5-33）。

（2）在“剪贴画”窗格中单击“搜索”按钮，下方出现各种剪贴画，从中选择合适的剪贴画即可。也可以在“搜索文字”栏输入搜索关键字，即剪贴画对应的字词或短语或剪贴画的完整或部分文件名，如 computer，再单击“搜索”按钮，则只搜索与关键字相匹配的剪贴画。

（3）单击选中的剪贴画，或单击剪贴画右侧按钮或右键单击选中的剪贴画，在出现的快捷菜单中选择“插入”命令，则该剪贴画插入到幻灯片中，然后再调整剪贴画的大小和位置。

图 5-33　插入剪贴画

3. 调整图片大小

在图 5-33 中，选中剪贴画后，出现四周八个控点，拖动可以粗略调整图片的大小。

还可以在选中图片，“图片工具/格式”选项卡→“大小”组→高度/宽度进行图片大小的精确设置。或单击该组右下角的“大小和位置”按钮，在调出的“设置图片格式”对话框（见图 5-34）中进行大小和位置的精确设置。

图 5-34 “设置图片格式”对话框

4. 旋转图片、裁剪图片、调整图片亮度和对比度

在图 5-33 中，在选择图片或剪贴画后，拖动上方绿色控点，就能旋转图片或剪贴画的方向。也可以在图 5-34 的“设置图片格式”对话框中设置精确旋转度数。输入“30”表示顺时针旋转30 度，输入“-30”表示逆时针旋转 30 度。还可以“垂直翻转”和“水平翻转”。

与旋转图片类似，在图 5-33 中单击“裁剪”按钮就可以拖动裁剪图片。或在图 5-34 中单击“裁剪”选项卡进行设置，可以按“纵横比”剪裁图片，可以“自由裁剪图片”，也可以“裁剪为形状”（见图 5-35）。

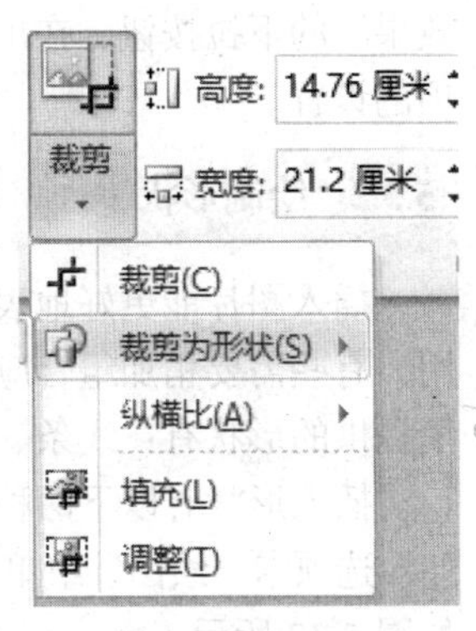

图 5-35 裁剪为形状

5. 设置图片叠放顺序

选中要设置的图片后，在“图片工具/格式”选项卡中的“排列”组，上移一层（置于顶层）/下移一层（置于底层 ）就可以设置图片的叠放顺序。

单击“选择窗格”按钮，出现选择和可见性面板，我们可以对幻灯片对象的叠放次序（见图 5-36）和可见性（见图 5-37）进行调整。

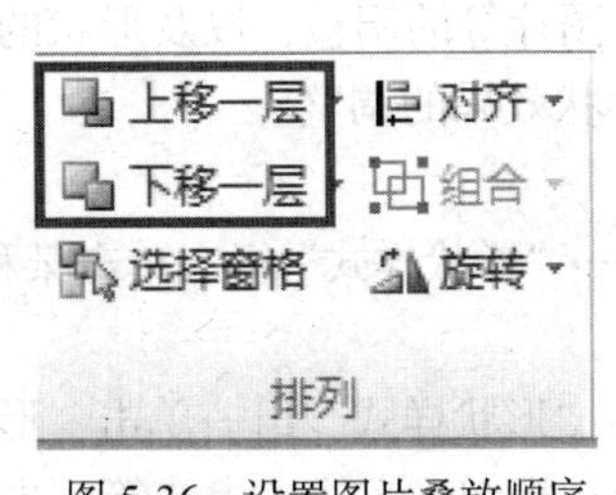

图 5-36 设置图片叠放顺序

图 5-37 设置可见性

6. 利用图片样式美化图片

使用图片样式可以快速美化图片，系统内置了 28 种图片样式可供使用。选择要美化的图片，在“图片工具/格式”选项卡→“图片样式”组中显示若干图片样式列表。单击样式列表右下角的“其他”按钮，会弹出包括 28 种图片样式的列表，从中选择一种，可以看到图片效果发生了变化。

7. 为图片增加阴影、映像、发光等特定效果

用以上类似的两种方法可以设置图片亮度和对比度，为图片增加阴影、映像、发光等特定效果，使得图片更加美观真实，增强图片的感染力。系统内置 12 种预设效果，若不满意，还可以自定义图片效果。

（1）使用预设效果

选择要设置效果的图片，单击“图片工具/格式”选项卡→“图片样式”组的“图片效果”的下拉按钮，在出现的下拉列表中鼠标移至“预设”项，显示 12 种预设效果。从中选择一种，观察图片已经按所选择的效果发生了变化。

（2）自定义图片效果

若对预设效果不满意，还可以对图片的阴影、映像、发光、柔化边缘、棱台、三维旋转等 6 个方面进行适当设置，以达到满意的效果。

首先选择要设置效果的图片，单击“图片工具/格式”选项卡→“图片样式”组的“图片效果”的下拉按钮，在出现的下拉列表中将鼠标移到某一项上，如“阴影”项，依次进行各项的设置。

5.5.2 绘制形状

插入图片能更好地表达演示文稿设计思想。形状是系统提供的一组图形，有些能直接使用，有些需要稍加组合应用。我们可以使用形状建立起高水平的演示文稿。PowerPoint 2010 里提供的形状有：线条、基本几何形状、箭头、公式形状、流程图形状、星、旗帜和标注。

插入形状有以下两种方法：在“插入”选项卡“插图”组单击“形状”命令，或者在“开始”选项卡“绘图”组单击“形状”列表右下角的“其他”按钮，就会出现各类形状的列表，如图 5-37 所示。

1. 绘制直线、矩形、椭圆等形状

在“插入”选项卡“插图”组单击“形状”命令，在出现的形状下拉列表中单击某个形状命令，如“直线”命令。如对于绘制直线，按住 Shift 键可绘制水平线、垂直线、45° 等直线。对于绘制矩形或椭圆，按住 Shift 键可绘制正方形或圆。依此类推……

2. 设置形状样式

利用系统提供的 42 种形状样式可以快速美化形状，对于内置的形状样式，也可以进行线型、颜色以及封闭形状内部填充颜色、纹理、图片等的调整，以及形状的阴影、映像、发光、柔化边缘、棱台、三维旋转等六个方面的形状效果的调整。

（1）应用形状样式

选中自选图形，在“绘图工具/格式”选项卡→“形状样式”组→单击某种形状样式设定。

（2）自定义形状线条的线型和颜色

选择形状，单击“绘图工具/格式”选项卡→“形状样式”组→单击“形状轮廓”下拉按钮，在出现的下拉列表中，可以修改线条的颜色、粗细、实线或虚线等，也可以取消形状的

轮廓线。线条的粗细通过磅值精确选择。

（3）设置封闭形状的填充色和填充效果

对封闭形状，可以在其内部填充指定的颜色，还可以利用渐变、纹理、图片来填充形状。选择要填充的封闭形状，单击“绘图工具/格式”选项卡→“形状样式”组→单击“形状填充”下拉按钮，在出现的下拉列表中选择形状内部填充的颜色，也可以用渐变、纹理、图片来填充。

（4）设置形状的效果

选择要设置效果的形状，在“绘图工具/格式”选项卡→“形状样式”组→单击“形状效果”下拉按钮，在出现的下拉列表中将鼠标移到“预设”项，有 12 种预设效果可供选择，如图 5-38 所示。

还可以对形状的阴影、映像、发光柔化边缘、棱台、三维旋转等 6 个方面进行适当设置，以达到满意的效果。

3. 为自选图形添加文本

选中自选图形→单击右键→编辑文字，或者选中自选图形后直接输入文字。

4. 移动、复制形状

单击要移动或复制的形状，周围出现控点，表示被选中。直接拖动进行移动。按住 Ctrl 键拖动则进行复制。

5. 旋转形状

与图片一样，形状也可以按照需要进行旋转。只需在选定时，拖动上方绿色控点。也可以在“绘图工具/格式”选项卡“排列”组单击“旋转”按钮，在下拉列表中选择“向右旋转 90° ”“向左旋转 90° ”“垂直翻转”“水平翻转”“其他旋转选项”等进行精确角度、任意角度的旋转。

图 5-38　形状列表

6. 更改形状

绘制形状后，不满意可以删除后重新绘制或直接更改为更满意的形状。选择要更改的形状，在“绘图工具/格式”选项卡“插入形状”组单击“编辑形状”命令，在展开的下拉列表中选择“更改形状”，然后在弹出的形状列表中单击要更改的目标形状。

7. 组合形状

要将几个形状作为一个整体进行移动、复制或改变大小，可以把它们组合成一个形状，称为形状的组合。反之，将组合形状恢复为组合前的状态，称为取消组合。

选中要组合的第一个形状，按住 Shift 键或 Ctrl 键，单击右键，在快捷菜单中单击“组合”中的“组合”命令。或者单击“绘图工具/格式”选项卡“排列”组的“组合”按钮。

要取消组合，需选定该组合图形，单击右键，在快捷菜单中单击“组合”中的“取消组合”命令。也可以单击在“绘图工具/格式”选项卡“排列”组的“取消组合”按钮。

8. 调整形状的大小

选中形状，当鼠标变为双向箭头形状时，按住鼠标左键拖动控制点即可粗略调整其大小。或者选中自选图形后，单击“绘图工具/格式”选项卡“大小”组中的“形状高度/形状宽度”进行精确设定大小。

9. 调整形状位置

选中自选图形，鼠标变为十字双向箭头时，按住鼠标左键直接拖动即可调整位置。

10. 调整自选图形叠放次序

选中形状，单击“绘图工具/格式”选项卡“排列”组，通过“上移一层（置于顶层）/下移一层（置于底层）”按钮进行设定。

5.5.3 插入艺术字

文本除了字体、字形、颜色等格式化方法外，还可以对文本进行艺术化处理，使其具有特殊的艺术效果。利用艺术字拉伸标题、对文本进行变形，使文本适应预设形状，或应用渐变填充等。使用艺术字可以突出显示，起到醒目强调的作用。可以创建艺术字，也可以将已有文本转换成艺术字。

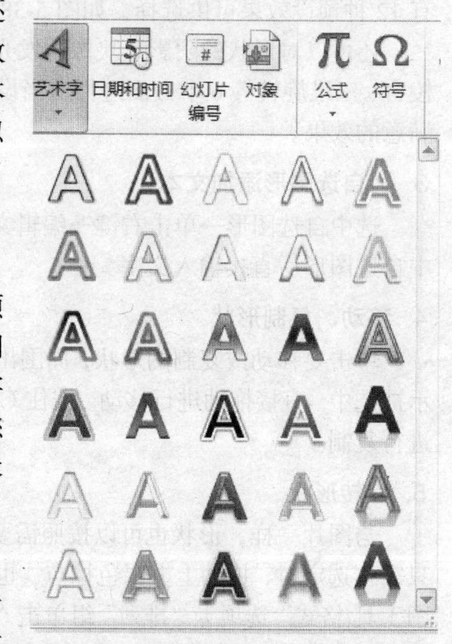

图 5-39 艺术字样式列表

1. 创建艺术字

选中要插入艺术字的幻灯片。单击“插入”选项卡“文本”组中“艺术字”按钮，出现艺术字样式列表（见图 5-39）。在艺术字样式列表中选择一种艺术字样式。出现相应样式的艺术字编辑框，“请在此放置您的文字”，在艺术字编辑框中删除原有文本并输入艺术字文本。艺术字也可以改变字体和字号。

2. 把已有文本转换为艺术字

首先选定已有的文本，然后单击“插入”选项卡“文本”组的“艺术字”按钮，在弹出的艺术字样式列表中选择一种样式，并适当修饰即可。

3. 设置艺术字的效果

创建艺术字或把已有文本转换为艺术字后，还可以对艺术字进行填充（颜色、渐变、图片、纹理等）、轮廓线（颜色、粗细、线型等）和文本外观效果（阴影、发光、映像、棱台、三维旋转和转换等）进行修饰处理，使艺术字的效果更好，表现能力更强，如图 5-40 所示。

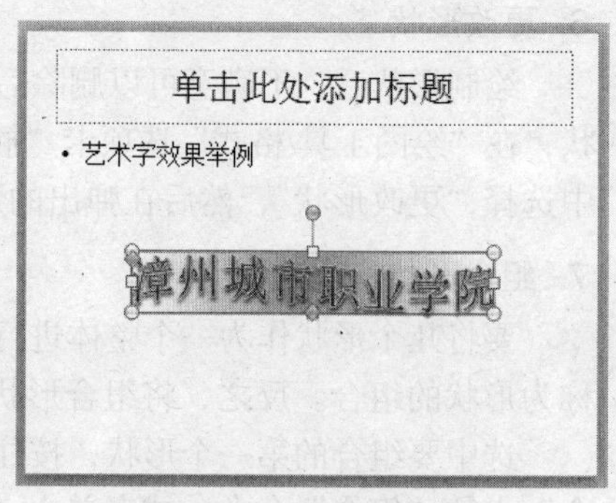

图 5-40 艺术字效果设置

（1）改变艺术字填充颜色

选择艺术字，在“绘图工具/格式”选项卡“艺术字样式”组单击“文本填充”按钮，在出现的下拉列表中选择一种颜色，则艺术字内部用该颜色填充，还可以设置为渐变、图片或纹理填充。

（2）改变艺术字轮廓

同时，还可以改变艺术字轮廓线的颜色、粗细和线型，从而美化艺术字。

选择艺术字，在“绘图工具/格式”选项卡“艺术字样式”组单击“文本轮廓”按钮，在出现的下拉列表中选择一种颜色作为艺术字轮廓线颜色。在下拉列表中选择“粗细”，选择一种尺寸的线型，如 0.5 磅作为艺术字轮廓的尺寸线条。在下拉列表中选择“虚线”项，可以选择一种线型，则艺术字轮廓采用该线型。

（3）改变艺术字效果

通过阴影、发光、映像、棱台、三维旋转和转换等方式进行艺术字效果的设置，其中转换可以使艺术字变形产生各种弯曲效果。

选择艺术字，在“绘图工具/格式”选项卡“艺术字样式”组单击“文本效果”按钮，在出现的下拉列表中，选择其中一种效果，如阴影、发光、映像、棱台、三维旋转和转换等。

（4）编辑艺术字文本

单击艺术字，可以进行编辑、修改文本。

（5）改变艺术字位置

拖动艺术字可以改变艺术字位置。如果要精确定位，首先选择艺术字，在“绘图工具/格式”选项卡“大小”组单击“大小和位置”按钮，出现“设置形状格式”对话框（见图 5-41），在对话框的左侧选择“位置”，就可以进行精确定位设置。

图 5-41 “设置形状格式”对话框

（6）旋转艺术字

选择艺术字，拖动上方绿色控点，可以旋转艺术字。

5.6 插入表格

在幻灯片中除了可以插入文本、形状、图片、艺术字外，还可以插入表格。表格能更好地展现数据，能直观地表现数据之间的联系。

5.6.1 创建表格

创建表格可以使用4种方法，利用功能区命令创建、利用内容区占位符创建、快速创建表格以及绘制表格。

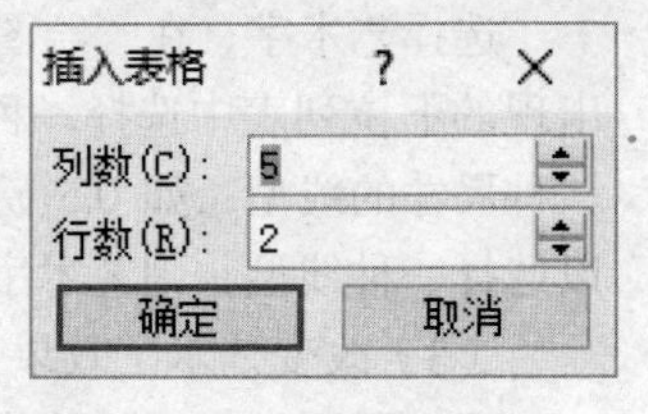

图 5-42 “插入表格”对话框

1. 利用功能区命令创建表格

方法与插入剪贴画和图片类似，在内容区占位符中单击“插入表格”图标，打开如图 5-42 所示的“插入表格”对话框。输入表格行数和列数即可创建指定行数和列数的表格。

2. 利用内容区占位符创建表格

利用功能区占位符插入表格的方法是：首先定位到要插入表格的位置上，单击“插入”选项卡“表格”组“表格”按钮，在弹出的下拉列表中单击“插入表格”命令，同样出现“插入表格”对话框。输入行数和列数，单击“确定”按钮。拖动表格到满意的位置。

3. 快速创建表格

单击“插入”选项卡“表格”组“表格”按钮，在弹出的下拉列表顶部的示意表格中拖动鼠标，顶部显示当前表格的行列数，直到行列数满意时单击，就快速生成了相应行列数的表格，如图 5-43 所示。

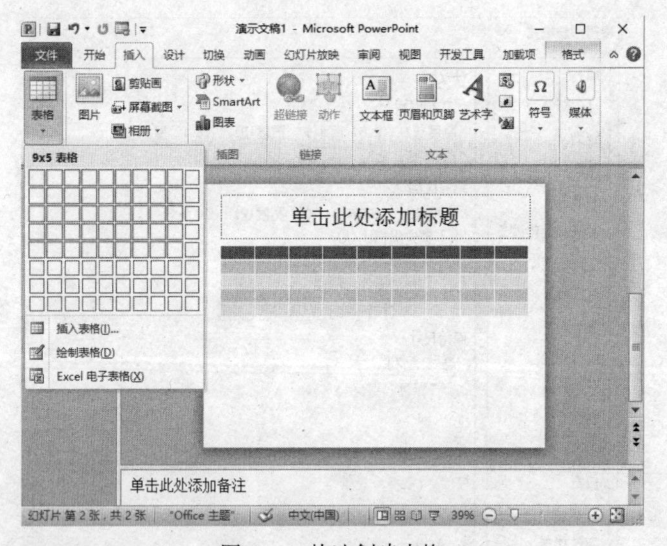

图 5-43 快速创建表格

4. 绘制表格

单击“插入”选项卡“表格”组“表格”按钮，在弹出的下拉列表中单击“绘制表格”命令。手动拖出一个表格的范围后，在出现的“表格工具/设计”选项卡 “绘图边框”组单击“绘制表格/擦除”命令即可完成表格的绘制，如图 5-43 所示。

5.6.2 编辑表格

1. 调整表格的行高和列宽

有两种方法可以调整已有的表格的行高和列宽。鼠标放在行或列的分割线上，当鼠标变为双向箭头时即可粗略地调整行高或列宽。

此外，选中行或列，在“表格工具/布局”选项卡 “单元格大小”组，“高度/宽度”可以精确设置行高和列宽。

2. 调整表格位置/在单元格中输入文本/设置文字格式

将鼠标定位在表格边框上，当鼠标变为十字双箭头形状时即可移动表格的位置。鼠标定位在某一单元格内即可进行文本输入。选中表格（将鼠标定位在表格边框上，当鼠标变为十字双箭头形状时单击边框即可选中表格），在“开始”选项卡“字体”组中单击“字号/字体/颜色/加粗/倾斜”命令即可设置文本格式。

3. 插入行/列、删除行/列/表格

鼠标定位到相应单元格,在“表格工具/布局”选项卡“行和列”组单击“在上方插入/在下方插入”按钮即可插入行，单击“在左侧插入/在右侧插入”按钮即可插入列。单击“删除”命令，在弹出的下拉菜单中单击“删除行”“删除列”“删除表格”即可完成相应的操作。

4. 合并和拆分单元格

合并和拆分单元格的方法，与上类同。同样在“表格工具/布局”选项卡下进行操作，选中相应的一个或多个单元格，单击“合并单元格”“拆分单元格”执行单元格的合并和拆分。

5. 设置表格中文本的对齐方式和文字方向

同样在“表格工具/布局”选项卡中选中单元格，在“对齐方式”组中，单击几种对齐方式按钮即可设置所选单元格中文本的横向和纵向的对齐方式。在该组中单击“文字方向”即可设置所选单元格中文字的不同方向。

5.6.3 设置表格格式

设置表格格式能美化表格，增强表格的表现力。既可以使用系统预设的表格样式，又可以自己动手设置表格边框和底纹效果。

1. 套用表格样式

鼠标定位在表格内的任意单元格处，在“表格工具/设计”选项卡“表格样式”组单击样式列表右下角的“其他”按钮，在下拉列表中会展开“文档最佳匹配对象”“淡”“中”“深”4 类表格样式（见图 5-44），单击选择自己满意样式即可应用到当前表格，如图 5-43 所示。单击该下拉列表中最下方的“清除表格”命令，则可恢复成无样式的表格。

2. 设置表格框线

对已有的表格样式不满意时，还可以自己定义表格框线。在“表格工具/设计”选项卡“表格边框”组中进行设置。

3. 设置表格底纹

表格的底纹也可以自己定义。可以设置纯色底纹、渐变色底纹、图片底纹、纹理底纹等，还可以设置表格的背景。在“表格工具/设计”选项卡“表格底纹”组中进行设置。

4. 设置表格效果

选择表格，单击“表格工具/设计”选项卡“表格样式”组的“效果”下拉按钮，在下拉列表中提供“单元格凹凸效果”“阴影”和“映像”3 类效果命令。其中，“单元格凹凸效果”主要是对表格单元格边框进行处理后的各种凹凸效果。“阴影”是为表格建立内部或外部各种方向的光晕，而“映像”是在表格四周创建倒影的效果。

选择一类效果命令，在展开的列表中选择一种效果，则该效果就应用到所选定的单元格。

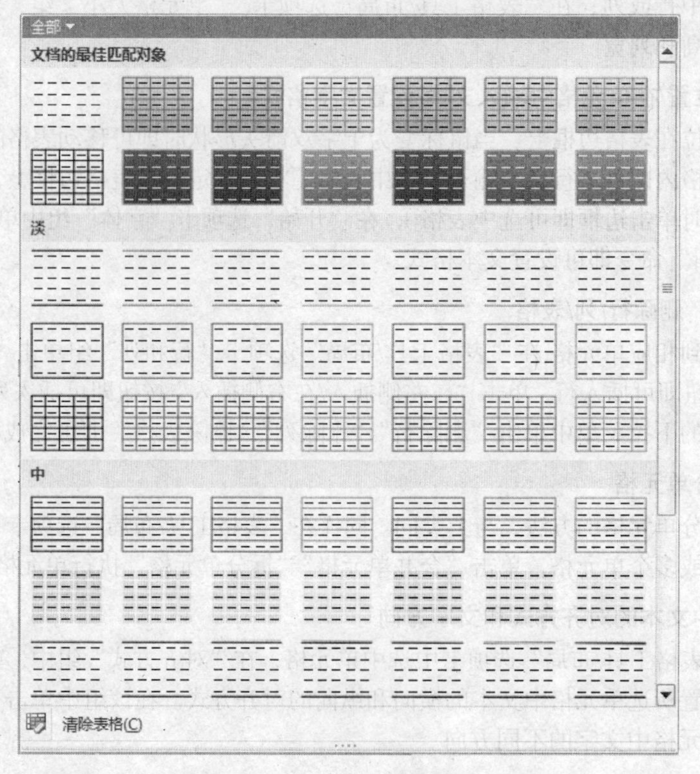

图 5-44　套用表格样式

5.7 插入音频、视频

在演示文稿中插入音频、视频，能使演示文稿有更丰富的表现形式，不仅做到图文并茂，而且有声音、视频的动态展示效果。

5.7.1 插入音频

在幻灯片中，需要插入音频时，在“插入”选项卡“媒体”组中单击“音频”下拉箭头，出现下拉菜单，有三项：文件中的音频、剪贴画音频和录制音频（见图 5-45）。

图 5-45　插入音频

单击“文件中的音频”，出现“插入音频”对话框，选择所需要插入的音频文件，即可插入已有的音频文件。

单击“剪贴画音频”，右侧出现“剪贴画”任务窗格，其中选中的媒体类型是“音频”，双击某项则可插入剪辑管理库中的音频。

单击“录制音频”则可以进入录制音频的界面，马上录制一段音频并插入在当前幻灯片。单击“录音”按钮●，即可将麦克风输入的声音录入，单击“停止”按钮■，停止录音，单击“确定”按钮完成录音。插入音频后，幻灯片会出现一个代表声音的小喇叭图标🔈。

5.7.2 调整声音图标大小/位置、设置音频

插入音频后，还可以调整声音图标的大小、位置并对声音的播放进行设置。

1. 调整声音图标的大小、位置

选中声音图标，拖动出现的控点调整大小或旋转。鼠标指向声音图标边框，出现十字箭头时可以拖动调整位置。或者在“音频工具/格式”选项卡中进行背景、效果等的调整，声音图标“图片样式”的设置，以及排列、大小的调整。

2. 设置音频

插入音频后，还可以对音频进行设置。首先选中声音图标，在“音频工具/播放”选项卡中进行音频播放的相关设置。

5.7.3 插入视频

PowerPoint 2010 支持的视频格式有：swf（flash 动画文件）、avi 、mpg、wmv 等。其他格式的视频需要转化格式才能插入到幻灯片，格式工厂是常用的音频、视频格式转换的软件。

在幻灯片中，需要插入视频时，有两种常用方法。利用占位符插入视频或者利用命令按钮插入视频。

图 5-46 插入视频剪辑占

利用占位符插入视频可以直接在内容区单击“插入视频剪辑”占位符（见图 5-46）。在打开的“插入视频文件”对话框中选择要插入的视频文件。

此外，还可以在“插入”选项卡“媒体”组中单击“视频”下拉箭头，出现下拉菜单（见图 5-47），有 3 项：文件中的视频、来自网站的视频以及剪贴画视频。

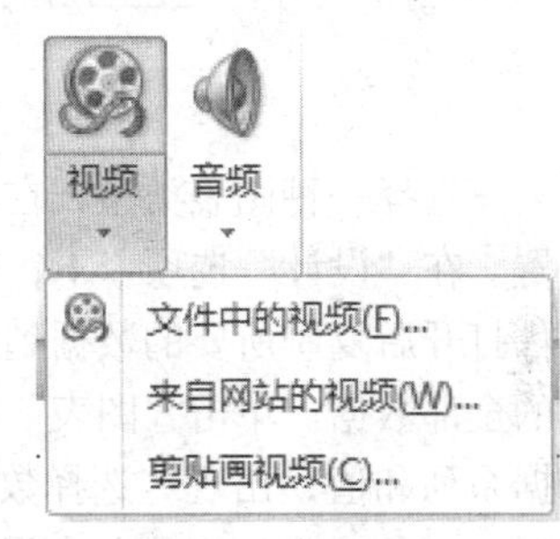

图 5-47 插入视频

单击“文件中的视频”可以插入一个已有的视频文件。单击“来自网站的视频”可以插入一个已经上传到网站的视频的链接。单击“剪贴画视频”可以插入剪辑管理库中的视频。

5.7.4 调整视频大小/样式、设置视频

插入视频后，还可以调整视频播放界面的大小、位置以及进行相关的播放设置。

1. 调整视频界面的大小、位置

选中视频，出现控点，用鼠标指向控点，当鼠标变为双向箭头形状时，按住鼠标左键直接拖动控制点即可粗略调整大小。

此外，也可以选中视频，在“视频工具/格式”选项卡“大小”组的“高度/宽度”中精确地设置视频播放界面的高度和宽度。

2. 设置视频

选中视频，在“视频工具/格式”选项卡“视频样式”组设置视频样式、视频形状、视频边框和视频效果。此外，还可以在“视频工具/播放”选项卡里进行视频播放的设置。

5.7.5 插入图表

图表以图形方式表达与比较数据，使数据更易于理解。在幻灯片中使用图表不仅增强了

演示文稿的美感，并且让人更容易理解和对比数据。在演示文稿中插入图表有两种方法。

1. **在已有的幻灯片中利用菜单命令插入图表。**

选中要插入图表的幻灯片，单击“插入”选项卡“插图”组“图表”，出现“插入图表”对话框。

2. **利用添加图表占位符插入图表。**

插入一张新幻灯片，出现占位符，单击第一行第二列的“插入图表”占位符，出现“插入图表”对话框（见图 5-48）。

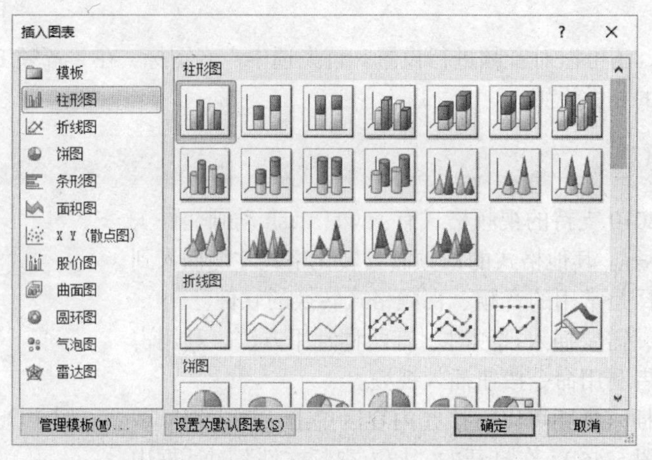

图 5-48　“插入图表”对话框

选择一种图表类型，在出现的“图表工具”中“设计”“布局”“格式”中进行相应的设置。在“设计”选项卡下，单击“编辑数据”，在出现的 Excel 窗口中可以把已有的 Excel 文件打开后复制所要的数据到该窗口中的蓝色矩形区域内，拖动矩形区域右下角使它涵盖所要的全部数据。单击“图表”中“设计”选项卡中“选择数据”命令按钮，可以选择所要的数据系列和值，出现“选择数据源”对话框。在“布局”中设计“图表标题”“图例”等（见图 5-49）。 在“格式”中设计图表的展现格式。

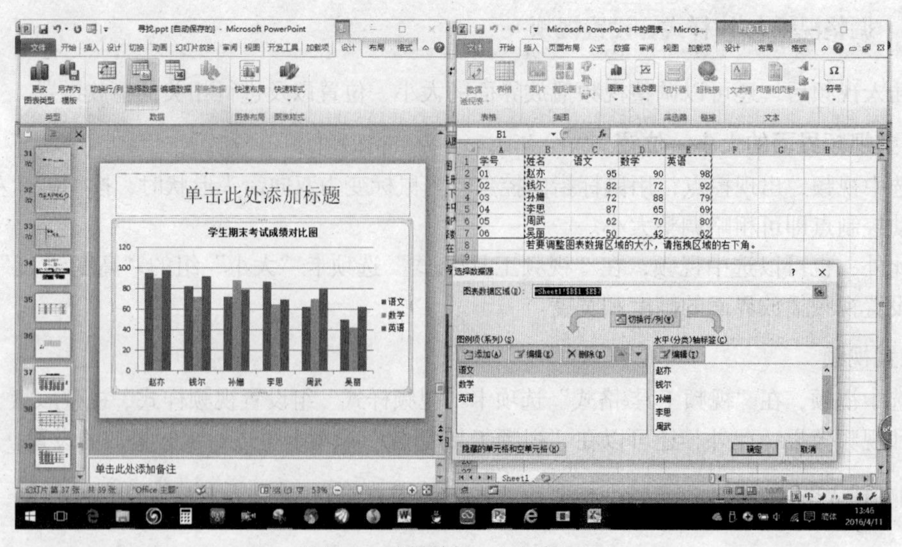

图 5-49　编辑数据、选择数据源

5.8 在演示文稿中创建超级链接

PowerPoint 包括一个 Office 应用程序共享的超级链接对话框，用户可以很方便地用它在演示文稿中创建超级链接。通过创建超级链接、动作链接和动作按钮链接，可以建立起演示文稿中的幻灯片之间、幻灯片与其他应用程序之间或与网页之间的联系。

5.8.1 创建超级链接

在演示文稿中创建超级链接，可以使演示文稿在放映时指向超级链接时鼠标变成手形，单击就能跳转到链接处。创建链接的方法主要有三种：一种是利用“插入”选项卡“链接”组“超链接”命令创建超级链接或利用右键快捷菜单中“超链接”命令，另一种是利用“插入”选项卡“链接”组“动作”命令插入动作链接，第三种是利用“插入”选项卡“插图”组“形状”命令按钮中的“动作按钮”创建链接。

1. 创建超级链接

我们可以为文本、图片、形状等幻灯片对象创建“超链接”。利用右键快捷菜单中“超链接”命令插入超链接的方法比较简便。以下介绍利用“插入”选项卡“链接”组“超链接”命令创建超级链接的操作方法。

（1）选中幻灯片中上要进行链接的对象，包括文本、图片、形状等。

（2）单击“插入”选项卡“链接”组“超链接”命令按钮，或单击鼠标右键，在打开的快捷菜单中选择“超链接”命令，打开“插入超链接”对话框，如图 5-50 所示。

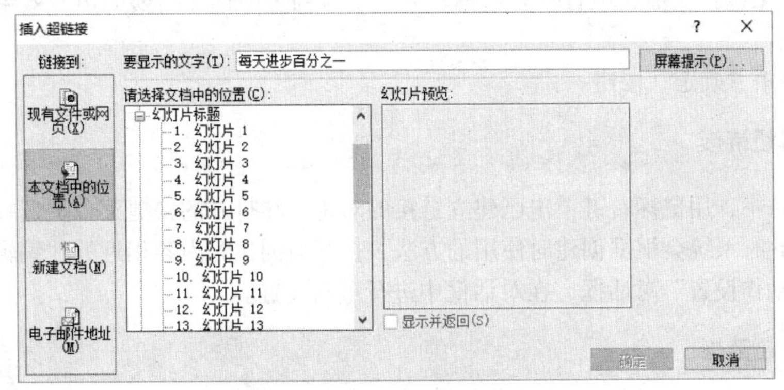

图 5-50 “插入超链接”对话框

（3）如果要链接到当前演示文稿，在“链接到”列表框中选择“本文档中的位置”选项，打开如图 5-49 所示的对话框，在“请选择文档中的位置”列表框中选择要跳到的同一演示文稿的幻灯片，选择后，单击“确定”按钮。

（4）如果要链接到其他文档或网页，在“链接到”列表框中选择“现有文件或网页”选项，借助“当前文件夹”“浏览过的网页”“最近使用过的文件”“查找范围”“书签”和“地址”等选项，找到要链接的文件或网页，定位后，单击“确定”按钮。

（5）还可以链接到“新建文档”或“电子邮件地址”处。

2. 利用动作按钮创建超链接

在设计幻灯片时，有时需要在幻灯片上添加翻页等动作按钮以实现在播放时进行灵活的控制。定位到要插入动作按钮的幻灯片，在“插入”选项卡“插图”组单击“形状”按钮，滚动到最后“动作按钮”，选择“上一页”“下一页”，在幻灯片要插入动作按钮的地方拖动鼠标，出现一个动作按钮，弹出“动作设置”对话框，如图 5-51 所示再设置好链接到的幻灯片即可。有时如果希望在每一页内容幻灯片都显示翻页按钮，则需要在母版中添加动作按钮。

图 5-51　添加动作按钮

3. 创建动作链接

利用“插入”选项卡“链接”组“动作”命令插入动作链接方法如下。

（1）选中幻灯片中上文本、图片、形状等要进行链接的对象，单击“插入”选项卡“链接”组“动作”命令插入动作链接。此时，出现“动作设置”对话框，如图 5-52 所示。

（2）在“动作设置”对话框选择“超链接到”，可选择“自定义放映”“幻灯片”“URL”、“其他 PowerPoint 演示文稿”“其他文件”等，从而实现要跳转的目的幻灯片、网址或文件。

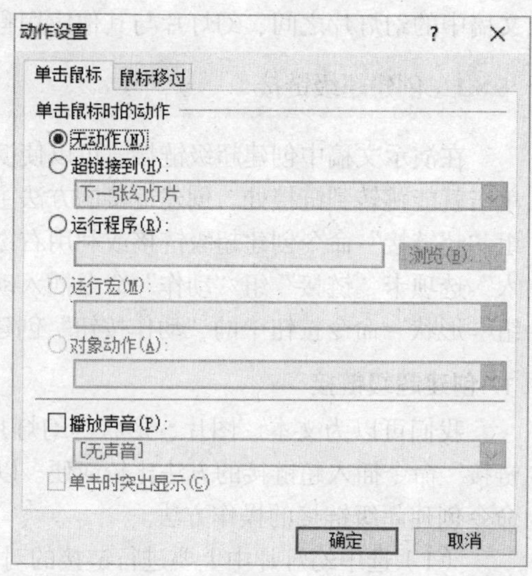

图 5-52　“动作设置”对话框

（3）在“动作设置”对话框的“运行程序”中可设置放映时单击该链接时要运行的程序。

（4）如果选择“播放声音”复选框，并从下拉列表中选择需要的声音效果，则在跳转时会播放声音。

（5）单击“确定”按钮。

5.8.2　编辑超链接

在幻灯片中，用鼠标右键单击已建立链接的对象，在打开的快捷菜单上选择“编辑超链接”命令。此时系统会根据创建时使用的方法，打开与创建时内容相近的“编辑超链接”对话框，或“动作设置”对话框，在对话框中进行重新设置。

5.8.3　删除超链接

在幻灯片中，用鼠标右键单击已建立超链接的对象，在打开的快捷菜单中选择“删除超链接”命令，即可删除超链接。

5.9　幻灯片放映设计

在演示文稿的设计中还有很重要的一个环节。那就是，设计幻灯片的放映效果。现在，主要从 3 个方面来探讨幻灯片的放映设计。

5.9.1　设置幻灯片动画效果

在演示文稿中利用动画技术能使幻灯片以动态的形式展现更为丰富多彩的活动。动画效果的设置使人们能直观感受到各种动态的视觉效果。这样做能突出重点，吸引注意力，又使放映过程生动有趣。

1. 设置动画

在 PowerPoint 2010 中有 4 类动画，“进入”“强调”“退出”以及“动作路径”动画。“进入”动画有飞入、旋转、弹跳等。“强调”动画有放大/缩小、更改颜色、加粗闪烁等。“退出”动画有飞出、消失、淡出等。“动作路径”动画有弧形、直线（见图 5-53）、循环等。

选择一个幻灯片对象，对象可以是文本、形状或图片，选择在“动画”选项卡的“添加动画”按钮，在出现的下拉列表中选择相应的动画进行设置。

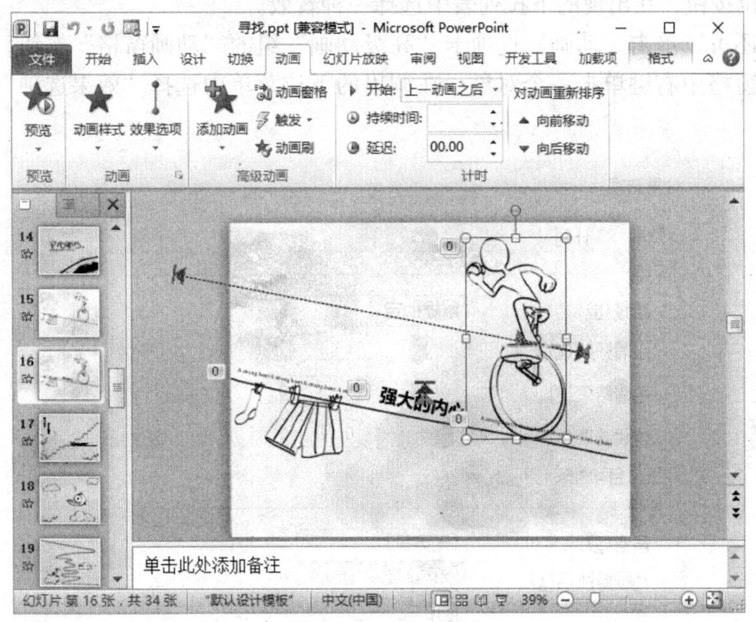

图 5-53　直线路径动画

2. 设置动画属性

设置动画时，如果不设置属性，系统就会采用默认的动画属性。若对默认的属性不满意，也可以进一步对动画效果选项、动画开始方式、动画音效等重新设置。

如果动画对象是文本，则可以设置文本的发送方式是“整批发送”“按字/词”“按字母”。

（1）设置动画效果

动画效果是指动画的方向和形式。

选择设置动画的对象，单击“动画”选项卡“动画”组右侧的“效果选项”按钮，出现各种效果选项的下拉列表，从中选择满意的效果选项。

（2）设置动画开始方式、持续时间和延迟时间

动画开始方式是指开始播放动画的方式。动画持续时间是指动画开始后整个播放时间。动画延迟时间是指播放操作开始后延迟播放的时间。

选择设置动画的对象，单击“动画”选项卡“计时”组左侧的“开始”下拉按钮，在出现的下拉列表中选择动画开始方式。

动画开始方式有三种：“单击时”“与上一动画同时”和“上一动画之后”。

“单击时”指单击鼠标时开始播放动画。“与上一动画同时”指播放前一动画的同时播放该动画，可以在同一时间组合多个效果。“上一动画之后”是指前一动画播放之后开始播放该动画。

此外，还可以在“动画”选项卡的“计时”组左侧“持续时间”栏调整动画持续时间，在“延迟”栏调整动画延迟时间。

（3）设置动画音效

设置动画时，默认动画无音效。需要音效时可以设置。

选择设置动画音效的对象，单击“动画”选项卡“动画”组右下角的“显示其他效果选项”按钮，弹出动画效果选项对话框，如图 5-54 所示。在对话框的“效果”选项卡中单击“声音”栏的下拉按钮，在出现的下拉列表中选择一种音效。

此外，还可以单击“动画”选项卡“高级动画”组的“动画窗格”按钮，调出动画窗格。在动画窗格中右键单击一个对象，在调出的下拉菜单中选择“效果选项”进入音效的设置。

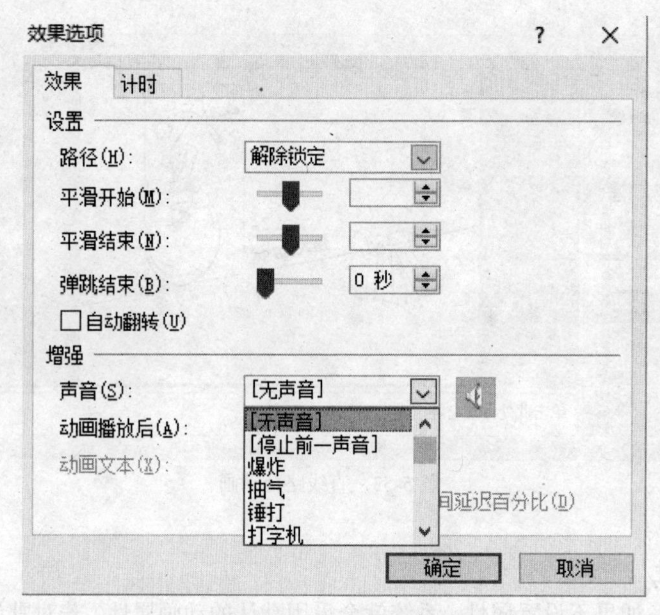

图 5-54　设置动画音效

3. 调整动画的播放顺序

为对象添加动画效果后，对象旁边出现该动画播放顺序的序号。一般情况下，该序号与设置动画的顺序是一致的。对多个对象设置动画效果后，如果对原有播放顺序不满意，可以调整对象动画播放顺序。

单击“动画”选项卡“高级动画”组的“动画窗格”按钮，调出动画窗格。动画窗格显示所有动画对象，它左侧的数字表示该对象动画播放的顺序号，与幻灯片中的动画对象旁边显示的序号一致。选择动画对象，并单击底部的“↑”“↓”，即可改变该动画对象的播放顺序。

4. 预览动画效果

动画设置完成后，可以预览动画的播放效果。单击“动画”选项卡“预览”组的“预览”按钮，或单击动画窗格上方的“播放”按钮，即可预览动画。

5. 删除动画

单击“动画”选项卡“高级动画”组“动画窗格”按钮，调出动画窗格（见图 5-55）。右键单击一个对象，即可删除动画。

图 5-55　动画窗格

5.9.2 设计幻灯片切换效果

幻灯片的切换效果是指放映幻灯片时幻灯片离开和进入播放画面所产生的视觉效果。系统提供多种幻灯片切换样式。如使幻灯片从右上部覆盖，或者自左侧擦除等。幻灯片的切换效果不仅使幻灯片的过渡衔接更为自然，而且也能吸引观众的注意力。设计幻灯片的切换效果包括幻灯片切换效果和切换属性设置。

1. 设置幻灯片切换方式

（1）选中幻灯片，在“切换”选项卡“切换到此幻灯片”组中单击切换效果列表右下角的“其他”按钮，弹出包括“细微型”“华丽型”和“动态内容型”等各类切换效果列表，如图 5-55 所示。

（2）在切换效果列表中选择一种切换样式即可。

所设置的切换效果对所选幻灯片有效。如果要使全部幻灯片均采用该切换效果，可以单击“计时”组的“全部应用”按钮。

2. 设置切换属性

切换属性包括效果选项、换片方式、持续时间及切换音效。设置幻灯片切换时，如果不加设置，则切换属性都采用默认设置（见图 5-56）。

如果对切换属性不满意，则可以进行设置。

在“切换”选项卡“切换到此幻灯片”组中单击“效果选项”按钮，在出现的下拉列表中选择一种切换效果，如“自底部”。

在“切换”选项卡“计时”组右侧设置换片方式，如勾选“单击鼠标时”复选框，表示单击鼠标时才切换幻灯片。如勾选“设置自动换片时间”，表示经过该时间段后自动切换到下一张幻灯片。

在“切换”选项卡“计时”组左侧设置切换声音，单击“声音”栏下拉按钮，在弹出的下拉列表中选择一种切换声音。在“持续时间”栏输入切换持续时间。单击“全部应用 ”按钮，则表示全部幻灯片均采用所设置的切换效果，否则只作用于当前所选幻灯片。

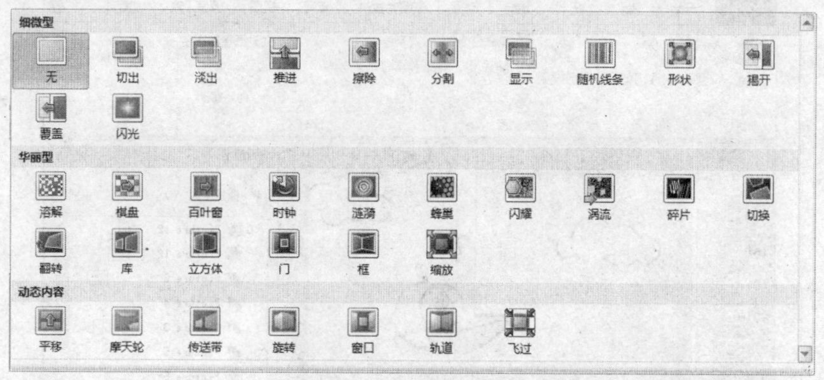

图 5-56 切换样式列表

3. 预览切换效果

在设置切换效果时，可以即时预览所设置的切换效果。也可以在设置完成后单击“预览”组的“预览”按钮，随时预览切换效果。

5.9.3 设置幻灯片放映方式

在前面所有制作完成后，最后的设置是幻灯片的放映方式。演示文稿的放映方式有三种：演讲者放映（全屏幕）、观众自行浏览（窗口）和在展台浏览（全屏幕）。应根据不同场合选择不同的放映方式（见图 5-57）。

1. 演讲者放映（全屏幕）

演讲者放映是全屏幕放映。这种放映方式适合会议或教学的场合。放映过程完全由演讲者控制。

2. 观众自行浏览（窗口）

展览会上若允许观众交互式控制放映过程，则采用这种方式。它在窗口中展示演示文稿，允许观众利用窗口命令控制放映进程。观众可以单击窗口右下方的左箭头和右箭头，可以分别切换到前一张幻灯片和后一张幻灯片。按 PageUp 和 PageDown 也能切换到前一张幻灯片和后一张幻灯片。单击两箭头之间的“菜单”按钮，将弹出放映控制菜单，利用菜单的“定位到幻灯片”命令，可以方便快速地切换到指定的幻灯片，按 Esc 键可以终止放映。

3. 在展台浏览（全屏幕）

这种放映方式采用全屏幕放映。适合无人看管的场合。例如展示产品的橱窗或展览会上自动播放产品的展台等。演示文稿自动循环放映，观众只能观看不能控制。采用该方式的演示文稿应事先进行排练计时。

以上三种放映方式的设置方法如下。

（1）打开演示文稿，单击“幻灯片放映”选项卡“设置”组“设置幻灯片放映”按钮，出现“设置放映方式”对话框。

（2）在“放映类型”栏中，可以选择“演讲者放映（全屏幕）”“观众自行浏览（窗口）”和“在展台浏览（全屏幕）”3 种方式之一。若选择“在展台浏览（全屏幕）”方式，则自动采用循环放映，按 Esc 键终止放映。

（3）在“放映幻灯片”栏中，可以确定幻灯片的放映范围（全体或部分幻灯片）。放映部分幻灯片时，应指定放映幻灯片中的开始序号和终止序号。

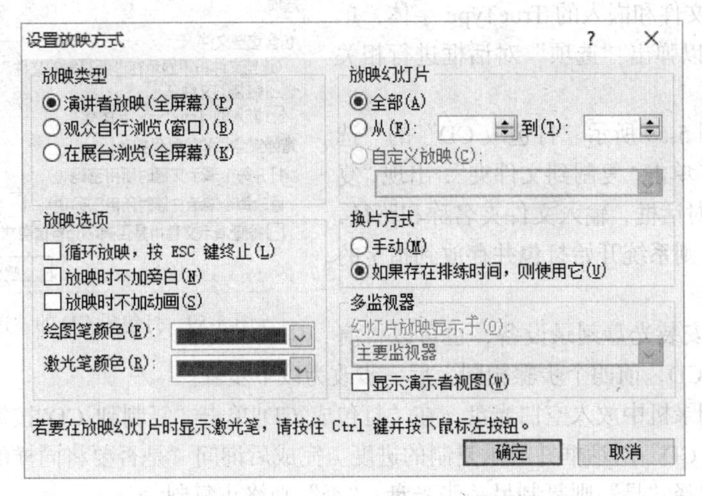

图 5-57 “设置放映方式”对话框

（4）在“换片方式”栏中，可以选择控制放映速度的两种换片方式。“演讲者放映（全屏幕）”和“观众自行浏览（窗口）”放映方式常采用“手动”换片方式，而“在展台浏览（全屏幕）”方式常常无人控制，应事先对演示文稿进行计时，并选择“如果存在排练时间，则使用它”换片方式。

5.10 打包演示文稿和转换为直接放映格式

完成的演示文稿在其他计算机上放映时，如果该计算机上没有安装 PowerPoint，就可能无法放映演示文稿。利用演示文稿的打包功能，将演示文稿打包到文件夹或 CD，甚至可以把 PowerPoint 播放器和演示文稿一起打包。这样，即使计算机上没有安装 PowerPoint，也能正常放映演示文稿。另一种方法是把演示文稿转换成放映格式，也可以在没有安装 PowerPoint 的计算机上正常放映。

5.10.1 打包演示文稿

把演示文稿打包后，就能在没有安装 PowerPoint 的计算机上运行。

1. 打包演示文稿

演示文稿可以打包到磁盘中的文件夹，也可以打包到光盘。打包到 CD 光盘时需要刻录机和空白 CD 光盘。要打包到磁盘中的文件夹可以按照以下步骤操作。

（1）打开要打包的演示文稿。

（2）单击“文件”选项卡“保存并发送”命令，然后双击“将演示文稿打包成 CD”命令，出现“打包成 CD”对话框，如图 5-58 所示。

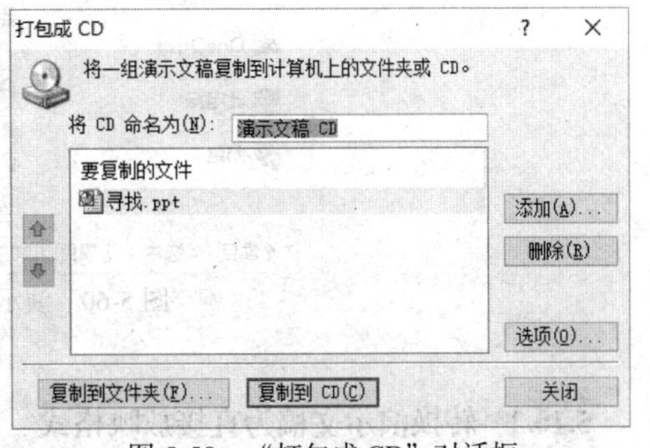

图 5-58 “打包成 CD”对话框

（3）单击“添加”可以添加其他要一起打包的演示文稿。

（4）在默认情况下，打包会包含与演示文稿有关的链接文件和嵌入的 TrueType 字体，单击“选项”可以弹出“选项”对话框进行相关设置。

（5）在图 5-59 所示“打包成 CD”的“选项”对话框中，单击“复制到文件夹”，出现“复制到文件夹”对话框，输入文件夹名称和路径，单击“确定”，则系统开始打包并存放到指定的文件夹中。

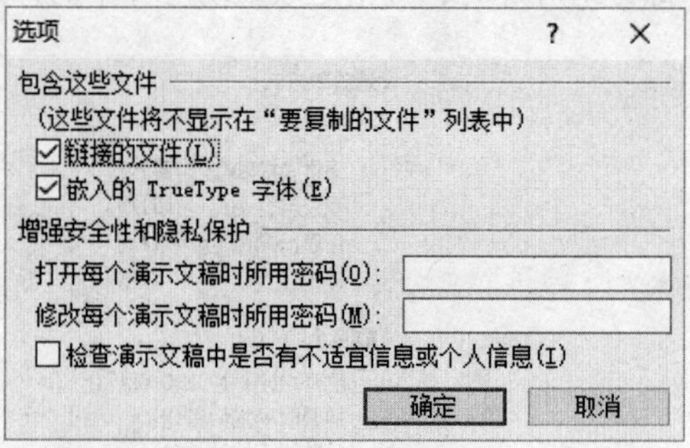

图 5-59　打包成 CD 的“选项”对话框

如果已经安装光盘刻录设备，也可以将演示文稿打包到 CD，前四个步骤相同，后一步改为以下步骤。

（6）在刻录机中放入空白光盘，在“打包成 CD”单击“复制到 CD”按钮，出现“正在将文件复制到 CD”对话框并显示复制的进度。完成后询问“是否要将同样的文件复制到另一张中？”，选择“是”则复制另一张光盘，“否”则终止复制。

2. 运行打包的演示文稿

完成了演示文稿的打包后，就可以在没有安装 PowerPoint 的电脑上放映演示文稿。

（1）打开打包的文件夹 PresentationPackage 子文件夹。

（2）在联网的情况下，双击该文件夹的 PresentationPackage.html 网页文件（见图 5-60），在打开的网页上单击“Download Viewer”播放器，下载 PowerPoint 播放器 PowerPoint Viewer.exe 并安装。

（3）启动 PowerPoint 播放器，出现“Microsoft PowerPoint Viewer”对话框，定位到打包文件夹，选择一个演示文稿文件，并单击“打开”，即可放映该演示文稿。

（4）放映后，还可以在此对话框中选择其他演示文稿进行播放。

在运行这种打包的演示文稿时，无法利用画笔的功能进行即兴标注。

打包到光盘的演示文稿，光盘放到光驱中会自动播放。

如果要播放演示文稿的电脑没有联网，也可以事先把 PowerPoint 播放器 PowerPoint Viewer.exe 下载并复制到该电脑上。

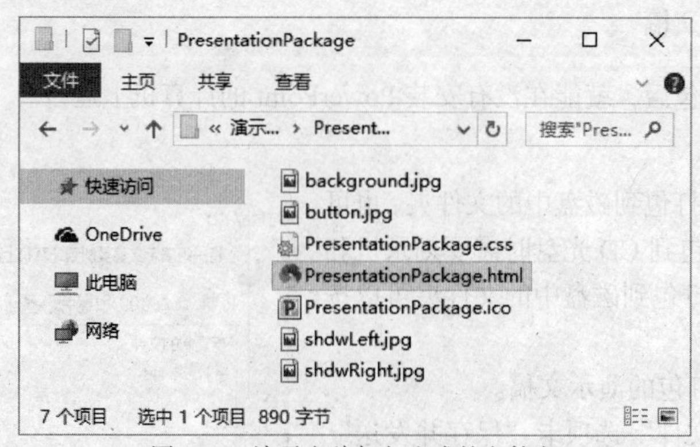

图 5-60　演示文稿打包生成的文件夹

5.10.2　转换演示文稿为直接放映格式

将演示文稿转换成放映格式，可以在没有安装 PowerPoint 的计算机上直接放映。

（1）打开演示文稿，单击“文件”选项卡“保存并发送”命令。

（2）双击“更改文件类型”项的“PowerPoint 放映”命令，出现“另存为”对话框，其中自动选择保存类型为“PowerPoint 放映（*.ppsx）”，选择存放位置和文件名，单击“保存”按钮。

此外，也可以用“另存为”转换放映格式：

（1）打开演示文稿，单击“文件”选项卡“另存为”命令，打开“另存为”对话框，保存类型选择“PowerPoint 放映（*.ppsx）”，然后单击“保存”按钮。

（2）双击放映格式（*.ppsx）的文件，就能放映该演示文稿。

5.11 Office 2010 程序间的信息共享与协同工作

Microsoft Office 2010 是一个功能强大的应用软件包，包括 Microsoft Word、Microsoft Excel、Microsoft PowerPoint、Microsoft Access、Microsoft Outlook、Microsoft FrontPage 等。在使用 Office 2010 时，Office 2010 中各个程序间能很好地信息共享与协同工作，超越各种程序功能，以一个集成的程序的方式工作。下面主要介绍 Office 2010 中的 Word 2010、Excel 2010 和 PowerPoint 2010 的信息共享与协同工作的方法。

5.11.1 Office 2010 中剪贴板

剪贴板（见图 5-61）是 Windows 应用程序中都可以共享的一块公共信息区域，其功能强大，它不但可以保存文本信息，也可以保存图形、图像和表格等各种信息。在 Office 2010 中，可以存放最多 24 次复制或剪切的内容，通过单击“开始”选项卡“剪贴板”组“剪贴板”命令显示剪贴板的内容。Office 2010 的剪贴板程序可以复制多个内容，而且在所有 Office 2010 程序之间都可以粘贴。

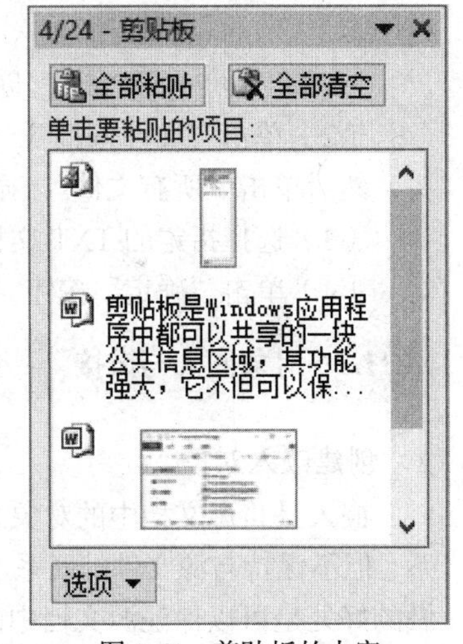

图 5-61　剪贴板的内容

使用 Office 2010 的剪贴板的方法如下。

（1）首先打开我们所需要的文档，然后选择所需要复制的内容，运行编辑菜单里的“复制”或“剪切”命令，这个时候所选的内容就已经被放到 Office 2010 的剪贴板之中了。

（2）再任意打开一个其他的 Office 文档，单击“开始”选项卡“剪贴板”组“粘贴”命令，这个时候在第一步复制或剪切的内容就会出现在目标文档的窗口之中。

（3）当我们复制的内容超过一个的时候，“剪贴板”就会按如图 5-61 所示的样式列出来，而且还能显示出所复制的内容，这个时候我们可以选择需要粘贴哪一份内容，对于要粘贴的内容我们只要单击就可以把内容复制到应用程序之中去。

（4）剪贴板可以帮助我们复制 24 个文本、表格或图片等，单击“全部粘贴”按钮把剪贴板的内容全部粘贴到目标文件之中。要全部删除 Office 2010 剪贴板上的内容，只要单击“全部清空”按钮。鼠标指向剪贴板上的某个内容，在其右侧就会有一个向下的黑色按钮，单击该按钮弹出下拉菜单（见图 5-62），选择“删除”将内容从剪贴板删除。

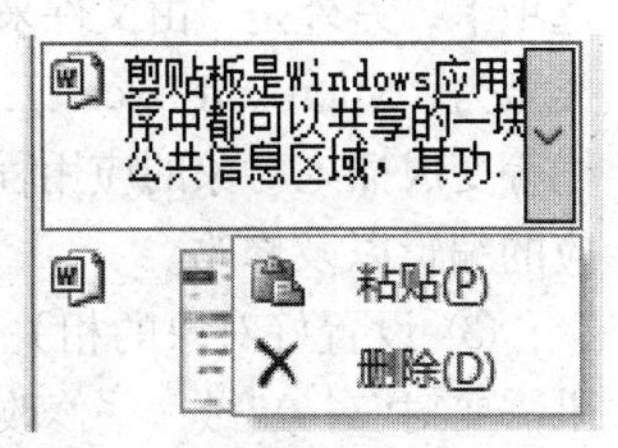

图 5-62　剪贴板的下拉菜单

（5）如果在屏幕上没有出现剪贴板，还可以通过“开始”

选项卡“剪贴板”组右下角“剪贴板”按钮来打开剪贴板。

5.11.2 导出文件或导入文件

将用某种程序文件创建的文件转换成另一种程序能够解释的格式。在程序之间转换的只是文件格式（文件编码信息的方式）。导出文件是以目的程序的文件格式保存该文件。导入文件是可以从该应用程序能识别的格式文档中导入到本应用程序中并以该应用程序的格式保存文件。

1. 导出文件的方法

可以在 Office 2010 的各种应用程序间或在 Windows 的不同程序间实现文档的导出格式的转变。例如，PowerPoint 文档或 Word 文档导出到 PDF 文档中。

（1）打开 PowerPoint 文档或 Word 文档；

（2）单击“文件→另存为→PDF(*.pdf)”菜单命令，这时存成同名的 PDF 文件；

（3）或单击“文件→保存并发送→创建 PDF/XPS 文档→创建 PDF/XPS”，确定 PDF 文档存储位置和文件名，即可创建一个 PDF 文档。

2. 导入文件的方法

可以在 Office 2010 的各种应用程序间实现能识别的格式文档的导入。由于导入文档经常会导致文本格式的改变，所以这种方法不常使用。例如将由文本文件(.txt)导入 PowerPoint 文档中。

（1）启动 PowerPoint，创建一个新的 PowerPoint 文档；

（2）单击“文件→打开”菜单命令，弹出“打开”对话框，单击“文件类型”下拉箭头，然后单击“所有文件”，显示指定文件夹中的所有文件；

（3）选择指定的 TXT 文档；

（4）单击“确定”按钮。

5.11.3 对象嵌入与链接

1. 创建嵌入对象

嵌入是将源文档中的对象复制到目的文档中，嵌入的对象保持与它嵌入的程序之间的联系，但不保持与源文件的联系。有时需要把其他对象嵌入到当前的 Office 2010 文档中，这样做的好处是可以保证源文档中的信息和目标文档中的信息是一模一样的。

例如在 PowerPoint 文档中嵌入 Excel 工作表。其创建嵌入对象的方法。

（1）使用“插入”菜单上的“对象”命令按钮创建嵌入对象。

① 打开 PowerPoint 文档。

② 单击“插入”选项卡“对象”命令按钮，弹出对话框，在这里有两种选择，一是“新建”选项卡，另外是“由文件来创建”选项卡，选择“新建”选项卡，如图 5-63 所示；选择对象类型为“Microsoft Excel 工作表”，按“确定”按钮。这时，目标文档中将自动把菜单栏、工具栏等变成插入对象的应用程序窗口，在这里是 Excel 应用窗口界面，在此即可对对象进行相应的编辑以及修改。

③ 设置好对象的相关信息之后，只需要在对象外单击，就可返回目标程序的窗口；如果需要对“对象”做一些修改，只需双击对象，即可返回对象的应用程序窗口。

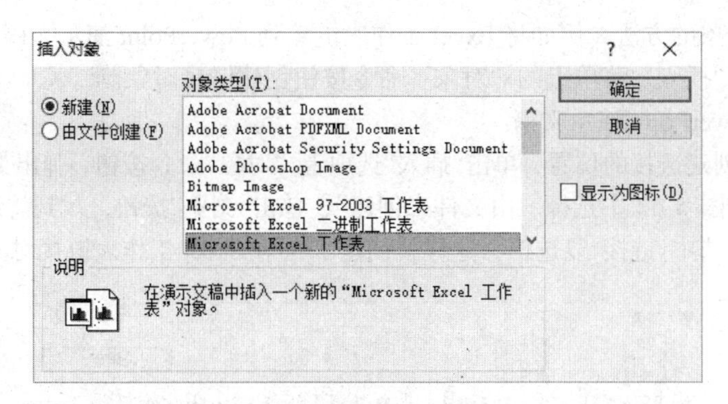

图 5-63　使用"插入"选项卡的"对象"命令嵌入对象

④ 如果想让对象在目标文档中只显示为一个图标，我们还可以选中"显示为图标"选项框。如果要修改数据，只需双击该对象图标，即可调出对象应用程序。

若要调入 Excel 已存在的工作表，第 2 步应改选"由文件创建"选项卡，然后通过"浏览"找到 Excel 工作簿文件，就可以在文档中指定位置嵌入 Excel 工作表。

（2）使用"开始"选项卡的"粘贴"下拉菜单中"选择性粘贴"命令创建嵌入对象。

① 打开 Excel 工作簿文件，在工作表中选择需要嵌入的内容，单击右键，选择"复制"或按"Ctrl+C"组合键复制，选择的内容就被复制到剪贴板上。

② 打开 PowerPoint 文档，在指定的位置，单击"开始"选项卡的"粘贴"下拉菜单中"选择性粘贴"命令按钮，打开"选择性粘贴"对话框，如图 5-64 所示。

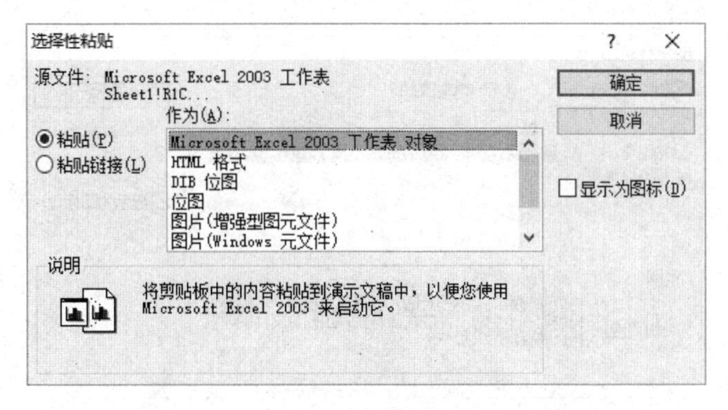

图 5-64　使用"选择性粘贴"嵌入对象

③ 在"作为(A):"框中选中"Microsoft Office Excel 2003 工作表 对象"，并且选中"粘贴"单选按钮。

④ 单击"确定"按钮。

2. 创建链接对象

链接是将源文档中的对象复制到目的文档中，并保持与源程序的直接链接。嵌入对象和链接对象的区别主要在于数据的存储地方以及将数据放入到目标文档后是如何更新的。一般来说，创建嵌入对象，不管你是新建对象还是由文件创建，修改源文档都不会改变目标文档的内容，嵌入的对象已经成为目标文档不可分割的一部分而链接就不一样了，只要修改了源文档，目标文档的信息就会发生改变，因为在目标文档之中只保存链接文档的地址等信息，而不保存其内容。

创建链接对象的方法：例如将 Excel 工作表链接到 PowerPoint 演示文稿中。

（1）使用“插入”菜单上的“对象”命令按钮创建链接对象。

① 打开 PowerPoint 演示文稿。

② 选中要创建链接的位置，单击“插入”选项卡“对象”命令按钮，弹出如图 5-65 所示对话框，在出现的图 5-62 中选择“由文件来创建”，单击“浏览”按钮，找到想链接的 Excel 工作簿文件，然后选中“链接”复选框，这样就创建了—个 Excel 工作表链接对象。

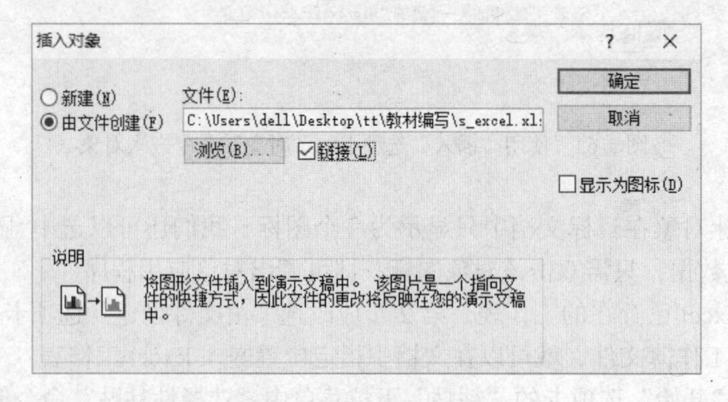

图 5-65 插入链接对象

（2）使用“开始”选项卡的“粘贴”下拉菜单中“选择性粘贴”命令创建链接对象。

① 打开 Excel 工作簿文件，在工作表中选择需要嵌入的内容，单击右键，选择“复制”或按“Ctrl+C”组合键复制，把选择的内容复制到剪贴板，如图 5-66 所示。

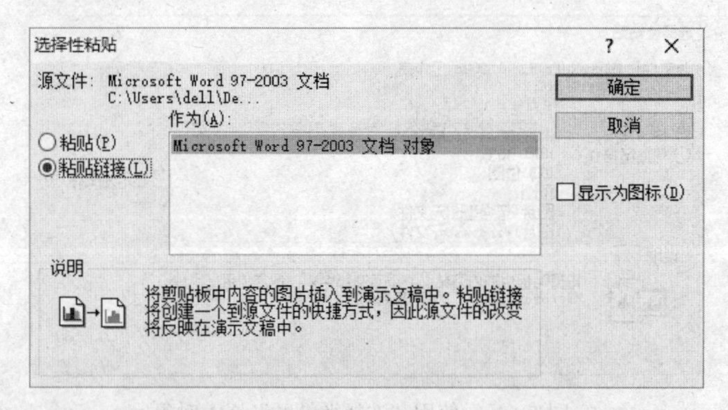

图 5-66 使用“选择性粘贴”链接对象

② 打开 PowerPoint 文档，在指定的位置，单击“开始”选项卡的“粘贴”下拉菜单中“选择性粘贴”命令按钮，打开“选择性粘贴”对话框。选中“粘贴链接”选项单选框，单击“确定”按钮，工作表就被链接到幻灯片上。

5.12 演示文稿制作实例

5.12.1 实例 1

1. 题目要求

打开演示文稿 yswg-1.pptx，其内容如图 5-67 所示。按照下列要求完成对此文稿的修饰并保存。

（1）使用“穿越”主题修饰全文，全部幻灯片切换方案为“擦除”，效果选项为“自左侧”。

（2）将第二张幻灯片版式改为“两栏内容”，将第三张幻灯片的图片移到第二张幻灯片右侧内容区，图片动画效果设置为“轮子”，效果选项为“3 轮辐图案”。将第三张幻灯片版式改为“标题和内容”，标题为“公司联系方式”，标题设置为“黑体”“加粗”“59 磅”字。内容部分插入 3 行 4 列表格，表格的第 1 行 1 ~ 4 列单元格依次输入“部门”“地址”“电话”和“传真”，第 1 列的 2、3 行单元格内容分别是“总部”和“中国分部”，其他单元格按第一张幻灯片的相应内容填写。删除第一张幻灯片，并将第二张幻灯片移为第三张幻灯片。

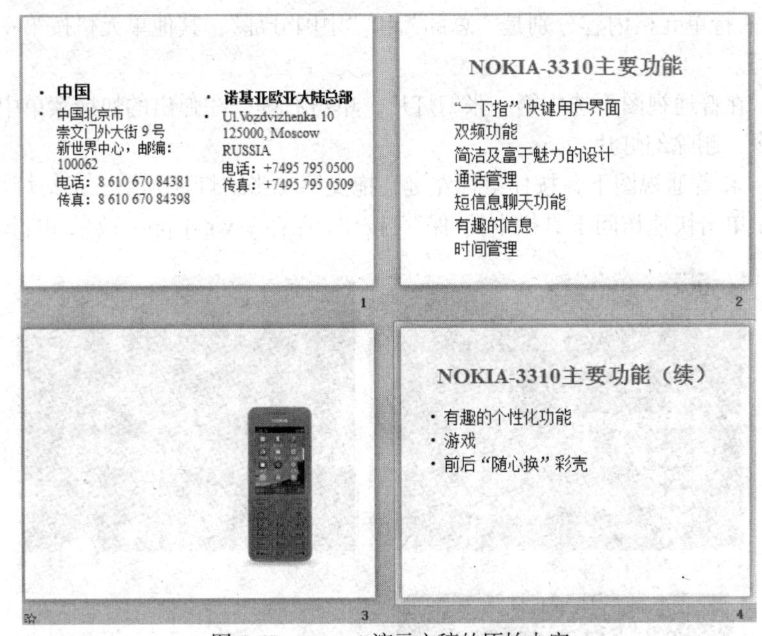

图 5-67　yswg-1 演示文稿的原始内容

2. 解题步骤

第（1）小题步骤如下。

步骤 1：打开 yswg-1.pptx 文件，选中第一张幻灯片，在“设计”功能区的“主题”分组中，选择“穿越”主题修饰全文。

步骤 2：在“切换”功能区的“切换到此幻灯片”分组中，单击“擦除”按钮。单击“效果选项”按钮，在弹出的下拉列表框中选择“自左侧”。

步骤 3：按上述同样的方式设置剩余全部幻灯片。

第（2）小题步骤如下。

步骤 1：选中第二张幻灯片，在【开始】功能区的【幻灯片】分组中，单击“版式”按钮，选择“两栏内容”选项。

步骤 2：单击右键第三张幻灯片的图片，在弹出的快捷菜单中选择【剪切】命令，在第二张幻灯片内容区域，单击右键，在弹出的快捷菜单中选择【粘贴】命令。

步骤 3：选中第二张幻灯片的图片，在【动画】功能区的【动画】分组中，单击“其他”下三角按钮，在展开的效果样式库中选择“轮子”。单击“效果选项”按钮，在弹出的下拉列表中选择“3 轮辐图案”。

步骤 4：选中第三张幻灯片，在【开始】功能区的【幻灯片】分组中，单击“版式”按钮，选择“标题和内容”选项。

步骤 5：在第三张幻灯片的“单击此处添加标题”中输入“公司联系方式”。

步骤 6：选中幻灯片主标题，在【开始】功能区的【字体】分组中，单击“字体”按钮，弹出“字体”对话框，在“字体”选项卡中，设置“中文字体”为“黑体”，设置“字体样式”为“加粗”，设置“大小”为“59”，单击“确定”按钮。

步骤 7：在“单击此处添加文本”中单击“插入表格”按钮，弹出“插入表格”对话框，设置“列数”为“4”，设置“行数”为“3”，单击“确定”按钮。

步骤 8：按照要求，在第 1 行 1 ~ 4 列单元格依次输入“部门”“地址”“电话”和“传真”，第 1 列的 2、3 行单元格内容分别是“总部”和“中国分部”，其他单元格按第一张幻灯片的相应内容填写。

步骤 9：在普通视图下选中第一张幻灯片，单击右键，在弹出的快捷菜单中选择【删除幻灯片】命令，删除幻灯片。

步骤 10：在普通视图下，按住鼠标左键，拖曳第二张幻灯片到第三张幻灯片即可。

步骤 11：单击快速访问工具栏中的“保存”按钮，保存 yswg-1.pptx 效果图如图 5-68 所示。

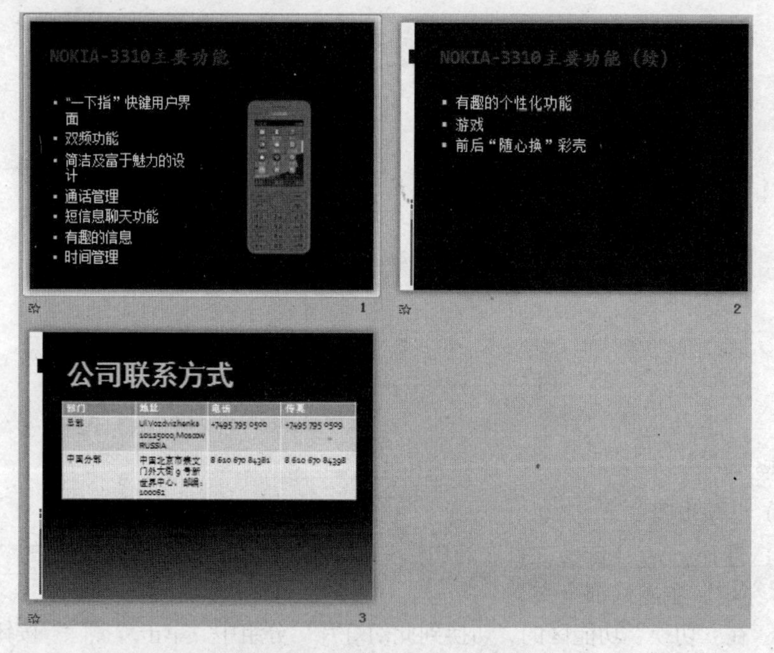

图 5-68　完成的 ysgw-1 效果图

5.12.2　实例 2

1. 题目要求

打开演示文稿 yswg-2.pptx，其内容如图 5-68 所示。按照下列要求完成对此文稿的修饰并保存。

（1）使用“奥斯汀”主题修饰全文，全部幻灯片切换效果为“闪光”，放映方式为“在展台浏览”。

（2）在第一张幻灯片前插入版式为“标题幻灯片”的新幻灯片，主标题输入“地球报告”，副标题为“雨林在呻吟”。主标题设置为：“加粗”“红色”（RGB 颜色模式：249,1,0）。

将第二张幻灯片版式改为“标题和竖排文字”，文本动画设置为“空翻”。第二张幻灯片后插入版式为“标题和内容”的新幻灯片，标题为“雨林——高效率的生态系统”，内容区插入5行2列表格，表格样式为“浅色样式3”，第1列的5行分别输入“位置”“面积”“植被”“气候”和“降雨量”，第2列的5行分别输入“位于非洲中部的刚果盆地，是非洲热带雨林的中心地带”“与墨西哥国土面积相当”“覆盖着广阔、葱绿的原始森林”“气候常年潮湿，异常闷热”和“一小时降雨量就能达到7英寸”。

2. 解题步骤

第（1）小题步骤如下。

步骤1：打开yswg-2.pptx文件（见图5-69），按题目要求设置幻灯片的设计模板。在【设计】功能区的【主题】组中，单击“其他”下三角按钮，在展开的样式库中选择“奥斯汀”样式。

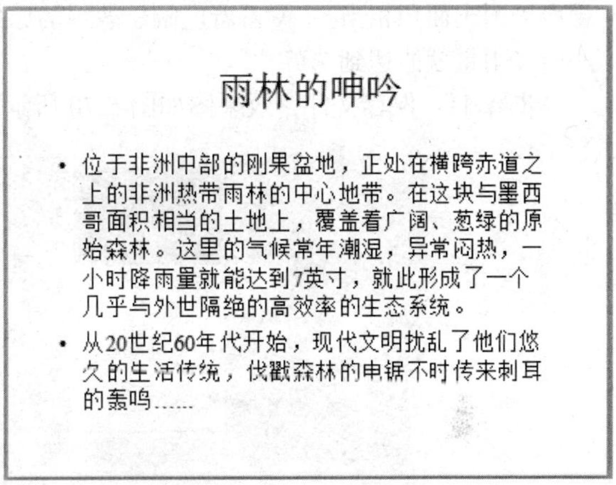

步骤2：为全部幻灯片设置切换方案。选中幻灯片，在【切换】功能区的【切换到此幻灯片】组中选中“其他”下三角按钮，在展开的效果样式库中选择“细微型”下的“闪光”。

雨林的呻吟

- 位于非洲中部的刚果盆地，正处在横跨赤道之上的非洲热带雨林的中心地带。在这块与墨西哥面积相当的土地上，覆盖着广阔、葱绿的原始森林。这里的气候常年潮湿，异常闷热，一小时降雨量就能达到7英寸，就此形成了一个几乎与外世隔绝的高效率的生态系统。
- 从20世纪60年代开始，现代文明扰乱了他们悠久的生活传统，伐戳森林的电锯不时传来刺耳的轰鸣……

图5-69　yswg-2演示文稿的原始内容

步骤3：按题目要求设置幻灯片放映方式。选中所有幻灯片，在【幻灯片放映】功能区的【设置】组中，单击“设置幻灯片放映”按钮，弹出“设置放映方式”对话框，在“放映类型”中选择“在展台浏览（全屏幕）”，单击“确定”按钮，完成幻灯片的放映方式的设置。

第（2）小题步骤如下。

步骤1：按题目要求插入新幻灯片。鼠标移到第1张幻灯片之前，在【开始】功能区的【幻灯片】组中，单击“新建幻灯片”下三角按钮，从弹出的下拉列表中选择“标题幻灯片”。

步骤2：在文本处输入要求的内容。在新建幻灯片的主标题中输入“地球报告”，在副标题中输入“雨林在呻吟”。

步骤3：按题目要求设置字体。选中主标题文本，在【开始】功能区的【字体】组中，单击右侧的下三角对话框启动器，弹出“字体”对话框。单击“字体”选项卡，在“字体样式”中选择“加粗”，在“字体颜色”中选择“其他颜色”，弹出“颜色”对话框，单击“自定义”选项卡，在“红色”微调框中输入“249”，在“绿色”微调框中输入“1”，在“蓝色”微调框中输入“0”，单击“确定”按钮，再单击“确定”按钮返回到编辑界面中。

步骤4：按题目要求设置幻灯片版式。选中第二张幻灯片，在【开始】功能区的【幻灯片】组中，单击“版式”按钮，在下拉列表中选择“标题和竖排文字”。

步骤5：按题目要求设置幻灯片的动画效果。选中第二张幻灯片中的文本，在【动画】功能区的【动画】组中，单击“其他”下三角按钮，在展开的效果样式库中选择“更多进入效果”选项，弹出的“更改进入效果”对话框，在“华丽型”中选择“空翻”，单击“确定”按钮。

步骤6：按题目要求插入新幻灯片。鼠标移到第二张幻灯片之后，在【开始】功能区的【幻灯片】组中，单击“新建幻灯片”下拉按钮，从弹出的下拉列表中选择“标题和内容”。

步骤7：在文本处输入要求的内容。在新建幻灯片的主标题中输入“雨林——高效率的生态系统”。

步骤8：选中第三张幻灯片，在【插入】功能区的【表格】分组中，单击“表格”下拉按钮，从弹出的下拉列表中选择“插入表格”选项，在弹出的“插入表格”对话框中，设置“列数”为“2”，设置“行数”为“5”，单击“确定”按钮。

步骤 9：选中表格，在【表格工具】中的【设计】功能区的【表格样式】组中，单击“其他”快翻按钮，从弹出的下拉列表中选择“淡”组中的“浅色样式 3”。

步骤 10：按照要求表格第 1 列的 5 行分别输入“位置”“面积”“植被”“气候”和“降雨量”。第 2 列的 5 行分别输入“位于非洲中部的刚果盆地，是非洲热带雨林的中心地带”“与墨西哥国土面积相当”“覆盖着广阔、葱绿的原始森林”“气候常年潮湿，异常闷热”和“一小时降雨量就能达到 7 英寸”。

步骤 11：保存文件，效果图如图 5-70 所示。

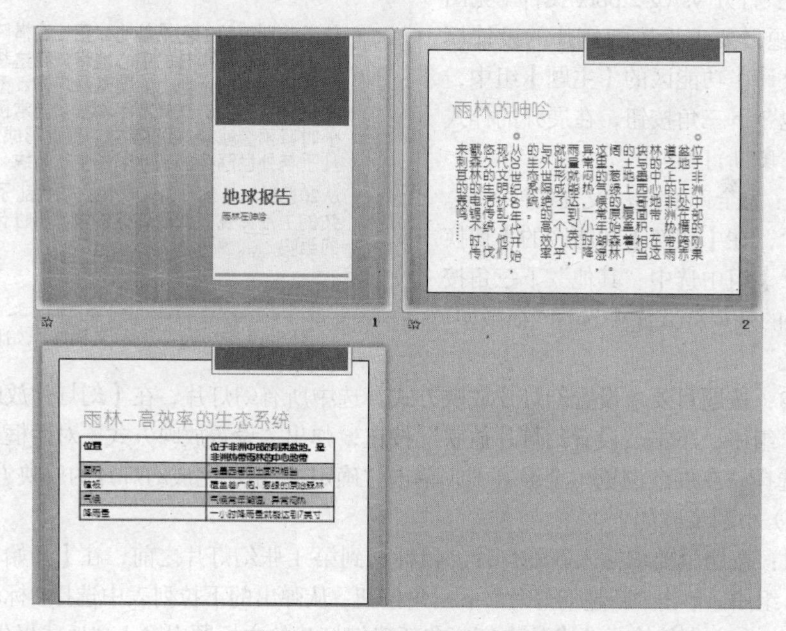

图 5-70 完成的 ysgw-2 效果图

5.12.3 实例 3

1. 题目要求

打开演示文稿 yswg-3.pptx，内容如图 5-71 所示。按照下列要求完成对此文稿的修饰并保存。

（1）使用“市镇”主题修饰全文，放映方式为“观众自行浏览”。

（2）在第一张幻灯片之前插入版式为“两栏内容”的新幻灯片，标题输入“山区巡视，确保用电安全可靠”，将第二张幻灯片的文本移入第一张幻灯片左侧内容区，将考生文件夹下的图片文件 ppt1.jpg 插入到第一张幻灯片右侧内容区，文本动画设置为“进入”“擦除”，效果选项为“自左侧”，图片动画设置为“进入”“飞入”“自右侧”。将第二张幻灯片版式改为“比较”，将第三张幻灯片的第二段文本移入第二张幻灯片左侧内容区，将考生文件夹下的图片文件 ppt2.jpg 插入到第二张幻灯片右侧内容区。将第三张幻灯片的文本全部删除，并将版式改为“图片与标题”，标题为“巡线班员工清晨 6 时带着干粮进山巡视”，将考生文件夹下的图片文件 ppt3.jpg 插入到第三张幻灯片的内容区。第四张幻灯片在水平为 1.3 厘米、自左上角，垂直为 8.24 厘米、自左上角的位置插入样式为“渐变填充-红色，强调文字颜色 1”

的艺术字“山区巡视，确保用电安全可靠”，艺术字“宽度”为“23 厘米”，“高度”为“5 厘米”，文字效果为“转换-跟随路径-上弯弧”，使第四张幻灯片成为第一张幻灯片。移动第四张幻灯片使之成为第三张幻灯片。

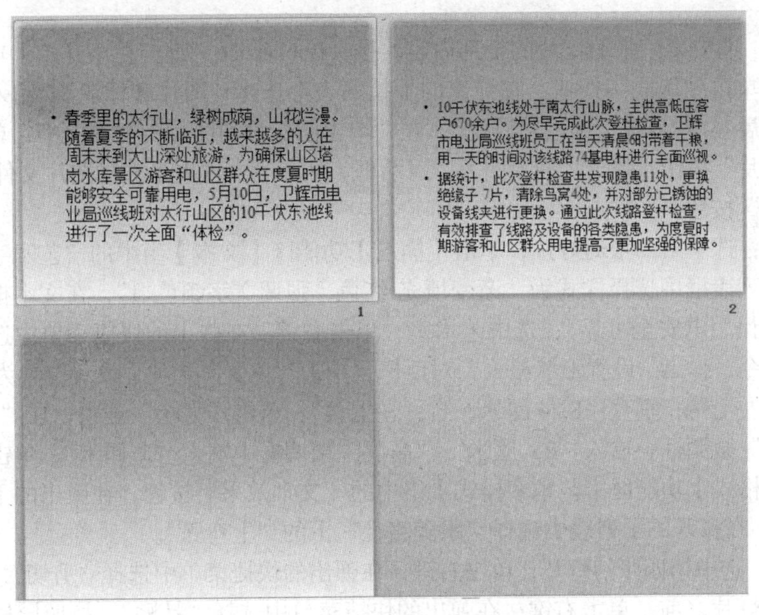

图 5-71　yswg-3 演示文稿的原始内容

2. 解题步骤

第（1）小题步骤如下。

步骤 1：打开 yswg-3.pptx 文件。在【设计】功能区的【主题】组中，单击“其他”下三角按钮，在展开的主题库中选择“市镇”。

步骤 2：在【幻灯片放映】功能区的【设置】组中单击“设置幻灯片放映”按钮，弹出“设置放映方式”对话框，在“放映类型”选项下单击“观众自行浏览（窗口）”单选按钮，再单击“确定”按钮。

第（2）小题步骤如下。

步骤 1：在“幻灯片”窗口，单击第一张幻灯片的上方，在【开始】功能区的【幻灯片】组中，单击“新建幻灯片”下拉按钮，从弹出的下拉列表中选择“两栏内容”。在标题中输入“山区巡视，确保用电安全可靠”。

步骤 2：选中第二张幻灯片的文本，单击【开始】功能区【剪贴板】组中的“剪切”按钮，将鼠标光标定位到第一张幻灯片的左侧内容区，单击“粘贴”按钮。

步骤 3：在第一张幻灯片右侧内容区，单击“插入来自文件的图片”按钮，弹出“插入图片”对话框，从考生文件夹下选择图片文件“ppt1.jpg”，单击“插入”按钮。

步骤 4：选中第一张幻灯片的文本，在【动画】功能区的【动画】组中，单击“其他”下三角按钮，在展开的效果样式库中选择“更多进入效果”选项，弹出的“更改进入效果”对话框，在“基本型”中选择“擦除”，单击“确定”按钮。在【动画】组中，单击“效果选项”按钮，从弹出的下拉列表中选择“自左侧”。

步骤 5：参考步骤 4 的动画设置，将第一张幻灯片的图片动画设置为“进入”“飞入”，效果选项为“自右侧”。

步骤 6：选中第二张幻灯片，在【开始】功能区的【幻灯片】组中单击“版式”按钮，在弹出的下拉列表中选择“比较”。参考步骤 2 和步骤 3，将第三张幻灯片的第二段文本移入第二张幻灯片左侧内容区，将考生文件夹下的图片文件“ppt2.jpg”插入到第二张幻灯片右侧内容区。

步骤 7：选中第三张幻灯片的全部内容，按“Backspace”键。在【开始】功能区的【幻灯片】组中单击“版式”按钮，在弹出的下拉列表中选择“图片和标题”。输入标题为“巡线班员工清晨 6 时带着干粮进山巡视”。在“单击图标添加图片”文本框中，单击“插入来自文件的图片”按钮，弹出“插入图片”对话框，从考生文件夹下选择图片文件“ppt3.jpg”，单击“插入”按钮。

步骤 8：选中第四张幻灯片，单击【插入】功能区【文本】组中的“艺术字”按钮，在弹出的下拉列表框中选择样式为“渐变填充-红色，强调文字颜色 1”，在文本框中输入“山区巡视，确保用电安全可靠”；选中艺术字，单击右键，在弹出的快捷菜单中选择“设置形状格式”命令，弹出“设置形状格式”对话框，单击“位置”选项，设置位置为“水平：1.3 厘米，自：左上角，垂直：8.24 厘米，自：左上角”，单击“大小”选项，在“尺寸和旋转”下的“宽度”微调框中输入“23 厘米”，“高度”微调框中输入“5 厘米”，单击“关闭”按钮；单击【格式】功能区【艺术字样式】组中的“文本效果”按钮，在弹出的下拉列表中选择“转换”，在打开的子列表中选择“跟随路径”下的“上弯弧”。

步骤 9：选中第四张幻灯片，单击右键，在弹出的快捷菜单中选择“剪切”，将鼠标移动到第一张幻灯片之前，单击右键，在弹出的快捷菜单中选择“粘贴”。按照同样的方法移动第四张幻灯片使之成为第三张幻灯片。

步骤 10：保存演示文稿，效果图如图 5-72 所示。

图 5-72　完成的 ysgw-3 效果图

思考题

1. 打开演示文稿 yswg-1.pptx，其内容如图 5-73。按照下列要求完成对此文稿的修饰并保存。

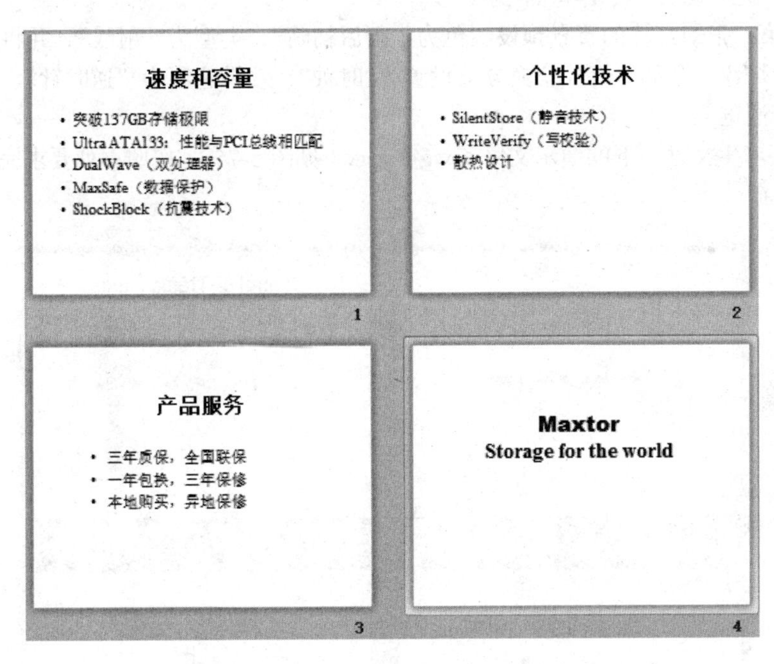

图 5-73　yswg-1 演示文稿的原始内容

（1）最后一张幻灯片前插入一张版式为“仅标题”的新幻灯片，标题为“领先同行业的技术”，在位置（水平：3.6 厘米，自：左上角，垂直：10.7 厘米，自：左上角）插入样式为“填充-蓝色，强调文字颜色 2，暖色粗糙棱台”的艺术字“Maxtor Storage for the world”，且文字均居中对齐。艺术字文字效果为“转换-跟随路径-上弯弧”，艺术字“宽度”为“18 厘米”。将该幻灯片向前移动，作为演示文稿的第一张幻灯片，并删除第五张幻灯片。将最后一张幻灯片的版式更换为“垂直排列标题与文本”。第二张幻灯片的内容区文本动画设置为“进入”“飞入”，效果选项为“自右侧”。

（2）第一张幻灯片的背景设置为“水滴”纹理，且隐藏背景图形；全文幻灯片切换方案设置为“棋盘”，效果选项为“自顶部”。放映方式为“观众自行浏览”。

2. 打开考生文件夹下的演示文稿 yswg-2.pptx（见图 5-74），按照下列要求完成对此文稿的修饰并保存。

图 5-74　yswg-2 演示文稿的原始内容

（1）在幻灯片的标题区中输入“中国的 DXF100 地效飞机”，文字设置为“黑体”“加粗”“54 磅”字，“红色”（RGB 模式：红色 255，绿色 0，蓝色 0）。插入版式为“标题和内容”的新幻灯片，作为第二张幻灯片。第二张幻灯片的标题内容为“DXF100 主要技术参数”，文本内容为“可载乘客 15 人，装有两台 300 马力航空发动机”。第一张幻灯片中的飞机图片动画设置为“进入”“飞入”，效果选项为“自右侧”。第二张幻灯片前插入一版式为“空白”的新幻灯片，并在位置（水平：5.3 厘米，自：左上角，垂直：8.2 厘米，自：左上角）插入样式为“填充-蓝色，强调文字颜色 2，粗糙棱台”的艺术字“DXF100 地效飞机”，文字效果“转换-弯曲-倒 V 形”。

（2）第二张幻灯片的背景预设颜色为“雨后初晴”，类型为“射线”，并将该幻灯片移为第一张幻灯片。全部幻灯片切换方案设置为“时钟”，效果选项为“逆时针”。放映方式为“观众自行浏览”。

3. 打开考生文件夹下的演示文稿 yswg-3.pptx（见图 5-75），按照下列要求完成对此文稿的修饰并保存。

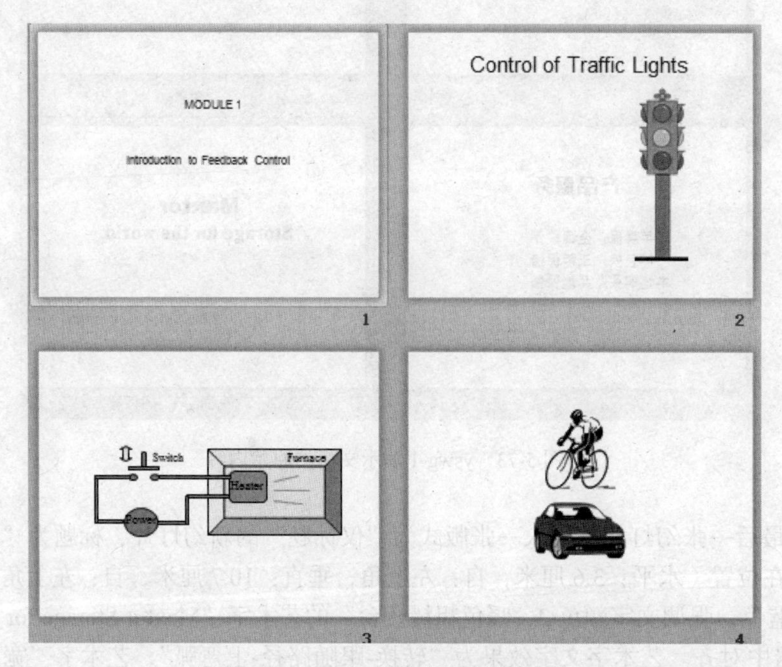

图 5-75　yswg-3 演示文稿的原始内容

（1）使用“暗香扑面”主题修饰全文，全部幻灯片切换方案为“百叶窗”，效果选项为“水平”。

（2）在第一张“标题幻灯片”中，主标题字体设置为“Times New Roman”“47 磅”字；副标题字体设置为“Arial Black”“加粗”“55 磅”字。主标题文字颜色设置成“蓝色”（RGB 模式：红色 0，绿色 0，蓝色 230　）。副标题动画效果设置为“进入”“旋转”，效果选项为文本“按字/词”。幻灯片的背景设置为“白色大理石”。第二张幻灯片的版式改为“两栏内容”，原有信号灯图片移入左侧内容区，将第四张幻灯片的图片移动到第二张幻灯片右侧内容区。删除第四张幻灯片。第三张幻灯片标题为“Open-loop Control”“47 磅”字，然后移动它成为第二张幻灯片。

4. 打开考生文件夹下的演示文稿 yswg-4.pptx（见图 5-76），按照下列要求完成对此文稿的修饰并保存。

（1）使用“精装书”主题修饰全文，全部幻灯片切换方案为“蜂巢”。

（2）第二张幻灯片前插入版式为“两栏内容”的新幻灯片，将第三张幻灯片的标题移到第二张幻灯片左侧，把考生文件夹下的图片文件 ppt1.png 插入到第二张幻灯片右侧的内容区，图片的动画效果设置为“进入”“螺旋飞入”，文字动画设置为“进入”“飞入”，效果选项为“自左下部”。动画顺序为先文字后图片。将第三张幻灯片版式改为“标题幻灯片”，主标题输入“Module 4”，设置为“黑体”“55 磅”字，副标题键入“Second Order Systems”，设置为“楷体”“33 磅”字。移动第三张幻灯片，使之成为整个演示文稿的第一张幻灯片。

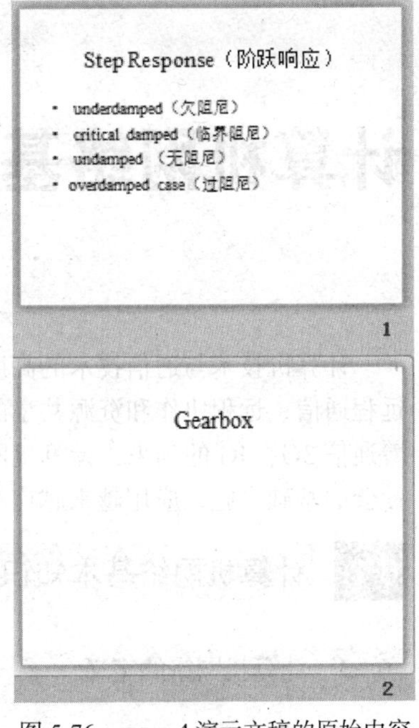

图 5-76　yswg-4 演示文稿的原始内容

5. 打开考生文件夹下的演示文稿 yswg-5.pptx(见图 5-77)，按照下列要求完成对此文稿的修饰并保存。

（1）使用“都市”主题修饰全文。

（2）将第二张幻灯片版式改为“两栏内容”，标题为“项目计划过程”。将第四张幻灯片左侧图片移到第二张幻灯片右侧内容区，并插入备注内容“细节将另行介绍”。将第一张幻灯片版式改为“比较”，将第四张幻灯片左侧图片移到第一张幻灯片右侧内容区，图片动画设置为“进入”“基本旋转”，文字动画设置为“进入”“浮入”，且动画开始的选项为“上一动画之后”，并移动该幻灯片到最后。删除第二张幻灯片原来标题文字，并将版式改为“空白”，在“水平为 6.67 厘米，自左上角，垂直为 8.24 厘米，自左上角”的位置处插入样式为“渐变填充-橙色，强调文字颜色 4，映像”的艺术字“个体软件过程”，文字效果为“转换-弯曲-波形 1”，并移动该幻灯片使之成为第一张幻灯片。删除第三张幻灯片。

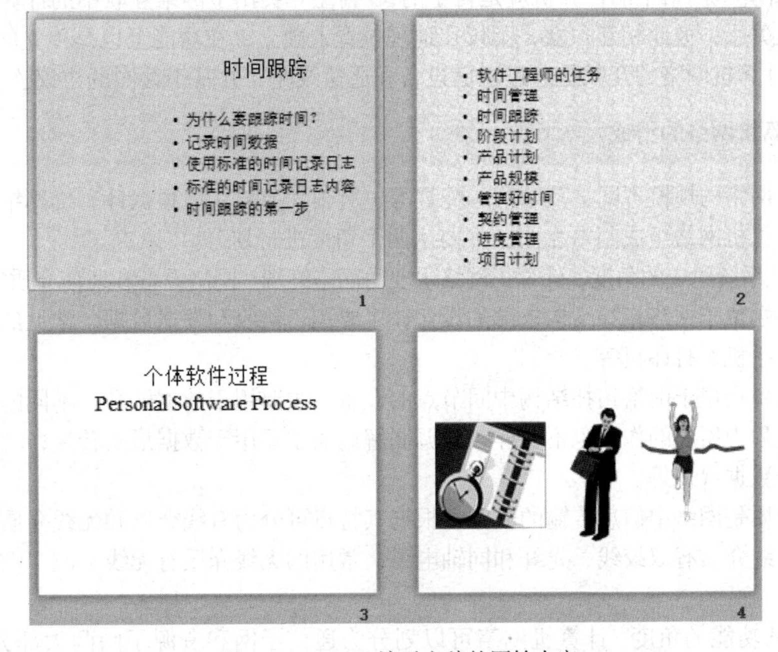

图 5-77　yswg-5 演示文稿的原始内容

第 6 章

计算机网络基础

计算机技术与通信技术的高度融合，产生了计算机网络，它满足了人们远程信息处理、远程通信、远程协作和资源共享的需要，给人们的工作、学习和生活带来了极大的便利。随着通信 3G、4G 的到来，计算机网络也进入了一个高速发展的阶段。计算机网络成为了现代社会的基础设施，应用越来越广泛，影响也越来越大。

6.1 计算机网络基本知识

6.1.1 计算机网络的定义

在计算机网络发展的不同阶段，人们提出了不同的计算机网络定义。目前，较为准确的定义为“以数据传输和资源共享为主要目的互联起来的自主计算机系统的集合”。理解这个定义需要把握以下三点。

（1）组建计算机网络的目的，或者说计算机网络的主要功能，是数据传输和资源共享。

（2）计算机网络中的计算机应是自主的，“自主”突出了网络互联中的计算机之间没有必需的主从关系，彼此相互独立，不仅在地理位置上独立，在功能上也是独立的。

（3）计算机网络的互联是通过通信设备和通信线路，并基于共同的协议连接在一起。

6.1.2 计算机网络的组成

计算机网络的规模不同，其结构、配置等也有很大差异。但根据计算机网络的定义，一个完整的计算机网络组成基本相同。下要从两个角度进行划分。

（1）从系统组成的角度，计算机网络主要由网络终端、网络设备和通信介质等部分组成。

网络终端位于网络拓扑结构末端的设备，主要用于接收和发送数据。常见的网络终端包括计算机、手机、打印机等。

网络设备指位于网络拓扑结构中间节点的设备，主要用于数据转发。不同的网络设备在数据转发过程中所起的作用也不一样，如调制解调器主要用于数据形式转换；交换机、路由器主要用于数据寻址等。

通信介质是网络中信息传输的载体，根据其特点可分为有线介质和无线介质两大类。其中常用的有线介质有双绞线、光纤和同轴电缆；常用的无线介质有无线电波、微波、红外和蓝牙等。

（2）从功能的角度，计算机网络可以划分为通信子网和资源子网两大部分，如图 6-1 所示。

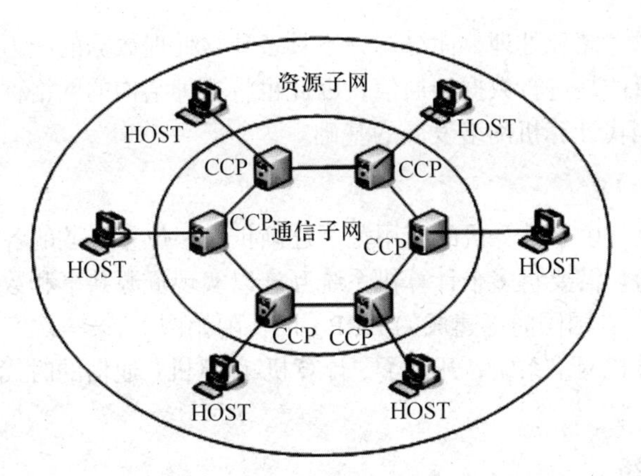

图 6-1　计算机网络的组成

通信子网主要负责网络的数据通信，由网络节点、通信设备、通信线路以及通信协议等组成，为网络用户提供数据传输、转接、加工和变换等数据信息处理。

资源子网主要负责网络数据的存储和处理，由服务器、工作站、网络打印机和其他外设及其相关软件组成，为网络用户提供各种网络资源和网络服务，以实现资源共享的目的。

6.1.3　计算机网络的功能

计算机网络的功能可归纳为以下几个方面。

1. 数据传输

数据传输是计算机网络的最基本功能，也是最主要的功能之一，主要用以实现计算机之间、计算机与终端之间各种信息的传送，包括各种文字信息、新闻消息、图片信息等。

2. 资源共享

资源共享包括硬件共享、软件共享和信息资源共享，是计算机网络最主要、最常用的功能。资源共享使得系统可以以最小的投入（人力、物力和财力等），获取最大的资源利用率。

3. 提高系统的可靠性和可用性

在计算机网络中，每台计算机可通过网络互为后备机，每一种资源都可以在两台甚至多台计算机上进行备份。因此，当网络中的某台计算机出现故障，或某一资源被破坏时，可以由另一台计算机代替，或从另一台计算机上获取备份的资源。从而提高整个系统的可靠性，确保整个系统的可用性。

4. 易于分布式处理

用户可以将复杂的、较大型的综合性问题通过一定的算法，将任务分别交给不同的计算机去完成，一方面避免了网络中某一节点的负担过重，另一方面充分地利用了网络中其他较为空闲的资源。

6.1.4　计算机网络的产生和发展

自 20 世纪 50 年代产生以来，计算机网络的发展经历了由简单到复杂、由低级到高级的过程，大致经历了以下几个阶段。

1. 数据通信型网络

20 世纪 50 年代，人们将若干终端通过通信线路连接到一台主机上。在这种网络中，主机要完成所有数据的存储和处理，而终端并不具备独立处理数据的能力，只能完成简单地输入或输出，其主要目的是进行数据的通信，因此也将这种结构的网络称为数据通信型网络。数据通信型网络是当代计算机网络发展的基础。

2. 资源共享型网络

20 世纪 60 年代，由于计算机的应用范围逐渐扩大，位置分散的各个部门之间的协同合作也越来越频繁，迫切需要将多个计算机系统互连以实现资源共享和数据交换，分组交换网由此产生。1969 年，美国国防部建成的 ARPA 网（阿帕网），第一次实现了由通信网络和资源网络复合构成计算机网络系统，开创了“计算机-计算机”通信的时代，标志着计算机网络的真正产生。

3. 标准化系统型网络

20 世纪 70 年代中期，计算机网络发展到了一个新的阶段，出现了许多不同的网络体系结构和网络协议，彼此之间无法互联，限制了计算机网络的发展。为了使不同设计标准的网络能够互连互通，国际标准化组织（International Standard Organization,ISO)于 1983 年提出了一个使各种计算机能够互连的标准框架——开放系统参考模型(Open System Interconnection/Reference Model,OSI/RM)。OSI/RM 将网络分为七层，并规定了每一层的功能，它的产生标志着标准化系统型计算机网络的诞生。

4. 高速 Internet 型网络

进入 20 世纪 90 年代，微电子技术和通信技术进入高速发展阶段，为计算机网络的发展提供了强有力的支持。Internet 的快速发展、信息高速公路的提出、无线网络地出现都意味着信息时代的全面到来，从而产生了以信息综合化、传输高速化为主要特点的第四代高速 Internet 型网络。

5. 未来混合型网络

未来的计算机网络将进一步融合计算机技术与通信技术，更关注于带宽、应用、安全、服务质量、终端多样性和智能化等。未来的计算机网络将具有更低的费用，将向适应多媒体通信、移动通信结构的方向发展，将具有更高的可靠性和服务质量。网络结构将更加一体化、标准化，以此适应全球网络的互联。

6.1.5 计算机网络的分类

在计算机网络的研究中，人们往往使用不同的分类方法从不同的角度对其进行分类。常见的分类方法有以下几种。

1. 按地理覆盖范围分类

（1）局域网（Local Area Network，LAN）

局域网（LAN）是将分布在较小地理范围内的计算机和各种通信设备，通过专用的通信线路互连在一起的网络。局域网的覆盖范围一般在几十米到几千米之间，常用于组建一个办公室、一栋楼或一个校园、一个企业的计算机网络，主要用于实现短距离的资源共享，具有较高的数据传输速率和较低的误码率。

（2）广域网（Wide Area Network，WAN）

广域网（WAN）又称远程网，其分布范围可达数百公里乃至更远，可以覆盖一个地区，一个国家，甚至全世界。目前，Internet 是全球最大的广域网。广域网通过电话交换网、微波、卫星通信网或它们的组合信道进行通信，具有较低的传输速率和较高的误码率，传输时延较大。

（3）城域网（Metropolitan Area Network，MAN）

城域网（MAN）是介于局域网和广域网之间的一种大型通信网络，其覆盖范围可以是一个地区或多个地区。由于城域网通常使用和局域网相同的技术，基本上可以说是一种大型的局域网（LAN），所以，目前在按覆盖范围分类时也可直接分为广域网和局域网，而不再有城域网。

2. 按拓扑结构分类

网络中各个节点相互连接的方法和形式称为网络拓扑结构。按拓扑结构分类，计算机网络可分为总线型、环型、星型、树型和网状型等，如图 6-2 所示。

（1）总线型网络

总线型网络中，所有的节点都通过相应的硬件接口直接连接到传输总线上，一个网段内所有的节点共享总线资源。总线拓扑结构的优点是结构简单，易于扩充，布线容易。但由于不是集中控制，因此故障诊断困难。此外，由于所有节点共享传输链路和带宽，因此网络性能较差。目前，在计算机网络中较少使用。

（2）环型网络

环型网络中，各个网络节点连接成一个闭合环，信息沿着固定方向从一个节点传送到另一个节点，最终由目的结点接收。环型拓扑结构的优点是结构简单，易于实现。但其可靠性较差，任一节点出故障都会引起全网故障，且故障诊断困难。

（3）星型网络

星型网络中，各个节点都通过连接链路与中心节点相连，中心节点控制全网的通信，任意两个节点之间的通信都要通过中心节点。星型拓扑结构的优点是结构简单，便于管理，各条线路可以同时进行数据传输，网络性能较高。但由于所有节点都依赖于中心节点，因此中心节点是整个网络的瓶颈，一旦中心节点出现故障则全网瘫痪。

（4）网状型网络

网状型网络中，节点之间的连接是任意的、没有规律的，任意两个节点之间可以没有、一条或多条连接线路。网状型拓扑结构的优点是系统可靠性高，一条链路发生故障，网络仍可正常运行。但由于结构复杂，就必须采用多种协议、流量控制等方法。网状型拓扑结构常用于广域网中，如Internet。

（5）树型网络

树型网络可以认为是分层的星型网络，其特点和星型网络相似，但树型拓扑更适合于分层管理。

此外，计算机网络还可按网络的交换方式分类，分为电路交换网，报文交换网和分组交换网；按网络传输介质分类，可分为有线网络和无线网络；按不同用户分为科研网、教育网、商业网和企业网等。

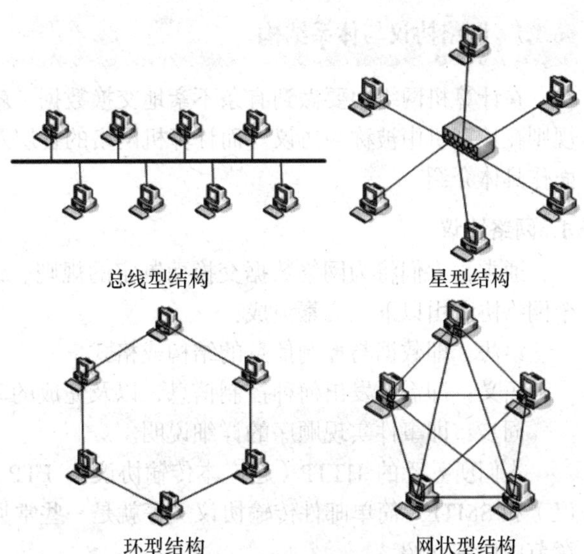

图 6-2　计算机网络拓扑结构

6.1.6 数据通信

数据通信是通信技术和计算机技术相结合而产生的一种新的通信方式。通信双方通过传输信道将数据终端与计算机联结起来，以实现信息的传输和交换。下面介绍几个相关的概念和技术指标。

1. 信号

数据的具体物理表现，具有确定的物理描述，如电压、磁场强度等。根据信号的连续性分为模拟信号和数字信号。其中模拟信号是一种连续变化的电信号，而数据信号则是一种离散的脉冲序列。

2. 信道

信道是传输信号的渠道，根据传输介质不同，可分为有线信道和无线信道。

3. 调制与解调

发送端将数字信号转换成模拟信号的过程称为调制；接收端将模拟信号还原成数字信号的过程称为解调。将调制与解调两种功能结合在一起的设备就称为调制解调器（Modem）。

4. 数据通信技术指标

（1）传输速率

在数据通信中，用数据传输速率表示信道的传输能力，即每秒传输的二进制位数，单位为比特率（bps）。也可用 Kbps、Mbps 和 Gbps 等作单位，其中：

$$1\ \text{Kbps}=1024\ \text{bps}\approx 1*10^3\text{bps}$$

$$1\ \text{Mbps}=1024\ \text{Kbps}\approx 1*10^6\text{bps}$$

$$1\ \text{Gbps}=1024\ \text{Mbps}\approx 1*10^9\text{bps}$$

（2）误比特率

误比特率是指数据在传输过程中，错误的比特数占传输数据总比特数的概率，有时也称为误码率。目前计算机网络通信中，一般误码率要求要低于 10^{-6}。

6.1.7 网络协议与体系结构

在计算机网络中要做到有条不紊地交换数据，就必须通过一些事先约定好的规则。这些规则在计算机中被称为协议。而计算机网络的各层及其协议的集合则称为网络体系结构。下面作具体介绍。

1. 网络协议

通常，人们将为网络数据交换而制定的规则、约定或标准称为网络协议（Protocol)。一个网络协议由以下三要素组成：

语法：即数据与控制信息的结构或格式。

语义：即需要发出何种控制信息，以及完成的动作和作出的响应。

同步：即事件实现顺序的详细说明。

人们所熟悉的 HTTP（超广本传输协议）、FTP（文件传输协议）、POP3（第三代邮局协议）和 SMTP（简单邮件传输协议）等就是一些常见的应用协议，这些协议将在后面相关的章节中详细介绍。

2. 体系结构

为了减少设计的复杂性，大多数的网络都是采用层次模型来组织的，每一层都是建立在它的下层之上。网络体系结构是计算机网络的所有功能层次、各层次的通信协议以及相邻层次间接口的集合。分层、协议和接口构成了网络体系结构的三要素，可以表示为：

网络体系结构图={分层，协议，接口}

为了研究不同的网络体系结构之间的互连问题，国际标准化（ISO）于 1977 年成立专门机构，并提出了开放系统互联参考模型（OSI/RM），简称为 OSI 模型。

3. OSI 模型

OSI 模型采用分层体系结构，共七层，由下而上分别是物理层、数据链路层、网络层、传输层、对话层、表示层和应用层七层，如图 6-3 所示。

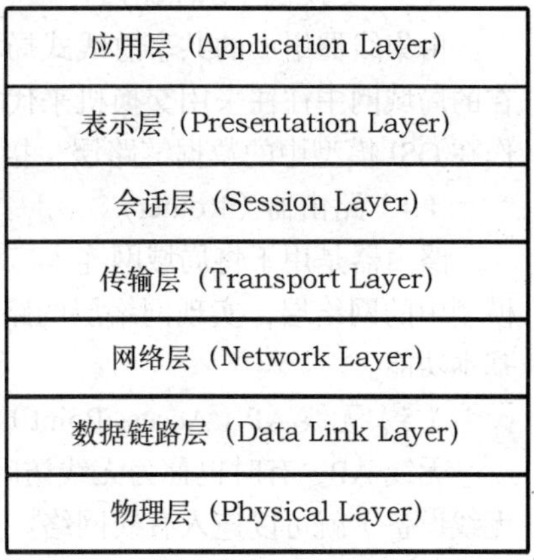

应用层（Application Layer）
表示层（Presentation Layer）
会话层（Session Layer）
传输层（Transport Layer）
网络层（Network Layer）
数据链路层（Data Link Layer）
物理层（Physical Layer）

图 6-3　开放系统互连参考模型

OSI 参考模型各层的主要功能如下。

（1）物理层：位于 OSI 模型中的最底层，利用传输介质，在网络上实现数据比特流的传输。在这一层，数据单位称为“比特（bit）”。

（2）数据链路层：通过校验、确认和反馈重传机制将由物理层提供的比特流组合成帧，在相邻节点间进行传输。数据单位称为“帧（Frame）”。

（3）网络层：通过路由算法，为数据包选择最适当的路径到达目的网络。数据单位称为“分组”或“包（Packet）”。

（4）传输层：第一个点到点，即主机到主机的层次，从该层起向上各层都称为“高层”。它向高层屏蔽了下层数据通信的细节，为双方主机间通信提供了透明的数据通道。数据单位称为“数据段”（Segment）。

（5）会话层：负责管理主机之间的会话进程，一次连接就称为一次会话。

（6）表示层：为上层用户提供所需要的数据语法转换与表示，完成数据的加密与解密等基本操作。

（7）应用层：OSI 模型的最高层，直接面向用户的具体应用，提供包括文件传输、电子邮件、远程登录等服务在内的各种网络用户服务。

6.1.8　网络设备及传输介质

计算机网络是通过各种网络设备和传输介质连接起来，这些设备和传输介质组成了计算机网络的硬件系统。

1. 网络设备

（1）主机（Host）

凡连接在网络上的计算机，无论是巨型计算机还是微型计算机，都被称为主机，简称 Host。主机按功能的不同分为服务器和工作站两类。

服务器（Server）：主要负责网络的正常运行或提供专用服务，为网络中的各个工作站发出的请求提供服务。它的性能指标要求较高，必须具有很高的稳定性、可靠性以及连续工作的能力。

工作站（Workstation）：是网络资源的使用者，也是用户直接可操作使用的终端。可以由任何档次的计算机来承担。

网络中的服务器和工作站的概念不是绝对的，如果一台工作站上存放了大量的资料并为其他计算机提供一定的服务，此时这台工作站也就成为网络中的服务器了。

（2）网络接口卡（NIC）

简称网卡，用于将计算机和通信介质连接起来，所有接入网络的计算机都必需配备，通常插在计算机的扩展槽内。网卡工作在 OSI 模型中的物理层，不同的网络必须采用与之相适应的网卡。通常将网卡划分为有线网卡和无线网卡。

（3）交换机（Switch）

由集线器组成的共享总线式局域网在扩大网络传输范围的同时也扩大了冲突域，所以现在的局域网中往往采用交换机来代替，组成以交换机为中心的交换式局域网。普通交换机工作在 OSI 模型中的数据链路层，接入交换机的任意两个节点之间可以享有独立的带宽。

（4）路由器（Router）

路由器是用于将局域网连入广域网或实现多个网络互连的网络设备。路由器工作在 OSI 模型中的网络层，实现网络层的路由选择和数据转发功能，“路由”和“交换”是它的两大基本功能。

（5）无线 AP（Access Point）

无线 AP，有时也称为无线访问点。通过无线 AP，无线设备（如手机、平板、笔记本等无线设备）就可以连入有线网络。主要用于宽带家庭、大楼内部、校园内部等需要无线监控的地方，典型距离覆盖几十米至上百米。

2. 传输介质

网络传输介质是指在网络中传输信息的载体，常用的传输介质分为有线传输介质和无线传输介质两大类。

有线传输介质又可以分为双绞线、同轴电缆和光纤。其中，双绞线最为便宜，但传输速率最慢，抗干扰能力最差，常用于局域网内部布线。光纤传输的是光信号，传输速率最快，抗干扰能力最强，经常用在主干线上。

随着无线网的深入研究和广泛应用，无线介质在网络中的应用也越来越多。常见的无线介质有无线电波、红外线、微波、卫星和激光。在局域网中，通常只使用无线电波和红外线作为传输介质。

6.1.9 网络软件

网络软件是计算机网络中必不可少的组成部分，网络的正常工作需要通过网络软件支持。一方面，网络软件授权用户合法、快速地访问网络资源；另一方面，通过管理和调度网络资源，提供网络通信和用户所需的各种网络服务，如资源共享、信息传输等。一般，网络软件可以分为通信软件、网络协议软件和网络操作系统。

1. 通信软件

主要用来控制和监督网络中的通信，通常由线路缓冲区管理程序、线路控制程序以及报文管理程序等组成。

2. 网络协议软件

网络软件的重要组成部分，按网络所使用的协议层次模型组织而成，主要用以完成相应层协议所规定的功能。

3. 网络操作系统

网络操作系统，是网络用户与计算机网络之间的接口，其任务是支持网络的通信和提供资源共享，网络用户可能通过网络操作系统请求网络服务。网络操作系统可以分为服务器操作系统和客户机操作系统。常见的服务器操作系统有 UNIX、Linux 和 Windows Server 系列等。客户端操作系统有 Windows 系列（如 Windows XP、Windows 7、Windows 10 等）。

6.2 局域网（LAN）

局域网是当前使用率最高的一种计算机网络。因此，局域网技术是计算机网络研究与应用的热点，也是目前技术发展最快的领域之一，它在计算机网络中占有非常重要的地位。

6.2.1 局域网的定义和特点

1. 局域网的定义

局域网（Local Area Networks,LAN)是指分布在较小地理范围内的网络。公司、企业等的计算机都可以通过 LAN 连接起来，以达到资源共享、信息传递的目的。目前局域网中主要采用 IEEE802 标准。

2. 局域网的特点

与其他的网络相比，局域网具有以下特点：

- 网络所覆盖的地理范围较小，通常不超过几千米，可以是一间教室、一栋建筑，甚至两台计算机通过双绞线直接连在一起，都可以构成一个局域网。
- 具有较高的数据速率和较低的误码率。速率目前甚至可达到 100Mbit/s、1000Mbit/s，甚至 10000Mbit/s。误码率一般在 $10^{-11} \sim 10^{-8}$ 之间。
- 局域网的建设成本低，便于安装、管理和维护，往往为某个单位所拥有。

6.2.2 局域网的拓扑结构

局域网中最常采用的拓扑结构有总线型、星型、环型和树型 4 种。关于这些拓扑结构的特点已在前面作了介绍，这里就不再详细论述。

6.2.3 局域网的分类

局域网的分类方式有很多种，按照网络转接方式，可分为共享式局域网和交换式局域网；按照介质访问控制方式，可分为以太网和令牌环网；按照所采用的传输介质划分，可以分为有线局域网和无线局域网等。

6.2.4 无线局域网（WLAN）

1. 无线局域网的定义

无线局域网（Wireless Local Area Network,WLAN）指通过无线介质连接起来的局域网，是计算机网络与无线通信技术相结合的产物，传输距离一般在 1000m 以内，目前主要 IEEE802.11 标准，业界成立了使用该标准的 Wi-Fi 联盟。

2. 无线局域网的特点

与有线局域网相比，无线局域网具有以下优点。

（1）部署简单，易于实现，适用于野外等难于布线又临时需要网络的场合。

（2）成本低廉，易于扩展。无线局域网免去或减少了大量的网络布线，一般只需安装一个或多个接入点（AP）设备，就可以建立覆盖整个范围，如家庭、楼宇或园区等。

（3）高移动性。由于摆脱了有线介质的束缚，拥有无线上网设备的用户可以在 AP 覆盖的范围内随意地移动，甚至可以在不同的 AP 之间实现无缝漫游。

当然与有线局域网相比，无线局域网还是存在着一些不足之处，如速率较慢、易被干扰、安全隐患较多等。

6.3 因特网（Internet）

因特网（Internet）又称国际互联网，它将数万个计算机网络、数千万台主机连在一起，覆盖全球，是全球最大的广域网。从信息资源的角度来看，因特网是一个集各个领域、各个单位的信息资源为一体的，供网络用户共享的全球最大信息资源网。近几年来，随着社会、科技、文化和经济的发展，人们对信息资源的依赖性越来越强。人们通过因特网查询、获取和利用各种各样的信息，通过因特网进行学习研究、从事商业活动、生活购物等。

6.3.1 Internet 的起源和发展

Internet 起源于美国国防部高级研究计划局（Advanced Research Project Agency,ARPA）1969 年建立并投入使用阿帕网（ARPAnet）。阿帕网采用了当时先进的分组交换技术，由主机和子网组成，由协议和软件支持工作，在概念、结构和网络设计方面都为后续的计算机网络打下基础。1983 年 1 月，ARPA 把 TCP/IP 协议作为阿帕网的标准协议，此后大量使用 TCP/IP 协议的网络和主机连入阿帕网，逐步形成了以阿帕网为主干的网际互联网，即 Internet。

20 世纪 80 年代，世界上许多发达国家纷纷接入 Internet，因特网成为全球性网络。20 世纪 90 年代，Internet 进入快速发展阶段，截止到 1999 年年底，连入 Internet 的国家和地区已超过 170 多个，注册的主机数已超过 1000 万台。到 2012 年，全球 Internet 用户达到了 19 亿。随着 Internet 规模的不断扩大，向全世界提供的信息资源和服务也越来越丰富，极大地推动了全球信息化的进程。

1994 年 4 月，我国正式接入因特网，并从此进入大规模的网络发展阶段。截止至 1996 年初，我国的因特网已拥有四大国际出口网络体系：中国教育科研网（CERNET）、中国公用计算机互联网（CHINANET）、中国金桥信息网（CHINAGBN）和中国科技网（CSTNET）。

2016 年 1 月 22 日中国互联网信息中心（CNNIC）发布第 37 次《中国互联网络发展状况统计报告》(以下称《报告》)。《报告》显示截至 2015 年 12 月，中国网民规模达 6.88 亿，互联网普及率达 50.3%，中国网民上网人数已过半。2015 年新增网民 3951 万人，增长率为 6.1%，较 2014 年提升 1.1 个百分点，网民规模增速有所提升。网民的上网设备正在向手机端集中，手机成为拉动网民规模的主要因素。截至 2015 年 12 月，我国手机网民规模达 6.20 亿人，有 90.1%的网民通过手机上网。只使用手机上网的网民达到 1.27 亿人，占整体网民规模的 18.5%。

6.3.2 TCP/IP 协议簇

上个世纪 80 年代，TCP/IP 协议作为 ARPA 的标准协议出现以后，所有遵守该协议的网络和主机都可以互连。从那以后，TCP/IP 参考模型成为计算机网络中另一个最为著名、应用也最为广泛的体系结构模型，并最终成为工业模型流行起来。

1. TCP/IP 模型

与前面所提到的 OSI 参考模型相比，TCP/IP 参考模型只有四层，分别是网络接口层、网络互联层、传输层和应用层。两个模型的对比示意图如图 6-4 所示。

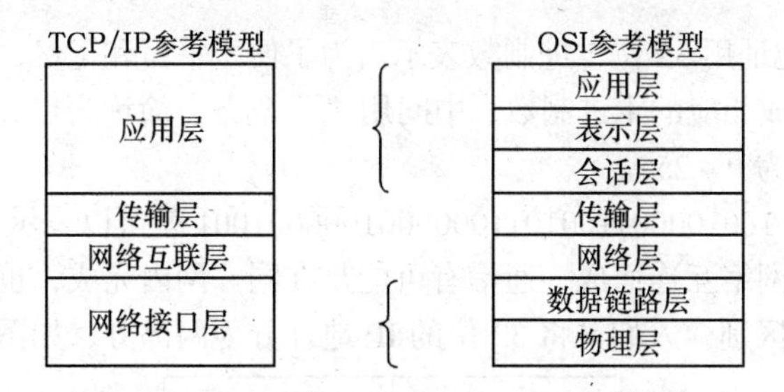

图 6-4　TCP/IP 参考模型与 OSI 参考模型对比

TCP/IP 模型中各层的主要特点和功能在此就不详细描述。

2. TCP/IP 协议簇

TCP/IP 模型中各个层次通过协议完成数据的交换和传输，以及一些特定的应用。由于这些协议中 TCP（传输控制协议）和 IP（网际协议）是最重要的两个协议，所以用 TCP/IP 来作为协议簇的名称。TCP/IP 协议簇主要的协议如图 6-5 所示。

应用层	HTTP、TELNET、FTP、SMTP、POP、DHCP、其他
传输层	TCP、UDP
网络层	IP、ARP、RARP
网络接口层	以太网、令牌环、FDDI、其他

图 6-5　TCP/IP 协议簇

下面介绍几个常见的协议。

- HTTP：超文本传输协议，用于 Internet 网上的 WWW 服务。
- TELNET：远程登录协议，用于实现远程系统登录功能，方便用户使用远程主机中共享的资源。
- FTP：文件传输协议，用于实现两台主机之间文件的传输。
- SMTP：简单邮件传输，用于实现发送和传输电子邮件。
- POP：邮局协议，用于实现电子邮件的接收。
- DHCP：动态主机配置协议，用于实现管理并动态分配 IP 地址。
- TCP：传输控制协议，可靠的面向连接的端到端协议，通过序列号、滑动窗口、出错重传机制确保数据的可靠性传输。HTTP、TELNET、FTP 和 SMTP 等都是基于该协议。
- IP：网际协议，点到点的数据传输。用于实现不同类型的物理网络互联，以及实现数据从某个节点到另一节点的路径选择。

6.3.3　IP 地址和域名

1. IP 地址

不同类型的物理网络通过路由器连入因特网，形成一个全球性的网络。为了使信息能够准确到达目的地址，每个节点都必须拥有自己唯一的地址，这个地址就是 IP 地址。经过 40 多年的发展，IP 地址主要有两个版本，分别是 IPv4 和 IPv6。目前，在因特网中广泛使用的是 IPv4。

（1）IPv4

在 IPv4 中，IP 地址用 32 位二进制数表示。为了便于书写和记忆，人们将每 8 位二进制数分成一组，并转换成相应的十进制数，中间用"."隔开，简称为点分十进制法，其中每个十进制数的取值范围为 0～255。

例如，IP 地址为 10010000110010110000001000001001 就可以表示为：144.203.2.9。

因特网是由许多网络互连而成，通信有可能是在同一网内完成，也有可能是在不同的网络间完成。为了以示区别，人们又将 32 位的 IP 地址分为两部分，如图 6-6 所示。

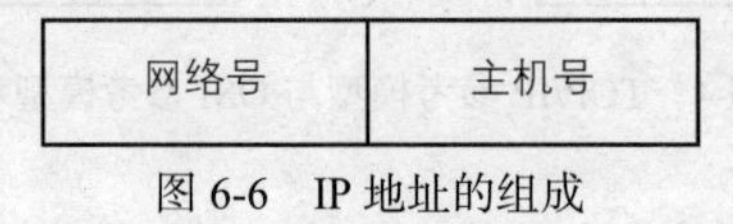

图 6-6　IP 地址的组成

其中，网络号又称为网络地址，用于标识该主机所在的网络，同一个网络中的每台机器 IP 地址的网络号部分是相同的。而主机号则表示该主机在相应网络中的序号，可以唯一地标识该主机，因此同一网络中的各主机号必须是不同的。

根据网络规模，IP 地址分为 A、B、C、D 和 E 五大类。其中，A、B、C 类称为基本类，D 类为组播地址，E 类为保留地址。三个基本类 IP 地址具体说明如下。

- A 类地址：1.0.0.1-126.255.255.254。主要用于超大型网络，全球共有 126 个 A 类网络，每个 A 类网络中可以容纳约 1677 万台主机。
- B 类地址：128.0.0.1-191.255.255.254。主要用于中型网络，全球共有 16 382 个 B 类网络，每个网络可容纳 65534 台主机。
- C 类地址：192.0.0.1-223.255.255.254。主要用于小型网络，全球共有 200 多万个 C 类网络，每个 C 类网络可容纳 254 台主机。

采用点分十进制表示 IP 地址时，可以根据第 1 个十进数的范围来判断某一 IP 地址所属的类别：1-126 范围内属于 A 类地址，128-191 范围内属于 B 类地址，192-223 范围内属于 C 类地址。因此，很容易判断出 IP 地址为 130.1.25.66 属于 B 类地址，因为 130 在 128-191 范围内。

此外，还有一些特殊的 IP 地址，如以 0 和 127 开头 IP 地址，分别称为 0 地址和环回地址。

（2）IPv6

从理论上来讲，IPv4 中，32 位二进制数可以表示的地址总数为 2^{32}=4294967296，构为 40 亿个地址，但实际上并没有这么多，因为有一些地址用于特殊用途或作为保留用。而且随着因特网的发展，连入因特网的主机越来越多，对 IP 地址的需求也越来越大，现有的 IPv4 显然已无法满足网络的需要，IPv6 应运而生。

与 IPv4 相比，IPv6 具有以下这些特点：

- 地址的长度由原来的 32 位变成了 128 位；
- 为了便于记忆，每 16 位为一节，分为 8 节，每节用 4 个十六进制数表示；
- 节与节之间用"："隔开。

如：FEAB：EC15：3567：15A4：BD12：AC42：4124：876A 就是一个合法的 IPv6 地址。

IPv6 地址可分为单播、任播和多播地址。

2. 域名

尽管 IP 地址能够唯一地标识网络上的计算机，但 IP 地址是数字型的，用户记忆这类数字十分不方便，于是人们又发明了另一套字符型的地址方案即所谓的域名地址。国际化域名与 IP 地址相比，更直观一些，也更便于记忆。如著名的中国门户网站新浪网的 IP 地址是 202.108.33.90，对应的域名地址是 www.sina.com.cn。

域名系统采用层次结构管理域名，一个域名从右到左依次为顶级域名（或称一级域名），二级域名，三级域名……各级域名之间用点“.”隔开。其中，顶级域名采用两种模式划分：组织模式和地理模式。具体如表 6-1 和表 6-2 所示。

表 6-1　常见的顶级域名（组织模式）

域名	代表含义	域名	代表含义
.com	商业机构	.mil	军事机构
.edu	教育机构	.net	网络机构
.gov	政府机构	.org	非营利性组织

表 6-2　常见的顶级域名（地理模式）

域名	国家或地区	域名	国家或地区
.cn	中国	.us	美国
.jp	日本	.uk	英国

由此可知，上面所说的新浪网的域名 www.sina.com.cn 中，www 是万维网，sina 是新浪的英文名称，com 代表商业机构，cn 代表中国。

用户可以通过域名来访问网站，但网络设备仍然只能识别 IP 地址，这时就要通过网络中的域名服务器（DNS）来完成域名和 IP 地址之间的映射转换，该过程被称为域名解析。当用户通过域名访问网络上某个资源地址时，DNS 会向根域名服务器发出查询请求，直到查找到相对应的 IP 地址，然后将查询结果返回到应用程序中，从而完成域名地址的变换。

6.3.4　Internet 连接

Internet 是一个全球性信息资源网，拥有海量的信息资源，用户要使用这些资源，就必须将自己的计算机接入 Internet。那么，用户该从何处接入？采用何种接入方式呢？

首先，用户必须选择一个网络服务供应商（即 ISP），并通过通信线路连接到 ISP，再借助于 ISP 与 Internet 的连接通道接入 Internet。在我国，用户可以选择中国电信、中国移动或中国联通作为 ISP。选择 ISP 时要考虑 ISP 提供服务的接入位置、价格和服务质量等因素。

其次，各个 ISP 都提供了多种接入方式供不同类型的用户选择，用户应结合自身需求选择一种接入方式。目前将主机或局域网接入 Internet 的方式主要有以下几种：ISDN、DDN 专线、ADSL、无线接入技术等。下面简单介绍一下 ADSL 和无线接入技术。

1. ADSL（Asymmertrical Digital Subscriber Line，非对称数字用户线路）

ADSL 是目前通过电话线接入 Internet 的主流技术。ADSL 技术中的“非对称”指的是上行方向和下行方向的数据速率不同，并且通常上行速率要远小于下行速率，满足了用户对下行速率需求较大，上行速率需求较小的要求。此外，在 ADSL 中，采用频分利用技术将电话线分成了电话、上行和下行 3 个逻辑独立的信道，从而以免了相互之间的干扰，可以同时上网和打电话。这种上网方式不但降低了技术成本，而且大大提高了网络速度，具有高速率、低价格、多功能、低投入等优点，因而受到了许多用户的关注。目前，ADSL 的应用领域相当广泛，其对象也普及到学校、企业、社区及普通家庭。

（1）ADSL 的硬件安装

① 打开主机机箱，将网卡插入 PCI 插槽，然后开机，系统自动检测到硬件，然后安装相应的驱动程序。一般网卡都支持即插即用，所以安装很简单。

② 安装 ADSL 滤波分离器。分离器的连线顺序依次是：电话入户线（接 Line 插口，电话线入口）、电话信号输出线（接 Phone 插口）、数据信号输出线（接 Modem 插口，用电话线连接 Modem）。在安装滤波分离器的时候，如果家中有分机就要特别注意，分离器一定要装在电话入户线上，先接分离器再接分机，否则在摘机和挂机时会影响到网络通信。

③ 依次将滤波分离器的数据信号输出线接到 ADSL Modem 上，再将网卡与 Modem 用网线接好，插上 Modem 的电源，硬件就设置好了。

（2）ADSL 的连接

下面介绍 Windows 7（简称 Win7）中的 ADSL 连接步骤。

步骤 1：在 Win7 控制面板选择“网络和共享中心”，如图 6-7 所示。

图 6-7 网络和共享中心

步骤 2：选择“设置新的连接或网络”，如图 6-8 所示。

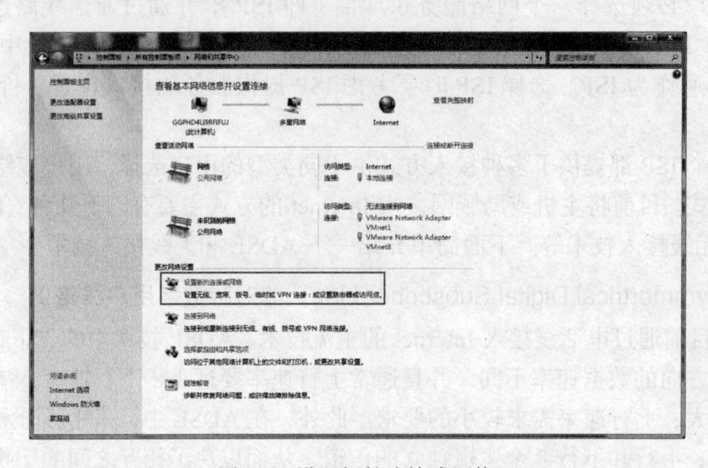

图 6-8 设置新的连接或网络

步骤 3：选择“连接到 Internet”，如图 6-9 所示。

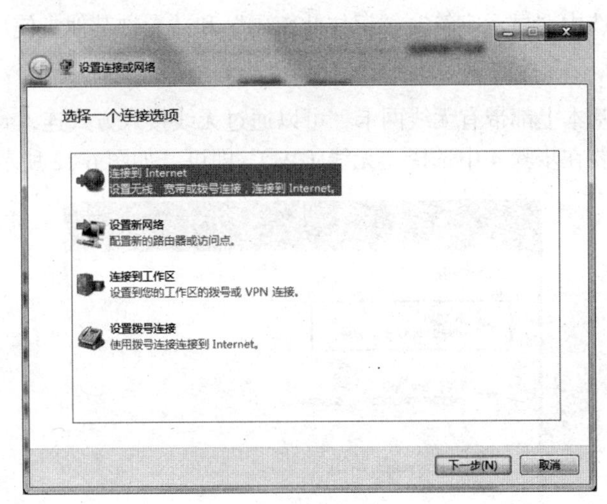

图 6-9　连接到 Internet

步骤 4：选择“宽带（PPPoE）”，如图 6-10 所示。

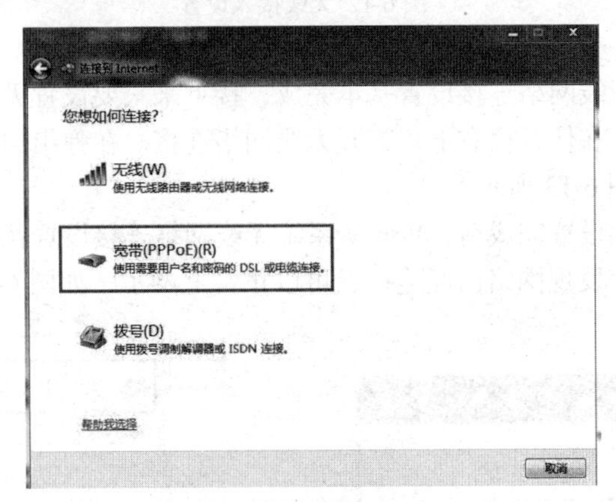

图 6-10　宽带 PPPoE

步骤 5：输入宽带服务商提供的用户名和密码，如图 6-11 所示。

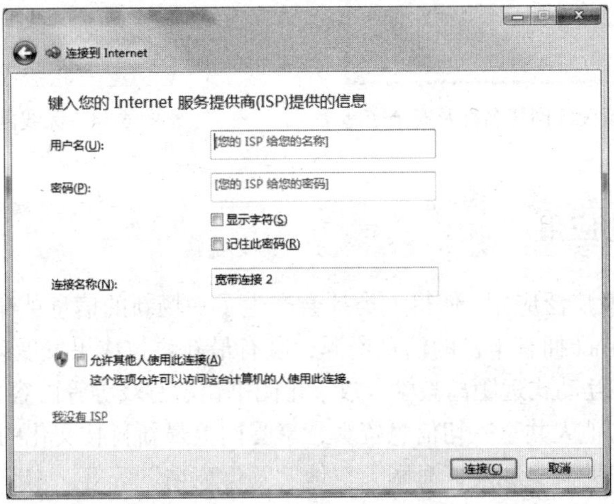

图 6- 11　输入用户名和密码

根据提示，在对应框中输入ISP提供给的上网用户名和口令密码即可，"连接名称"则可以自定。一般同时选中"显示字符"、"记住此密码"和"允许其他人使用此连接"。

2. 无线接入

现在的笔记本基本上都带有无线网卡，可以通过无线接入方式连入到Internet中。如果要使用无线网卡只要在步骤4中选择"无线（W）"即可，如图6-12所示。

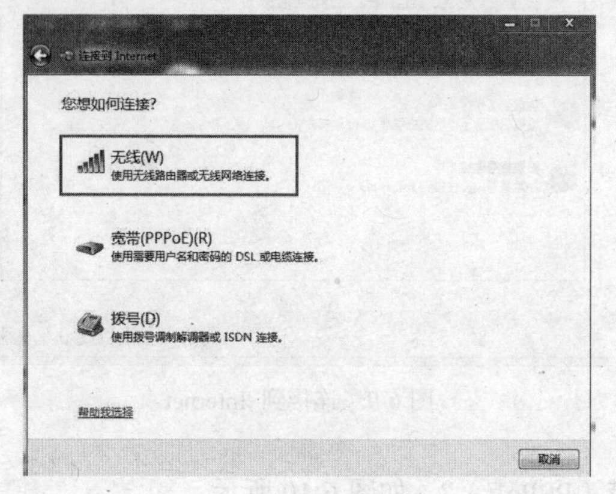

图6-12 无线接入设置

这样Win 7系统无线网络连接设置基本完成，接下来只要设置无线网络名称和安全密钥就可以了。回到桌面，在任务栏右下角打开无线网络连接。在弹出的窗口中输入您的网络名和安全密钥即可，如图6-13所示。

网络名和安全密钥设置完成后，Win 7系统无线网络连接设置就完成了。此时打开系统托盘处的网络图标就会发现网络已经连接，可以正常上网了，如图6-14所示。

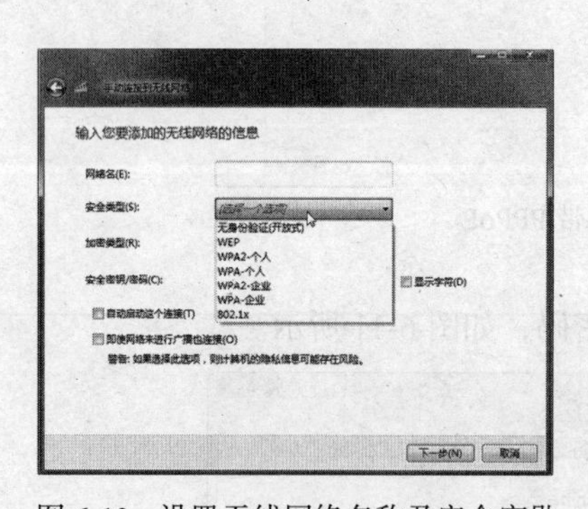

图6-13 设置无线网络名称及安全密匙

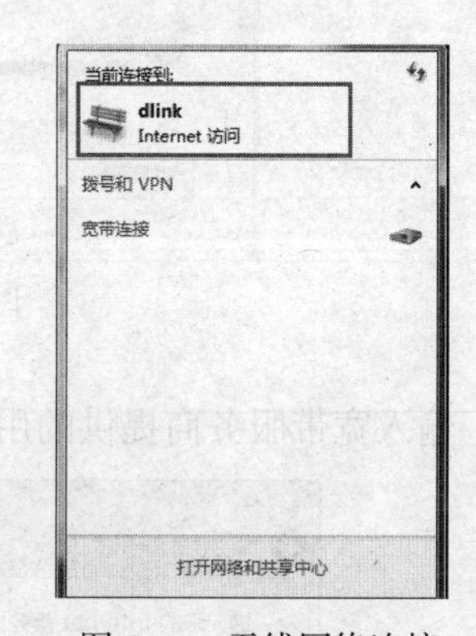

图6-14 无线网络连接

6.4 Internet的应用

Internet地出现及广泛应用，使得人类社会产生了一场新的信息革命。作为目前全球最大的信息资源库，Internet拥有丰富的信息资源，既有最新科技成果发展动态、网络购物信息、线上实时广播，也有互动式远距离教学、数字化图书馆、游戏等等内容，可以说是应有尽有。人们可以通过网络与他人共享一切信息资料，享受网上最新科技文化的信息资料服务，也可与成千上万互不相识的人交朋友，海阔天空地"互诉衷情"等等。本节将介绍Internet一些常见的应用及相关的使用技巧。

6.4.1 相关概念

1. 万维网（WWW）

WWW (World Wide Web)中文译名为万维网，环球信息网等。WWW 由欧洲核物理研究中心（ERN）研制，其目的是为全球范围的科学家利用 Internet 进行方便地通信信息交流和信息查询。

WWW 是建立在客户机 / 服务器（C/S）模型之上的。WWW 以超文本标记语言 HTML(Hyper Markup Language)与超文本传输协议 HTTP(Hyper Text Transfer Protocol)为基础，能够提供面向 Internet 服务的、一致的用户界面的信息浏览系统。其中 WWW 服务器采用超文本链路来链接信息页，这些信息页既可放置在同一主机上，也可放置在不同地理位置的主机上；本链路由统一资源定位器(URL)维持，WWW 客户端软件(即 WWW 浏览器)负责信息显示与向服务器发送请求。目前，用户利用 WWW 不仅能访问到 Web Server 的信息，而且可以访问到 FTP、Telnet 等网络服务。因此，它已经成为 Internet 上应用最广和最有前途的访问工具，并在商业范围内日益发挥着越来越重要的作用。

2. 超文本和超链接

超文本(Hypertext)，概念中的“超”字强调了信息中不仅是只包含文本信息，还同时包含声音、图形、图像和动画，以及视频等各种多媒体信息。与传统的信息组织模式——线性模式相比，超文本则采用非线性的方式进行组织，人们把这种方式称为超链接(HyperLink)。网站开发者使用 HTML（超文本标记语言）编写网页网站，再通过 HTTP（超文本传输协议）实现超文本传输。用户则通过已定义好的链接源（可以是文字，也可以是图形、图标等），可以随意地跳转到相应的网页页面进行浏览。

3. 统一资源定位器

统一资源定位器（URL，Uniform Resource Locator），有时也称为统一资源定位符，是用于完整地描述 Internet 上网页和其他资源的地址的一种标识方法。Internet 上的每一个网页都具有一个唯一的名称标识，通常称之为 URL 地址。可以说 URL 就是 Web 地址，俗称“网址”。

URL 由三部分组成：协议类型，主机名和路径或文件名。表示为：

协议：//IP 地址或域名：<端口>/路径或文件名

其中，常见的协议有 HTTP、FTP 等；主机名通常用 IP 地址或域名表示，如果协议使用默认端口，则“端口”部分可省略；使用默认路径及文件名时也可省略不写。

如：http://www.sina.com.cn/index.html，其中协议类型为 http；服务器主机域名为 www.sina.com.cn，使用默认 80 端口，省略不写；文件名为 index.html。

如：ftp://220.35.33.67：2121/myfile/abc.doc，其中协议类型为 ftp，服务器的 IP 地址为 220.35.33.67，端口号为 2121，文件位于 myfile 文件夹中，名字为 abc.doc。

6.4.2 Internet 应用

1. WWW 服务

WWW 服务是目前最广泛的 Internet 服务之一。WWW 服务是 Internet 上以网页形式展现文本、声音、动画和视频等多种媒体信息的信息服务系统。整个系统由 Web 服务器、Web 浏览器和 HTTP 协议组成。

WWW 客户程序在 Internet 上被称为 WWW 浏览器（Browser），它是用来浏览 Internet 上 WWW 网页的软件。目前，最流行的浏览器软件主要有 Microsoft Internet Explorer，IE。

IE 浏览提供界面友好的信息查询接口，用户只需提出查询要求，至于到什么地方查询，如何查询则由 WWW 自动完成。因此 WWW 为用户带来的是世界范围的超文本服务。用户只要操纵鼠标，就可以通过 Internet 从全世界任何地方调来所需的文本、图像、声音等信息。WWW 使得非常复杂的 Internet 使用起来异常简单。下面简单介绍一下利用 IE 9.0（Windows 7 系统附带）浏览网页的相关操作。

（1）IE 的启动与关闭

① 与启动 Word、Excel 等其他应用程序相同，可以通过桌面上的 Internet Explorer 快捷方式图标，或者开始菜单中 Internet Explorer 启动 IE 9.0。

② 与 Word、Excel 等其他应用程序类似，可以通过关闭窗口按钮、任务栏上 IE 图标或组合捷键 Alt+F4 等方式关闭 IE 程序。需要注意的是 IE 9.0 可以在一个窗口中打开多个网页，因此在窗口时会出现“关闭所有选项卡”还是“关闭当前的选项卡”的提示，如图 6-15 所示。

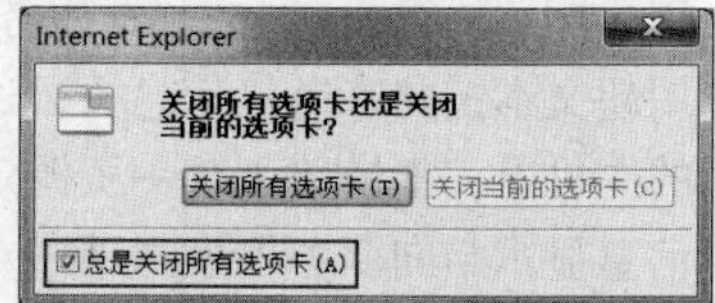

图 6-15　关闭窗口

如果希望每次都一次性关闭所有窗口，可以选中“总是关闭所有选项卡”选项，如图 6-15 中红色方框所示。

（2）IE9.0 窗口

与 IE 6.0、IE 7.0 相比，IE 9.0 在窗口方面做了较大的改变，界面更为简洁。如图 6-16 是 IE9.0 窗口。

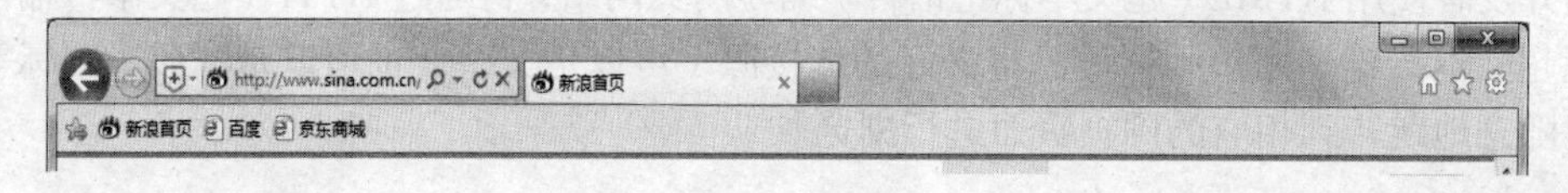

图 6-16　IE9.0 窗口

从上图可以发现 IE 9.0 窗口少了原有的菜单栏、工具栏等项目。旧版 IE 窗口如图 6-17 所示。

图 6-17　旧版 IE 窗口

默认情况下，IE9.0 的窗口中菜单栏是隐藏的，如果要显示出来，可以通过以下两种方法：

方法一：在 IE 窗口方空白区域单击右键。

方法二：在网页左上角单击鼠标左键。

两种方法均可弹出图 6-18，然后选择相应的选项即可。

（3）浏览网站

① 输入网址

与旧版本一样，IE9.0 在地址栏中直接输入网站地址时，可以省略“http://”或“ftp://”等常用的协议。此外，IE9.0 还有记忆功能，访问过的网站，再次访问时，只要输入前面几个字符，IE 会自动检查保存过的地址并将匹配的地址显示出来供选择，如图 6-19 所示。

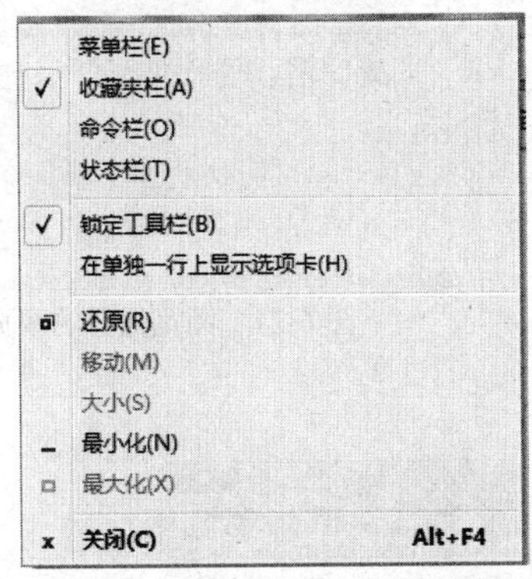

图 6-18　IE9.0 显示工具栏菜单

图 6-19　输入网页地址

输入地址后，按回车键转到相应的网站页面。

② 浏览网站

打开网站后，就可开始浏览页面。网站的第一页被称为首页或主页，主页往往是整个网站的索引，通过主页提供的链接，用户就可以随意地从一个页面转到另一个页面，而不必按顺序进行浏览。

③ 网页页面的保存

在浏览网页的过程中，常常会需要保存一些有用的内容，这些内容有可能是整个网页页面，也有可能只是其中的文字、图片、音频等。下面简单作一下介绍。

● 保存网页

保存整个网页的具体操作如下。

步骤 1：打开要保存的网页页面。

步骤 2：通过前面提到的方法显示菜单栏。

步骤 3：在菜单中选择“文件”→“另存为”，打开“保存网页”窗口，如图 6-20 所示。

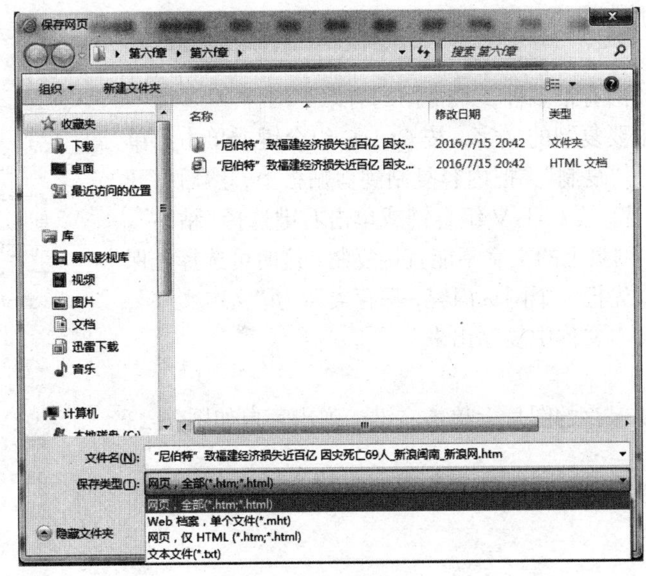

图 6- 20　保存网页

步骤 4：选择网页保存的位置和文件名，以及保存类型，单击“保存”按钮保存。

● 打开已保存的网页

查看已保存到硬盘上的网页，具体操作如下。

步骤 1：IE 窗口中，在菜单中选择“文件”→“打开”，打开“打开”窗口，如图 6-21 所示。

步骤 2：单击“浏览”按钮，在硬盘上找到要打开的网页文件，单击“打开”按钮，如图 6-22 所示。

图 6-21　浏览保存的网页

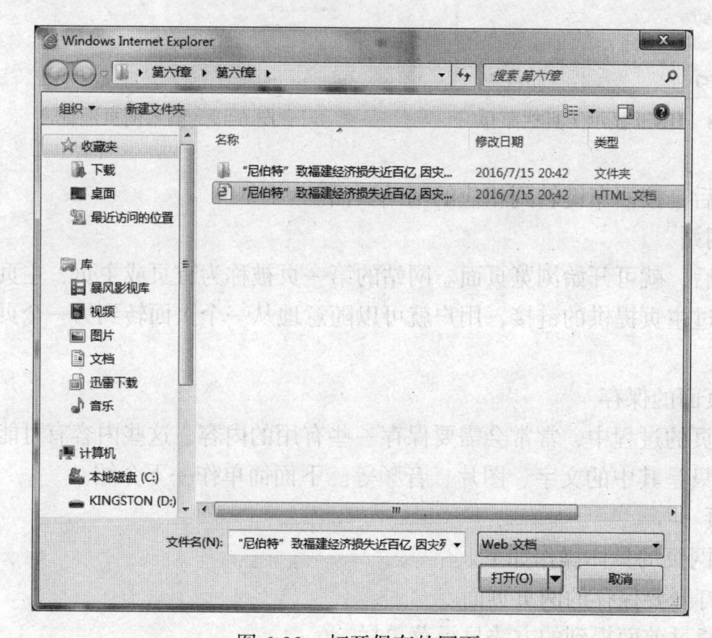

图 6-22　打开保存的网页

● 保存网页上的部分内容

a. 保存文字

保存文字的方法有很多种，最常用的有以下两种。

方法一：选中要复制的文字，按 Ctrl+C 组合键或单击菜单栏中的“编辑”→“复制”，把内容复制到剪贴板上，然后打开 Word 或记事本程序，按 Ctrl+V 组合键或单击右键选择“粘贴”。

方法二：有些网页上的文字不能直接复制，这时可选择先保存整个网页的方式先把整个网页内容，保存类型为“文本文件”，再把所要文字从文本文件中复制出来。

b. 保存图片

步骤 1：在要保存的图片上单击右键，弹出菜单如图 6-23 所示。

步骤 2：选择“图片另存为”，打开“保存图片”窗口，如图 6-24 所示。

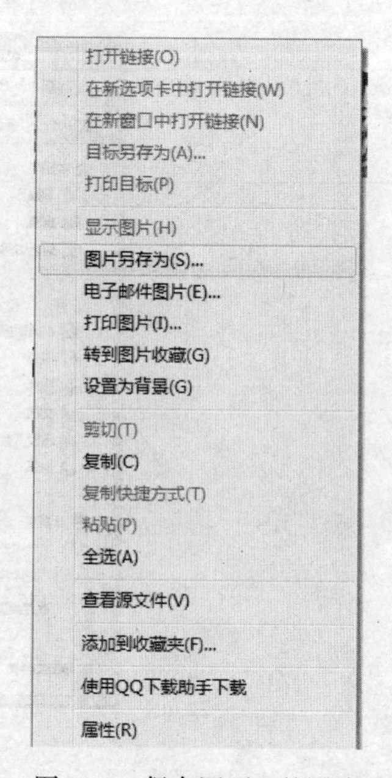

图 6-23　保存网页上的图片

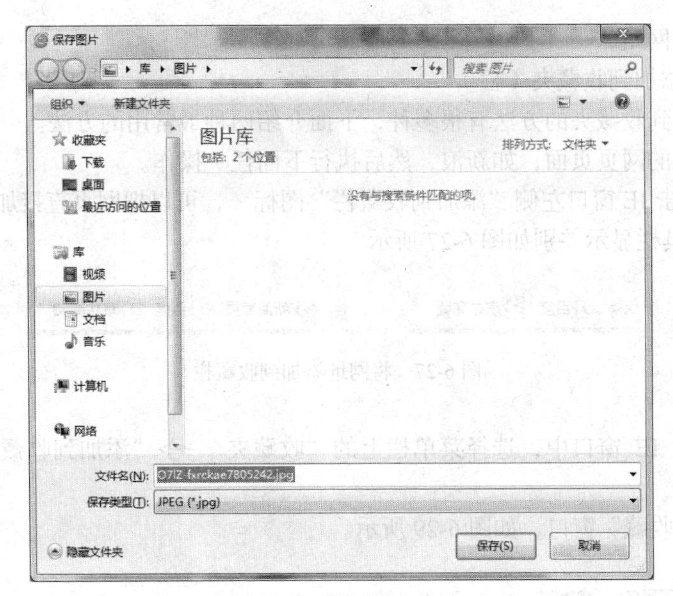

图 6-24 保存图片窗口

步骤 3：选择要保存图片的位置及文件名，单击“保存”按钮。

（4）更改主页

如果希望每次启动 IE 都能直接进入访问最为频繁的网站，可以把该网站的首页设为 IE 的主页。例如，要把新浪首页设为主页，具体操作如下。

步骤 1：在 IE 窗口中，选择菜单栏上的“工具”→“Internet 选项”，如图 6-25 所示。

步骤 2：在打开的“Internet 选项”窗口的“常规”标签的“主页”项中输入“http//www.sina.com.cn”，如图 6-26 所示，然后单击“使用当前页”。

图 6-25 Internet 选项

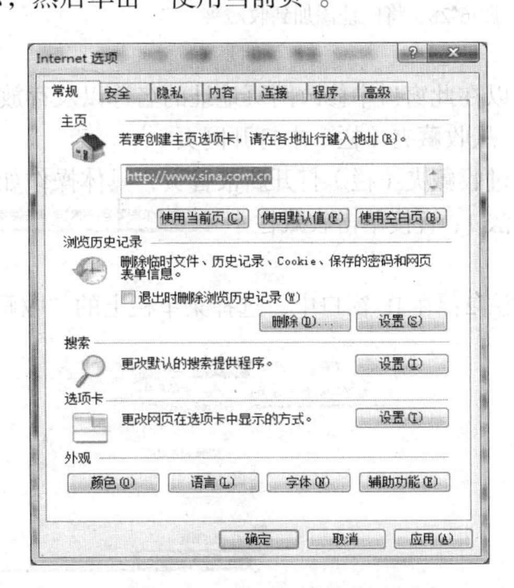

图 6-26 Internet 常规选项

步骤 3：最后还要单击“确定”或“应用”按钮，修改主页才能生效。

（5）收藏夹（栏）

IE 的收藏夹可以将用户所希望保存的网站地址保存起来，在需要时可直接通过调用收藏夹，打开所要的网站。

① 将网址添加到收藏夹（栏）

将网址添加到收藏夹的方法有很多种，下面介绍两种最常用的方法。

打开要收藏的网页页面，如新浪，然后执行下面任一操作。

方法 1：单击 IE 窗口左侧“添加到收藏栏”图标，可以把网页直接加入到收藏栏中，操作前后 IE 工具栏显示差别如图 6-27 所示。

图 6-27　将网址添加到收藏栏

方法 2：在 IE 窗口中，选择菜单栏上的“收藏夹”—>“添加到收藏夹”，如图 6-28 所示。

打开“添加收藏”窗口，如图 6-29 所示。

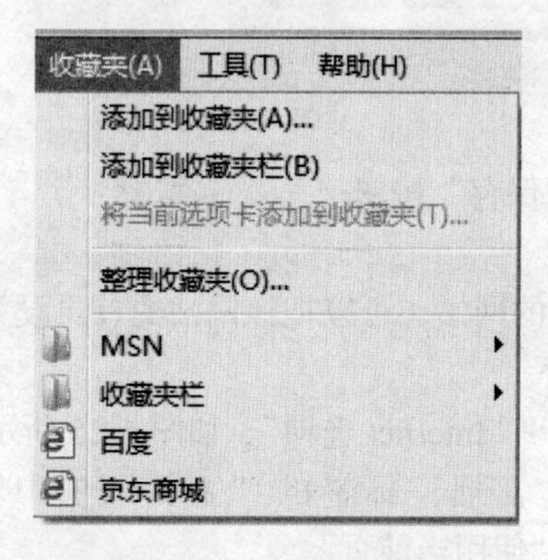

图 6-28　将网址添加到收藏夹

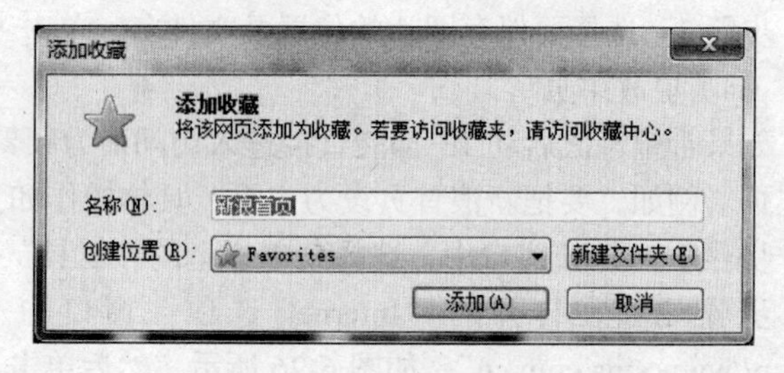

图 6-29　添加收藏窗口

可以在此窗口中修改网页地址的名称以及存放的位置，甚至可以新建文夹件存放地址。

② 从收藏夹（栏）中打开网页

通过收藏夹（栏）打开新浪首页，具体操作如下。

方法 1：直接单击收藏栏中 新浪首页 百度 京东商城 中的“新浪首页”图标即可打开新浪网页。

方法 2：在 IE 窗口中，选择菜单栏上的“收藏夹”—>“新浪首页”，如图 6-30 所示。

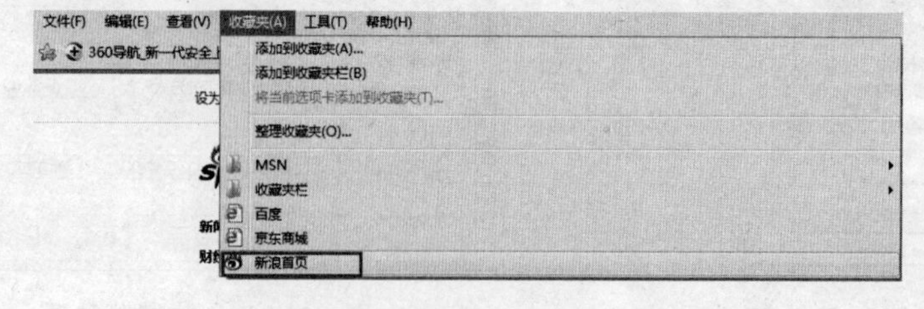

图 6-30　通过收藏夹打开收藏的网页

2. 搜索引擎

作为全求最大的信息资源网，Internet 提供了各种各样的信息资源，用户可以通过各种方法在网络上搜索自己所需要的信息。用户最常用的搜索工具就是搜索引擎。百度、谷歌、搜狗等都是常用的一些搜索引擎。下面以百度为例，简单介绍一下利用如何利用百度搜索信息。

（1）百度（www.baidu.com)简介

2000年李彦宏和徐勇在北京中关村创立百度。“百度”二字源于南宋词人辛弃疾的词“众里寻他千百度”，象征着百度对中文信息检索技术的执着追求。

（2）百度搜索

打开 IE，在址栏中输入“http://www.baidu.com”，打开百度页面。百度首页设计得非常简洁，如图 6-31 所示。

图 6-31　百度首页

① 关键词搜索

百度最常用，也是最基本的检索方法就是关键词搜索。例如要搜索最新的人机博弈信息，可以在搜索框中直接输入关键词“人机博弈”，如图 6-32 所示。

图 6-32　人机博弈搜索

有时用户要在时间、类型或站点上做一些限制，此时可以单击“搜索工具”，如图 6-33 所示。

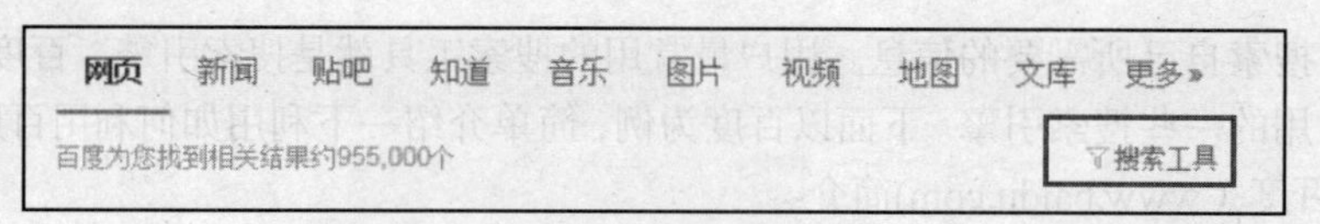

图 6-33　搜索工具

打开如图 6-34 所示界面，如要选择 1 年内的相关网页，则在图 6-35 中“时间不限”弹出的菜单中选择“一年内”即可。

图 6-34　条件限制界面

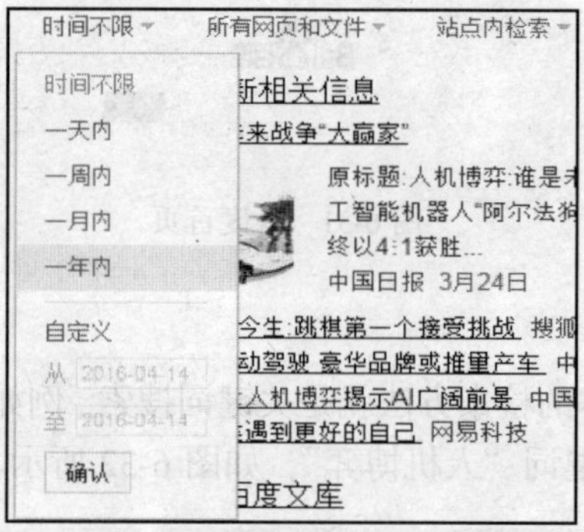

图 6-35　限制时间

如只要显示 Word 文档，则在图 6-36 中“所有网页和文件”弹出的菜单中选择“微软 Word (.doc)”即可。

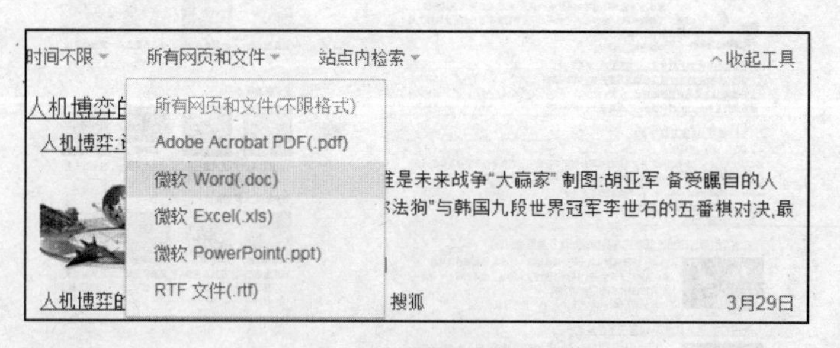

图 6- 36　限制类型

如要在新浪上查找，则在如图 6-37 中“站点内检索”弹出的菜单中输入“www.sina.com.cn”即可。注意，不可输入“http://”，因为百度无法识别。

图 6-37　限制站点

② 布尔逻辑检索

当有多个关键词时，百度搜索引擎支持布尔检索。布尔逻辑运算主要有以下三种。

逻辑“与”，通常用“and”或“+”运算符表示，也可以直接用空格替代。“与”运算可以增强搜索特定性，缩小检索范围，提高准确率。

如：前面提到只输入关键词“人机博弈”时，如图 6-32 所示，百度检索到的结果为“993000”。

当输入的关键词为“人机博弈+围棋”时，如图 6-38 所示，此时只显示与围棋相关的人机博弈网页，检索到的结果为“760 000 个”。

图 6-38　逻辑“与”操作

逻辑“或”，通常用“or”或“|”运算符表示。“或”运算可以扩大检索范围，提高查全率。

如：当输入的关键词为“人机博弈|围棋”时，如图 6-39 所示，此时不仅显示人机博弈的网页，还同时显示与围棋相关的网页，检索到的结果为“936 000 个”。

图 6-39　逻辑“或”操作

逻辑“非”，通常用“not”或“-”运算符表示。“非”运算用以限定检索结果不包含“-”后面的检索词，从而缩小检索范围。

如：当输入关键词为“人机博弈 -围棋”时，如图 6-40 所示，此时显示已过滤掉与围棋相关的人机博弈网页，检索到的结果为“64 400 个”。

图 6-40　逻辑“非”操作

注意：*在第一关键词和“-”之间，要用空格隔开。*

③ 双引号

百度搜索支持通过双引号实现查询词的整体性。

如当输入关键词为““北京大学””时，如图 6-41 所示，百度检索时“北京大学”四个字是作为一个整体出现的，而不会被拆分，即只显示与“北京大学”相关的网页页面。这一方法在查找名言警句或专有名词时显得格外有用。

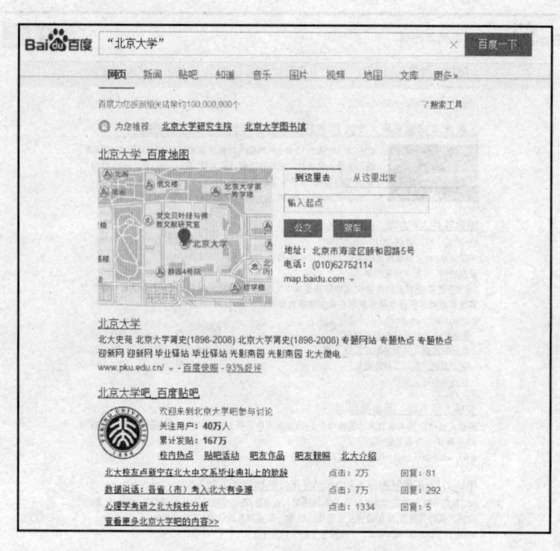

图 6-41　双引号操作

④ 书名号

在其他搜索引擎中，书名号会被忽略，但在百度搜索中，书名号是可被查询的。

如当输入关键词为“《手机》”时，如图 6-42 所示，百度检索时只检索出《手机》这部电影或书籍，而不会检索出其他与手机有关的信息。这在搜索视频或书籍时特别有用。

《手机》
百度一下
网页 新闻 贴吧 知道 音乐 图片 视频 地图 文库 更多»
手机_百度百科
手机_高清在线观看_百度视频
电影《手机》的具体内容是什么了?_百度知道
《手机》电影版 - 高清正版在线观看 - 搜狐视频

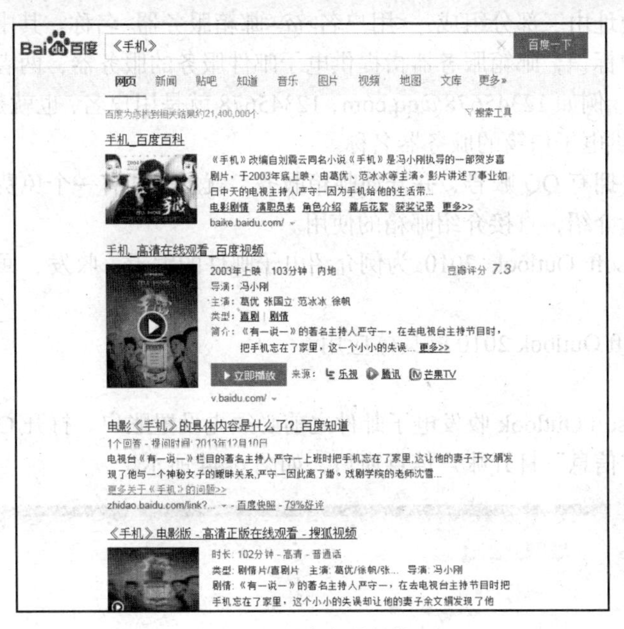

图 6-42 书名号操作

⑤ 高级搜索

如果希望更准确地利用百度进行搜索，却又不熟悉繁杂的搜索语法，百度推出的高级搜索功能可以使用户更轻松的自己定义要搜索的网页的时间、地区，语言、关键词出现的位置，以及关键词之间的逻辑关系等。高级搜索功能使百度搜索引擎功能更完善，使用百度搜索引擎查找信息也更加准确、快捷，如图 6-43 所示。

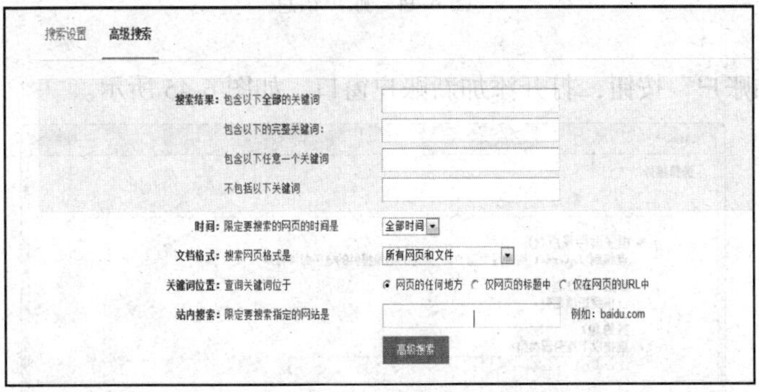

搜索设置
高级搜索
搜索结果：包含以下全部的关键词
包含以下的完整关键词：
包含以下任意一个关键词
不包括以下关键词
时间：限定要搜索的网页的时间是
全部时间
文档格式：搜索网页格式是
所有网页和文件
关键词位置：查询关键词位于
网页的任何地方
仅网页的标题中
仅在网页的URL中
站内搜索：限定要搜索指定的网站是
例如：baidu.com
高级搜索

图 6-43 百度高级搜索

3. 电子邮件（E-mail）

电子邮件（E-mail）是目前 Internet 上使用最广泛的基本服务。通过网络的电子邮件，由于使用简易、投递迅速、收费低廉，易于保存、全球畅通无阻，深受广大用户欢迎，所以被广泛地应用。

（1）电子邮箱地址

与传统的邮件不一样的是，用户在使用电子邮件时除了要知道发件人的电子邮箱地址外，在发送邮件前还必须先申请一个电子邮箱，从而拥有一个 E-mail 地址。

电子邮箱的地址由三部分组成：<用户名>@<邮箱服务器>名称。其中，用户名也可以称为用户账户或用户标识，邮箱服务器指提供电子邮件服务的服务器，两者之间用符号“@”（读作“at”）隔开。例如 12345678@qq.com，12345678 就是用户名，也就是你的 QQ 号，“@”后的 qq.com 是提供电子信箱的服务器名称。

由于现在只要拥有 QQ 账号，并开通邮箱服务，就可以拥有一个免费的电子邮箱，所以此处不作邮箱申请介绍，直接介绍邮箱的使用。

下面以 Microsoft Outlook 2010 为例介绍电子邮件的编辑、收发、回复以及转发等具体操作。

（2）Microsoft Outlook 2010 的具体应用

① 设置账户

在使用 Microsoft Outlook 收发电子邮件之前必须先设置账户。打开 Outlook 2010 后，单击“文件”——“信息”打开账户信息窗口，如图 6-44 所示。

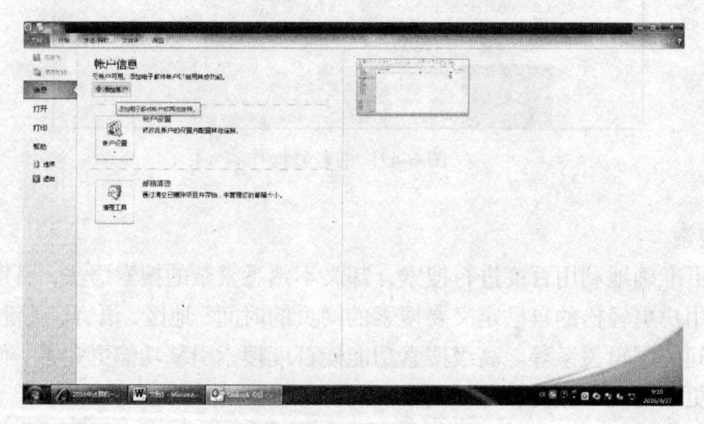

图 6-44 账户信息

单击“添加账户”按钮，打开添加新账户窗口，如图 6-45 所示。

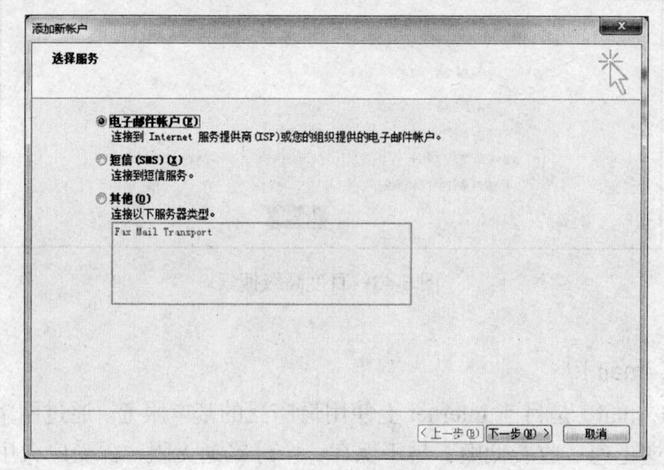

图 6-45 添加新账户

选择“电子邮件账户”，单击“下一步”，打开设置账户信息窗口，如图 6-46 所示。

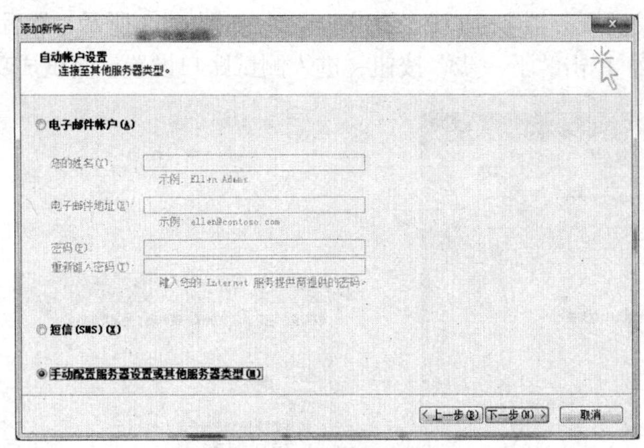

图 6-46　设置账户信息

选择“手动配置服务器或其他服务器类型”，设置完成后，单击“下一步”，打开“选择服务”窗口，如图 6-47 所示。

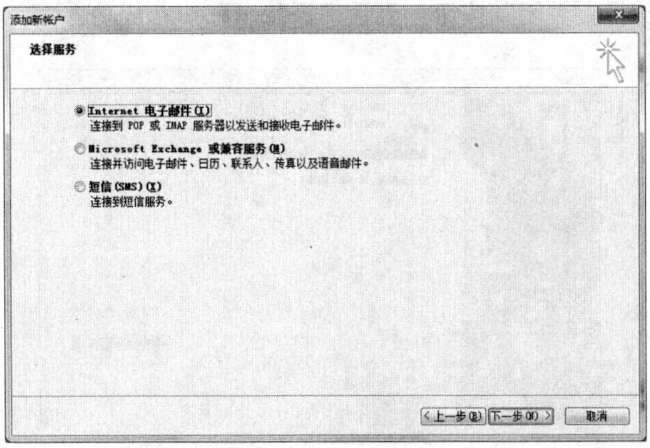

图 6-47　选择服务窗口

选择“Internet 电子邮件”，单击“下一步”，打开“Internet 电子邮件设置”窗口，如图 6-48 所示。

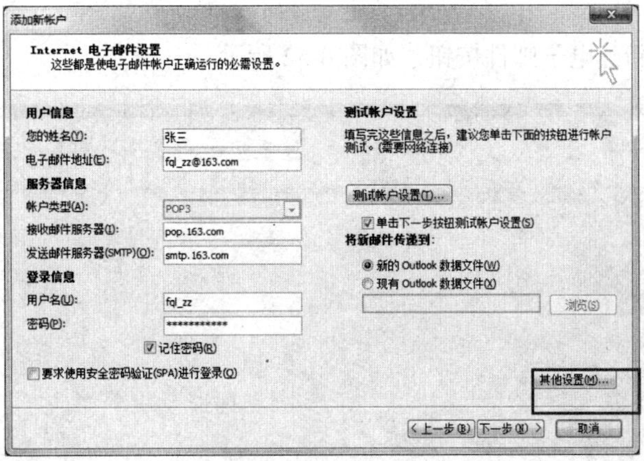

图 6-48　“Internet 电子邮件设置”窗口

在图 6-48 中设置好相应的电子邮箱，单击右下角“其他设置”按钮，单击“发送服务器”标签，勾选“我的发送服务器（SMTP）要求验证”，如图 6-49 所示，然后单击“确定”按钮。

回到图 6-48 中，单击“下一步”按钮，进入测试账户设置，测试成功，如图 6-50 所示。

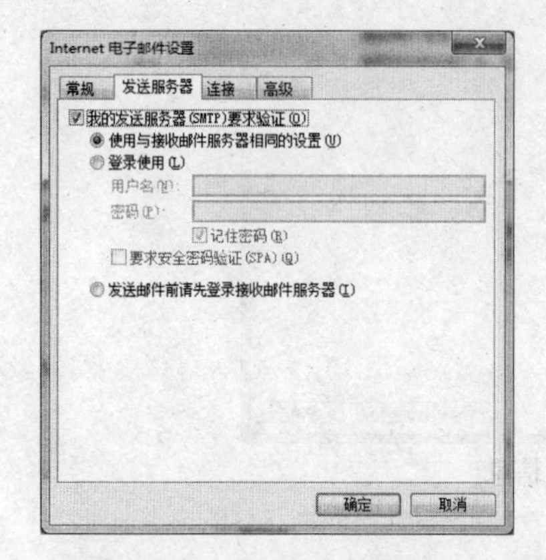

图 6-49　发送服务器设置

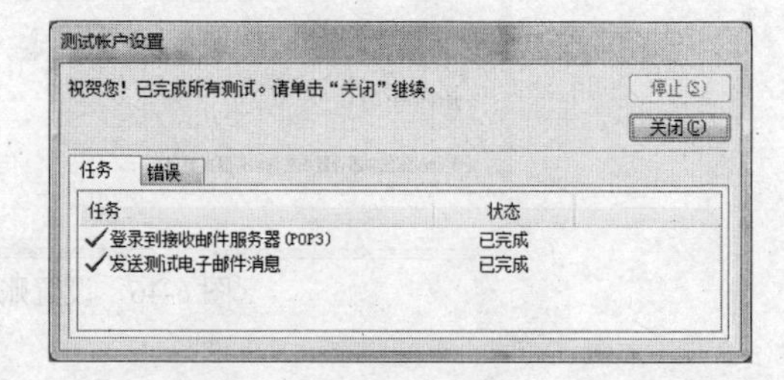

图 6-50　测试账户成功

完成测试后，选择“关闭”按钮，显示“添加新账户”成功界面，如图 6-51 所示。

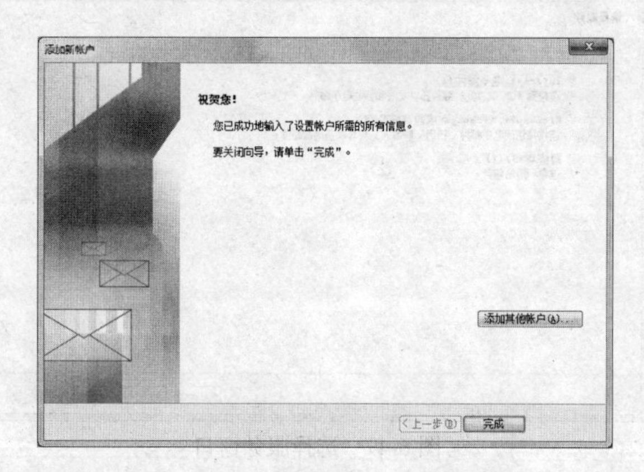

图 6-51　添加新账户成功

单击“完成”按钮，接下来就可以开始编辑电子邮件了。

② 编辑电子邮件

单击左上角的新建电子邮件按钮，如图 6-52 所示。

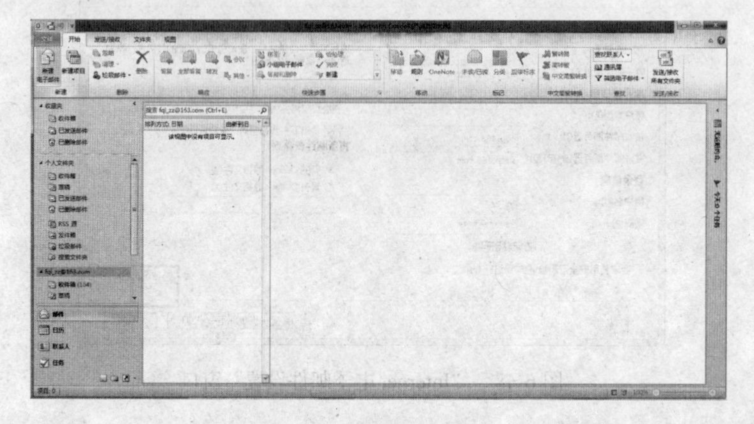

图 6-52　新建电子邮件

在打开的邮件编辑窗口中编写邮件，如图 6-53 所示。

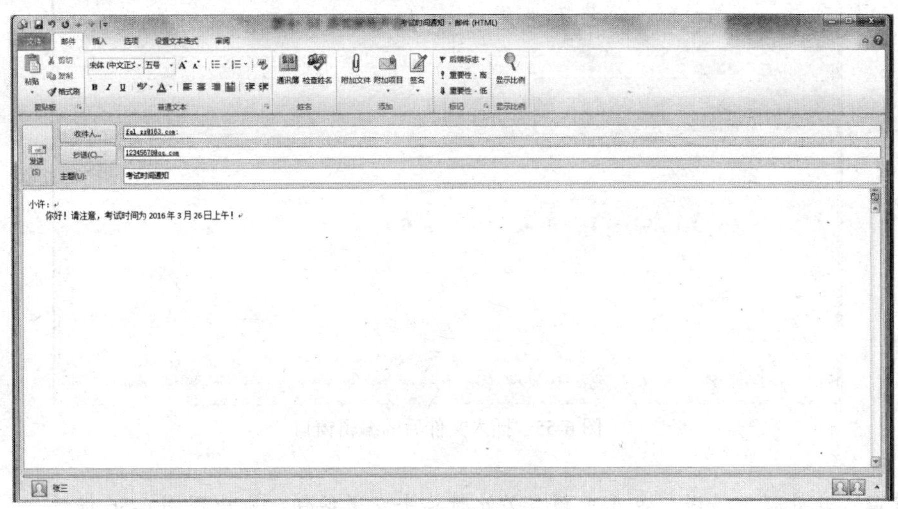

图 6-53　邮件编辑窗口

在图 6-53 窗口中填写收件人、抄送、主题，以及具体邮件内容，最后单击左侧的发送按钮即可。

注意：收件人的电子邮箱地址一定要填写正确，如果有多个收件人，中间用英语标点“;”隔开。抄送人可不填，主题也可不填。

③ 添加并发送附件

发送邮件时，还可以同时将文件一起附加发送，单击上方菜单栏中的“附加文件”，打开“插入文件”窗口，如图 6-54 所示。

图 6-54　插入文件窗口

选择要插入的文件——计算机国考复习材料.docx，单击“插入”按钮，回到邮件编辑窗口，如图 6-55 所示。

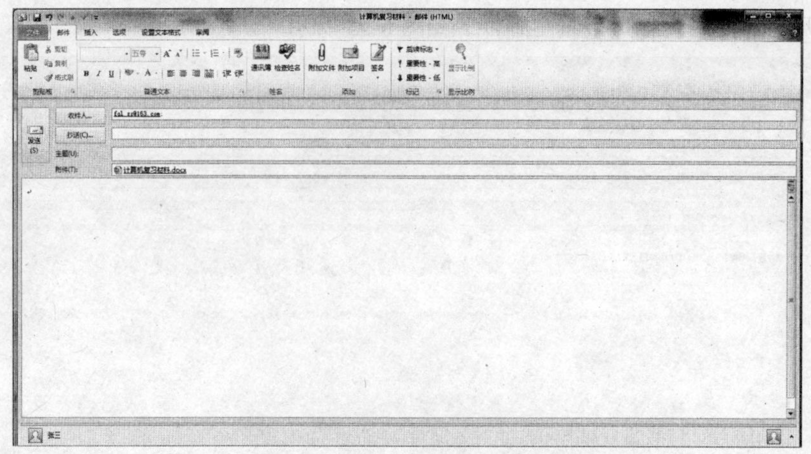

图 6-55　插入文件后的编辑窗口

注意：此处既不抄送，也无主题，若此时单击发送按钮，则出现图 6-56 提示。

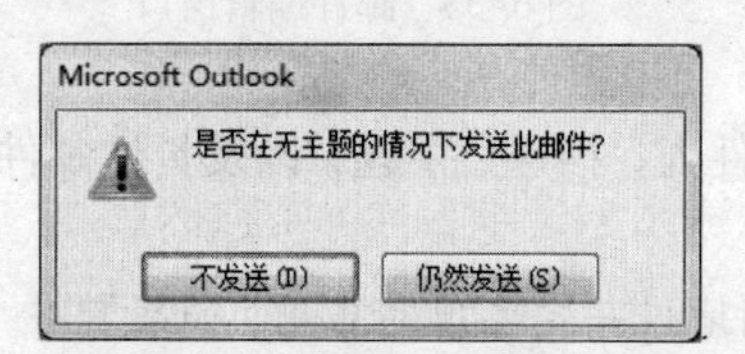

图 6-56　无主题发送时提示

若确定无主题，则单击“仍然发送”按钮继续，若要补充主题，则选择“不发送”，回编辑窗口补充填写主题，主题最好与邮件内容有关。

④ 查收邮件并回复

单击窗口左侧的“收件箱”，打开收件箱窗口，可查收邮件，如图 6-57 所示。

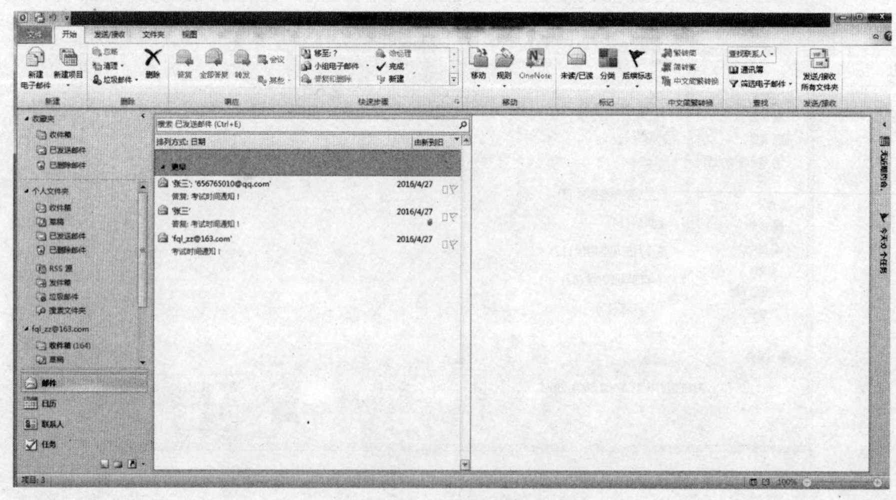

图 6-57　收件箱窗口

收件箱中的邮件默认按时间排序。单击要查看的邮件，则在图 6-57 的窗口右侧会显示该邮件的具体内容，但此时无法回复邮件，要回复邮件则要双击打开邮件，如图 6-58 所示。

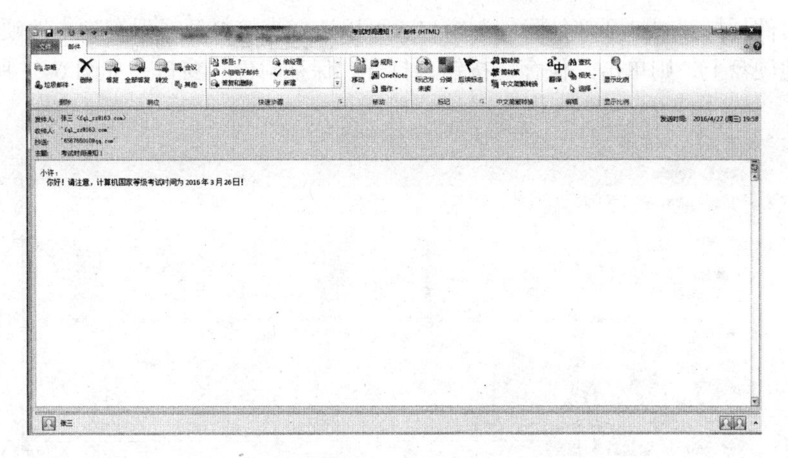

图 6-58　查看邮件

单击上方的“答复”按钮打开回复邮件窗口，如图 6-59 所示。

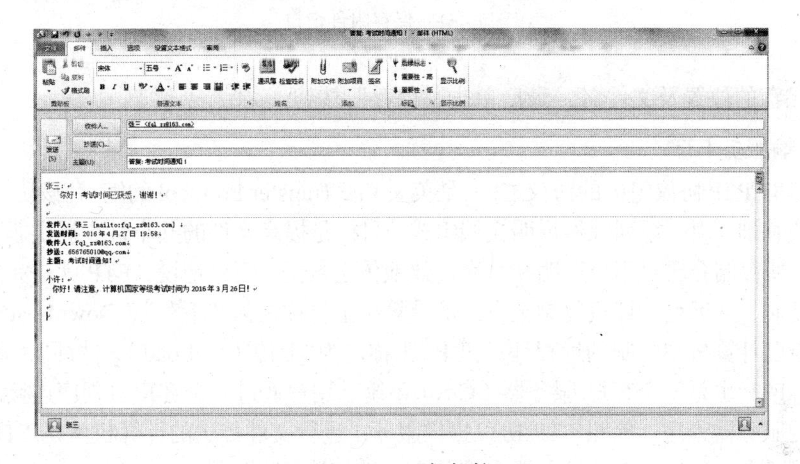

图 6-59　回复邮件

如果要转发给其他人，可以直接单击菜单栏中的“转发”按钮。其他具体操作与新建电子邮件一样。

如果接收到的邮件中含有插入的文件，即通常所说的附件，如图 6-60 所示。

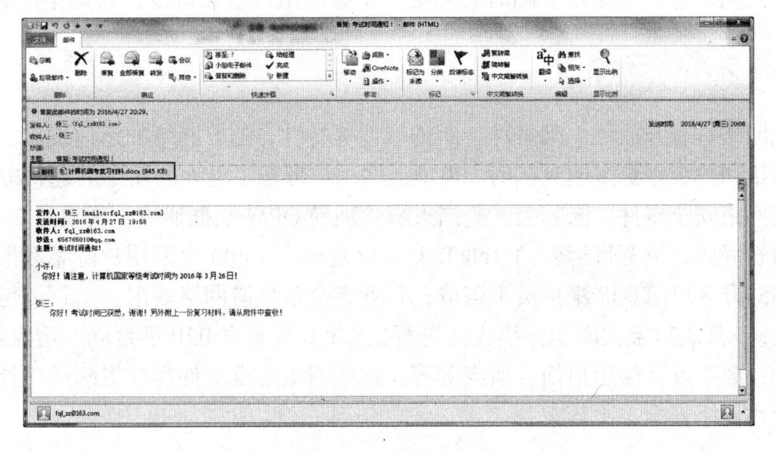

图 6-60　含附件的邮件

双击附件，打开“打开邮件附件”窗口，可以选择直接打开或保存到本地硬盘上。若要保存到本地硬盘上，则单击“保存”按钮，打开“保存附件”窗口，如图 6-61 所示。

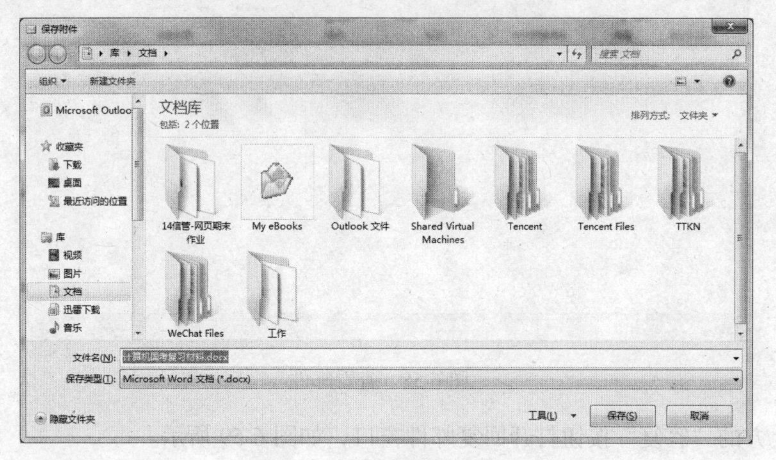

图 6- 61　保存附件窗口

选择保存的位置及文件名，最后单击“保存”按钮。

4. 文件传输服务 FTP

FTP 是 TCP/IP 协议组中的协议之一，是英文 File Transfer Protocol 的缩写。该协议是 Internet 文件传输的基础，由一系列规格说明文档组成，目标是提高文件的共享性，提供非直接使用远程计算机，使存储介质对用户透明和可靠高效地传送数据。简单地说，FTP 就是完成两台计算机之间的复制，从远程计算机复制至自己的计算机上，称之为“下载”（DownLoad）文件。若将文件从自己计算机中复制到远程计算机上，则称之为“上传”（UpLoad）文件。同大多数 Internet 服务一样，FTP 也是一个客户/服务器（C/S）系统。用户通过一个客户机程序连接至远程计算机上运行的服务器程序。依照 FTP 协议提供服务，进行文件传送的计算机就是 FTP 服务器；连接 FTP 服务器，遵循 FTP 协议与服务器传送文件的计算机就是 FTP 客户端。用户要连上 FTP 服务器，就要用到 FTP 的客户端软件，通常 Windows 自带“FTP”命令，这是一个命令行的 FTP 客户程序，另外常用的 FTP 客户程序还有 CuteFTP，FlashFXP 等。

一些 FTP 服务器提供匿名登陆，允许用户匿名访问；另一些 FTP 服务器出于安全考虑，不提供匿名访问，它要求用户登陆时必须提供正确的用户名和口令，否则拒绝服务。

6.5 计算机网络安全

计算机网络具有开放性、隐蔽性、跨地域性等特性，随着网络的迅速发展，网络上丰富的信息资源给用户带来更多便利同时，也给上网用户带来了更大的安全问题，2015 年国际上就发生多起网络安全事件。国际上，美国人事管理局 OPM 数据泄露，规模达 2570 万，直接导致主管引咎辞职；英宽带运营商 TalkTalk 被反复攻击，400 余万用户隐私数据终泄露；摩根士丹利 35 万客户信息涉嫌被员工盗取；日养老金系统遭网络攻击，上百万份个人信息泄露等。国内，5 月支付宝大面积瘫痪无法进行操作；6 月多家 P2P 平台同时遭流量攻击 网站访问受影响；数千万社保用户信息泄露等等。这些网络安全事件都在提醒用户计算机网络安全（以下简称网络安全）不容忽视。

6.5.1 计算机网络安全概述

1. 网络安全定义

参照 ISO 给出的计算机安全定义，认为计算机网络安全是指：保护计算机网络系统中的硬件、软件和数据资源，不因偶然或恶意的原因遭到破坏、更改、泄露，使网络系统连续可靠性地正常运行，网络服务正常有序。

从目前对网络安全构成的威胁情况来看，网络安全可分为系统安全和信息安全两个部分。其中：

- 系统安全主要指网络硬件设备、操作系统和应用软件的安全。
- 信息安全主要指各种信息的存储安全和信息的传输安全，具体体现在对网络资源的保密性（Confidentiality）、完整性（Integrity）和可用性（ Availability）的保护（简称 CIA 三要素），随着信息安全的不断发展，抗否认性、可控性和真实性也成了信息安全要素。

2. 影响网络安全的因素

影响网络安全的因素有很多方面，主要包括以下几个方面。

（1）物理破坏

网络中硬件设备可能会遭遇地震、雷击和火灾等外界自然灾害的破坏，也有可能会受到盗窃、错误操作等人为损坏。

（2）软件缺陷

虽然技术人员在开发软件时，也想做到无任何缺陷或漏洞，但由于各种各样的原因，无论是系统软件还是应用软件，都存在缺陷或漏洞，而黑客就可能利用这些漏洞来进行攻击。

（3）管理欠缺

网络系统的严格管理是企业、机构和用户免受攻击的重要措施。事实上，很多企业、机构及用户的网站或系统都疏于这方面的管理。事实证明，60%网络安全来源于网络内部，而这些往往是由于管理上的欠缺导致的。

（4）黑客攻击

黑客攻击是目前影响网络安全最大的因素之一。一方面，软件缺陷无法避免，为黑客攻击提供了可趁之机；另一方面黑客技术逐渐被越来越多的人掌握和发展，黑客攻击防不胜防，而用户又只能针对某些常见的攻击手段进行预防。

（5）病毒入侵

随着网络的发展，计算机病毒的传播速度越来越快、传播范围越来越广、传播途径越来越多，破坏程度也越来越大，严重威胁着网络的安全。

3. 网络安全威胁的类型

目前网络安全面临的威胁主要有三种类型：信息泄露、拒绝服务和信息破坏。

信息泄露：指敏感数据在有意或无意中被泄露出去或丢失。

拒绝服务：指不断对网络服务系统进行干扰，改变其正常的作业流程，执行无关程序使系统响应减慢甚至瘫痪，影响正常用户的使用，甚至使合法用户被排斥而不能进入网络系统或不能得到相应的服务。

信息破坏：指通过非法手段窃得对数据的使用权，删除、修改、插入或重发某些重要信息，以取得有益于攻击者的响应；或恶意添加、修改数据，以干扰用户的正常使用。

6.5.2 常见的网络防御技术

1. 防病毒技术

（1）计算机病毒的定义、特点、分类及传播途径

根据《中华人民共和国计算机信息系统安全保护条例》中的定义，计算机病毒是指编制或者在计算机程序中插入的破坏计算机功能或者毁坏数据，影响计算机使用，并能自我复制的一组计算机指令或者程序代码。

病毒的特点。计算机病毒具有传播性、隐蔽性、感染性、潜伏性、可激发性、表现性或破坏性。

病毒的分类。根据计算机病毒寄生场所的不同，可将其分为引导型病毒、宏病毒、蠕虫病毒、文件病毒和混合型病毒等。

病毒的传输途径。目前病毒主要通过U盘、电子邮件、网络等进行传播。

（2）防病毒技术

防病毒技术指通过一定的技术手段防止计算机病毒对系统的传染和破坏。从反病毒产品对计算机病毒的作用来讲，防毒技术可以直观地分为：病毒预防技术、病毒检测技术及病毒清除技术。

常见的防病毒产品主要有瑞星杀毒软件、360安全卫士、卡巴等。

2. 防火墙技术（Firewall)

防火墙是位于两个网络之间（如企业内部网络和 Internet 之间）的软件或硬件设备的组合，通过强制实施统一的安全策略，对两个网络之间的通信进行控制，以防止对重要信息资源的非法存取和访问从而达到保护系统安全的目的。

根据防火墙的工作原理划分，防火墙可以分为过滤防火墙、状态检测防火墙和应用层防火墙等。

根据防火墙的部署方式划分，防火墙可以分为硬件防火墙和软件防火墙。其中：

- 硬件防火墙主要用于保护一个或多个网络，常见硬件防火墙品牌有天融信、华为、思科等。
- 软件防火墙主要用于保护一台或多台主机，常见的个人软件防火墙品牌主要有天网、瑞星、金山等。

3. 入侵检测系统(IDS)

入侵检测系统是指工作在计算机网络系统中的关键节点上，通过实时地收集和分析计算机网络或系统中的信息，来检查是否出现违反安全策略的行为或遭到攻击的迹象，进而达到防止攻击、预防攻击的目的。

与防火墙相比，入侵检测系统规则更为复杂，也更具有普遍性，其过滤规则一般是由厂家定义，并可进行升级更新。此外，防火墙定义的规则一般只作用于一个 TCP/UDP 段或一个 IP 包，而入侵检测系统则可以作用于一系列数据包。

防火墙与 IDS 在网络中的部署如图 6-62 所示。

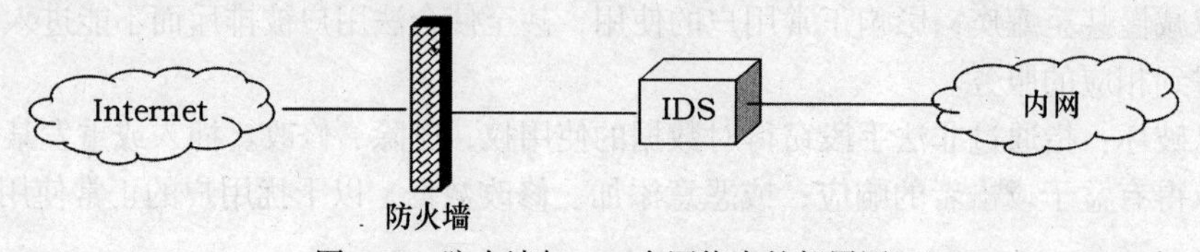

图 6-62　防火墙与 IDS 在网络中的部署图

以上三种防御技术，各有所长，但也各有所短。防病毒技术在使用时必须不断地更新病毒库，对于一些新出现的病毒及其变种却无能为力。防火墙技术和入侵防御系统主要用于防止非法访问和攻击，对于病毒基本不起作用。此外，防火墙技术会对网络的性能有所影响，设置不当时，甚至会导致网络不可用，而且无法防止来自网络内部地攻击。对于安全性要求较低的网络，采用防病毒技术和防火墙技术两者相结合即可。而对于安全性要求较高的网络，则还需要进一步部署入侵检测系统，或入侵防御系统。

4. 其他的防护技术

（1）数字加密技术

数据加密的基本思想是通过变换信息的表示形式来伪装需要保护的敏感信息，使非授权者不能了解被保护信息的内容。加密者通过某种数据加密技术将原始信息转换为表面上杂乱无章的数据，让窃取者无法识别出数据原来的含义。而合法的信息拥有者可以通过掌握的密钥将加密的数据逆变成原来的信息。

数据加密的几个基本术语：

① 明文：原始信息。

② 加密算法：以密钥为参数，对明文进行多种置换和转换的规则和步骤，变换结果为密文。

③ 密钥：加密与解密算法的参数，直接影响对明文进行变换的结果。

④ 密文：对明文进行变换的结果。

⑤ 解密算法：加密算法的逆变换，以密文为输入、密钥为参数，变换结果为明文。

数据加密的技术基础是密码学。在密码学中根据密钥使用方式的不同一般将加密技术分类为对称密码体系（或单密钥体系）和非对称密码体系（或双密钥体系）。也有人将两种密钥体系称为传统密码体系和公钥密码体系。

对称密码体系的特点是加密和解密所使用的密钥是相同的，常用的对称密钥算法有 DES（美国数据加密标准）、AES（高级加密标准）和 IDEA（国际数据加密标准）。

公钥密码体系的加密密钥和解密密钥是不同的。公钥密码算法中的一个密钥公开，称为公开密钥，用来加密；另一个密钥是为用户专用，是保密的，成为私有密钥，用于解密。

（2）数字证书技术

数字证书就是标识网络用户身份信息的一系列数据，用来在网络通信中识别通信各方的身份，即要在 Internet 上解决“我是谁”的问题，如同现实中我们每个人都拥有一张证明个人身份的身份证或驾驶执照一样，以表明我们的身份或某种资格。

数字证书是由权威公证的第三方机构（即 CA 中心）签发的，以数字证书为核心的加密技术，可以对网络上传输的信息进行加密和解密，进行数字签名和签名验证，确保网上传递信息的机密性、完整性，以及交易实体身份的真实性，签名信息的不可否认性，从而保障网络应用的安全性。

数字证书可用于：发送安全电子邮件、访问安全站点、网上证券、网上招标采购、网上签约、网上办公、网上缴费、网上税务等诸多联网安全电子事务处理和安全电子交易活动。

（3）数字签名技术

数字签名机制提供了一种鉴别方法，以解决伪造、抵赖、冒充和篡改等问题。数字签名一般采用非对称加密技术（比如 RSA）。通过对整个明文进行某种变换，得到一个值作为核实签名。接收者使用发送者的公开密钥对签名进行解密运算，如果能正确解密，则签名有效，证明对方的身份是真实的。

数字签名采用一定的数据交换协议，使得双方能够满足两个条件：

①接收方能够鉴别发送方所宣称的身份。

②发送方以后不能否认他发送的数据这一事实。

6.5.3 信息安全法律法规和道德规范

1. 信息安全法律法规

随着信息技术的广泛运用，计算机犯罪成为信息社会一个组合的犯罪形态之一，为了促进我国互联网的健康发展，维护国家安全和社会公共利益，保护个人、法人和其他组织的合法权益，我国政府颁发了一些法律法规，以下列举几个最重要的法规：

①《中华人民共和国信息系统安全保护条例》

②《中华人民共和国计算机信息网络国际联网管理办法》

③《全国人大常委会关于维护互联网安全的决定》

④《计算机信息网络国际互联网安全保护管理办法》

⑤《计算机信息系统国际联网保密管理规定》

⑥《互联网信息服务管理办法》

⑦《国家信息化领导小组关于加强信息安全保障工作的意见》

⑧《计算机信息系统安全专用产品检测和销售许可证管理办法》

2. 使用网络应遵守的道德规范

作为信息社会守法的公民，我们要遵守我国相关的法律法规，在日常使用网络进行学习、研究、娱乐和通信时，要做到下面几点：

① 不要利用国际互联网危害国家安全、泄露国家秘密；

② 未经允许，不得进入国家事务、国防建设、尖端科学技术领域的计算机信息系统；

③ 不要利用国际互联网制作、复制、查阅和传播损害国家利益、他人利益的信息；

④ 不要利用国际互联网传播不良信息，如宣扬封建迷信、淫秽、色情、赌博、暴力、凶杀、恐怖，教唆犯罪的信息；

⑤ 不要故意制作或者传播计算机病毒以及其他破坏性程序。

思考题

1. 计算机网络的定义及主要功能是什么？
2. 概述计算机网络的几种常见类型。
3. 网络互连设备有哪些，它们分别工作在 OSI 参考模型的哪个层次上？
4. 目前常用的传输介质有哪几种，它们的特点各是什么？
5. 局域网的主要特点是什么？
6. 什么是计算机网络的拓扑结构？计算机网络的拓扑结构主要有哪几种？
7. 什么是 IP 地址和域名地址？为什么要采用域名地址？
8. 什么是 URL？它是如何构成的，作用是什么？
9. 一个 E-mail 地址由哪几个部分组成？它们分别表示什么？
10. 概述防火墙的功能以及它的优缺点。

附录　全国计算机等级考试一级 MS Office 考试大纲（2013年版）

基本要求

1. 具有微型计算机的基础知识（包括计算机病毒的防治常识）。

2. 了解微型计算机系统的组成和各部分的功能。

3. 了解操作系统的基本功能和作用，掌握 Windows 的基本操作和应用。

4. 了解文字处理的基本知识，熟练掌握文字处理 MS Word 的基本操作和应用，熟练掌握一种汉字（键盘）输入方法。

5. 了解电子表格软件的基本知识，掌握电子表格软件 Excel 的基本操作和应用。

6. 了解多媒体演示软件的基本知识，掌握演示文稿制作软件 PowerPoint 的基本操作和应用。

7. 了解计算机网络的基本概念和因特网（Internet）的初步知识，掌握 IE 浏览器软件和 Outlook Express 软件的基本操作和使用。

考试内容

一、计算机基础知识

1. 计算机的发展、类型及其应用领域。

2. 计算机中数据的表示、存储与处理。

3. 多媒体技术的概念与应用。

4. 计算机病毒的概念、特征、分类与防治。

5. 计算机网络的概念、组成和分类；计算机与网络信息安全的概念和防控。

6. 因特网网络服务的概念、原理和应用。

二、操作系统的功能和使用

1. 计算机软、硬件系统的组成及主要技术指标。

2. 操作系统的基本概念、功能、组成及分类。

3. Windows 操作系统的基本概念和常用术语，文件、文件夹、库等。

4. Windows 操作系统的基本操作和应用：

（1）桌面外观的设置，基本的网络配置。

（2）熟练掌握资源管理器的操作与应用。

（3）掌握文件、磁盘、显示属性的查看、设置等操作。

（4）中文输入法的安装、删除和选用。

（5）掌握检索文件、查询程序的方法。

（6）了解软、硬件的基本系统工具。

三、文字处理软件的功能和使用

1. Word 的基本概念，Word 的基本功能和运行环境，Word 的启动和退出。

2. 文档的创建、打开、输入、保存等基本操作。

3. 文本的选定、插入与删除、复制与移动、查找与替换等基本编辑技术；多窗口和多文档的编辑。

4. 字体格式设置、段落格式设置、文档页面设置、文档背景设置和文档分栏等基本排版技术。

5. 表格的创建、修改；表格的修饰；表格中数据的输入与编辑；数据的排序和计算。

6. 图形和图片的插入；图形的建立和编辑；文本框、艺术字的使用和编辑。

7. 文档的保护和打印。

四、电子表格软件的功能和使用

1. 电子表格的基本概念和基本功能，Excel 的基本功能、运行环境、启动和退出。

2. 工作簿和工作表的基本概念和基本操作，工作簿和工作表的建立、保存和退出；数据输入和编辑；工作表和单元格的选定、插入、删除、复制、移动；工作表的重命名和工作表窗口的拆分和冻结。

3. 工作表的格式化，包括设置单元格格式、设置列宽和行高、设置条件格式、使用样式、自动套用模式和使用模板等。

4. 单元格绝对地址和相对地址的概念，工作表中公式的输入和复制，常用函数的使用。

5. 图表的建立、编辑和修改以及修饰。

6. 数据清单的概念，数据清单的建立，数据清单内容的排序、筛选、分类汇总，数据合并，数据透视表的建立。

7. 工作表的页面设置、打印预览和打印，工作表中链接的建立。

8. 保护和隐藏工作簿和工作表。

五、PowerPoint 的功能和使用

1. 中文 PowerPoint 的功能、运行环境、启动和退出。

2. 演示文稿的创建、打开、关闭和保存。

3. 演示文稿视图的使用，幻灯片基本操作（版式、插入、移动、复制和删除）。

4. 幻灯片基本制作（文本、图片、艺术字、形状、表格等插入及其格式化）。

5. 演示文稿主题选用与幻灯片背景设置。

6. 演示文稿放映设计(动画设计、放映方式、切换效果)。

7. 演示文稿的打包和打印。

六、因特网(Internet)的初步知识和应用

1. 了解计算机网络的基本概念和因特网的基础知识,主要包括网络硬件和软件,TCP/IP 协议的工作原理,以及网络应用中常见的概念,如域名、IP 地址、DNS 服务等。

2. 能够熟练掌握浏览器、电子邮件的使用和操作。

考试方式

1. 采用无纸化考试,上机操作。考试时间为 90 分钟。

2. 软件环境:Windows 7 操作系统,Microsoft Office 2010 办公软件。

3. 在指定时间内,完成下列各项操作:

(1) 选择题(计算机基础知识和网络的基本知识)。(20 分)

(2) Windows 操作系统的使用。(10 分)

(3) 汉字录入能力测试。(录入 150 个汉字,限时 10 分钟)。(10 分)

(4) Word 操作。(25 分)

(5) Excel 操作。(15 分)

(6) PowerPoint 操作。(10 分)

(7) 浏览器(IE)的简单使用和电子邮件收发。(10 分)